办公电器
维修案例

何社成　刘丽　主编

化学工业出版社

·北京·

本书主要介绍办公电器（传真机、复印机、打印机）的电路工作原理与故障检修技巧和经验。全书共分两大部分：第一部分主要介绍传真机、复印机、打印机结构、特点与检修技巧；第二部分是传真机、复印机、打印机的故障分析与检修实例，大多为维修人员维修实践经验而得。

本书内容涉及多种品牌与机型，如理光、佳能、施乐、惠普、爱普生、联想、松下、三星、三洋、厦华、方正、东芝、夏普等，按机型分类介绍，语言通俗易懂，编排简洁明了。

本书适合广大办公电器及家电维修人员以及职业学校培训班学员及电子爱好者阅读与使用。

图书在版编目（CIP）数据

办公电器维修案例/何社成，刘丽主编. —北京：化学工业出版社，2020.3
ISBN 978-7-122-36054-0

Ⅰ.①办… Ⅱ.①何…②刘… Ⅲ.①办公室-自动化设备-维修 Ⅳ.①TS951.6

中国版本图书馆 CIP 数据核字（2020）第 023499 号

责任编辑：刘 哲　　　　　　　　　　装帧设计：李子姮
责任校对：张雨彤

出版发行：化学工业出版社（北京市东城区青年湖南街 13 号　邮政编码 100011）
印　　装：三河市双峰印刷装订有限公司
787mm×1092mm　1/16　印张 16¾　字数 400 千字　2020 年 5 月北京第 1 版第 1 次印刷

购书咨询：010-64518888　　　　　　售后服务：010-64518899
网　　址：http://www.cip.com.cn
凡购买本书，如有缺损质量问题，本社销售中心负责调换。

定　　价：79.00 元

前　言

随着办公电器技术的快速发展，传真机、复印机和打印机已成为现代办公场所的常用工具，给人们的学习和工作带来了极大的方便，既提高了办公效率，又减轻了劳动强度，同时这些办公电器也已逐步进入家庭，使家庭办公成为时尚和现实。正因为如此，传真机、复印机和打印机在社会中的拥有量已越来越大。由于这些新型办公电器均为精密机械结构与电子电路结合而成，电路大多采用数字处理技术，微处理器电路控制。一旦发生故障，维修难度相当大。因此，为了适应广大办公电器维修人员及初学者的需要，笔者编写了本书，供大家参考。

本书主要介绍新型办公电器（传真机、复印机、打印机）的电路结构与故障检修技巧和经验。全书共分两大部分，第一部分主要介绍传真机、复印机和打印机的电路结构与检修技巧；第二部分主要介绍传真机、复印机和打印机的故障分析与检修实例。这些资料具有权威性、实用性，大多为维修人员维修实践经验而得，书中所有故障实例，既有电路故障，也有机械故障；既有易发性"通病"，也有疑难"杂症"；每个实例均按机型、故障现象、分析与检修进行论述，融原理分析与检修实践于一体，使初学者真正做到"有的放矢，对症下药"，达到快速排除故障的目的。该书内容涉及多种品牌与机型，如理光、佳能、施乐、惠普、爱普生、联想、松下、三星、三洋、厦华、方正、华昭、东芝、紫金、夏普、大宇、雅奇、OKI等。本书的个别元器件没有采用国家标准的文字符号，而采用各厂家的文字符号，便于读者使用。

为方便读者查阅，全书按机型分类介绍，语言通俗易懂，编排简洁明了，形式图文并茂，是一本方便快捷、实用性强的办公电器维修参考资料。该书适用于广大办公电器及家电维修人员，职业学校培训班学员及电子爱好者阅读与使用。

本书由何社成、刘丽主编，参加本书编写和文字录入的工作人员有何明生、何爱萍、何雁、刘丽、刘燕、刘运、刘丽娟、刘伟、刘欢、刘克友、刘永芳、张莉莉、彭忠辉、彭芳、彭琼、袁跃进、袁野、李怀贞、毛良琼、聂翠萍、梁旦、段世勇、段姗姗、蒋丽、蒋慧、周元芳、张巧营、李军、祝寒英、苏勇、梁旦、劳小珊、陆魁元、谢淑梅、蒋运秀、肖平丽、肖华、胡桂花、张秀丽等同志。另外书中借鉴和参考了部分维修同行及老师的宝贵经验，在此一并向他们表示真挚的谢意。

由于笔者水平所限，书中遗漏与不妥还望读者批评指正。

编者

2019 年 10 月

目 录

第一部分

办公电器结构与检修方法

办公电器目前主要有传真机、复印机、打印机、电话机、扫描仪和电脑等。由于传真机、复印机和打印机目前普及程度高、功能全面、操作方便，因此这"三大件"已成为现代办公化最常用的工具。传真机、复印机和打印机在技术和结构上，既有相同之处，又有不同之处，它们的共同特点均涉及到机械、电子、光学、磁学、化学等多种学科，是高科技软件与精密制作加工的综合产品，本书将以图文和检修实例的形式对它们的基本原理、电路结构和检修方法进行介绍。

第一章　复印机的结构

复印机是以其快速便捷的图文书稿复印放大功能而受到人们的欢迎。复印机大多采用静电的方式复印，因此也被称之为静电复印机。随着电子技术的快速发展，新一代复印机从曝光、图文稿件的识别和图像信号的处理等过程中采用了数字技术，这种复印机被称为数字复印机。目前市面上流行的复印机，有模拟复印机和数字复印机两种，但它们的后级静电复印技术是相同的，下面分别加以介绍。

第一节　复印机的基本分类

复印机的分类方法有很多，可按其电路工作原理、复印速度、复印幅面、商业用途、复印颜色和成像原理等进行分类。

① 根据电路工作原理，复印机可分为模拟复印机和数字复印机两种。目前模拟复印机市场上已不多见。数字复印机具有高技术、高质量、组合化、增强生产能力、可靠性极高等一系列优点。理光、施乐、美能达等多家厂商都已推出了多种型号的数字复印机。

② 根据复印的速度不同，复印机可分为低速、中速和高速三种。

低速复印机每分钟可复印 A4 幅面的文件 10～30 份，中速复印机每分钟可复印 30～60 份，高速复印机每分钟可复印 60 份以上。

③ 根据复印的幅面不同，复印机可分为普及型和工程复印机两种。

一般普通办公场所所用的复印机均为普及型，也就是复印的幅面大小为 A3～A5。如果需要复印更大幅面的文档（如工程图纸等），则需使用工程复印机进行复印，幅面大多为 A2～A0，甚至更大。

④ 根据复印的颜色不同，复印机可分为单色、多色及彩色复印机三种。

⑤ 根据商业用途，复印机可分为办公型复印机、工程图纸复印机、传真型复印机、胶印版复印机等四大类。

办公型复印机具有一般文字、图纸复印功能。办公复印机又分为黑白复印机和彩色复印机两种。

工程图纸复印机可复印 A0～A2 范围内的大型工程图纸。

传真型复印机同时具有复印和传真功能，一般用于通信行业。

胶印版复印机是印刷行业用来制作胶印版的复印机。

⑥ 根据成像原理分类，复印机可分为电容成像复印机、逆充电成像复印机、卡尔特成像复印机和电荷转移成像复印机四种。

电容成像复印机是采用硫化镉感光鼓，通过电容充电成像的复印机。

逆充电成像复印机是采用硫化镉锌感光鼓，通过反充电方式形成潜像的复印机。

卡尔特成像复印机是采用有机感光鼓，通过静电成像的复印机。

电荷转移成像复印机是在感光鼓表面形成静电潜像后，先将静电潜像转移到另一种材料上，然后再进行显影的复印机。

第二节　复印机的基本功能

复印机的作用是将原稿上的文字、图像转印到复印纸上，具有以下基本功能。

（1）自动进纸功能　即可在复印机内一次性预先储存一般不多于 50 张纸，并在复印开始时自动进纸，节省时间，提高效率。

（2）缩小/放大功能　缩小/放大功能可以将原稿资料按所调比例缩小或放大后复印出来。模拟复印机的缩、放比例通常在 50% 到 200% 之间，而数字复印机则可以达到 25%～400%。

（3）双面复印功能　即可以自动在空白纸的两面复印，节省纸张，减少支出费用。

（4）文件整理功能　能够做到将复印完成的文件分类、装订或打洞，甚至可以自动叠合文件。经过这道工序，所有复印完的文件分类弹出，置于各个不同的出纸架上。

（5）分类功能　一个分类器包括了 10～20 个装纸盒，每个纸盒每次都放进一张复印的纸，这样要同时复印多份文件就自动完成分类了。

（6）各种幅面的复印功能　复印机有小幅面、中幅面和大幅面三种，能适应家庭、办公和工程复印各种不同幅面的照片、文件和图纸的需要。其中，小幅复印机可复印名片、照片，大幅工程复印机可复印 A0～A2 范围内的图纸。

（7）各种速度的复印功能　复印机有低速、中速、高速和超高速四种，可适应各种不同的场合使用。办公用的复印机一般为高速或中速复印机。

（8）具有黑白和彩色的复印功能　复印文件、图纸、报纸等一般用黑白复印机；复印照片、名片、广告等有图像的资料，一般使用彩色复印机。彩色复印机又分为单彩和全彩两种。

（9）具有胶印版复印功能　胶印版复印机是印刷行业用来制作胶印版的复印机。

（10）具有缩放功能　分为固定倍率复印机、等倍率复印机和无级变倍复印机三种，可将原稿上的文字、图像放大或缩小，以满足使用者对不同规格复印要求的需要。

（11）传真复印功能　传真复印机是一种集通信、复印于一体的复印机，它不但具有普通复印机的复印功能，而且具有传真复印功能。

（12）其他功能　一些复印机除以上的功能外，还具有网络功能、扫描功能和打印功能。这些功能可以作为单独的功能项，也可以组合在一起。其中，打印功能同一般的激光打印机，这种打印机的工作原理与数字式复印机相同，只是数字复印机的 CCD 扫描原稿的部分变为由计算机等装置直接向存储器存储数据。

第三节 复印机的基本构成

一、静电复印机的基本结构

静电复印机主要由四大系统和八大组件构成，各组件之间的关系如图1-1所示。

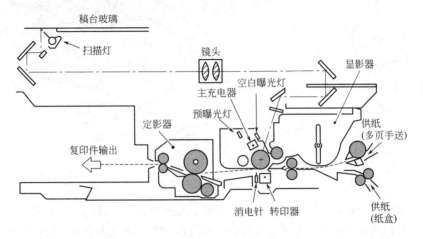

图 1-1　静电复印机基本结构

1. 静电复印机的四大系统

（1）曝光系统　主要由输稿部件、原稿台、原稿照明部件及光路等组成。其作用是将原稿台上被复印介质上的信息通过光照和光路传输，将字符信息转换成光照信息。

（2）成像系统　主要由感光鼓、显影器、电位控制器及鼓清洁器等组成。其作用是将光信息转换成静电潜像，并将静电潜像进行显影。

（3）供纸输纸系统　主要由存纸盘、供纸控制器、输纸控制器、分页器和接纸盒等组成。其作用是为复印机自动提供纸张。

（4）显示控制系统　显示系统主要由显示面板和显示驱动电路组成，控制系统主要由电子控制系统和机械控制系统两部分组成。其作用是通过电磁驱动和电气控制，来协调复印过程中各部件的动作，并从面板上显示出来。

2. 静电复印机的八大组件

（1）光学组件　光学组件主要由原稿台、曝光灯管、反光镜、光学透镜、滤色镜、扫描架和曝光狭缝等组成。其作用是通过对原稿的曝光扫描和反射形成光像。

（2）光导体（感光鼓）　复印机中的光导体主要有硒鼓、硫化镉锌鼓、有机光导体鼓和无定型硅鼓。感光鼓是复印机的核心组件，位于复印机的中心部位，与其他部件的结构关系如图1-2所示。其作用是在充电高压的作用下形成一定极性的、均匀的表面电荷，并将光像转换成静电潜像，通过显影系统将静电潜像进行显影，在转印的作用下，将色粉图像转换到复印纸上。

（3）电晕组件　电晕组件由电晕器和高压发生器组成。工作时，电晕丝在高压的作用下放电产生电离子，由于电场的作用，使电离子吸附在光导体或复印纸表面，从而使光导体或复印纸带电，电晕组件安装在光导体附近，一般复印机安装有三个电晕器，即充电电晕器、转印电晕器和消电电晕器。静电复印机在充电、转印、消电整个复印过程中，依靠电晕组件的作用，时而使光导体带电，时而又使光导体消电，从而对光导体的静电按要求控制在设定状态。

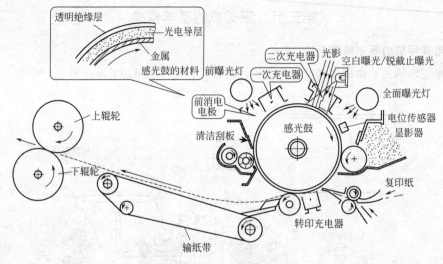

图 1-2　感光鼓及相关部件

（4）显影组件　显影组件由色调盒、显影箱、显影磁辊及刮刀等部分组成。它安装在光导体一侧，其作用是使带有与光导体相反静电的有色粉剂接触静电潜像，使有色粉剂吸附在光导体表面，光导体通过光照后，在其表面产生看不见摸不着的静电荷，显影成可见的色粉图像。

（5）定影组件　定影有两种形式，即热压定影和静压定影。静电复印机通常使用热压定影，其工作原理是：由于通过显影组件转印到复印纸上的色粉图像仅仅是依靠静电吸附的，还容易脱落，必须通过定影。定影就是给定影辊加热，通过转动压力将热能传递给色调剂，由于色调剂内含有硅胶，加热熔化后，使色调剂溶化渗到复印纸上，待硅胶冷却后达到固化的目的。

（6）供输纸组件　供纸组件主要由搓纸轮、纸张对位轮和传动轮三部分组成，其作用是将纸盒中的复印纸一张一张地自动送入机内。输纸组件主要由输纸传送带和排纸辊组成。其作用是将转印后的复印纸送到定影组件进行定影，通过定影后的复印纸通过定影分离爪进行分离，然后离开定影辊输出到输纸通道，从出纸口送出机外。

（7）清洁组件　清洁组件属于一种自动装置，由清洁刮板、回收装置和清洁刷等组成。它安装于光导体的侧边，其作用是对光导体在复印过程中因反复充放电所吸附的残余粉剂进行清洁，为下一次的复印工作做准备。

（8）控制组件　控制组件包括电气控制和传动控制两部分，它是复印机的控制指挥中心。电气控制组件因复印机型号不同会有一定差别，但其结构基本相同，主要包括电源电路、高压发生电路、操作显示电路、传感电路和微处理控制电路等，传动机构主要由主驱动电机、传动链条及驱动离合器等组成。

二、数字复印机的基本结构

1. 模拟复印机与数字复印机的主要区别

（1）模拟复印机的工作原理　模拟复印机的工作原理是用光源照射原稿，利用反射光在感光辊上感光成像。感光辊由铝制成，其表面布满一层硒。硒是一种半导体材料，它有这样的特性：在黑暗时电阻很大，相当于绝缘体；而当它受光照射时，其电阻就很小，相当于半导体。感光辊的表面硒于曝光之前，在复印机内的黑暗位置预先充电，使整个表面均匀带了正电荷，当原稿经过感光辊上时，受到光源照射（曝光）的部分所充电的电就沿着铝质圆筒及接地线流入地，从而静电消除，因此，感光辊上对应原稿上白色的地方就因曝光不带电，而原稿上黑色的地方由于没有光照射到硒上，就仍然保留着正电，当带有负电荷的碳粉由施粉器吹向感光辊时，碳粉就会吸附在感光辊带有正电荷的部分之上，接着，带正电荷的复印纸从感光辊表面上滚过，将碳粉转移到复印纸上，经红外线灯照射将碳粉加热，最后，挤压在复印纸上，从出口送出来。

（2）数字复印机的工作原理　数字式复印机是用CCD等光电转换元件将原稿的成像信息转换成电信号，这种方法与传真机（FAX）的数字信号相同。通过主扫描与副扫描，将数字化的图像数据存储在存储器中，这些图像数据可以进行加工处理、存储或通过电话线传送出去，将图像数据处理成激光束信号，用激光束照射感光辊上不需要复印的部分，使感光辊感光，消除静电，以后的工作过程与模拟式完全相同。也就是说，模拟复印机和数字复印机的主要区别是在消静电之前，之后的静电复印原理完全是一样的。

2. 数字复印机图像曝光系统

数字复印机在图像曝光系统中使用了CCD图像传感，由图像传感器CCD将光图像变成电信号。数字复印机复印过程中采用了激光打印的方式，CCD输出的图像信号经处理后去调制激光器，激光器通过激光束在感光鼓上成像（潜像），利用打印数据存储器可实现一次扫描多次打印，从而可大大提高打印速度和质量。

图像（原稿）的扫描曝光系统如图1-3所示。曝光灯在驱动机构的作用下沿水平方向移动对稿件扫描，扫描的图像经2、3反射镜后再通过镜头照到CCD感光面上，CCD将光图像变成电信号，在CCD驱动电路的作用下输出图像信号，经信号处理后变成图文信号，再送到激光调制器中去控制激光扫描器。

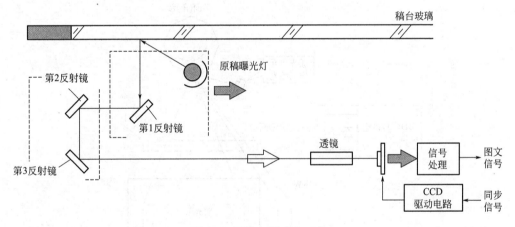

图1-3　原稿扫描曝光系统

3. 数字复印机激光曝光系统

激光是由半导体激光器或气体激光器产生的，它具有色纯、能量集中、精度高、寿命长、便于控制的特点。用图像信号去调制激光束，就是将图像中有图文的黑色部分与无图文的白色部分转换成激光束的有无，然后经扫描器照射到感光鼓的表面。

图1-4是激光曝光系统的示意图，它同激光打印机的扫描系统基本相同。激光发射器固定在机器中，它所发射的激光束的方向是不变的，而激光反射镜的方位是变化的，由于反射镜的方位变化使激光束的投射角度变化，经反射镜反射的激光束就会发生变化，反射镜在电机的驱动下旋转，这样一条线一条线地排起来就形成了面，原稿的图像就在鼓感光表面上形成了静电潜像。

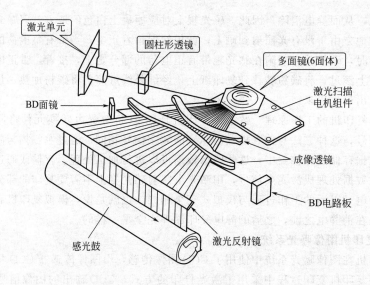

图 1-4　激光曝光系统

4. 数字复印机激光扫描同步系统

激光束的扫描必须与原稿扫描保持同步，才能把一幅图像不失真地复印下来，为此在激光扫描器中设有同步信号检测器件和同步信号处理电路。BD（Beam Detect）检测是在扫描的初始位置设置一个光电二极管，如图 1-5 所示，当激光束照射时光电二极管收到激光束的信号，表示一行扫描开始了，也可以利用此信号进行纸的对位。

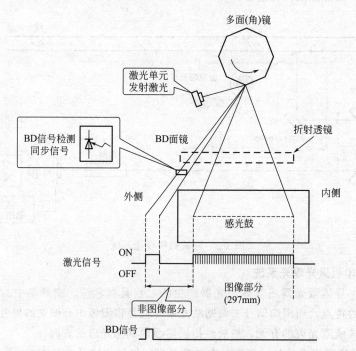

图 1-5　激光扫描器的同步检测系统

第二章 传真机的结构

传真机是一种利用普通电话线路就可以传送静止图像和文件的现代通信电器。作为一种现代办公设备，传真机目前已应用于社会的各行各业及不少家庭办公之中。目前市场上流行的机器一般为数字传真机。

第一节 传真机的基本分类

传真机的种类很多，分类方法也各不相同。

根据图像的色调分类，传真机可分为真迹传真机、相片传真机、彩色传真机、黑白传真机等。

根据传真机信号所需频带情况分类，传真机可分为话路传真机和宽带传真机（占 12 个或 60 个话路）等。

根据使用功能分类，传真机可分为个人传真机、视频传真机、气象传真机和报纸传真机等。

根据打印方式分类，传真机可分为热敏纸传真机（也称为卷筒纸传真机）、热转印式普通纸传真机，激光式普通传真机（也称为激光一体机）和喷墨式普通传真机。

根据传真机的文件传输速度（按传输一面 A4 图文所用的时间）和技术档次，国际电报咨询委员会（CCJTT）将传真机分为四类。

（1）一类机简称 GI（Group-1）机，又称六分钟机，采用调频模拟信号传输方式，它传送的信号不采用特殊的频带压缩方法，所以速度慢，需要 6 分钟传送一页 A4 幅面的文稿。它属于早期产品，目前已被淘汰。

（2）二类机简称 G2 机（三分钟机），使用调频和频带压缩技术。二类机的控制程序与一类机有所不同，传输速度是每 3 分钟传送一页 A4 稿。二类传真机目前也已停产，很少使用。

（3）三类机简称 G3 机，又称一分钟机，使用频带压缩技术和减少冗余度编码技术，使传输的数据量大为减少，可在 1 分钟内传 A4 标准文稿。

（4）四类机简称 G4 机，利用专用的数字数据网（如 DDN 网）传真，在传输前，它进行减少信号冗余度的处理，并采用适合专用数据网的传输控制程序，可以实现无错码接收。

根据传真图像记录分辨率分类，传真机可分为普及简便型传真机、中级实用型传真机和高级多功能型传真机。

第二节 传真机的基本功能与特点

目前广泛使用的传真机是第三代产品，即三类传真机，由于三类传真机采用了超大规模集成电路、先进的数字信号处理技术和计算机控制技术，使之具有功能齐全、传送速度快、体积小、重量轻、功耗低、可靠性高等优点。

1. 三类传真机的主要特点

三类传真机主要有以下四种，其主要特点分述如下。

（1）热敏纸传真机（也称为卷筒纸传真机）　市场上最常见的就是热敏纸打印机和喷墨/激光一体机。热敏纸传真机是通过热敏打印头将打印介质上的热敏材料熔化变色，生成所需的文字和图形。

（2）热转印式普通纸传真机　热转印从热敏技术发展而来，它通过加热转印色带，使涂敷于色带上的墨转印到纸上形成图像。现在最常见的传真机中应用了热敏打印方式。

（3）喷墨式普通纸传真机（也称为喷墨一体机）　喷墨式传真机的工作原理与点矩阵式列印相似，是由步进马达带动喷墨头左右移动，把从喷墨头中喷出的墨水依序喷布在普通纸上完成列印的工作。

（4）激光式普通纸传真机（也称为激光一体机）　激光式普通纸传真机是利用碳粉附着在纸上而成像的一种传真机，其工作原理主要是利用机体内控制激光束的一个硒鼓，凭借控制激光束的开启和关闭，从而在硒鼓产生带电荷的图像区，此时传真机内部的碳粉会受到电荷的吸引而附着在纸上，形成文字或图像。

2. 三类传真机的主要功能

三类传真机是目前使用最普遍、需求量最大的一种数字式传真机。它集光学、电子学、精密机械、数据通信和微处理技术等最新成就于一身。

（1）自动检测（诊断）功能　当机器出现故障时，能自动显示故障现象和部位。如当发送文稿或记录纸出现卡纸现象时，机上除了有文字显示外，相应指示灯发亮，使用者可随时根据显示排除故障。

（2）无人值守功能　无人值守可以节省人员，特别是对时差很大的国际间传真通信更有实际意义。无人值守通常可以区分为三类：收方无人值守、发方无人值守和双方无人值守。

（3）图像自动缩扩功能　文件传真机好比是远距离复印，有时发送的文稿尺寸未必与收方记录纸刚好配套，这也无妨。倘若发送的文稿比较宽，而收方的记录纸比较窄，这时可以通过调整，使文稿按比例缩小；同样道理，倘若发送的文稿比较窄，字也比较小，看不清楚，加上收方传真机的记录纸比较宽，这时可自动地将文稿放大。

（4）自动进稿和切纸功能　三类传真机的纸台上可以放入50多张文稿纸，由机上的自动进纸器控制，按照顺序依次自动发送。在传送过程中，如果想了解传送质量，可以查看打印出来的报表。传真机上的自动切纸功能是使接收到的副本长短与发送文稿一样，以防副本因纸长造成浪费、纸短了丢失文字。

（5）色调选择功能　有的三类传真机除能传送黑白两种色泽外，还可以传送深灰、中灰以及浅灰等中间色调，这样，传送的图片画面层次分明，富有立体感。

（6）选发文稿的功能　有时发送文稿中某些字段不需要向对方发送，只要在这些字段旁边上注上一些特定的符号，则在收到的报文中，这些字段内容就自动被删除。

（7）"跳白"功能　一张传真文稿上往往有为数众多的"白行"和"白段"，传送这些空白部分要浪费相当的时间，因而降低了传输文稿的效率。具有"跳白"功能的三类传真机遇到字与字符或行与行之间有空白时，就会自动跳过去，这样可以大大提高低密度文字的文稿的传输效率。

（8）缩位拨号功能　对于一些经常的传真对象，可以将其位数较多的电话号码用1～2位自编代码来代替。

（9）复印机功能　三类传真机收、发合一，不仅能传真，而且还能当复印机使用。有些三类传真机将"复印"称作"自检"，通过它检测传真机工作状况是否正常。

（10）故障建档功能　三类传真机能将在使用过程中每次出现的障碍自动存储在机内存储器中，自动建立"病历"档案，需要时可以调出"病历"进行分析和维修。

除此之外，三类传真机还具有选择扫描线密度的功能以及通话请求等功能。

3. 传真机的安装及注意事项

① 使用前，仔细阅读使用说明书，正确地安装好机器，包括检查电源线是否正常、接地是否良好。机器应避免在有灰尘、高温、日照的环境中使用，传真机的外壳都是由工程塑料制成的，长期处于阳光直射的环境下，会造成传真机外壳的老化变色。

② 机器不要安装在窗户下面，一旦尘土进入传真机的光学扫描系统，会影响传真机发送和复印的质量。清洁传真机扫描系统的工作，对专业维修人员来说虽然并不是很困难，但也应该尽量避免，另外，雨季如果窗户没关，雨水进入传真机造成短路故障将是一件很棘手的事情。

③ 传真机需要电源供电，并且要和电话线连接，装机位置宜选择在距电源和电话线较近的地方。尽量避免在传真机电话线上并接太多的其他设备。

④ 电话连接芯线，如松下 V40、V60，夏普 145、245 等用的是 4 芯线，而有的用的是 3 芯线，这两种连接如错误，则传真机无法正常通信，应正确连接好。

⑤ 记录纸有传真纸（热敏纸）和普通纸（一般为复印纸）两种。要根据不同的机型，选择合适的记录纸安装。

⑥ 有些传真机带有大型屏显和语音提示功能，该功能须安装外配电池支持机内电路工作，当机器工作电源断电后，该电池独立工作 24 小时后电量将耗尽，面板液晶显示："无电池"或"请更换电池"字样。

⑦ 使用前应对传真机进行一些必要的设置。一般最常用的是传真机时钟的设置、传真机自身电话号码的设置、单位名称的设置、接收状态（手动还是自动）的设置及振铃次数的设置等。

第三章 打印机的结构

打印机作为计算机最主要的输出设备之一，已成为日常办公使用频率最高的常用工具。随着计算机的发展和用户的需要，打印机技术得到了飞速的发展，各种新型打印机应运而生，目前市场上打印机领域形成了针式打印机、喷墨打印机、激光打印机三足鼎立的主流局面。这三种打印机各具有特点，相互共存，适用各种不同的领域，其型号和品牌众多。

第一节 打印机的基本分类

1. 根据打印机的原理分类

按照打印机的工作原理，将打印机分为击打式和非击打式两大类。击打式打印机一般为字符式打印机和针式打针机，非击打式打印机主要为喷墨打印机和激光打印机。目前使用的主要为针式打印机、喷墨打印机和激光打印机三种。

2. 根据打印机的用途分类

随着当今社会信息技术的飞速发展，各种打印机的应用领域已向纵深发展，根据打印机的档次、适应对象、具体用途等，已形成了通用、商用、专用、家用、便携、网络等不同类型的打印机。

（1）办公和事务通用打印机　在这一应用领域，针式打印机一直占领主导地位。由于针式打印机具有中等分辨率和打印速度，耗材便宜，同时还具有高速跳行、多分拷贝打印、宽幅面打印、维修方便等特点，目前仍然是办公和事务处理中打印报表、发票等的优选机种。

（2）商用打印机　商用打印机是指商业印刷用的打印机。由于这一领域要求印刷的质量比较高，有时还要处理图文并茂的文档，因此，一般选用高分辨率的激光打印机。

（3）专用打印机　专用打印机一般是指各种微型打印机、存折打印机、平推式票据打印机、条形码打印机、热敏印字机等用于专用系统的打印机。

（4）家用打印机　家用打印机是指与家用电脑配套进入家庭的打印机。根据家庭使用打印机的特点，目前低档的彩色喷墨打印机逐渐成为主流产品。

（5）便携式打印机　便携式打印机一般用于与笔记本电脑配套，具有体积小、重量轻、可用电池驱动、便于携带等特点。

（6）网络打印机　网络打印机用于网络系统，要为多数人提供打印服务，因此要求这种打印机具有打印速度快、能自动切换仿真模式和网络协议、便于网络管理员进行管理等特点。

第二节 打印机的功能与特点

一、针式打印机的功能与特点

针式打印机的特点是：结构简单、技术成熟、性能价格比较好、消耗费用低。针式打印机主要有通用针式打印机（通用针打）、存折针式打印机（存折针打）、行式针式打印机（行式针打）和高速针式打印机（高速针打）等，下面介绍这四种针式打印机的相关特点、性能和技术。

1. 通用针式打印机

通用针式打印机是早期使用十分广泛的汉字打印设备，打印头针数普遍为 24 针，有宽行和窄行两种。打印头在金属杆上来回滑动完成横向行式打印，打印宽度最大为 33cm，打印速度一般在每秒 50 个汉字（标准质量），分辨率一般在 180dpi，采用色带印字。可用摩擦和拖拉两种方式走纸，既可打印单页纸张，也可以打印穿孔折叠连续纸，色带和打印介质等耗材价格低廉。由于是电磁击打，打印头长时间连续打印时发热严重，但因打印速度一般，影响不大。又由于通用针式打印机普遍是宽幅打印机，与 DOS 系统兼容，因而特别适用于报表处理较多的普通办公室和财务机构。

通用针式打印机使用方便，若色带和纸张质量较差或安装不妥，极易断针。当打印字符太淡时，不仅意味着色带的着色能力下降，还说明色带的质量也不行了，容易出现挂针和阻纸，因此必须更换色带。另外，通用针打的色带不统一，互不兼容，通用针打有一个纸张厚度机械调节挡，可以手动调节，用户在打印薄纸后，再打印厚纸或信封等夹层纸时，一定要调节该挡，使打印针的击打深度能及时调浅，达到保护打印针的目的。通用针打有一普遍缺陷，即调整能力较差，对于不熟悉的用户经常出现卡纸，甚至造成断针和色带损坏，所以当出现卡纸时，千万不要强行拉扯，也不要按压打印纸，应将松纸杆拨至"连续纸"处，关机后退出纸张。

2. 存折针式打印机

随着金融电子化发展，专门用于银行、邮电等金融部门的柜台业务使用的存折针打也得到了迅速推广与普遍应用，可以说存折针打是针式打印机的主要应用产品。存折针打也叫票据针打。

与其他通用针式打印机相比，存折针打有如下特点。

① 平推式走纸。平推式走纸通道设计减少了纸张弯曲和卡纸造成的打印偏差，使纸张进退轻松自如，也使得处理超厚打印介质成为可能。

② 自适应纸厚。存折针打的打印对象是存折等票据，而不同存折票据的打印厚度是不同的，所以存折针打要求能根据厚度不同，打印介质自动调整打印间隙和击打力度，实现任何厚度的清晰打印效果。

③ 自动纠偏技术。实现了任意位置进纸，能够自动摆正打印介质，大大提高了打印精确度，使操作员的操作异常简便。

④ 纸张定位技术。为使打印格式整齐一致，在纸车托架上安装光电传感器，自动检测纸张的左右边界。在进纸机构处设置多个光电传感检测纸张的页顶位置，保证纸张相对于打印底板绝对平整，再通过打印机控制软件中的打印定位指令，实现打印位置的完全准确。

⑤ 磁条读写功能。提供可选的内置式磁条读写器，可读存折本上户姓名、卡号、金额等信息，并支持 ANSI、ISO、NCR、IBM、HITACHI 等多种磁条格式。

⑥ 打印状态识别。具有与主机或终端双向通讯功能，能够将打印机当前的状态、出现的错误及时准确地反映出来，并进行相应的处理。

3. 行式针式打印机

行式针式打印机是一种高档针式打印机，可以满足银行、证券、电信、税务等行业高速批量打印业务的要求。行式针打有比较强烈的专业打印倾向，有专门的西文字符打印机，也有专门的汉字字符打印机。与一般通用针式打印机相比，行式针打的内部数据处理能力极强，由于打印头和走纸等控制复杂，一般采用主从双 CPU 处理方式，既可极大地提高打印速度，又可全面地控制打印流程。

4. 高速针式打印机

高速针式打印机　是介于普通针打与行式针打之间的产品，其主要特点是打印机速度很快，汉字处理能力一般可达到每秒 150 到每秒 450 全角汉字。高速针打基本上采用 24 针，这一点与普通针打没有两样，能获得极高的打印速度是依靠出针的频率极大提高了。高速针打价格较高，但具有高打印质量、高打印速度，能负打印重荷，在金融、邮电、交通运输等批量专门处理打印数据领域占有重要的地位。在有限定条件下的主要性能指标有打印速度、打印质量、打印头寿命、持续高速打印能力、打印针耐磨能力和走纸平稳能力等。高速针打的打印速度是它的强项，也是它区别其他针打的重要标志。

二、喷墨打印机的功能与特点

喷墨打印机主要有普通型喷墨打印机、数码照片型喷墨打印机和便携式喷墨打印机等，下面介绍这三种喷墨打印机的相关特点、性能和技术。

1. 普通型喷墨打印机

它是目前最为常见的打印机，用途广泛，可以用来打印文稿、图形图像，也可以使用照片纸打印照片。普通型喷墨打印机具有价格便宜、打印方便等特点。

2. 数码照片型喷墨打印机

在用途上和普通型喷墨打印机基本相似，无论是普通的文稿还是照片都能够进行打印，但是它之所以被划分为数码照片型产品，在于和普通型产品相比具有数码读卡器，在内置软件的支持下，它可以直接接驳数码照相机的数码存储卡（能够支持几种数码存储卡需要视打印机的数码读卡器情况而定）和数码相机，可以在没有电脑支持的情况下直接进行数码照片的打印。一部分数码型打印机还配有液晶屏，用户可以对数码存储卡中的照片进行一定的编辑和设置，从而使打印任务能够更加出色地完成。

3. 便携式喷墨打印机

指的是那些体积小巧，一般重量在 1000g 以下，可以比较方便地携带，并且可以使用电池供电，在没有外接交流电的情况下也能够使用的产品。这类产品一般多与笔记本电脑配合使用。不过目前在便携式喷墨打印机中还有一种便携式的数码照片型喷墨打印机，它具有两种打印机的特点，体积小巧，便于携带，可以在没有电脑的情况下直接接驳数码相机进行打印。

三、激光打印机的功能与特点

激光打印机主要有普通激光打印机、彩色激光打印机和多功能一体机等，下面介绍其相关特点、性能和技术。

1. 普通激光打印机

激光打印机有一个比较浅显的特征，就是不用墨水，而用碳粉。激光打印机的主要特点是打印速度快，一般情况下，激光打印机每分钟能打印 12 页以上的黑白文档，高速黑白激光打印机能每分钟打印 40 页以上，比喷墨打印机快了许多；其次，它对打印介质无特别要求，在普通纸上打印的图片跟在相片纸上打印的图片效果没有很大的差别，打印效果出众，这方面在打印黑白文档时体现得尤为出色，它打印出来的黑白文档笔画非常精确，几乎达到了印刷水平，这也是它最大的优点。同时，它使用耗材的成本也很低，就彩色打印来看，1 页 A4 彩色文字，如果用彩色喷墨打印机在 4 元左右，而用彩色激光打印机打印只需要 1 元左右，其成本只是前者成本的四分之一，而黑白打印成本能控制在 0.15 元/页以下。而且，由于它使用的是碳粉而不是墨水，因此不容易被空气分解，打印出来的东西不易褪色。

2. 彩色激光打印机

激光打印机有黑白与彩色之分。目前彩色激光打印机的价格是黑白激光打印价格的 1 至 10 倍不等。

3. 多功能一体机

是指同时具有打印、扫描、复印三种功能以上的机器。它将打印机和扫描仪两种以上的机器组合成为一台机器，从而大大缩减了占用的空间，同时也显得更加美观时尚。多功能一体机的缺点是由于集成度极高，出故障的概率也比较高；另外也不方便用户以后升级。多功能一体机目前有喷墨打印机型、激光打印机型。喷墨打印机型主要的特点是其打印功能采用了喷墨形式；激光打印型则主要是在激光打印机的基础上改造而成的，其他诸如扫描等功能两者大体上没区别。

第三节　打印机的结构

一、针式打印机的基本构成

针式打印机（简称针打）是利用机械和电路驱动原理，使打印针撞击色带和打印介质，进而打印出点阵，再由点阵组成字符或图形来完成打印任务。

针式打印机是由微型计算机、精密机械和电气构成的机电一体化智能设备，其组成结构示意图如图 3-1 所示，它可以概括划分为打印机械装置和电路两大部分。打印机械装置主要包括打印头、字车机构，色带机构和走纸机构，另外还有机壳和机架。电路主要由控制电路、驱动电路、打印机状态控制电路、DIP 开关，操作面板电路、接口和电源等组成。

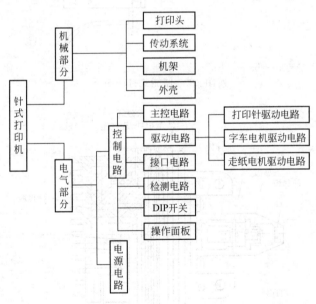

图 3-1　打印机组成框图

1. 针式打印机的机械装置

（1）字车传动机构　在字车步进电机驱动下，载有打印头的字车沿水平方向的横轴左右移动，将打印头移动到需要打印的位置。字车传动机构一般由字车步进电机、字车底座、齿型带（或齿条）、初始位置传感器等组成。

（2）输纸传动机构　在输纸步进电机的驱动下，通过摩擦输纸或链轮输纸方式将打印纸移动到需要打印的位置。输纸传动机构一般由输纸步进电机、打印胶辊、输纸链子轮、导纸板、压纸杆和纸张传感器等组成。根据输纸方式的不同，在输纸传动机构的实现形式上分为卷绕式输纸方式（也称为普通输纸方式）和平推式输纸方式两种。

（3）色带传动机构 为了保证打印质量和清晰度，在打印头前的色带需要不断更换。色带传动机构通常采用换向齿轮使色带按照一定的速率和方向循环运动。该机构一般由换向齿轮组、色带盒组成。

（4）打印头 由一定数量的打印针按照单列或双列（个别的为三列）纵向排列，在打印数据的配合下实现字符、汉字和图形的打印。目前常用的打印头一般为9针和24针，均是通过薄膜电缆与控制电路连接。针式打印头一般分两种：一种是储能式打印头，另一种是拍合式打印头，其结构图分别见图3-2与图3-3所示。

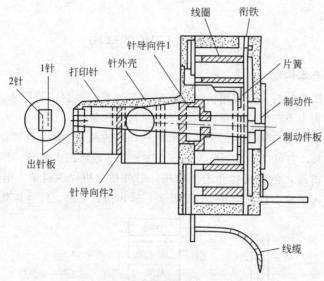

图 3-2 储能式打印头

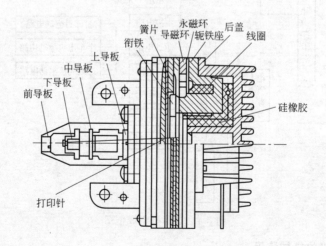

图 3-3 组合式打印头

2. 针式打印机电路及元件

（1）微处理器或单片机 针式打印机所有的动作和功能都是由其控制电路中的微处理器或单片机来控制实现的，不但要完成对打印数据的加工处理，还要控制机械部分的协调动作，同时还要对面板功能选择和工作状态进行监视以及必要的显示，这一切必须靠执行打印机专用监控软件来实现。针式打印机控制电路结构示意图如图 3-4 所示。

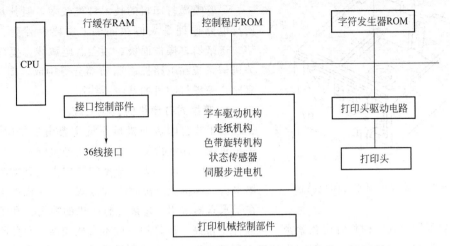

图 3-4　针式打印机控制电路结构示意图

　　（2）数据/程序/字符点阵存储器　在通用计算机中离不开各种存储器，在针式打印机中同样也需要相关种类的存储器件，一般分为输入数据缓冲存储器、中间数据缓冲存储器、监控程序存储器、西文和汉字字符点阵存储器（字库）。

　　（3）驱动电路与传感器　在针式打印机中一般有三种驱动电路，即打印头驱动电路、字车步进电机驱动电路和输纸步进电机驱动电路，通常采用集成化的中功率晶体管来实现。通常针式打印机都安装有两种或两种以上的传感器，对打印头的初始位置、是否缺纸、打印头是否过热、打印纸的薄厚等进行检测，以保证打印的质量。

　　（4）电源电路　针式打印机由于功耗一般较大，故均采用开关电源，将 220V 交流电转变成打印机各部件使用的直流电压，如+5V、+12V、+24V 等。

　　（5）接口电路　针式打印机大多采用 Centronics 标准并行接口，这是一种通用打印机专用接口，具有数据传输率高的特点。个别型号的打印机采用 RS-232C 标准串行接口，以适应某些特殊的需要。在打印机接口电路中，往往还配置一定存储容量的输入数据缓冲区，如 1K 字节，8K 字节、16K 字节、40K 字节等，其目的是减少与计算机主机的频繁通讯，提高计算机主机工作效率。

二、喷墨打印机的基本构成

　　喷墨式打印技术是利用一个压纸卷筒和输纸进给系统，当纸通过喷头时，在打印驱动信号的强电场作用下，喷头使墨水通过细喷嘴将高速墨水束喷到纸上，形成点阵字符或图像。

　　喷墨式打印机的喷墨技术有连续式和随机式两种。

　　连续式喷墨打印机的喷墨技术是以电荷控制型为工作方式，只有一个喷嘴，利用墨水泵对墨水加以固定压力，使之连续喷射。该型打印机的速度较快，但墨水的浪费也较大。

　　随机式喷墨打印机的喷墨技术是喷墨系统供给的墨滴只有在需要印字时才喷墨，因此，不需要墨水循环系统，省去了墨水加压泵、过滤器和回收装置，打印速度略低于连续式喷墨打印机。

　　两种喷墨技术相比，由于随机式喷墨打印机结构简单，不仅成本低，而且可靠性高，因此已成为目前市场上的主流产品。为了不断提高该类型打印机的性价比和技术水平，按照印字的需求进行随机性喷墨，其激励墨水产生墨滴的机构采用不同的技术方案。目前，有两种最流行的技术方案：一种是采用压电换器，即压电式喷墨打印机；另一种是热能换能器，即

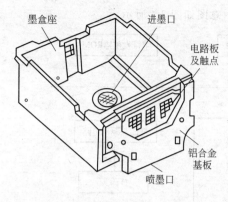

墨盒座　进墨口　电路板及触点　铝合金基板　喷墨口

图 3-5　盒座式喷墨打印机结构

热电式也称热气泡式喷墨打印机。

尽管喷墨打印机的技术种类较多，但其基本结构与电路原理是大似相同的，主要由外壳、托纸架、送纸器、操作面板、顶盖、电源线、接口及相关机械系统和电路控制驱动部分等构成。图 3-5 为盒座式喷墨打印机的基本结构图。

1. 喷墨式打印机的机械系统

喷墨式打印机的机械系统主要由喷墨印字头、字车机构、输纸机构、清洁单元等组成。

（1）喷墨印字头　常见的结构主要有喷墨头和墨水盒一体机及分离式两种方式。一体机墨头结构在墨水盒墨水用尽之后，打印机的喷墨头和墨水盒需要一起更换，其结构相对比较紧密，可靠性也很高，但是相对成本会比较高。而分离式结构的喷墨头和墨水盒分离，在打印机的墨水用完之后可以单独更换墨水盒，在一定程度上可以节省成本。

（2）字车机构　字车机构中的字车是安装墨水盒和喷头的部件，包括字车、导轨、喷头、墨水盒、字车皮带、字车电机、数据线、字车复位传感器（字车定位线）。

字车在皮带的拖动下，沿导轨做左右往复直线间歇运动，因此，喷头便能沿字行方向，自左往右或自右往左完成一个点阵字符及一行字符的打印。在字车结构中设有一个印字间隙调节杆，它的位置根据纸的厚度定：当打印单页纸时设置在水平位置上；当打印信封纸时设置在垂直位置上，这时间隙为 0.7mm。

（3）输纸机构　它包括搓纸轮、输纸电机、进纸传感器和进纸离合器等。纸张检测传感器检测到金属导纸板上安放有纸张时，导纸板下的动力装置将金属导纸板向上略略托直，使纸张向上紧贴导纸滚轮，步进电机经减速齿轮组减速后，带动导纸滚轮转动，将纸张送入打印机内，在塑料压纸片的作用下，使纸张顺利地从喷墨孔下通过，完成纵向打印。将一张纸打印完毕后，从打印机前面的出纸口送出。

（4）清洁单元　包括泵墨单元、废墨收集器、清洁刷。它通过泵墨单元将墨水由喷头的喷嘴吸回，并将其排出到废墨收集器内。其目的是消除喷嘴上的废墨渣和气泡。当输纸电机顺时针转动时，泵墨机构内槽的滑动钢柱转动，转动的同时挤压墨水管内墨水通过排墨管排进废墨收集器内。该装置实现打印头的维护，包括密封和清洗。

2. 喷墨式打印机的电路控制驱动系统

喷墨打印机的电路部分主要包括主控制电路、驱动电路、感应器检测电路和电源部分。

（1）主控制电路　一般由主处理单元、打印机控制器、只读存储器（ROM）、读写存储器（RAM）组成。ROM 中固化了打印机监控程序、字库，RAM 用来暂存打印机送来的打印数据。打印机控制器和接口电路、感应器检测电路、操作面板电路、驱动电路连接，用以实现接口控制、指示灯控制、面板按键控制、喷头控制、走纸电动机和字车电动机的控制，这部分的电路全部集中在主板上。

（2）驱动电路　包括喷头驱动电路、字车电动机控制与驱动电路、走纸电动机控制与驱动电路。这些驱动电路都是在控制电路的控制下工作，喷头驱动电路把送来的串行打印数据转换成并行打印信号，传送到喷头内的热元件。喷头内热元件的一端连接喷头加热控制信号，作为加热电极的激励电压，另一端和打印信号相连，只有当加热控制信号和打印信号同时有效时，对应的喷嘴才能被加热。

加热控制信号由控制电路提供，字车电路控制与驱动电路功能是驱动字车电动机正转和反转，通过齿轮的传动使字车在引导线杆上左、右横向运动，当字车回到左边初始位置时，把引导线杆的齿轮推向清洁装置，字车（走纸）电动机驱动清洁装置工作。

（3）感应器检测电路　检测电路用于检测打印机各部分的工作状态。喷墨打印机一般有以下几种检测电路。

① 低宽感应器检测电路　低宽感应器附在打印头上，进纸后打印头沿着每页的上部横向扫描，此时，低宽感应器检测电路出纸的宽度，可避免打印到低辊上。此类感应器一般为光电感应器。

② 低尽感应器检测电路　用来检测打印机否装低或在打印过程中发现纸用完了以后反馈给控制电路。此类感应器一般为光电感应器。

③ 字车初始位置感应器检测电路　当打印机开机时，检测到主机的初始化信号，回车换行时，字车应返回左边初始位置（即复位）。该感应器用于检测出现上述情况时字车能否复位。此感应器一般为光电感应器。

④ 墨盒感应器检测电路　用于检查墨盒是否安装正确，其感应器也是光电感应器。

⑤ 打印头内部温度感应器检测电路　此感应器为一个热敏电阻，用于检测气泡喷头的温度，使其处于最佳温度。当温度降低时，经热敏电阻测出后，由升温加热器加热。

⑥ 墨水感应器检测电路　此感应器是薄膜式压力感应器，用于检测墨盒中墨水的有无。

（4）电源　喷墨式打印机的电源一般为开关电源，将交流电输出为三种直流电压：+5V用于逻辑控制电路，另外 24V、28V 分别用于喷墨头驱动电路及步进电机的驱动电路。

三、激光打印机的基本构成

激光打印机的工作原理类似复印机的静电照相技术，是将打印内容转变为感光鼓上的以像素点为单位的点阵位图图像，再转印到打印纸上，形成打印内容。与复印机唯一不同的是光源，复印机采用的是普通白色光源，而激光打印机则采用的是激光束。

1. 激光打印机的基本构成

激光打印机主要由激光扫描系统、电子照相系统和控制系统三大部分组成。激光扫描系统包括激光器、偏转调制器、扫描器和光路系统，它的作用是利用激光束的扫描形成静电潜像。电子照相系统由光导鼓、高压发生器、显影定影装置和输纸机构组成，其作用是将静电潜像变成可见的图像输出。控制系统主要由主控电路、机械部分和供电电路组成，以保证整机工作的顺利进行。

2. 激光打印机的主要部件

激光打印机由软件和硬件两部分构成，主要元器件如下。

（1）感光鼓　感光鼓是激光打印机里面最重要的部件，直接影响到打印的质量，早期激光打印机的感光鼓使用寿命为 3000 页，现在新出品的打印机墨粉盒的寿命要长得多。当打印机打出的文字或图像不清晰或出现白条时，表明感光鼓中的墨粉快用完了。墨粉的生产保质期为两年半，开封后的有效期为 6 个月。

（2）取纸辊和盛纸盘　取纸辊和盛纸盘是为打印机提供打印纸的器件，也是激光打印机的易损元件。若打印纸质量不好（过厚、过薄、受潮），会造成取纸辊磨损或弹簧松脱，而不能将纸送入机器内，致使无法打印。

（3）光学器件　激光打印机的光学器件有六棱镜、高压电晕丝、静电消除梳等。光学器件移位、脏污，则会出现不能打印或空白纸故障。

（4）软件设置　激光打印机的软件设置主要有驱动程序、内存的装入、端口和显示器的配置、存储器及其内部的数据等。

第四章 办公电器的维修方法与技巧

第一节 办公电器维修的工具配备

复印机、传真机和打印机由于其结构特殊，工艺复杂，检修时，不但要配备一些基本通用的电器维修仪表和工具，还必须根据它们的各自特点增添一些专用的工具设备。

一、电器维修通用仪表

通常用于检查办公电器的仪表有普通指针式万用电表、数字屏显式万用电表、示波器、扫频仪、集成电路芯片测试仪、测电笔、脉冲发生器、高压测试计、晶体管检测仪等。

（1）万用电表　万用电表是检测办公电器的重要仪表之一，一般有普通指针式和数字屏显式两类。

普通指针式万用电表：一般选用 500 型万用表。

数字屏显式万用电表：一般选用 DT860/890/960/1000 型数字万用表。

用万用表检查电路的常用方法有电流法、电压法和电阻法。使用万用表检查电路电流时，万用表的内阻一定要大，这样既能提高测试精度，也不会破坏电路的工作状态。使用万用表检测电路电阻时，要注意拔掉电源线，以防止损坏万用表和机内电路元件。

使用万用表检测电路电压时，要注意各电路的相互影响和机器的工作状态，因在不同的工作状态下，其工作电压是不同的。

（2）示波器和扫频仪

示波器：一般选用双踪示波器，如 SR-071B、SR8、ST16、TD4651 等型号。

扫频仪：常见型号有 BT-3 型扫频仪等。

用示波器和扫频仪可以直观地检测电路各点的信号波形、幅度、频率和相位，利用这些信号与标准信号进行比较，能迅速找到故障部位。

（3）逻辑笔　逻辑笔又称脉冲发生器，是一种重要的数字测试仪器，主要用作检测集成电路中逻辑电路的工作状态。检测时，可用逻辑笔产生数字脉冲，并将它输入被测电路，再利用逻辑探头或逻辑线夹接触被测点，以检测逻辑电路电平的高低，来判断集成电路是否存在故障。

逻辑笔上一般有红、绿、黄三只信号指示灯，红灯表示高电平，绿灯表示低电平，黄灯表示所测信号为脉冲信号。

（4）集成电路芯片测试仪　集成电路芯片测试仪是用来检测集成电路芯片是否正常的一种仪器，它既能测试数字芯片，又能测试数字芯片外接存储器，能正确地判断单片机是否正常。

（5）测电笔　测电笔又称试电笔，用来测量交、直流电压的有无和高压充电电路是否正常的一种测试工具。

（6）高压测试计　高压测试计可检测 1~30kV 的电压。在检修复印机时，常用高压测试计检测电晕放电器上的高压。

（7）晶体管检测仪　晶体管检测仪可直接测试晶体管是否损坏，速度快、准确度较高。

二、电器维修通用工具

（1）螺丝刀　维修办公电器需配备各种规格的一字螺丝刀和十字螺丝刀，包括长柄螺丝刀和各种短柄多用螺丝刀，以适应不同的工作环境。为了防止螺钉掉入机内，最好选用磁性螺丝刀，以免带来不必要的麻烦。

（2）扳手　扳手分为活动扳手、固定扳手、梅花扳手和内六角扳手。其中小固定扳手用得较多，各种规格应配备齐全，以适应各种不同机型、不同部位的使用。

（3）钳子　钳子分为平口钳、尖嘴钳、活动钳和弯嘴钳等。

（4）镊子　镊子是维修时一种夹具，所配用的镊子应有平嘴形、尖嘴形和弯嘴形。各种镊子又有长柄和短柄两种，以适应不同情况的需要。

（5）什锦锉　什锦锉用来打磨触点，锉去变形多余部分。什锦锉分为圆锉、扳锉、三角锉，应配备全套。使用时，可自制一个套筒手柄，每一根什锦锉都能插入套筒之内。

（6）电烙铁　电烙铁是焊接电路元器件的重要工具。维修办公电器的电烙铁一般应选用35～50W为宜，功率太小不熔焊，功率太大又容易烧坏元件。

（7）剪刀　剪刀用来剪去电线、塑料板、胶带和铁皮等。选用合适的型号即可。

（8）毛刷　毛刷用来清除机器表面的灰尘和污物。根据需要选用大、中、小号即可。

（9）吹气球（皮老虎）　对于一些重要元件上的灰尘不能使用毛刷，只能用吹气球吹除，以免造成划痕。

（10）其他工具　如清洁工具、注射器、胶管和放大镜等。

三、办公电器专用维修工具

（1）塞尺　塞尺用来检测精度高的部件，如测量复印机电晕器组件电极丝的高度。

（2）游标卡尺　游标卡尺用来测量精度较高的部件，如检修复印机时，用来测量高速控制环与控制器、显影刮板与显影套筒之间的间隙。

（3）拉力计　拉力计用来测量传动部件、弹簧及绳缆拉力的一种专用工具。

（4）水平仪　水平仪是用来测量机器安装的平衡情况，如检修复印机时，用来测量复印机电晕丝的不平衡度。

（6）涨圈钳　办公电器中很多轴端采用槽式卡环定位，拆卸时常用涨圈钳来取下卡环，专门用于拆卸E形环、挡圈。

（7）打印头专用夹具。

四、办公电器常用维修耗材

（1）焊锡与松香　焊锡用来焊接焊点。焊接电路时应选用低熔点焊锡，焊接紧固件时应选用高熔点的焊锡，松香是助焊剂。

（2）焊锡膏　焊锡膏用来清除被焊部位的污物，使之焊接牢靠。

（3）浓酒精　酒精用来清洗污物，选用的纯度应在90%以上。

（4）曝光灯　曝光灯是复印机的专用材料。检修时，也可用普通荧光灯进行临时代用。

（5）遮阳布　遮阳布为不透光的黑布。因复印机感光鼓不能长时间光照，检修时，利用该布遮光。

（6）擦镜纸　擦镜纸用来擦除光学镜片上的污物，是一种耗材，应选用优质的，同时，在使用时应经常更换。

（7）电阻丝、热敏电阻和导线　电阻丝和热敏电阻较易损坏，检修时应准备配件，以便更换。

（8）其他材料　如链扣、502胶水、双管胶、橡胶指套、单面刀片、脱脂棉、干织物、纯净水以及标准复印纸和打字纸等。

第二节　复印机维修方法与检修技巧

一、复印机检修的基本原则

检查维修复印机的故障，应遵循先易后难、逐个解决的原则，充分利用自诊故障代码，逐个检查可能发生故障的部位，找出主要原因，对症检修直至解决问题。

(1) 先易后难　根据故障现象，依据实践经验，分析造成故障原因，逐个检查。

(2) 依据复印机提示的故障信息　许多复印机具备自我诊断功能，并且将检测到的故障利用代码显示在显示屏上，这时，可依据代码提示原因进行分析检查，找出故障部位和损坏元器件，并加以修复和更换。

(3) 按照复印六步法，分段查找　对于没有自诊断功能的复印机，应依据复印机工作过程：充电→曝光→显影→转印→清洁→消电等步骤进行检查；对纸路故障，应按搓纸→对位→分离→输纸→定影等顺序进行检查。

(4) 仔细记下故障现象，不可盲目通电试验　当复印机出现异常声响或异味时，应及时切断电源，记下故障现象，告知维修人员待故障排除后，再通电，以免使故障范围扩大。

(5) 电路调整要准确　电路中设置的可调元件，不能乱调。有的涂上颜色的，标明不准调整。对于允许调整的元件，应微调，有标明电压的，最好借助于万用表，监测着数据进行调整。

二、复印机故障检修的基本方法

(1) 保养检修法　静电复印机使用一段时间后，由于缺乏保养会出现故障，此时应按日常保养要求进行一次全面清洁保养，大部分故障可在清洁保养工作完成后即可排除。

(2) 直接检修法　比较常见、简单的故障，操作者可很直观地了解故障产生的原因，直接进行排除。

(3) 调整检修法　使用一段时间后，某些部件质量下降、老化，会造成复印质量下降，这时可以通过调整电路来补偿。例如，因曝光灯老化造成的底灰故障，可用适当提高曝光电压的方法予以排除。注意电压调整不易过高。在更换新灯管时，要调至原标准电压，以免造成复印品偏淡。

(4) 更换检修法　在静电复印机中，有些易损品和消耗品若不定期更换，便会引起故障，如光导体疲劳、显影剂疲劳、搓纸轮老化磨损、清洁刮板、老化损坏等。使用双组分显影剂的复印机，载体在使用10万张后，也应考虑更换。

(5) 观察检修法　有些故障，通过观察就能判断故障部位。例如有的复印机出现卡纸故障，都是在感光鼓部位。打开机器前门，在门电源开关中插入螺丝刀，使复印机能正常工作；按复印键，查看其工作情况，发现转印后的复印纸离输送带较远。停机检查输送带，原来是输送带手柄轴上的螺钉已脱落，而使输送带不能达到原来高度造成的。

(6) 代换检修法　对于有些故障部件难以确定时，可用代换法试验。把怀疑部件拆下，换上同型号部件，若故障消除，则说明换下的零部件是坏的；若故障依旧，则说明换下的零部件是好的，应继续代换其他可疑部件。光学系统中可代换的部件有曝光灯、感光鼓、清洁刮板。

三、复印机故障原因分析与检修技巧

(一) 根据机器运行情况分析判断

根据机器运行情况判断故障原因要稍困难些，因为它是在没有复印品输出的情况下进行分析和判断，这就要求维修人员对机器有深入的了解。

（1）电源开关打开后，操作面板指示灯全不亮

① 有无交流电源？应检查电源插头插座、导线、变压器是否正常。

② 机器内过压保护器是否弹出？应检查电源电压是否正常，过压保护器是否损坏。

③ 有无直流电源输出？应检查开关电源、变压器及电源电路相关元器件是否不良。

（2）电源开关打开后，操作面板显示灯乱亮

① 主控板有问题，应检查主控板上微处理器、存储器、供电电路、电容电阻是否不良。

② 操作线路板显示电路可能有问题，应检查显示控制电路元器件是否损坏。

③ 可能附近有诸如电焊机、电动机等大功率电器工作。

④ 电源电压极为不稳，应检查开关电源、变压器及电源电路相关元器件是否不良。

（3）机器显示出故障代码❶

复印机一般都具有自诊功能。机器发生故障时，CPU 检测各传感器的状态，判断出故障部位并用代码显示出来，便于使用、维护人员检修。

（二）根据复印品质量分析

根据复印品质量上的疵病来判断故障所在部位是维修中经常采用的一种方法，它的基础是必须对复印机整个复印过程、复印基本原理了解。复印件质量不好是复印机最常出现的故障，此种故障可占总故障率的 60％以上。以下是具体故障的检修方法与技巧。

1. 复印件全黑

（1）曝光灯管损坏　观察曝光灯是否发光，不发光时可检查灯脚接触是否良好，是否为曝光灯管损坏、断线或灯脚与灯座接触不良等原因。

（2）曝光灯控制电路故障　检查各处电压是否正常，无电压时应检查控制曝光灯的电路是否有故障，必要时更换此电路板。

（3）光学系统故障

① 复印机的光学系统被异物遮住，使曝光灯发出的光线无法到达感光鼓表面：清除异物。

② 反光镜太脏或损坏，以及反光角度改变，光线偏高，无法使感光鼓曝光：清洁或更换反光镜，调整反光角度。

（4）充电部件故障　二次充电部件故障（仅限 NP 复印法），检查充电电极的绝缘端是否被放电击穿，电极与金属屏蔽罩连通（有烧焦痕迹），造成漏电。

2. 复印件全白

复印件全白故障分为感光鼓上有图像和感光鼓上无图像两种情况。

（1）光鼓上有图像

① 转印电极丝接触不良：重新接通。

② 转印电极丝断路：更换电极丝。

③ 转印电极高压发生器损坏或高压线接触不良：检修更换高压发生器或重新接通高压线。

（2）感光鼓上无图像

① 充电电极接触不良或电极丝断路：重新接通充电电极或更换电极丝。

② 充电电极高压发生器损坏或高压线接触不良：检修更换充电高压发生器或重新接通高压线。

③ 控制显影器的离合器老化或损坏：更换离合器。

---

❶ 传真机打印机复印机故障代码速查手册. 化学工业出版社，2009 年.

④ 显影器脱位或驱动齿轮损坏：重新安装到位或更换驱动齿轮。

⑤ 感光鼓安装不到位：重新安装。

3. 复印件图像时有时无

原因在于充电或转印电极到高压变压器的连线或高压变压器本身损坏。

检查时，可打开机器后盖，拆下电极插座。按下复印开始键后，用电极插座的金属部分碰触机器金属架，如发现放电打火现象，证明此电极是好的。如没有放电打火，则高压变压器输出端不良，需要更换。如果两个电极插座均有放电打火现象，说明高压变压器无问题，而是插座与电极的连接不良，或是电极本身有漏电、接触不良的现象，应进行修复。

4. 复印后复印件出现底灰

复印件上有深度不等的底灰，是静电复印机中一种常见的现象，而且是一个难于解决的问题，复印件上有无底灰存在是鉴别其质量好坏的重要标志之一。

① 曝光不足，原因包括曝光灯老化，照度下降；光蓬开得太小，曝光量小。可调整曝光电压、光缝或更换曝光灯。

② 原稿反差太小。

③ 复印纸受潮。

④ 显影偏压过低或无显影偏压：调整显影偏压，检修显影偏压电路。

⑤ 显影器中载体比例小，墨粉比例过高，造成均匀的底灰，而且比较浓。原因是游离的墨粉过多，载体难以吸附。这时要重新调整载体与墨粉的配比。

⑥ 墨粉、载体受潮，电阻率下降，墨粉与载体的带电性变差，造成显影效果不良：更换墨粉或载体。

⑦ 载体疲劳（包括湿法显影和干法显影），使载体对墨粉的吸附能力下降，容易使墨粉游离而被残余电位吸附，产生底灰。

⑧ 墨粉与载体不匹配，不为同一机型所用。

⑨ 感光鼓疲劳：清洁或更换感光鼓。

⑩ 所接机器电源过低：应保证电压不低于220V。

5. 复印件颜色淡，对比度不够

① 感光鼓表面充电电位过低，造成曝光后表面电位差太小，即静电潜像的反差小：调整充电电位或调整充电电极丝与感光鼓的距离。

② 复印机工作的环境湿度过大，纸张含水率过大造成。

③ 复印纸的理化指标没有达到要求，如纸张厚度、光洁度和密度等原因造成。

④ 机电方面的原因有转印电极丝太脏，沾有墨粉、灰尘、纸屑，影响转印电压；转印电极丝距离感光鼓表面（纸张）太远，转印电流太小，不能使纸背面带有足够的转印电荷，影响转印效果：清洁转印电极丝或调整转印电极丝与感光鼓的距离。

⑤ 显影器中墨粉不足，无法充分显影，造成显影对比度不够。

⑥ 在液干法显影中显影液陈旧失效，造成载体缺少或疲劳失效，带电性减弱，使得显影不足。

6. 复印件图像清晰度差、分辨率低

① 复印时曝光量过大所致：调整曝光电压或光缝。

② 复印镜头、反光镜的聚焦不良：调整镜头与反光镜的距离与角度。

③ 硒感光鼓工作时间过长，表面污染残留墨粉过多，或产生氧化膜：清洁或更换感光鼓。

④ 墨粉颗粒太大，显影图像表面粗糙，造成分辨率下降。如出现由于图像发黑而造成不清晰，应考虑可能是显影器下墨粉太多。

7. 复印件图像浓度不均匀

复印件复印出的图像不均匀分两种情况：一种是有规则的不均匀；另一种是无规则的不均匀。

（1）出现有规则的不均匀故障原因

① 电极丝与感光鼓不平行，造成转印电晕不均匀。

② 曝光窄缝两边不平行，造成曝光量不均匀。

③ 机内有乱反射光的干扰。

④ 显影辊与感光鼓表面不平行，液干法显影中挤料辊与感光鼓不平行，显影间隙两端不等，均会造成上述的不均匀。

（2）出现无规则的不均匀故障原因

① 复印纸局部受潮。

② 曝光灯管、稿台玻璃等光学部件受污染，影响光反射和透射的均匀。

③ 充电和转印电极丝污染，造成放电的不均匀；应经常保持电极清洁，使放电均匀。

④ 采用热辊定影的机器，由于加热辊表面橡胶老化脱落、有划痕，或定影清洁刮板缺损，使辊上局部沾上污物，形成污迹。

⑤ 搓纸辊上受墨粉污染，搓纸造成污迹。

⑥ 显影器中黑粉漏出，洒落在纸上或感光鼓上。

8. 复印件图像上有污迹

① 感光鼓上的感光层划伤。

② 感光鼓污染，如油迹、指印、余落杂物等。

③ 显影辊上出现固化墨粉。

④ 热辊定影的机器，由于加热辊表面橡胶老化脱落、有划痕，或定影辊清洁刮板缺损，使辊上局部沾上污物，形成污迹。

⑤ 搓纸辊上受墨粉污染，搓纸造成污迹。

⑥ 显影器中墨粉漏出，洒落在纸上或感光鼓上。

9. 复印件图像上出现白色斑点

① 显影偏压过高：调整显影偏压。

② 感光鼓表面光层剥落、碰伤：清洁研磨或更换感光鼓。

③ 由于转印电极丝电压偏低，造成转印效率低所致。

④ 复印低局部受潮也可能出现白斑。

第三节　传真机维修方法与检修技巧

一、传真机检修的基本原则

1. 维护为主，检修结合

要使传真机性能始终处于良好的工作状态，搞好平时的维护和保养是关键，这样也必然会使机器的故障率下降，而定期的设备预检和及时的故障检修，则可使设备的完好率和可靠性进一步提高，从而保证在关键时刻通信联络不致因设备故障而阻断。如果在通信联络的过程中出现机、线、设备故障，应及时采取各种措施以保证通信联络不中断，然后查出故障性质、部位和地点，及时排除

2. 先主后次，先急后缓

维修时，应遵循先主后次、先急后缓的原则。具体检查时，一般应按照先外部后内部、

先观察后测试、先电源后主机，先机械后电气、先静态后动态，先普通后特殊的原则进行，在分析缩小故障产生范围时，其一般的顺序是，先初步判定该级电路是直流电路还是交流电路，一般应按直—交—管—校的顺序进行，即先查直流，后查交流，再检测管子，最后进行频率校准。

3. 选定目标，清除障碍

对于一般维修，必须进行有针对性的拆装，要维修的部件和元器件的位置必须搞清楚，做到心中有数，以省时、省力，提高效率。对于要拆取的某些元器件、零部件，要仔细观察它原来的装配位置和标记，对某些有一定联系的零、部器件，如螺钉、卡片的固定、电缆插头的连接等，及时把这些"联系"切断。

4. 由表及里，步步深入

要严格按照传真机的拆装步骤操作，保证拆装的正常进行。有些要拆装的零、部、器件可能被另外一些零、部、器件所掩盖，当需拆取某些内部的零、部、器件时，必须先把外边的零、部、器件去掉。对于多层重叠零、部、器件结构，要取其较内部的器件时，必须由表及里地逐层去掉外部结构，最后对所拆卸的部件进行处理。

二、传真机检修的基本方法

在检修的过程中正确判断故障部位是维修传真机第一步的关键所在。而传真机的检修方法一般可以归纳成下面七种。

1. 询问观察检修法

询问法就是维修人员向用户询问传真机在出现故障前后的有关情况，以尽可能明确造成传真机发生故障是人为因素还是外界其他因素，这样可以对机器故障做一个简要分析。维修人员还可通过观察传真机拆卸前的通电是否异常、屏幕显示是否正常、拆卸后的电路连接是否良好、保险丝是否熔断、电阻有无烧坏痕迹、电解电容器有无鼓胀现象等，快速找出比较明显的故障元器件，以缩小检查范围。

2. 经验判断资料检修法

在检查传真机故障时，有许多故障可凭经验进行检修，如出现机内有纸但传真机显示无纸，一般为纸检测传感器脏污或损坏。再如不能切断传真纸，一般为切纸刀磨损、切纸电动机损坏或切纸电动机驱动电路不良等。

一般在各种型号的传真机的随机资料中均附有常见故障表，维修人员根据故障现象去查找故障表，也可大致判断出故障所在部位、产生原因和排除方法。

3. 自诊故障代码检修法

自诊法是通过运行传真机中自有的诊断程序，对传真机的系统工作状态进行诊断，将诊断的故障内容以代码的形式在其屏幕上显示，维修人员根据这些故障代码去查阅相关的技术资料，便可迅速准确地进行故障定位。如果传真机的电源或主控电路及操作板出现异常，自诊法将失效，因此此法有一定的局限性。

4. 静态电阻测量检修法

静态电阻测量法是在不加电的情况下，通过测量电路元器件的开路电阻或在路电阻是否正确，从而判断元器件是否正常。为检测方便，有时需焊开元器件的其中一脚，以便准确测量元器件的开路电阻值。在检修传真机的过程中，静态电阻法主要用于检测电气元件、晶体振荡器是否开路或击穿、传感器是否损坏、电机绕组是否开路、CCD是否不良等。

5. 动态电压测量检修法

动态电压测量法就是在加电的情况下测量被测电路或元器件的电压是否正常，从而判断电路电压或元器件是否正常。在修传真机时，它除用于测量主电路板上关键点的电压是否正常外，还用来测量步进电动机是否有步进脉冲电压，从而断定步进电机驱动电路是否正常。它可测量开关电源各种输出电压是否正常，测量切纸电机有无驱动电压，测 CCD 电压及测电话线电压是否正常，以判断线路是否正常。使用动态电压测量法检修传真机较为准确，但应了解被测试点的正常电压值。

6. 元器件代换检修法

元器件代换法是对不便测量或测量不准确的被测元件，通过观察替换前后的工作状态来确定被替换部件是否损坏。这是一种非常实用的故障判断方法。若代换后故障消失或减轻，则说明被代换元器件有故障；否则，说明被代换元器件正常。这在查找微漏电的电容器件时特别有效。在替换电路部件时，要确保被替换部件不是因为电路短路所造成的损坏，否则正常部件仍有再次受损的可能性。在替换机械部件时，要确保被替换的部件安装正确，否则替换后仍会产生运转异常。

7. 软件检查法

软件检查法就是采用在传真面板上输入一定的命令，通过传真自检显示一定故障代码以判断故障大致范围的一种方法。如 CED 信号频率不正常、密码通讯失败的校正、切纸方法错误等，都可通过软件检查法进行维修。采用该方法不仅能查出故障原因，而且还能直接排除故障。

三、传真机检修的注意事项

① 传真机的电气、机械部分在出厂前已由专门的标准仪器校准了，因此不宜进行频繁的装、拆调整。

② 电机和轴承的技术标准要求较高，一般情况下只能进行维护，切不可随意拆卸。必须拆卸时，切勿用力敲打，以免碰损电机定子绕组和影响力学性能。

③ 进行全面维护前，应去掉电源，并对高压滤波电容放电。

④ 不得任意改动元件位置、引线去向，更换元件和导线时应保持与原件一致。

⑤ 机内各可调、可动部分不得随意调动。

⑥ 擦拭光学镜头时，应使用镜头纸，切勿用手或普通纸、布擦碰镜头，以免污染和划损镜片。

⑦ 给机械传动部分加润滑油时，应按说明书规定的标号加注。在没有标准油脂的情况下，可选代用品，但要注意油的纯度与黏度。加注齿轮部分的润滑油，夏季一般选用黏度较大的，以防其熔化甩出；冬季则应选择黏度小些的，以免造成转动困难。

四、传真机的常见故障检修方法与技巧

传真机是光机电一体化的办公设备，70% 以上的故障属于电路故障，传真机电路主要由电源、通信、网络控制系统构成。

1. 电源电路常见故障检修方法

传真机开关电源负责主电源（工作中）和辅助电源（待机中）的供电，主电源由开关控制电路（辅助电源供电）的 CPU 启动。

（1）传真机不启动　检查有无 5V 辅助电源，从而确定故障是开关电源还是控制电路。若是控制电路出现问题，先检查 CPU 控制信号是否正常，该信号如不变化，直接检查 CPU 系统电路，CPU 有输入信号无输出控制信号，检查 CPU 系统电路时钟和复位信号。对开关电源，检查有无 300V 电压，若有则确认振荡电路是否起振以及起振时开关管基极电压是否变化。

（2）接通电源，机内保险管立即熔断　故障表明传真机电源被严重短路，重点检查交流

输入和整流滤波电路。

① 整流桥内部二极管被击穿　若整流桥堆 1 对或 4 个二极管全部被击穿，则直接将 220V 交流电短路，强大的短路电流致使保险管立刻熔断。若整流桥交流输入端两脚之间电阻值很小或直流输出端正反向均导通，表明整流桥内部某处短路，更换整流桥。若两次更换保险管后，故障依旧，不应再换，多是电源自身存在问题。

② 主开关振荡电路开关管烧毁　若整流桥良好，检查电源振荡电路开关管（多为 2SC 系列大功率 NPN 晶体管或 2SK 系列场效应管），尽量选择同型号器件替代，这样相关技术参数不会有较大变化。否则选择性能相近的管子，通常开关振荡管工作电流较大，振荡峰值电压较高，因此这两项参数应选高一些，如电流 8～10A，耐压 800～900V。安装时注意管子与散热片的绝缘。

③ 压敏保护电阻被击穿　某些传真机电源内部，由 1 个压敏电阻实现过压保护，一旦过压，压敏电阻阻值急剧减小并被击穿，将负载短路。若确认仅是压敏电阻被击穿，电路无其他问题，可将压敏电阻焊下，开机试运行，稍后更换压敏电阻。

（3）开机后，电源指示灯不亮

① 交流供电不良　确认电源插座是否有电，有些劣质接线板由于接触不好易出现这种情况。

② 保险管熔断　若供电正常，则检查电源内部保险管（有些传真机外部另有 1 个）。如保险管熔断，不要急于更换，先查清熔断原因。

③ 整流桥开路　电源滤波电容耐压较高，电感线圈线径较粗，因此滤波器件不易损坏，整流桥则易损坏。用万用表测量整流桥有无约 300V 输出，若无输出，更换整流桥。整流桥耐压和电流参数比较重要，选择耐压超过 600V 的较保险。电流选择取决于传真机电源功率，一般选用 6～10A 即可。

④ 关键元件损坏　若以上各项均正常，则可能是电源输出通路上电阻损坏。该电阻一般功率大、阻值小（约几欧），因此通过电流较高，容易被烧毁，从该点断开整流后的直流电压。电阻烧坏时，滤波电解电容也会受到 300V 直流电压冲击，外观鼓涨，塑料膜涨裂，应更换。

2. 通信、网络控制系统常见故障检修方法

传真机通信分为收报和发报，包括 A（呼叫）、B（报文前）、C（报文中）、D（报文结束）、E（切断）5 个阶段。

（1）收报故障

① 人工收报时通信失败　交换机向收报方传真机振铃，收方用户摘机，按下启动键，CML（传真/电话转换继电器）应动作，将传真机转接到线路上，通信成功。若 CMI 不动作，应检查控制、直流检测、CML 驱动电路。

② 自动收报时通信失败　传真机设定在自动接收方式，由振铃检测电路检测 16Hz 振铃信号，并将其送入 CPU，控制继电器驱动电路，将传真机转接到线路上。若电话振铃后不能转入自动接收，检查振铃检测电路，检测振铃后送入 CPU 的信号是否变化，若均正常仍不能接收，应检查振铃次数是否设置过多。

③ B 阶段故障　若本机控制信号送不到外线，排除接线错误后，检查负责通信规程的多规约序列控制器、网络控制板或控制电路。若传真进入训练状态降速到 2400bps 后掉线，应检查通信线路和对方调制器。

④ C、D 阶段故障　记录纸开始动作表示传真机进入 C 阶段，表明收报和发报电路正常，可以传送报文。若此时线路干扰严重，导致错误量超出本机容限，传真机将自动停止接

收，同时发出报警信号。传真机通信进入 D 阶段之前，本机内部电路已基本运行了一次，因此 D 阶段故障多属线路方面原因。

（2）发报故障　发报分成人工发报和自动发报。若传真机收报正常，一般本机发报也正常。发报过程类似收报，A 阶段摘机检测，继电器吸合，B 阶段传送控制信号，C 阶段传送报文，D 阶段报文结束，E 阶段报文释放。故障检修时应注意：

① 发送电平应控制在 0～13dB 内，若传真通信不正常，可以提高发送电平；

② 电话能拨通对方，用传真机始终拨不通时，通常是拨号方式及参数设置不正确；

③ 不通话直接发传真，对方已收到完整报文，发方传真机却显示通信出错信息，这是正常的。

3. 传真机常见综合故障原因与检修方法（以 TCZ-501A 传真机型为例）

① 接通传真机电源，LCD 无显示，整机无动作。多为电源电路滤波电感开路。

② 接通传真机电源，LCD 无字符显示但有背光。查为传真机右侧线排内有多根线磨断所致。

③ 接通传真机电源，LCD 无显示，整机无动作。查电源电路无明显虚焊、脱焊现象，故障多是热敏保险电阻开路。

④ 显示正常，但放入文稿后，机器不启动。故障通常是原稿检测传感器失效引起，清洁传感器，故障即可排除。

⑤ 复印件全黑，发送信号对方收不到，但接收正常，查两者的公共电路、图文信号读取和记录部分，是紧贴型 CIS 图像传感器（信号读取）的 +24V 电源不正常所致。

⑥ 复印件全白，不能接收但发送正常。查扫描和记录电路，故障一般是电源 XP1 插座引出线排到记录头的 6 根线（在传真机左侧）磨断所致（此故障在 TCZ-501A 传真机中最为常见）。

⑦ 外接电话机，无拨号音，其他功能均正常。查接线柱和相应转换控制电路，发现故障为接线柱内接线开路。

⑧ 复印、发送时文稿不走纸，接收正常。查传感器和电机控制电路，发现文稿放入时，LCD 显示已装入，说明传感器正常，故障多由于发送步进电机不动作，是 +24V 电机驱动电路损坏所致。

⑨ 开机显示屏显示正常，当进行复印、收、发文稿等操作时，显示屏字符显示缺笔画，并不停闪动，不能进行任何操作。查电源电路板的 +5V 电压，发现只有 2.8V 左右，故障多为 +5V 电源的一个滤波电容（100μF）干涸所致。

⑩ 在文稿发送完后不停机。故障多为文稿末端检测传感器损坏所致。

⑪ 接收或复印时，复印件中有几行字拉长。查电机和机械部分，故障多为复印和接收机构中的一个齿轮损坏所致。

⑫ 复印和发送效果差。查 ADF 辊和紧贴型 CIS 图像传感器，故障多为紧贴型 CIS 图像传感器表面太脏所引起。

⑬ 合盖后，面板报警指示常亮，LCD 显示"请关上前盖板"。查前盖板状态检测开关和相关电路，多为前盖板状态检测开关损坏，取下自行修复即可。

⑭ 开机显示正常，按所有面板操作键，有响声但 LCD 显示不变化，其他操作均失灵。故障多为面板上的某一按键按下不弹起（短路）所致。

⑮ 交流供电时，工作正常，但使用 +24V 直流供电时，面板不显示。查 +24V 接入和转换电路，发现故障为电源板上 +24V 接入处正极连接的印刷线路已烧断，可能是由于外部 +24V 电源短路打火引起。

⑯ 复印正常，但不能接收。查调制解调器板，故障多是由于接 6 根黄线的连接头接触不良所致。

⑰ 每次开机都重新设置参数。故障多是由于主板上的 4.5V 记忆电池损坏所致。

⑱ 开机出现死机，或面板显示和乱码，操作各键不起作用，或不能改变参数。故障多是由于复位系统出错引起，排除故障时，只要将主板上的 4.5V 记忆电池取下，放置 30min 左右，重新装上即可。

第四节　打印机维修方法与检修技巧

一、针式打印机维修方法与检修技巧

1. 针式打印机的日常维护与保养方法

① 新打印机在使用前，最好先用软棉或棉纱蘸少量润滑油将打印头滑动杆拭上一层，注意不要污染其他机件，再将打印头来回滑动几次。以后使用时最好半年左右上一次润滑油。

② 打印机的工作环境应避免阳光直接照射，不要把打印机放置在高温、潮湿、灰尘较多和有静电的地方及环境中，同时打印机的插头最好不要与电功率大的电器共同使用一个电源插座。

③ 打印头色带使用一段时间后，表面开始起毛或破损，这时应立即更换色带，否则有可能使打印头断针。在选色带时应选质量好的，因为打印色带的好坏直接影响打印的效果和打印头的寿命。

④ 机器工作时，不要让打印针直接击打在胶辊上，这样极易损坏打印头，也会极大地磨损胶辊，影响打印效果。平时要保持胶辊表面的清洁，如果表面出现凸凹不平或磨损比较厉害，就不要再继续使用，应及时更换打字胶辊，以免造成打印头断针。

⑤ 从打印效果和打印头的寿命出发，打印头和胶辊（卷纸轴）之间的距离应随纸张的厚度加以调节，不可将两者的距离调得过大或过小。

⑥ 打印头在使用一段时间后，一定要进行清洗。清洗方法：找一个小水杯，口径比打印头稍小，在水杯中倒入 3cm 左右深的无水酒精，将打印头放入杯中浸泡，每隔一段时间用手轻轻摇动一下，半小时后取出打印头装上。先不要装色带，用一张吸水性好的打印纸反复打几遍，当打印头上的酒精挥发后即可装上色带打印了。

⑦ 打印机使用过程中出现走纸不齐或卡纸故障时，切忌用手拉扯纸张，这样容易拉伤打印头前塑料的色带保护片，应采用自动退纸或转动滚轴旋转将纸取出。

⑧ 成批打印表格时，要间隙打印，且每次打印时间不能太长，因为打印表格时只有少数针工作，容易使打印针复位弹簧疲劳，导致弹性变差而引起断针。

⑨ 必须在电源切断的情况下拔插电缆线，同时插头上的紧固装置应固定好，以免接触不良，否则将会削弱机器的抗干扰能力。

⑩ 打印机必须接地，打印机本身的逻辑地和机架地是绝缘分开的。交流 220V 电源通过滤波器输入，滤波器中电容接机架地，因此若主机接地了，主机的逻辑地是和机壳地连在一起的，所以打印机也必须接地，否则将在主机和打印机之间产生一定的电压差，极易损坏打印适配器和打印机接口电路。

2. 针式打印机打印头的检修方法

针式打印机有一个致命的弱点，就是打印头中的打印针易断针，因此检修针式打印机，打印头是一个非常重要的部位。当针式打印机出现漏线故障时，大多是由于打印头断针所

致。检修时，可用无水酒精擦净出针处，如有缺空针位，则大多是由于断针造成，若无则是其他故障导致不出针，如信号线断路、打印针线圈烧毁或打印针导向孔堵塞等。出现断针后，可将断针换掉后继续使用。下面介绍几种通用针式打印机的打印头换针方法。

（1）LQ-1900K/LQ-1600KⅢ/LQ-1600K4型打印头换针方法 LQ-1900K/LQ-1600KⅢ/LQ-1600K4打印头为双层针排列结构，打印针分长、短两种规格，各12根，长针的长度为36mm，短针长度为26mm。该打印头的24根针分奇、偶双列排列。从打印头前面的导向板端看，左面一列为奇数，右面一列为偶数。其中长针为：2、6、10、14、18、22、3、7、11、15、19、23（mm）；短针为：4、8、12、16、20、24、1、5、9、13、17、21（mm）。

首先用打印头断针测试程序检查出哪几号针出现故障，然后切断打印机电源，取下色带盒，用十字头螺丝刀卸下两个打印头的固定螺钉，从两边捏住打印头的散热片（即外壳），轻轻地向上提起打印头，就可以看到连着的两根柔性扁平电缆，拔去电缆，便可拿出打印头。用酒精棉球擦洗打印头前面的墨污，查看一下是否有缺针情况。若有断针，则进行换针。换针前应准备好工具，主要有镊子、刀片、金刚锉、钢尺、油石和打印头专用夹具（一种专门用于拆卸打印头散热片的工具）。先用十字头螺丝刀卸下固定打印针套和散热片的两颗螺钉，用专用工具退下散热片，可以看到该打印头有好几层结构，然后按以下顺序换针。

① 将打印头的头部朝下，挑开固定上、下两层打印针的三角爪，取下最上面的后铜盖，便可看到环行分布的12根长针，从测试结果区分出所断的针是长针还是短针，然后确定所断长针的位置，用镊子取出断针放在一边；如果还有短针断针，则要把长针全部取出，再用刀片沿着中间的黄色铜垫片下方分开，露出12根短针，用同样的方法取出断针。继而从打印头上取下一根好针（取长针还是短针要视所断针而定），然后用钢尺精确量出该针的长度，将新针按所量的尺寸用金刚锉磨好（注意将针的头部毛刺磨去）后，再从原来的位置上插入。换好后用手轻压这12根针的尾部，使针头从打印头前面的导向板探出，此时应看到1号针和24号针位置上有针露出，且各列的针与针之间应间隔一孔，若有位置插错，必须重新调整。同时，当手指放开后每根针都能立即收回，保证每根针的出针都畅通。再合上铜座，注意在合上铜座之前还必须让每根针的定位销落入其槽内。

② 在确认短针全部到位后，将上层线圈座（即长针线圈座）连同底座（铜座）一起压上，用一组+10V的直流电压分别施加到各组打印针的驱动线圈上（加电时间要短，一般应小于1秒，相当于在线圈上施加一个脉冲电压），以此测试每根打印针出针的灵活性和飞行距离的一致性，以免在装好上层打印针（长针组）后再返工。

③ 按照原顺序安装上层针。将长针层定位孔连同线圈座一起装上，检查边上没有缝隙后就可以安装长针了。长针只须照着对应孔位置插下去即可。长针自尾部到探出头，要经过好几道导向槽，最上面的槽孔是很容易插下去的。第二道槽孔稍微难一些，只要穿过去，打印针就能顺势而下，很容易到达所在位置。同样用手指压住12根针的尾部，针头应从打印头前面的导向板探出1mm，表示换上去的针是好的。全部插入后，检查一下每根长针的定位销必须落入其槽内后，再合上后铜盖，此时从侧面看应无缝隙。最后装好三角爪，套上散热片，按照短针组的测试方法用+10V电源检查长针组，确认正常后便可装到原打印机上进行测试。测试之前，先不要安装色带，开机自检打印一张单页纸，以防新针挂色带。再用打印头断针测试程序进行测试，确定正常后就可以投入使用。

（2）AR-3200/CR-3240型打印头换针方法 针式打印机的打印头结构上基本相同，除打印针复位弹簧的弹力和驱动线圈阻值不一样外，其他均一样。打印针都是单层排列结构，长度为35.2mm。检查断针方法同上述的EPSONLQ系列打印头一样。换针按以下步骤进行。

① 将打印头的头部朝下，拆下打印头的黑色塑料外壳，取下一块活动的工字形垫板，再用手掰开两个金属固定卡子后，依次取下后盖板、打印针衔铁压簧片和白色塑料托架，就可以看到呈环行排列的 24 根打印针的衔铁。

② 用镊子取出断针（用镊子取断针时，动作要轻，勿把打印针下面的尼龙销子和复位弹簧带出来），同样再从该打印头上取下一根好的打印针，用钢尺精确量出该针的长度，把新针按所量的尺寸，用金刚锉磨去针头部毛刺后，再从原来的位置上插入，用手指轻压 24 根针的衔铁，使针头从前面的导向板上露出，观察 24 根针是否全部出来。

③ 按照原来的顺序依次装回白色塑料托架、打印针衔铁压簧片、后盖板及固定卡后，装上打印头外壳，用一组 +10V 的直流电压分别施加到各组打印针的驱动线圈上（方法同 LQ 系列打头头），依次测试每根打印针出针的灵活性和飞行距离的一致性。

④ 把打印头装回到原打印机上，先不装色带，自检打印一张单页纸（以防止新装的打印针将色带挂断）后，再用打印头断针测试程序进行测试，检查正常后便可使用。

（3）打印针线圈故障检修方法　打印头另一个常见故障是驱动线圈损坏。判定驱动线圈是否损坏的方法是：将一根打印头电缆一端插入打印头，用万用表测量另一端对应的驱动线圈的直流电阻，一般驱动线圈的直流电阻应为 $33\Omega \pm 2\Omega$。如果测得的阻值偏差较大，可能是线圈开路或短路，会引起不出针或出针无力的现象。测试时可将万用表的一只表笔接公共端，另一只表笔接各个驱动线圈的对应点。更换单个线圈时，可先用吸锡器将线圈上的焊锡去掉再用刀片将周围的胶割开，取下单个线圈，更换即可。

引起打印驱动线圈开路故障的原因大多是主板上的打印针驱动管损坏。驱动管被击穿短路，会引起驱动电流过大，将驱动线圈烧坏。判断驱动管是否有故障，可用万用表测量打印头电缆：红表笔接公共端（公共端为驱动电源正极），黑表笔接驱动管的各个对应位置。正常时，测得的直流电阻应为 $18k\Omega$ 左右，如偏差较大，则说明该驱动管已损坏。每个驱动管对应一根打印针，例如 LQ-1600K 打印机主板上有 24 个驱动管 Q1～Q24，分别对应 1～24 号打印针。

（4）打印头电缆故障检修方法　通用针式打印机中打印头的连接电缆一般都采用塑料柔性带状电缆（扁平电缆）。打印头电缆故障一般用万用表的电阻挡进行检查。方法是将万用表的两只表笔分别搭在所查电缆两端的对应线上，测量其电阻值是否为零，必要时还要在折痕处做弯曲试验，观察万用表上所测阻值有无变化。一旦确诊该电缆上有断线后，必须用相同的打印头电缆更换，不能用焊接的方法处理断裂部位，否则在使用过程中稍有不慎会引起信号短路，严重时将导致信号对地（机架）短路，致使针式打印机主控电路出现故障。

当打印头电缆出现折痕，而未折断时，可截取一段约 1.5cm 的粘胶带，随后用一条长约 0.5cm、宽度与粘胶带宽度相同的薄纸片粘贴到胶带的中部，以免胶带中部与电缆线粘在一起。然后使电缆在折痕处微微向外弯曲，让纸片对正折痕，将胶带粘到电缆线上。这样，胶带片产生的拉力就会始终迫使电缆线在折痕处微微向外弯曲，从而使电缆线在折痕处产生一个适当的向外张力，就可以避免打印头在打印过程中向右运动致使电缆线在折痕处产生折卷，防止打印头电缆中信号线的折断。

3. 针式打印机其他部件的检测方法与技巧

（1）字车机构故障的检修　正常情况下，针式打印机字车机构中的字车左右位移应平滑稳定，这样在打印机开机后，无论字车在原来什么位置，都能返回左端初始位置，在打印机工作时字车承载着打印头来回运动。如字车出现故障，就会使打印头移动不到位或根本不移动，导致不能完成打印工作。

字车检查顺序一般为：打印机字车机构（机械故障）→字车电机（各相线圈阻值和力

矩)→字车电机驱动输出插座的电阻值（正、反相电阻）→字车电机驱动电源电压—驱动电路输入、输出端的对地电阻→字车电机相位控制电路。

字车故障主要有以下几种：

① 字车机构中污物太多，常常会引起字车不能顺利归位，这时可用清洗的办法排除故障；

② 字车机构机械故障，如字车皮带磨损、前后导轨平行度变位等，也会使得字车不能顺利归位、移动，这种情况只能更换字车皮带或字车导轨。

（2）字车电机故障的检修　字车电机本身故障主要是步进电机的一组或多相绕组线圈烧坏（短路、开路），这种故障可用万用表直接测量电机线圈绕组的直流阻值，再与正常阻值（一般来说，电机的四组线圈不会全部烧坏，总有一组或多组是好的）比较，进行判断。若电机线圈的一相或两相烧坏，只要线圈骨架不变形（用手转动转轴，无明显卡涩即可），可以按照该电机原来的线径和匝数（在拆已烧坏的线圈时，注意数一下匝数，再用分厘卡量一下线径）自行绕制；若电机的线圈骨架已严重变形，则应更换新电机。另外，打印机在长期使用中，由于振动等原因，可能会造成电机中磁钢部分退磁，致使电机转动力矩不足，导致打印机在打印过程中字车移动困难。遇到这种情况则应更换同型号的新电机。

（3）切换电路故障的检修　对于采用"高压驱动低压锁定"字车电机驱动系统的打印机来说，如 AR-3240、AR-2463、AR-3200、LQ-1500、LQ-800/1000 等打印机，经常会出现高/低压切换电路中供给高压的三极管 c～e 极极间击穿或开路的情况。若 c～e 极极间击穿，驱动高压就一直加在步进电机的绕组上，这就有可能进一步引起电机绕组烧坏，并烧坏用作驱动步进电机相位信号的三极管。若 c～e 极极间开路，高压不能供给字车电机，电机不运转，字车就不动。另外，也有可能在高/低压切换的控制信号部分出现故障。此时，则应根据具体打印机机型的电路，予以检测和排除。

（4）字车电机缺相故障的检修　打印机在加电工作后，若字车步进电机的四相绕组上有一组或两组开路，就会出现字车在原来位置上抖动或字车乏力，甚至字车不动。这种现象有可能是字车电机的插头接触不良或断线，也有可能是字车电机控制与驱动电路中相位控制部分发生故障。由于各种打印机的电路有所不同，因此要针对具体电路进行分析测试，查出故障点，予以排除。

（5）步进电机驱动器或其外围电路故障的检修　步进电机驱动器是一些打印机用于控制与驱动字车电机的三极管或专用集成电路。如 AR-3240 和 M-2724 打印机中的字车步进电机分别采用三极管 D1579 和 D1789 作为各自的字车电机驱动器，而在 DLQ-2000K、AR-4400 和 CR-3240 打印机中则用 SLA7026M 作为字车电机驱动器，若这些器件损坏，字车就不能正常工作，只有更换损坏的元器件才能排除故障。

（6）字车电机驱动电路故障的检修　CPU 通过专用门阵列电路（如 LQ-1600K 打印机中的 E05A09BA）或 I/O 接口电路（如 DLQ-2000K 打印机中的 E05A24GA 和 AR-3200 打印机中的 XBL-2）对字车电机驱动电路进行控制，若这部分电路损坏就会影响字车的正常运行，甚至在打印机加电工作时字车不返回初始位置。应仔细检测专用门阵列电路和驱动电路相关元器件是否损坏，找出原因，才能排除故障。

二、喷墨打印机维修方法与检修技巧

1. 喷墨打印机的日常维护方法及事项

喷墨打印机因为操作简单、打印效果好、噪声低而日益成为办公电器的首选产品。如果经过长期使用，不正确维护与保养，它也会发生不少故障，因此，在日常使用中应注意以下维护事项。

① 机器的正确安放和操作。必须确保打印机在一个稳固的水平面上工作，避免阳光直射、环境温度过高和潮湿；不要在打印机顶端放置任何物品。打印机在工作时必须关闭前盖，以防灰尘进入机内或其他坚硬的物品阻碍打印车运行，引起不必要的故障。

工作时，必须掌握正确的操作方法和程序，禁止带电插拔打印电缆，这样会损坏打印机的打印口以及电脑并行口，严重时甚至会击穿电脑主板。如果打印输出不太清晰，有条纹或其他缺陷，可用打印机的自动清洗功能清洗打印头，但需要消耗少量墨水。若连续清洗几次之后仍不满意，这时可能墨水已用完，需要更换墨盒。

② 确保机器使用环境的清洁。由于喷墨打印机喷嘴孔径大小与飘浮在空间中的尘埃相当，如果打印机工作环境较差，灰尘较多，细小的喷嘴就很容易被尘埃污染和堵塞。因此保持打印机的工作环境清洁是非常重要的。另外，如果使用环境灰尘太多，也容易导致打印车导轴润滑不好，使打印头的运行在打印过程中受阻，引起打印位置不准确或撞击机械框架造成死机。解决这个问题的方法是经常将导轴上的灰尘擦掉，并对导轴进行润滑，应选用流动性较好的润滑油，如缝纫机油。

③ 新墨盒如果暂时不使用，一定要出墨口向下放置。墨盒一旦安装，在未使用完之前建议不要取出并重复使用。取出后重装机，容易在出墨口产生气泡，严重影响打印效果。喷墨墨水具有导电性，若漏洒在电路板上，应使用无水酒精擦净晾干后再通电，否则将损坏电路元件。

④ 一旦打印机显示墨尽，要尽快更换墨盒，以免喷嘴暴露在空气中引起喷嘴堵塞现象。墨盒安装后最好6个月内使用完，以保证打印质量。

⑤ 不经常使用的喷墨打印机，至少每星期开机一次，避免因墨水挥发造成打印头堵塞。尽量避免连续打印时间过长（尤其是彩色样张打印），打印时间长容易使打印头过热，一来影响打印机的喷嘴使用寿命，二来严重影响打印质量和打印精度，甚至使打印喷嘴报废。在打印彩色图片时，建议经常更换图片，以免单一色彩使用过快，造成浪费。

⑥ 关机前，让打印头回到初始位置（打印机在暂停状态下，打印头自动回到初始位置）。有些打印机在关机前自动将打印头移到初始位置，而有些打印机必须在关机前确认处在暂停状态（即暂停灯或PAUSE灯亮）才可关机。这样做一是避免下次开机时打印机重新进行清洗打印头操作，浪费墨水；二是因为打印头在初始位置可受到保护罩的密封，保证墨水不会轻易挥发，造成打印头堵塞。

⑦ 部分打印机在初始位置时是处于机械锁定状态，此时如果用手移动打印头，并不能使之离开初始位置。注意不要强行用力移动打印车，否则将造成打印机机械部分的损坏。在初始位置时打印头处于锁定状态，此时更不要人为移动打印头来更换墨盒，以免引起故障。

⑧ 更换墨盒时一定要按照操作手册中的步骤进行，特别注意要在电源打开的状态下进行操作。因为重新更换墨盒后，打印机将对墨水输送系统进行充墨，而这一过程在关机状态下无法进行，从而使打印机无法检测到重新安装上的墨盒。另外，有些打印机对墨水容量的计量是使用打印机内部的电子计数器来进行计数的，当该计数器达到预先设定值时，打印机就判断墨水已经用尽。而在墨盒更换过程中，打印机将对其内部的电子计数器进行复位，从而确认安装了新的墨盒。特别要防止在关机状态下自行换下旧墨盒，更换上新的墨盒，这种操作对打印机来说是无效的。

⑨ 在插拔打印机电源线及打印电缆时，一定要在关闭打印机电源的情况下进行。墨盒在长期不使用时应置于室温下，并且避免日光直射。如果出现异常情况，应停止打印工作，按照常规方法处理仍不能解决，应尽快请有关专业人员处理。

⑩ 不得带电拆卸喷头。不要将喷头置于易产生静电的地方，拿取喷头时应拿其金属部

位，以免因静电造成喷头内部电路损坏。不可用嘴向喷头内其他墨水管路内吹气，以防唾液沾污管路内部而影响墨水畅通。

⑪ 某些打印机墨水的使用温度为 $-10\sim+35℃$，当环境温度低于 $-10℃$ 时，打印机墨水可能会冻结；当环境温度在 $35℃$ 以上时，也可能影响墨水的化学稳定性。喷墨打印机应在空气较为洁净的环境中使用，尤其应防止鼠害，避免其咬破墨水管路。

2. 墨打印机的常见故障检修方法与技巧

喷墨打印机的故障种类与针式打印机基本相似，不同点为喷墨打印机有喷头故障、墨水系统故障、清洗系统故障。下面就喷墨打印机的常见故障，介绍其检修方法与技巧。

（1）打印时墨迹稀少，字迹无法辨认　该故障多数是由于打印机长期未用或其他原因造成墨水输送系统障碍或喷头堵塞。排除的方法是执行清洗操作。

（2）更换新墨盒后，打印机在开机时面板上的"墨尽"灯亮　正常情况下，当墨水已用完时"墨尽"灯才会亮。更换新墨盒后，打印机面板上的"墨尽"灯还亮，一是有可能墨盒未装好，另一种可能是在关机状态下自行拿下旧墨盒，更换上新的墨盒。因为重新更换墨盒后，打印机将对墨水输送系统进行充墨，而这一过程在关机状态下无法进行，使得打印机无法检测到重新安装上的墨盒。另外，有些打印机对墨水容量的计量是使用打印机内部的电子计数器来进行计数的（特别是在对彩色墨水使用量的统计上），当该计数器达到一定值时，打印机判断墨水用尽。而在墨盒更换过程中，打印机将对其内部的电子计数器进行复位，从而确认安装了新的墨盒。解决方法：打开电源，将打印头移动到墨盒更换位置。将墨盒安装好后，让打印机进行充墨，充墨过程结束后，故障排除。

（3）喷头软性堵头　软性堵头指的是因种种原因造成墨水在喷头上黏度变大所致的断线故障。一般用原装墨水盒经过多次清洗就可恢复，但这样的方法太浪费墨水。最简单的办法是利用手中的空墨盒来进行喷头的清洗。用空墨盒清洗前，先要用针管将墨盒内残余墨水尽量抽出，越干净越好，加注清洗液时，应在干净的环境中进行，将加好清洗液的墨盒按打印机正常的操作上机，不断按打印机的清洗键对其进行清洗。利用墨盒内残余墨水与清洗液混合的淡颜色进行打印测试，正常之后换上好墨盒就可以使用了。

（4）喷头硬性堵头　硬性堵头指的是喷头内有化学凝固物或有杂质造成的堵头，此故障的排除比较困难，必须用人工的方法来处理。首先要将喷头卸下来，将喷头浸泡在清洗液中用反抽洗加压进行清洗。洗通之后用纯净水过净清洗液，晾干之后就可以装机了。只要硬物没有对喷头电极造成损坏，清洗后的喷头还是不错的。

（5）打印机清洗泵嘴的故障　打印机清洗泵嘴出毛病是较多的，也是造成堵头的主要因素之一。打印机清洗泵嘴对打印机喷头的保护起决定性作用。喷头小车回位后，要由清洗泵嘴对喷头进行弱抽气处理，对喷头进行密封保护。在打印机安装新墨盒或喷嘴有断线时，机器下端的抽吸泵要通过它对喷头进行抽气，此嘴的工作精度越高越好。但在实际使用中，它的性能及气密性会因时间的延长、灰尘及墨水在此嘴的残留凝固物增加而降低。如果使用者不对其经常进行检查或清洗，它会使打印机喷头不断出些故障。

养护此部件的方法：将打印机的上盖卸下，移开小车，用针管吸入纯净水对其进行冲洗，特别要对嘴内镶嵌的微孔垫片充分清洗。在此要特别注意，清洗此部件时，千万不能用乙醇或甲醇对其进行清洗，这样会造成此组件中镶嵌的微孔垫片溶解变形。

（6）检测墨线正常而打印精度明显变差　喷墨打印机在使用中会因使用的次数及时间的延长而打印精度逐渐变差。喷墨打印机喷头也是有寿命的。一般一只新喷头从开始使用到寿命完结，如果不出什么故障较顺利的话，也就是 $20\sim40$ 个墨盒的用量寿命。如果打印机已使用很久，现在的打印精度变差，可以用更换墨盒的方法试试。如果换了几个墨盒，其输出打印的结果都一样，那么这台打印机的喷头将要更换了。如果更换墨盒以后有变化，说明可能墨盒中有质量较差的非原装墨水。

如果打印机是新的，打印的结果不能令人满意，经常出现打印线段不清晰、文字图形歪斜、文字图形外边界模糊、打印出墨控制同步精度差，说明可能买到的是假墨盒或者使用的墨盒是非原装产品，应当对其立即更换。

(7) 行走小车错位碰头问题　造成的原因有以下几种：打印头控制电路出现故障；打印头机械部件损坏；打印头在工作时阻力过大。一般前两种情况出现的可能性非常小，大多数打印头撞车是由第三种情况引起，因为打印机在使用过程中控制打印头移动的导轨上的润滑油与空气中的灰尘形成油垢，长期积攒起来就会使打印头在移动时阻力越来越大，当阻力大到一定时就会引起打印头撞车。解决的办法：一旦出现此故障，应立即关闭打印机电源，用手将未回位的小车推回停车位。找一小块海绵或毡，放在缝纫机油里浸饱油，用镊子夹住在主轴上来回擦。最好是将主轴拆下来，洗净后上油，这样的效果最好。

另一种小车碰头是因为器件损坏所致。打印机小车停车位的上方有一只光电传感器，它是向打印机主板提供打印小车复位信号的重要元件。此元件如果因灰尘太大或损坏，打印机的小车会因找不到回位信号碰到车头，而导致无法使用。一般出此故障时需要更换器件。

(8) 断线故障　打印断线是常见故障。新墨盒上机后，基本上只需一次或两次清洗打印墨线就能正常，一般在使用中不会断线。断线常出的原因一是使用者在打印前没有将进纸托架设定好，进纸过程中造成轧纸，纸与喷头摩擦后造成断线。解决方法：将进纸托架设定好。

另一类是原装墨水快用完时，没有及时更换新墨盒，而是将打印机放在温度较高的环境下时间较长所致。一般一墨盒装机之后要在3个月内用完并立即更换，如果换上墨盒不经常使用，会因墨盒内进入空气导致气密性能变差，容易使墨水在喷头上、墨盒内的黏度变大，从而造成喷墨打印机断线的故障。解决方法：更换墨盒，清洗喷头。

(9) 更换其他品牌墨盒常见的问题　更换其他品牌墨盒产生的断线，是因为墨盒理化性能未达到该机型墨盒所要求的参数。在更换其他品牌墨盒时，有时可以发现，某些颜色出墨顺利而有些颜色要经过多次清洗后才能出来，浪费了大量的墨水。这是因为这类墨盒远远达不到该机型墨盒的技术要求，使用时最易发生墨水输墨不平衡的问题。

原装墨盒在墨水的化学特性和盒体气压压力调节上做了文章，而其他品牌的墨盒因不了解其原理，所做出的墨盒差距较大，难以达到出墨流量的平衡。更为严重的是，某些墨盒因海绵的溶出物较多，海绵遇墨膨胀系数过大，出墨口使用的不锈钢超细滤网达不到要求，这种墨盒给打印机造成故障也在情理之中。

解决方法：用原装墨盒。

(10) 往墨盒里加墨出现的问题　使用注墨后的墨盒常见故障是断线、堵头、色度不准。

如果注入的墨水理化性能和原墨盒残留墨水基本相近，那它是完全可以用的。因为手工加墨是在空气中常压下完成的，各色注墨量不可能掌握得很一致，加入的墨水分子中会有较多气泡含量，这时将墨盒装机之后不要急着立即使用，而是要将喷头清洗一至两次之后将打印机关掉，停机2～6小时再使用，这时墨盒内的墨水会因化学自动排气的作用，已将气泡及空气排到墨盒顶端，再使用时能减少故障。

堵头是注墨以后最容易发生的问题，因为有些喷墨打印机的超精细滤网是设计在墨盒出墨口处，而喷头输墨口与墨盒的接口处是没有滤网的。有些人在墨盒的出墨口处向墨盒内反向注墨，容易造成灰尘及杂质进入输墨口，这样使打印机堵头。

另一种发生的化学性堵头，是因为加注墨水的化学性质与原装墨盒中残留墨水不一样，其不同墨水的化学反应过程较慢，极难用肉眼观察到，如果这种墨水停留在喷头上产生了反应，将会对喷头造成破坏性后果。

（11）打印字符错位　引起的原因：一是在运输或搬移打印机的过程中打印头错位所引起，再就是打印头在使用过程中撞车。解决方法是使用打印机附带的"打印校准程序"来校准打印头。如果手头没有打印校准程序，可以通过在打印时设置打印机为单向打印来解决问题，但是这样会影响打印速度。

（12）喷墨头清洗系统故障　正常情况下，喷墨打印机开机后喷墨头在字车带动下，移动到喷头清洗单元执行自动清洗喷头程序，喷墨头清洗系统中的吸墨机构开始对喷头进行吸墨、清洗，清洗结束后，喷头被喷头架上的密封橡胶件密封住，以保证喷墨头的清洁。当喷墨头清洗系统出现故障时，喷头在清洗过程中会出错，此时可进行以下处理。

① 喷墨头清洗系统中的某些部件损坏，如密封橡胶件老化等。应更换损坏的元件。

② 主控电路板故障。必须根据检查情况确定更换还是修理主控电路板。

③ 走纸电机运转异常。由于喷墨头中的清洗单元的驱动是通过走纸电机来传递动力的，当该电机出现故障时，喷墨头清洗系统自然受到影响。检查并修理走纸电机，必要时应更换该电机。

④ 字车电机驱动部分有故障。由于字车返回左端（有的打印机是在右端）初始位置后，才能使走纸电机由驱动走纸机构转向驱动喷墨头清洗系统和自动送纸器等，当字车电机驱动出现故障时，字车就不能正常移动到喷头清洗单元处执行清洗程序。检查并修理字车电机及其驱动电路。

三、激光打印机维修方法与检修技巧

1. 激光打印机的基本检修方法

激光打印机是一种较高档的非击打打印机。由于打印速度快、分辨率高、噪声低，并能实现网络打印的独特优势，高质量的激光打印机的故障率是相当低的，但若在实际应用时不注意操作规范，不定期清洁保养，设备的耗材又不及时检查更换，各种故障也会应运而生的。因此，掌握激光打印机的检修方法很有必要，下面介绍激光打印机的基本检修方法。

（1）分割检修法　激光打印机是集激光、电子、光学、机械于一体的设备，分析故障现象，可以采取"分割"的手段进行故障的判断与维修。首先，分析引起故障发生的原因是在哪一部分，如果是发生在光学中机械部分，就可以排除其他部分，集中精力查故障发生的部分，这就是通常所称的分割检修法。

（2）面板检修法　面板检修法是一种比较直观的方法，它是利用打印机面板指示灯的状态，或显示窗中显示出的代码信息，采取相应的方法排除故障。面板所反映出的代码，是由打印机控制系统检测并提供的信息，当然，并不是所有的"报错"信息都百分之百地正确，有一些故障，是由其他故障的连锁反应引起的，但这对于有经验的维修人员十分有利，正确理解面板信息的含义是十分必要的，因为机器自诊代码信息对于查找故障的最终原因是很重要的。

（3）震动检修法　维修、检查激光打印机时，采用"震动检查"的方法十分有效，特别是对比较旧或用得时间很久，但无特别明显大故障的打印机，震动法可以是多种多样的，一般是用手轻轻拍打机器或用绝缘的物体敲打、轻拨电路元件，当触到某个部件时故障消失，基本可以直观地判定故障即在此处。由于激光打印是多种技术的结合体，自身工作环境较为恶劣，一些部位工作电压很高，有些部件容易老化、氧化，造成部件损坏或烧坏，内部积尘较多的打印机尤为多见，这些都可以造成打印机的软故障。部件接触不良也能造成工作时好时坏。所以震动法在维修过程中不失为一种简便易行的好方法

（4）替代检修法　即是用新的元件或其他相近的元件代替打印机中的某个元件。有时在维修过程中，对出现故障的部件一时难以准确判定其是否损坏，手头上又没有专用的检测仪器，此时，可以分析故障大致可能发生的部位，采用新的代用元件暂时替换，对于分离元件的替换，有时可能找不到原型号的器件，这时可用相近型号的元件替代，但元件的主要参数必须一致。如当打印机主电机或扫描电机晶振损坏发生字符变形时，所更换晶振的频率值必须符合原标准。如果是电源供电保护元件损坏，也可以采取拆次补主的方法替换，如压敏电阻、热敏开关一时找不到，可以暂时拆除，或采用拆次补主的办法，等找到元件后，换上即可，但由此会出现电路保护故障，用这种方法一定要非常慎重。

2. 激光打印机主要零件的检测方法

（1）热敏电阻的测量　热敏电阻的阻值随着温度的变化而变化。根据这一特点，测量时选用万用表电阻挡10kΩ挡，将表笔分别连接于热敏电阻的两端，万用表显示的阻值一般在300～500kΩ，当用电烙铁靠近热敏电阻时（不要靠在电阻上，以免烧坏），阻值会随着温度的升高而变小。因激光打印机热敏电阻是负温度系数，如表针（或数字）不动，或一开始测量显示的数值就偏小，说明该电阻已损坏。

（2）压敏电阻的测量　压敏电阻一般在并联电路中使用，当电阻两端的电压发生急剧变化时，电阻短路将电流保险丝熔断，起到保护作用。压敏电阻在激光打印机电路中常用于电源过压保护和稳压，测量时将万用表置10kΩ挡，表笔接于电阻两端，万用表上应显示出压敏电阻上标示的阻值，如果超出这个数值很大，则说明压敏电阻已损坏。

（3）电容器的测量　电容器一般分为有极性电容器和无极性电容器两种。在电路中主要起隔直、滤波的作用。测量时将万用表（＋）表笔接电解电容器（－）极，（－）表笔接（＋）极，刚接触时，显示数值由大到小，然后显示一个较大的数值，这表明电解电容器基本上是好的；如果表笔刚接触时数值很大或很小，而没有变化，就说明电容器已损坏，数值很大，表明电解电容器内部断路；数值很小，表明电解电容器内部短路，严重漏电。测量不同容量的电容，万用表置于不同的挡位，如测 0.01～1μF 的电容用 R×10kΩ 挡，测 1～100μF 的电容用 R×1kΩ 挡，测 100μF 的电容用 R×100Ω 挡。要特别注意：当对充足了电的 100μF 以上电解电容测量时，应先将电容器放电（短路），否则容易损坏万用表。

（4）二极管的测量　用表笔测二极管的正、反向阻值，正常的二极管正向阻值较小（10～80Ω），反向阻值较大，一般是正向阻值的几十至几百倍，否则基本判定为二极管损坏。用同样的方法也可测量发光二极管的好坏。

（5）整流器（全桥）的测量　整流器内部是用 4 只二极管连接而成的，外形有方形和长方形，一般带斜角的为（＋）极，对应的一端为（－）极。将万用表置于10kΩ挡，（＋）表笔接整流器（＋）极，（－）表笔接整流器（－）极，阻值应在 8～10kΩ。若阻值大于10kΩ，表明整流器内部有 1 或 2 只二极管损坏；若阻值大于 10kΩ，表明整流器内部有 1 只二极管短路。一只好的整流器，当（－）表笔接整流器（＋）端，（＋）表笔接其他三端时，万用表上显示的数值应接近无穷大；当（－）表笔接整流器（－）端，（＋）表笔接其他三端时，阻值在 4～10kΩ，利用上述特点可判断整流器的好坏。

（6）光电传感器的测量　光电传感器形状为 U 形，两端内部各有一个发光二极管和一个光敏二极管，发光二极管（＋）极定义为中 K 极，（－）极定义为 A 极，光敏二极管集电极定义为 C 极，发射极定义为 e 极。对发光二极管的测量及好坏的判断，可参照普通二极管的测量方法。对光敏二极管的测量，可将万用表置于10kΩ，（＋）表笔接 C 端，（－）表笔接 E 端，阻值应在 1200kΩ 左右，反向测应为无穷大，否则为损坏。激光打印机中，纸张传送装置及纸感应开关全部采用光电传感器控制，光敏二极管的导通与截止是用一个挡片控制发光二极管的发射光线来实现的，挡片连杆对应一个控制点。

3. 激光打印机主要部件及电路故障检修方法与技巧

（1）硒鼓的检修方法　硒鼓是激光打印机里最重要的部件，直接影响到打印的质量。硒鼓的常见故障是划伤、疲劳和老化，表现出来的故障现象为图像暗淡、有黑线等。对于疲劳故障，则可将硒鼓放置一段时间，故障会自动消失。另外，当打印出现平行于纸张长边的白线时，则大多是硒鼓内部的墨粉欠缺或硒鼓损坏所致。打开激光打印机的上盖，将硒鼓取出并左右晃动，再将硒鼓放入机内，如打印正常，则说明是硒鼓内的墨粉欠缺。若打印时还有上述故障现象，则大多是由于硒鼓疲劳或损坏。遇到这种情况，可以采用如下方法进行修复：到化学试剂商店购买一些三氧化二铬，每次取 3～5g，用脱脂棉花直接蘸三氧化二铬，顺着感光鼓轴的方向，轻轻、均匀、无遗漏地擦拭一遍。擦拭时要特别小心，防止将感光鼓膜磨破而使感光鼓报废。用这种方法，可将疲劳的感光鼓表面层去掉，露出尚未衰老的光敏表面。经上述修复的感光鼓，一般来说可重新输出一两千张纸以上，使感光鼓的寿命得以延续。如果感光鼓的光敏膜已脱落，只有更换新鼓了。

（2）高压发生电路的检查方法　在激光打印机中，有一组 6000V 左右的高压电源，为感光鼓组件的初始充电和转印放电提供高压。高压电路发生的故障主要表现在以下两个方面。

①高压发生电路本身故障　高压电路本身故障是振荡电路模块（或集成电路）损坏、高压脉冲变压器的高压绕组开路（高压绕组的线径较细，容易断线）。遇到这种故障时，要打开机器，用万用表直接测量高压脉冲变压器高压绕组的直流电阻值，判断是否开路。

②触点接触不良　由于长时间使用，打印机内的墨粉使得高压发生器的高压输出触点与感光鼓组件上的显影用偏压接触点接触不良；高压发生器电路板上感光鼓地线接点与感光鼓上的接地点接触不良，导致打印页面全白或全黑。这种故障的检查方法是打开机器，取出感光鼓组件，分别检查打印机内的几个相关触点上有无污垢或墨粉、感光鼓组件上的触点有无污垢或墨粉。

（3）激光束发生器（激光头）检修方法　激光打印机中，激光束发生器（激光头）故障，主要是激光二极管损坏、聚焦透镜上的镀膜老化等，从而导致打印机出现打印页面全白或分辨率下降的故障现象。检查方法是：打开机器，取出激光器，再将激光器的盖板打开，用万用表直接测量激光二极管的直流电阻值（有 3 个引脚）是否正常；检查聚焦透镜表面的镀膜是否老化、有无灰尘或斑点。根据元器件损坏情况，检修或更换激光二极管和聚焦透镜。

（4）定影加热器的检修方法　激光打印机中的定影加热器一般有灯管加热器和陶瓷片加热器两种。定影加热器出现故障时的主要表现在以下三个方面。

①加热器损坏　加热器损坏是指加热灯管或加热陶瓷片损坏。当出现这种现象时，会出现打印页面上的图像定影不牢，用手一摸墨粉就掉。严重时打印机不打印，出现故障信息（有的打印机中会出现面板指示灯全亮，而有的打印机中则出现诸如 FUSERERROR 等信息）。检查方法是：打开机器，取出加热器，万用表直接测量加热灯管或加热陶瓷片的直流电阻值是否正常，如有断路等损坏现象，将其更换即可。

②加热器温度传感器损坏　为了使定影加热器在打印等待阶段（STANDBY）、初始转动阶段、打印转动阶段保持恒温，激光打印机的定影加热组件都装有由加热器温度检测传感器及其控制电路、安全保护电路（热熔断器）构成的定影加热控制器。对加热陶瓷片来说，其温度检测传感器集成在陶瓷片上，而对加热灯管而言，其温度检测传感器紧贴在加热灯管外面的加热辊上。当加热器温度检测传感器损坏时，轻则使定影温度失控，导致定影温度过

高或过低，打印页面定影过度或过浅（打印图像容易被擦掉）。检查方法是：打开机器，取出加热器，对陶瓷加热片来说，用万用表直接测量热陶瓷片一侧的温度检测传感器的直流电阻值即可；而对加热灯管，则应在取出加热灯管和拆下加热辊后，测量加热辊下面的传感器电阻值，如与标值不符，应将其更换。

③ 定影膜损坏　为了防止加热辊在定影加热的过程中使墨粉发生二次转移，在定影辊上用一种 PTEE 树脂覆盖（灯管加热器）或在陶瓷加热片外直接加装能够在加热器上自由转动的特富龙膜。由于某些原因，如处理卡纸的方法不当、异物进入定影辊等，使定影膜的局部破损，以致出现打印图像上某一区域定影不牢或打印图像出现有规律的脱粉。检查方法是：打开机器，取出加热器，检查定影膜有无破损，如破损则应及时更换。

（5）取纸辊故障的检修方法　激光打印机的取纸辊是易损件之一。打印时，当盛纸盘内纸张正常而无法取纸时，往往是取纸辊磨损或弹簧松脱，压力不够，不能将纸送入机器所致。检测时，可在取纸辊上缠绕橡皮筋，如故障排除，说明取纸辊已磨损，否则，说明取纸辊正常。故障可能是由于盛纸盘安装不当，纸张质量不好（过薄、过厚、受潮）引起。如取纸辊磨损或弹簧松脱，应及时更换。

（6）显影辊故障的检修方法　当激光打印机输出空白纸张时，一般是显影辊未吸到墨粉，此时，可测量显影辊的直流偏压是否正常；如不正常，应检查、维修直流偏压电路。若直流电压正常，而打印机输出空白纸，则说明显影辊损坏，或感光鼓未接地。当感光鼓的负电荷无法向地泄放时，激光束则不能在感光鼓上起作用，打印纸无法印出文字来。检查显影辊是否有齿轮损坏，显影部分是否安装到位。

（7）碳粉盒故障检修方法　激光打印机工作时，当打印件出现无规律性的墨粉痕迹时，大多是由于粉盒漏粉所致，可拆开粉盒进行检查。粉盒漏粉故障又分为碳粉盒漏粉和废粉盒漏粉两类。拆机直观检测则能找到故障的具体部位，及时检修或更换碳粉盒。

（8）光学器件的快速检修方法　光学器件的常见故障主要有光学镜片移位或脏污。当光学镜片移位时，将会出现不能打印故障，即使能打印，也会出现打印不全面现象；当光学器件脏污时，打印件常出现有规律的斑点。反过来，当打印机出现上述现象时，则说明光学器件存在故障，应及时清洁和维修和调整光学器件，排除故障。

（9）电晕丝的检修方法　激光打印机的电晕丝加有高压电压。电晕丝故障主要表现为打不上字符而出现空白纸。

当出现该类故障时，应重点检查电晕丝是否开路，电晕丝的高压是否偏低或为 0V。对于电晕丝开路故障，拆机可直观检查到，而对于高压不正常故障，只要测量电晕丝端子上的高电压是否正常即可进行判定。如电晕丝开路，则应及时更换电晕丝。如高压有故障，应检修高压电路，查出故障元器件，排除故障。

第二部分

办公电器故障检修实例

第五章　复印机故障分析与检修实例

第一节　理光复印机故障分析与检修实例

例 1　**理光 FT-4215 型复印机复印时伴有飞粉现象**

故障现象　机器复印时，出现无粉符号，复印品底灰大，伴有飞粉现象。

分析与检修　怀疑载体老化造成墨粉飞扬污染了墨粉浓度传感器。询问用户载体只印了 3 万张，说明未老化。进一步检查发现所购墨粉为市场上代用粉，粉质差造成墨粉飞扬。更换新墨粉后，机器故障排除。

例 2　**理光 FT-4418 型复印机复印件底灰大，伴有飞粉现象**

故障现象　开机复印时，复印件底灰大，伴有飞粉现象，不久出现无粉符号，不能工作，但粉仓内有充足墨粉。

分析与检修　根据现象分析，问题出在多方面，具体检修步骤为：（1）右拨主控板上的 SW101-3.4 开关进入 SP 方式，数字键键入 99 码，按点键同时按 R/♯键，改数据 0 为 1，按 R/♯键 5s 后复位开关，再开机后无粉符号清除并能启动复印；（2）手感载体与墨粉比例失常，旋出粉筒，打开原稿盖板，右拨主控板上的 SW101-1 开关，不走纸空转 30 张，收集显影器内多余的粉到废粉盒中；（3）清洁光学系统及鼓周围部件（包括鼓架上的墨粉浓度传感器等），用主控板上的 VR102 电位器调整 SP54 值于 4.0V±0.2V；（4）复位 SW101-1 开关，试复印画面浅淡，观察充电/栅极/偏压高压发生器，发现其电位器已被调整过，鼓电位控制不标准引起墨粉浓度传感器检测异常，调至标准值后即可。该机经上述处理后，机器故障排除。

例 3　**理光 FT-4470 型复印机复印浓度深浅不当**

故障现象　机器复印时，有时浓度深浅不当，即使按浓度调深或调浅键调整，改善也不大。

分析与检修　该故障可利用下列方法处理：按一下自动浓度键，使机器出现"自动浓度"字样，然后同时按住自动浓度键和红色的清除/停止键，此时"自动浓度"字样出现闪烁。仍按住两键不放，如果想将浓度调浅，则按浓度调浅键，反之则按加深键。设定好后，松开自动浓度键和清除/停止键即可。此法实际上是调整自动浓度的深浅，因为自动浓度是浓度最浅和最深的中间值，将自动浓度调深或调浅，实际上是将相应的整体浓度调深或调浅。因为最浅浓度和最深浓度总是以自动浓度为基准的，自动浓度是它们中间的平衡点。如果这种方法仍不行，则要打开复印机挡板，将后面的 VRC 电压旋钮用起子旋向 High 端或 Low 端，来提高或降低整体浓度深浅。该机经上述处理后，机器故障排除。

例 4　**理光 FT-4470 型复印机显示扳手符号及"32"代码**

故障现象　机器复印过程中，显示扳手符号及"32"代码。

分析与检修　根据现象分析与资料分析，"32"是墨粉浓度出现异常的代码。打开机盖，擦净墨粉传感器表面的灰尘，复印十几张后，又出现"32"代码。抽出鼓，发现鼓上有一些残留的墨粉，而且鼓周围的一些器件上有一层墨粉，怀疑是载体疲劳以致墨粉飞扬，造成墨粉浓度传感器检测异常。但该机载体新换时间不长。后经判别，客户所用的墨粉不是原装粉而是代用粉，粉质很差，造成墨粉飞扬，以致污染墨粉浓度传感器，使得出现"32"代码。更换原装墨粉后，机器故障排除。

例 5　**理光 FT-4470 型复印机长时间预热不工作，显示"54"代码**

故障现象　机器开机后，预热很长时间仍不能工作，显示代码"54"。

分析与检修　根据现象分析，"54"是定影部分的故障代码。经开机检查，开机后定影灯不亮。拆下定影灯，经测量定影灯是好的。进一步检查上辊已烧坏。怀疑是定影温度没有控制好，以致烧毁上辊。更换上辊后，遂拔掉定影温控板，换上新的定影温控板，开机正常。

例 6　**理光 FT-4470 型复印机复印件一端有横向较深的黑印**

故障现象　复印浓度加深时，复印件一端有横向较深的黑印。

分析与检修　根据现象分析，问题一般出在曝光灯及相关部位。检修时，打开机盖，经检查，玻璃板和镜头以及反光镜上均无污垢，再检查曝光灯，发现曝光灯一端的内壁已烧得呈白雾状。说明曝光灯已损坏。更换曝光灯后，机器故障排除。

例 7　**理光 4470RF 型复印机开机无任何反应**

故障现象　机器复印时，开机无任何反应。

分析与检修　根据现象分析，问题一般出在电源电路。检修时，打开机盖，将机壳底下的电源板抽出，发现两个保险管烧毁。更换保险管后，机器故障排除。

例 8　**理光 4470RF 型复印机开机后面板显示代码"61"**

故障现象　机器开机面板显示代码"61"不工作。

分析与检修　根据现象及维修资料可知，代码"61"表明主电机回路故障。检修时，打开机盖，先检测主电机正常，进一步检测发现主电机供电电压严重不足（应为 110V）。检查主电机供电继电器一次电压正常，继电器线圈电压直流 24V 正常。停机取下 24V 继电器，打开发现其内部触头已烧毁。更换继电器后，机器故障排除。

例 9　**理光 4470RF 型复印机开机后面板显示代码"54"**

故障现象　机器开机，面板显示代码"54"不工作。

分析与检修　根据现象分析，问题出在定影电路及相关部位，且大多为定影灯内部损坏。检修时，打开机盖，用万用表检查定影灯供电异常。由原理可知：电源回路由两个开关控制，一路是温控晶体管，另一路是 24V 继电器。进一步测量 24V 线圈，电压仅为 3V，而该电压由主板芯片 15 脚输出，顺线查得主板上芯片 15 脚内部已损坏。因无备件更换，应急办法可将继电器主触头强制接通（此时，定影灯只能由温控晶闸管单独控制）。更换主板芯片或采用上述应急办法后，机器故障排除。

例 10　**理光 4470RF 型复印机开机显示代码"32"**

故障现象　机器开机后，面板显示代码"32"不工作。

分析与检修　根据现象分析及查维修资料可知，代码"32"表示墨粉装置异常。其原因可能为铁粉探头脏污、墨粉机械装置过载。检修时，打开机盖，检修墨粉装置机械应力正常，探头正常，更换新铁粉后，故障排除。铁粉在变质过程中，对墨粉的吸附能力逐渐减弱，造成机内墨粉飞扬，机内很脏，偶有电极接地现象发生，使得复印件浓度不匀，时好时坏，显示代码"32"。

例11　理光4470RF型复印机复印件时而正常时而全无

故障现象　机器复印时，复印件时而正常，时而全无，正常时复印件浓度较淡。

分析与检修　根据现象分析，该故障一般发生在充电高压电路，且大多为无充电高压或无转印高压所致，可能是高压盒故障或充电丝、转印丝故障。故障时而出现，表明某部件存在不稳定现象。检修时，打开机盖，将高压盒输出端（充电极、转印极）分别拔下，近距离放电运转，机器时而正常，说明高压盒内存在虚接现象。将高压盒打开，重新补焊，试机，故障依旧。依次检查充电电极和转印电极本体，发现转印装置高压座上有大量积粉，说明是它引起的对地短路所致。用酒精清洗干净并缠绕高压绝缘胶带，机器故障排除。

例12　理光FT-4470RF复印机下纸道运行A3纸时停机后出现卡纸

故障现象　下纸道用A5纸运行正常，而运行A3纸时不能正常复印，复印第二张时纸在搓纸轮下不动，停机后出现卡纸符号。

分析与检修　根据现象分析，该故障原因可能有以下几种：搓纸轮磨损老化；下纸道粉尘污染受阻；下纸盘电磁铁和弹簧离合器不正常；下纸道进纸传感器污染、漏电或软击穿；纸盒上的传感器和机架接触开关接触不良等。因该机已更换了搓纸轮、电极座，于是先着手检查纸盒。开机试运行仔细观察，发现搓纸轮没有第二搓纸动作，但机械传动正常。取下上纸道传感器，安装至下纸道，开机试运行正常。说明是纸道传感器不良。更换传感器后，故障排除。

例13　理光FT-4470RF复印机纸时常卡在硒鼓下部

故障现象　开机复印，纸时常卡在硒鼓下部。

分析与检修　一般导致该故障的原因有：分离电极座污染、击穿、漏电；分离电极断线或拉簧生锈；分离电压达不到要求（在浓度最淡时分离电压应达到$-600V$）；冷却风机故障；传送带机构的齿轮与轴套受阻；纸路传感器有故障。但经对上述各项仔细检查，发现废粉传动组件有许多纤维和纸屑，废粉有结块，使其转动不畅，从而使刮纸电磁铁不能很快断电释放，造成复印纸进入硒鼓和刮板中间而频繁卡纸。清除废粉传动组件上的杂质，机器故障排除。

例14　理光FT-4470RF复印机出现"32"故障代码

故障现象　复印过程中出现"32"故障代码。

分析与检修　根据现象分析，"32"是墨粉浓度出现异常的代码。检修时，打开机盖，擦净墨粉浓度传感器表面的灰尘，试印十几张后仍出现"32"故障代码。再关机抽出鼓，发现鼓上有一些残留的墨粉，而且鼓周围的一些器件上有一层墨粉，怀疑是载体疲劳以致墨粉飞扬，造成墨粉浓度传感器检测异常。但该机新换载体时间不长。后经判断，机器所用的墨粉是代用粉，粉质很差，造成墨粉飞扬，以致污染墨粉浓度传感器。更换刮板，清洁整个机器，开且换用原装粉，开机复印，机器故障排除。

例15　理光FT-4470RF复印机工作时发出较大的"咔咔"声

故障现象　工作时发出较大的"咔咔"声，复印件一片白；而没有"咔咔"声时复印件正常。

分析与检修　根据现象分析，该故障原因可能是机械传动配合不正常所致，或供粉电路有问题。检修时先开机运行，判断"咔咔"响声来自显影机构，于是拉出显影组件试运行，果然没有"咔咔"响声。经分析，原来该机已复印近20万张，显然组件中的齿轮严重磨损，使它和主机架上齿轮不能很好啮合而造成上述故障。更换显影组件中的中心齿轮后，机器故障排除。

例 16　理光 4470RF 型复印机复印件出仓时卡纸

故障现象　机器复印时，复印件出仓时卡纸。

分析与检修　根据现象分析，问题一般出在分离爪及相关部位，且大多为纸张分离爪磨损或其拉簧失去弹性、加热胶辊变形、压轮辊膜损坏。检修时，打开机盖，经仔细检查与观察，发现压轮辊膜有划伤，造成压纸不匀，纸张出仓时因高温产生严重变形，难以出仓，造成卡纸。更换压轮辊后，机器故障排除。

例 17　理光 4470RF 型复印机复印件字迹后拖

故障现象　机器复印时，复印件字迹后拖。

分析与检修　根据现象分析，该故障一般发生在纸张离合器及相关部位。检修时，打开机盖，用万用表检测其供电电压能在预定的时刻通断，而其机械部分并未及时分离。用内六角扳手将其取下，打开纸张离合器，发现其表面脏污。由于脏污，在潮湿环境下黏度变大，使纸张离合器在断电情况下未能及时分开，造成复印件字迹后拖。清除纸离合器表面脏污后，机器故障排除。

例 18　理光 FT-4480 型复印机显示缺纸符号

故障现象　开机后，纸盒有纸但显示缺纸符号，不工作。

分析与检修　根据现象分析，问题可能出在光电检纸器电路。检修时，打开机盖，拆开机器挡板，可见到光电检纸器，由于塑料遮光片与金属杆之间松动，使之始终挡在光电检测光路中，导致此现象出现。用胶将塑料遮光片牢粘于金属杆上，机器工作恢复正常。

例 19　理光 FT-4480 型复印机复印件上有黑道

故障现象　机器复印时，复印件有黑道。

分析与检修　根据现分析，问题可能出在感光鼓。检修时，先用白纸在稿台上试印，在复印纸未进入定影装置前停机，从复印机侧面抽出复印纸，纸上已有黑道（如没有黑道，应清洁定影装置中加热辊表面）。此时用脱脂棉仔细清洁曝光灯、反光镜、透镜、消光灯表面。清洁后黑道仍未消除，最后进一步检查为感光鼓表面有划痕。更换感光鼓后，机器故障排除。

例 20　理光 FT-4480 型复印机显示故障代码"56"

故障现象　开机后复印机不工作，显示屏故障代码为 56。

分析与检修　根据显示及现象分析，故障应在定影部分。检修时，将定影装置从主机中抽出，拆下主体罩壳，用万用表欧姆挡检查加热辊中灯管，正常。将定影装置重新装入主机内，顶住门开关，加电预热，发现加热辊中灯管未亮，检查保护电路及门开关均正常，说明故障在加热电路。经进一步仔细检查，电路中 JHIa-D-DC24V 继电器工作时其常开触点未接通。更换同型号继电器或修复后，机器故障排除。

例 21　理光 FT-4490 型复印机复印件出现横向相间的黑白道

故障现象　机器复印几张后，出现时停时动，同时伴随曝光灯时暗时亮，复印件出现横向相间黑白道现象。

分析与检修　根据现象分析机器主控制板工作良好，问题可能出在机器主电机与曝光灯的相关电路上，应重点检查相关器件的性能及相关连线插接头接触是否良好。由原理可知：机器主电机与曝光所使用的 100V AC 电源均是通过 RA2 继电器来控制的。要在关机状态下检查 RA2 继电器的有关连线插接头接触是否牢靠。然后开机复印，当故障出现时，用万用表检查 CN1-1 端＋24V DC 良好。当检查 RA2 继电器输入、输出端时，表的指针在 100～0V AC 之间跳变，由此说明 RA2 继电器内部损坏。更换 RA2 继电器后，机器故障排除。

例22 理光 FT-4490 型复印机门开关指示灯一直点亮

故障现象 机器门开关指示灯一直点亮。

分析与检修 根据现象分析，问题可能出在电源、门开关、主控板及连接线等相关部位。检修时，先检查门开关是否良好，将万用表置电阻挡，两表笔分别接门开关的两个插脚，按动触钮，表针指向 0，说明开关状态良好。再将万用表置直流电压挡，正表笔接开关任一脚，负表笔接地，按动触钮测它的电压，正常时为＋24V，再测直流电源无＋24V 输出，查 24V 直流电源供电电路，发现＋24V 电源输入保险丝烧断。当然电源的其他器件（如桥堆、电容、调整管等）损坏、门开关损坏、主控板损坏、连接线断路，也会出现这个故障。更换该保险（6.3A）后，机器故障排除。

例23 理光 FT-4490 型复印机键控计数器灯一直点亮

故障现象 键控计数器灯一直点亮。

分析与检修 根据现象分析，该故障一般出在短接器、主控板、连接线及接插件等相关部位。检修时，打开机盖，检查安装键控计数器插头上的短路器是否接好，将万用表置直流 10V 挡，正表笔接短接座上的连接片，负表笔接机器地，发现＋5V 左右电压，说明键控计数器设置不正常，正常时应为 0V。沿连接线检查，发现操作面板上的插座焊点开裂。重新补焊后，机器故障排除。

例24 理光 FT-4490 型复印机显示"93"代码

故障现象 机器开机后，显示"93"代码。

分析与检修 经开机检查与代码分析，93 代码为主板/光学板通信故障，但经检查主控/光控板均无损坏。再一步检查光电电极及转印电极：依次拔下充电电极，故障不变，说明充电电极没有问题；再拔下转分电极，故障消失。检查转分电极，发现电极座里有轻微击穿痕迹，用锉刀将碳粉部分锉掉，吹干净装回机器，故障消除。分析原因为转分电极因空气潮湿击穿造成高压打火，产生高频干扰。该机经上述处理后，故障排除。

例25 理光 FT-4490 型复印机复印件伴有无规则黑影

故障现象 机器印张超过 50 万张，无粉符号和维修扳手符号闪烁，复印件不时伴有无规则黑影，第二天出现"32"代码，不能工作。

分析与检修 根据现象分析，该故障原因较多。检修步骤为：（1）打开操作面板左侧盖盒，左拨 DIP1-1.3 开关，旋出粉筒，打开原稿盖板，空运转 30 张，收集多余的粉到废粉盒中；（2）清洁光学及鼓周围部件，加粉筒复印 100 多张后故障依旧；（3）抽出鼓，发现鼓上有灰蒙蒙的粉尘，更换清洁刮板和清洁毛刷调整，故障消除。故障原因是鼓不干净，造成墨粉浓度传感器检测异常，下粉过大，飞扬后污染墨粉浓度传感器，显示出现"32"代码。更换清洁刮板和清洁毛刷后，机器故障排除。

例26 理光 FT-4490 型复印机开机自动保护并显示"61"代码

故障现象 机器开机后，输入复印数，按复印键，随即机内"咔"的一声，操作面板指示灯闪亮一下，自动停机保护并显示"61"代码。

分析与检修 根据现象分析，问题可能出在显影器部分。由于理光机在双组分显影机中，复印件较好，性能稳定，故障率较低。接收该机后，查阅了有关资料，均未发现有"61"代码的说明。经询问用户，得知该机器经他人修理过，根据故障现象先怀疑电源负载能力弱或负载过重。打开机盖，对电源和传动部分进行彻底检查，没有发现异常，检查机器各主要部件，也未发现问题。再进一步仔细观察，发现随机有一红色显影器组件，将其代换后红色工作正常，说明故障是黑色显影器组件引起。将黑、红显影器进行外观对比检查，发现黑色显影器磁辊无法旋转，将其拆开后发现有大半张红头文件纸卡在其中，引起齿轮卡死。清除卡纸后，机器故障排除。

例27　理光 FT-4490 型复印机显示"54"代码

故障现象　机器开机后，显示故障代码"54"代码。

分析与检修　根据现象分析及代码分析，该故障可能发生在温控电路。检修时，打开机盖，先用万用表测定影灯及热保险正常，装回定影器。打开后盖，开机测继电器两交流端子间的电压为 0V，说明继电器工作正常。测晶闸管两交流端子间的电压为 220V，说明晶闸管没有导通，换上一个好的晶闸管，故障不变。再换上一块好的温度控制板，定影灯点亮，故障消除。由电路原理分析可知：当温度低于设定温度时，主控板给出一个高电平，点亮光电耦合器 PC301 的发光二极管，光耦导通，电路产生一个触发信号，晶闸管导通，点亮定影灯，使温度升高。当温度达到设定温度时，主控板给出一个低电平，不能点亮发光二极管，光耦截止。晶闸管因没有触发信号而截止，定影灯熄灭，温度降低，从而使定影器中保持一个恒定的温度，机器进入待机状态。再进一步检查温度控制板相关元件，发现整流桥堆内部损坏。更换整流通桥堆后，机器故障排除。

例28　修复理光 FT-4495 型复印机突然发生复印件全白

故障现象　复印中突然发生复印件全白。关机后重新启动，面板显示和预热正常。

分析与检修　根据现象分析，造成该故障的原因可能有：不充电、不转印、显影磁辊或硒鼓不转。检修时，打开前盖，拔出充电和转印分离电极仔细察看，无异常。然后设法顶住门开关后按动复印键，检查硒鼓与显影组件，转动正常。怀疑高压（6.2kV）未加上。待机时，TD716（15）脚为低电平，Q1 截止。工作时 TD716（15）脚为高电平，使 Q1 导通，这时集成电路 TL1494（12）脚获得供电。在（9）（10）脚输出激励脉冲去激励 Q2，但 Q2 集电极电压无任何变化，因此，变压器无 6.2kV 电压输出，造成充电电极充不上高压，使硒鼓表面无正电荷，造成复印件全白。经检测为 Q2 内部损坏。更换 Q2 后，机器故障排除。

例29　理光 FT-5056 型复印机分离输纸单元卡纸

故障现象　机器复印时，分离输纸单元卡纸。

分析与检修　分离输纸单元卡纸，除了由于废粉污染，输纸单元传动带或辊打滑，使纸无法顺利进入定影单元，主要是硒鼓分离不良，如刮纸爪不良，纸鼓分离不开，造成卡纸。尤其是有些复印机刮纸爪平时和鼓不接触，如 4056，只有在纸进入显影单元时，刮纸爪才和鼓接触，应检查继电器及杠杆是否润滑。如果分离电极丝漏电或分离电压太低，复印纸不充分消电，显影后的复印件会因带静电吸附在显影单元，造成卡纸。这种情况可先查看分离电极丝是否有足够大的电晕，强度够不够。如无电晕，先查分离电极丝座是否漏电，高压发生器的 24V 供电电压。可调整发生器，否则应更换高压发生器，若不行再更换主控板。该机经检查为高压发生器内部不良。更换高压发生器后，机器故障排除。

例30　理光 FT-5056 型复印机定影排纸单元卡纸

故障现象　机器复印时，定影排纸单元卡纸。

分析与检修 定影排纸单元卡纸，是因定影辊脏污或表面镀膜损坏，刮纸爪坏或分离不良，出纸传感器损坏或拨杆滞涩所致。定影加热辊镀膜脱落，下辊（压力辊）被刮纸爪磨出沟，都会粘附废粉等污物，加热时废粉发黏，粘住纸，造成卡纸，应更换上下辊。刮纸爪（包括热辊刮纸爪和下辊刮板爪）磨损或弹簧松脱，纸会被挤在爪上，应及时除去爪上的污物，既防止卡纸，又能延长辊的寿命。出纸传感器损坏，连接复印时，第一张排出，主控板没接到信号，进入保护，第二张就会卡在定影单元前。如果传感器拨杆滞涩，纸的强度不足以顶开拨杆，也会卡纸。该机经检查为出纸传感器不良。更换出纸传感器后，机器故障排除。

例 31　理光 DT-5200 型复印机卡纸不显影

故障现象 机器复印时出现卡纸、不显影等多种现象。

分析与检修 根据现象分析，该故障问题为多方面，如显影板、分离器及光学系统。检修时，打开机盖，经全面检查发现显影极板曾被人动过且变形，分离器和光导鼓严重脏污，光学扫描系统中各反射镜覆盖上一厚灰尘。将显影极板整形装上，清洗分离器、光导鼓、反光镜等后，复印恢复正常。

例 32　理光 FT-5560 型复印机门开关灯一直点亮

故障现象 机器开机后，门开关灯一直点亮。

分析与检修 根据现象分析，该故障可能出在主控板的接口电路、控制电路及相关部位。由原理可知：主控板与操作面板接口电路由 IC125（74LS32）、IC111（74LS32）等组成，检修时，打开机盖，先用起子轻触 IC125 的 12 脚，机器有动作，说明该集成块可能损坏。将此集成块拆下，换上一块同型号的集成块，开机故障消除。

例 33　理光 FT-5560 型复印机复印件全白

故障现象 机器复印时，复印件全白。

分析与检修 经开机检查硒鼓上无可见墨粉图像。判断故障出在下列几方面：（1）充电高压太低或没有充电高压；（2）显影器中的墨粉耗尽或显影辊不转；（3）删边灯常亮。检修时，打开前门，用螺丝刀按住门开关，观察机器运行状况，删边灯工作正常，显影辊运转也正常，抽出显影器，观察磁穗，判定墨粉含量亦正常。再在运行状态下检查高压发生器，用万用表检测，发现＋24V 电源在空载时正常，复印过程中跌至 4V 左右，因此造成高压发生器无高压输出。分析可能为电源负载能力下降造成，而直流电源＋24V 输出在复印时是稳定的，电源是通过门开关接至高压发生器的，静态测门开关有 30Ω 左右的电阻，将其短路后，开机检查恢复正常。分析其原因是开关触点氧化，接触电阻增大，导致＋24V 电压下降。清除开关触点氧化物后，机器工作恢复正常。

例 34　理光 FT-5560 型复印机复印件上有污物且带底灰

故障现象 机器复印时，复印件上有污物且带底灰。

分析与检修 根据现象分析，该故障一般发生在清洁系统及相关控制电路。检修时，打开后盖，检查发现驱动清洁刮板的电磁铁没有吸合，刮板没有压住感光鼓，没有将残余墨粉清除而导致复印品脏污。找到清洁电磁铁控制端（Cleaning Blods Sol），将万用表置直流电压挡，正表笔接控制端，负表笔接机器地，开机测得电压为＋24V，正常时应为 0V，所以电磁铁没有工作，可能电磁铁控制块因驱动刮板的电磁铁在复印过程中一直是工作的，所以将其控制端直接接地，电磁铁动作。但复印时卡纸，纸卷到鼓上，检查发现对位辊、供粉辊不转动。正常时，纸送到对位辊时，对位辊停转，当起始信号产生时，对位辊转动，将纸传送下去。供粉有两种方式，一是检测供粉方式，二是固定供粉方式，都是给显影器供适量的粉。由控制电路原理可知：IC130 同时控制着对位离合器、供粉离合器，如 IC130 损坏，将导致对位离合器、供粉离合器失控。经检测果然 IC130 内部不良。而 IC129 与 IC130 为同一型号的控制块，它控制的大容量纸库离合器机器上没有安装，空闲着，于是将 IC130 的（6）、（7）、（11）、（10）脚切断，用短接线分别连接在 IC129 的（3）、（2）、（6）、（7）脚上，再将 IC129 的（3）、（6）脚与 CPU 的连接线切断即可。一般复印机都有很多可选附件，它们的控制部分都是设计好的，充分利用机器本身的控制器件，也是维修中的常用方法。该机经上述修复后，机器工作恢复正常。

例 35 　理光 FT5560 静电复印机自诊显示 "2E"

　　故障现象　　开机后，机器自诊显示 "2E"。

　　分析与检修　　根据现象分析，该故障一般发生在光学系统。检修时，打开机盖，取下复印机的稿台玻璃，打开原稿台盖，接通电源启动复印机，预热完毕后按下复印键，扫描指示灯点亮并前进，然后突然停机显示 "2E"。由此判断光学系统有问题，检查光学系统，发现镜头上方一个遮光板脱槽错位（比设计高出 2～3mm），扫描部分在此被挡住不能前进，造成该故障。将遮光板推回槽内，开机复印正常，不再显示 "2E"，机器故障排除。

第二节　佳能复印机故障分析与检修实例

例 1 　例 86 佳能 NP-400 型复印机开机显示故障代码 "P1"

　　故障现象　　开机后显示卡纸符号 P1。

　　分析与检修　　根据现象分析，问题一般出在搓纸及相关传动部位。打开机盖，先检查搓纸、输纸、排纸系统，未见异常。再打开右前门，用竹棒顶住门开关强迫机器运行，并用手送纸，当纸搓到对位辊边缘时，机器自停，显示 P1。打开后盖，将电源板拔离原位置，但不拔下插接器，机器恢复正常，但使用不到数分钟，故障又重复出现。进一步检查发现扭簧离合器的装配不到位，用专用六角扳手拧松扭簧离合器固定销钉，稍微用劲向内挤压使之到位后再旋紧销钉即可。该机经上述处理后，故障排除。

例 2 　佳能 NP-400 型复印机复印件图像浅淡

　　故障现象　　机器复印时，复印件图像浅淡。

　　分析与检修　　根据现象分析，该故障一般为电晕丝调整不当所致。调整方法为：打开机盖，可以发现充电器（又称电极）的两端各有一可调螺钉，电晕丝的远近就是通过这一螺钉来进行调整的。螺钉旋转一周，电晕丝的水平位置则变化约 1mm，但应注意：电晕丝的可变位置为 ±2mm。在调整过程中，要轻微细心，防止过近而产生火花或 "啪啪" 声响，这样容易将鼓表面镀膜层击穿；要注意电晕丝的两端与鼓表面达到平行，否则将会出现复印件两边的浓淡不一致。调整完后，一定用手指压一下电晕丝前方的防止振动用的缓冲器（泡沫材料）以作修正。该机经上述仔细调整后，机器故障排除。

例 3 　佳能 NP-400 型静电复印机复印件上有一与扫描同向的细黑线

　　故障现象　　复印件上有一与扫描同向的细黑线。

　　分析与检修　　根据现象分析，问题可能出在硒鼓、电晕丝、定影、清洁刮板等相关部位。检修时，打开机盖，经查硒鼓、电晕丝和定影部分无异常，再进一步检查发现清洁刮板的刃口有一细小伤痕，就是这一伤痕造成刮板不易清除经转印后感光鼓上的残余色粉。处理方法是：取出清洁器，拆下刮板（橡胶材料），将刮板翻一面，仍可继续使用。如两边刃口都已用过，就换新刮板。另外，当清洁刮板与鼓接近的边缘卡有纸屑时，也会在复印件上产生细黑线，只要取出纸屑，这一现象就自然消失了。该机上述处理后，机器故障排除。

例4 佳能 NP-400 型复印机输出纸处卡纸

故障现象 机器工作时，经常在输出纸处卡纸。

分析与检修 根据现象分析，该故障一般为输出通道有故障及纸不标准所致。具体原因：(1) 纸张宽窄不一致，每当纸张到达这一区域时就歪了，当然无法进入排纸区域。造成这一故障主要是因天气变化，而使纸张受潮，以及纸张的裁切不规范，使纸盒的两侧与纸的间隙不合规定，正常为 1mm 左右；(2) 输送带和几个压滚轮未能相互接触或有异物阻碍，造成压滚轮不能与输送带做反向回转，因此，当纸被分离下来后，就失去了导向方位，于是在输纸部位打横或歪斜。该机经检查为第二种原因所致，所以先清除异物，用湿布清洁压滚轮、输送带及输送带轮；如仍卡纸，就调整承受滚轮的压滚支板，使滚轮与输送带接触。如输送带张力不够，则更换输送带。

例5 佳能 NP-400 型复印机复印图像极淡，最后全无

故障现象 机器复印时，随着复印件份数的增加，复印件的图像越来越淡，直到全无图像。

分析与检修 根据现象分析，问题可能出在下粉装置。打开机盖，检查色粉盒，发现其内仍有大量色粉。说明问题原因在色粉盒与显影剂容器之间的下粉装置失灵，造成显影剂中无色粉补充所致。检查步骤：(1) 检查色粉检测器是否已经失灵，如果失灵，则需处理检测器的工作面或更换该检测器，同时可向复印机输入检查代码，试一下显影器是否工作正常；(2) 用螺丝刀推动下粉盒的电磁运动舌，并观察色粉盒内的离合片，若离合片能随螺丝刀运动，则需更换电磁线圈，反之，需要重新连接离合片并仔细调节传动器。该机经检查为电磁线圈不良。更换电磁线圈后，机器故障排除。

例6 佳能 NP-400 型复印机图像局部或整张模糊不清

故障现象 机器复印时，图像有时局部或整张模糊不清。

分析与检修 根据现象分析，有时正常，说明感光鼓没有问题。估计问题出在电极等部位。先检查显影偏压，正常。打开机门运转，听到感光鼓周围有"刺刺"的放电声，且有臭氧味。仔细观察，发现充电电极与感光鼓表面有火花闪烁，而此时高压发生器输出电压正常。抽出电极检查，发现电极的栅极丝在插入机内时与机器外壳相碰，导致短路。维修更换的电极丝端头留得过长，碰触到机壳。重新处理后，机器故障排除。

例7 佳能 NP-400 型复印机图像逐渐变暗

故障现象 机器工作时，图像逐渐变暗，直到完全无图像。

分析与检修 根据故障分析，问题可能出在机械部分。检修时，打开机器前盖，取一张复印纸折叠起来，使之刚好插入门开关的缺口中以启动门开关（不要将前盖关上），然后接通电源。在复印时发现鼓回转而拆下显影辊不回转。于是将显影辊的传动部分齿轮及显影辊拆下，发现有两个转动齿轮严重磨损与缺齿，使显影辊卡死不能回转。显影辊带有磁性，它不停地转，给鼓提供碳粉，现在辊不回转，供粉也就停止了。将两个齿轮更换后，故障排除。

例8 佳能 NP-400 型复印机缩放状态不能运行

故障现象 机器进入缩放状态不能运行，显示故障代码"E5"。

分析与检修 根据现象及故障代码分析，该故障主要原因有以下几种：(1) 镜头位置传

感器损坏；（2）变比离合器 CL2 损坏；（3）镜头位置锁定电磁铁 LC4 损坏；（4）控制电路输出信号不正常。根据实际检修经验，控制电路输出信号不正常引起的故障可能性较大。检修时，打开机盖，先检查镜头位置传感器、变比离合器和镜头位置锁定电磁铁是否损坏。经检查，进入缩放状态时，镜头根本不移动，说明传感器无故障。再用万用表检测直流板的 J101-15 的变比离合器驱动信号 RDCD 及 J104-14 的锁定电磁铁驱动信号 LRSD，在机器进入缩放状态时均为高电平（+24V），无低电平出现，这说明直流板上输出信号不正常。由原理可知，RDCD 和 LRSD 信号均由一个扩充 I/O 电路 Q105（μPD8243）输出，经 D145、Q114 或 Q131 转换得出的，分别检测 Q105 的 15、16 脚在进入缩放状态时的输出电压，无高电平输出；再用示波器检测 Q105 的输入端，检测 Q105 的 7 脚时钟控制选通 PROG 有 P-P 为 4.4V 的脉冲电压，测 Q105 的 8～11 脚的地址控制信号、数据信号均正常，且与 PROG 信号同步跳变，故 Q105 输入地址、数据信号均正常。由此分析可知故障必在 I/O 电路，经查 Q105（μPD8243）内部损坏。更换 Q105（μPD8243）后，机器故障排除。

例 9　佳能 NP-400 型复印机复印件图像过淡模糊

故障现象　机器复印时，复印件图像过淡、模糊。

分析与检修　经开机检查与分析，该机故障为硒鼓使用相当长一段时间后所致。在不换硫化镉鼓的情况下，可以通过调整可变电阻 VR105 和 VF106 阻值来延长硫化镉鼓的使用寿命和提高印件质量。其调整方法为：首先打开前门和前上盖，在 DC 直流控制器部分找到 VR105，向反时针方向调整。调整后，让机器停止工作 5min。然后，把浓度调整杆移至 6，采用 1：1 A4 的幅面连续复印 40 张，在复印过程中，要反复移动浓度杆，直到第一张复印件的浓淡与第 20 张以后的复印件浓度达到一致为止。停止复印后，如浓度杆的指向在 6.5 处时，就应把 VR105 的箭头调到 6 号标度；如浓度杆的位置在 7 时，则应把 VR105 的箭头调到 8 号标度；如浓度杆的位置在 7.5 处时，应把 VR105 的箭头调到 10 号标度。以上各参数，达到其中之一后，停止复印工作 5min，再接连复印 20 张，如复印件慢慢变淡，把 VR105 朝反时针方向调转；如复印件慢慢变浓，把 VR105 朝顺时针方向调整；如果复印件无浓淡变化，调整即告一段落。在上一阶段中，如果复印件很好，可关机进行正常工作；如复印件效果不够好，可对 VR106 进行适当曝光调整。方法：复印件太浓时，将 VR106 朝顺时针方向回转 1 个标度；复印件太淡时，把 VR106 朝反时针方向回转 1 个标度，然后断开电源，重新启动一次机器，进行单张复印。如复印件还淡，可按以上步骤 1 个标度 1 个标度地逐渐旋到底。如果印件都还很淡，就用万用表测量表面电位 VL，如测得的值小于 -30，那么，鼓已真正到了使用寿命，应予更换。值得注意的是：在调整 VR106 和 VR105 之前，一定要记住它们的箭头指向。当换上新鼓时，一定要复原，以免损坏硒鼓。

例 10　佳能 NP-400 型复印机图像逐张变淡直至全无

故障现象　机器复印 35 万多张，在一次连续使用中，图像逐张变淡直至全无。

分析与检修　根据现象分析，该故障可能发生在显影辊及相关部位。打开机盖，先怀疑硫化镉鼓表面无电场，对光扫描产生不了图像的潜影，不吸碳粉而不能成像，对一次充电器进行检查，没有发现断线和漏电现象。再对荧光灯（全面曝光灯）、电位控制电路印刷板等部件进行检查和测试，也均未发现问题。进一步检查机械部分。打开机器前盖，取一张 210mm×150mm 的拷贝纸折叠起来，使其刚好插入门开关的缺口中以启动门开关（不要将前盖关上），接通电源，复印中发现鼓回转，显影辊不回转。由原理可知：显示辊带有磁性，依靠它不停的回转给鼓提供碳粉，现在停止不动，供粉也就停止了，故复印纸空白。经仔细检查，发现有两个显影传动齿轮严重磨损，使显影辊卡死不能回转。更换显影传动齿轮后，机器故障排除。

例 11　佳能 NP-400 型复印机复印品图像时好时坏

故障现象　机器复印时，复印件图像时好时坏。

分析与检修　根据现象分析，问题一般出在感光鼓及相关部位。打开机盖，检查感光鼓本身没有问题，检查显影偏压也正常。但观察感光鼓周围有"刺刺"的放电声及臭氧味。充电电极与感光鼓表面有火花闪烁。用万用表测高压发生器输出电压正常，抽出电极检查，发现栅极丝在插入机内时与机器外壳相碰，此为电极插入轨道变形所致。校正后故障消除。引起打火的一般原因还有：（1）更换电极丝，端头留得过长，碰触到机壳部分；（2）某根电极丝调节过度，过于靠近感光鼓；（3）用较粗的电极丝代替原来的电极丝；（4）电极丝未装入绝缘端的 V 形槽内；（5）电极丝有结扣；（6）电极金属架有毛刺。因此，检测时应注意查找。该机经上述处理后，机器工作恢复正常。

例 12　佳能 NP-400 型复印机开机后显示"E4"停止工作

故障现象　机器工作约 10min 后显示"E4"，整机停止工作，关机冷却一段时间，又能正常工作，但 10min 左右故障重现。

分析与检修　根据现象分析，问题产生原因可能有以下几点：（1）产生鼓时钟脉冲（CLKP）的光电开关 Q771A 不良；（2）没有鼓时钟脉冲送至微处理器 Q101 的 42 脚，Q771A 只是产生鼓时钟脉冲的源头，其至 Q101 的 42 脚还有一些中间环节，如果这些环节出了问题，即使 Q771A 正常，复印机仍会出现"E4"故障显示；（3）主电机及传动系统的运转不正常。因此检修该故障时，应注意观察是先显示"E4"，然后主电机停转；还是主电机先不转，再显示"E4"。如果前种情况，应重点检查 Q771A 至 Q101 的 42 脚；如是后种情况，则应重点检查机械系统、主电机及其驱动电路。经检查与观察，本机是主电机停转后再显示"E4"，说明问题可能出在机械系统、主电机及其驱动电路。用万用表先测主电机绕组，发现其内部公共线断路，主电机温度很高。注意此时不一定是主电机损坏，因为 NP-400 型复印机的主电机内部都有一个能自动复位的温度开关，该机很可能是因过热而导致该开关动作，冷却后又能自动复位所致。判断主电机是否有故障的简便方法是测量其运转电流，本机运转电流在高、低速时均在 0.5A 以下。而电机发热的一个主要原因是主电机是由固态继电器 SSR 驱动的。SSR 中的晶闸管有时会出现单向损坏，这时给主电机附加一脉动直流电压，尽管此时主电机也能运转，但运行一段时间后因电机发热而出现热保护。该机经测量发现 SSR 内部损坏。SSR 位于机器前门上部的 AC 驱动板上，编号为 Q304、Q305，经查 Q304 内部损坏。更换 Q304 后，机器故障排除。

例 13　佳能 NP-400 型复印机复印件上有数条黑线，图像清晰

故障现象　机器复印时，复印件上有数条黑线，图像清晰。

分析与检修　根据现象分析，该故障一般发生在充电部分及清洁系统。检修时，先打开复印机前门，拉出一、二次充电电晕丝进行清理，清理完毕插入原位，开机试印，故障仍然存在。此时，拆掉清洁器，发现清洁器单元的清洁刮板刃口已老化。更换时，先拆掉 5 个固定螺钉，卸下压板和刮板，将原刮板上的刃口对调。安装时，刮板应和压板的凸部对准固定，刮板的两端应和侧密封接触好，不能有间隙，而且刮板刃口不能呈波形状。更换完毕后，应用手指将黑粉涂在新的刃口上，以免刮板和感光鼓摩擦而损伤感光鼓。该机经更换清洁刮板后，故障排除。

例 14　佳能 NP-400 型复印机出现缺纸信号停机

故障现象　机器工作时上、下纸盒（有纸）时而出现缺纸信号而自动停机。

分析与检修　根据现象分析，问题可能出在纸盒余量检测电路。检修时，先对纸盒余量检测电路进行重新调整（调整电位器及发光显示电路板在前盖右侧显影器下方）。首先将上纸盒装一张复印纸，再把纸盒插入机内，顺时针慢慢调整 VR721 直流到发光二极管 LED721 点亮为止，再试机复印，上纸盒恢复正常。接着再调整 VR722 电位器，可 LED722 时而点亮时而又熄灭，再次调 VR722，LED722 亮后再用下纸盒复印试机，刚搓纸，下纸盒缺纸灯又显示，致使复印停机，证明下纸盒余量探测电路有故障。拆下纸盒台，取下纸余量探测电路板，用万用表检测，发现 VR722 电位器内部接触不良。更换 VR722（50K）微调电位器后，再重新调整下纸盒余量后，机器故障排除。

例 15　佳能 NP-400 型复印机工作时复印纸堵塞

故障现象　机器工作时，复印纸堵在热辊前成卷状。

分析与检修　根据现象分析，问题一般出在传送带及风扇部位。检修时，打开机盖，先用吸尘器将传送带及孔内残粉吸净后，重新开机，故障不变。再将负压风扇外面的海绵取下，发现残粉较多。清除海绵上的粉尘后，机器故障排除。

例 16　佳能 NP-400 型复印机复印件上有白点

故障现象　机器复印时，复印件上有白点，严重处呈白色曲线，且较有规律。

分析与检修　根据现象分析，问题可能出在转印、分离电极及相关部位。检修时，先排除纸张受潮和硒鼓损坏的可能后，清洁充电电极丝和消电电极丝，故障不变。进一步检查转印、分离电极丝，发现有较多墨粉。分析其原因可能是空气潮湿，粉尘引起电极丝放电所致。清洁转印、分离电极丝墨粉后，机器故障排除。

例 17　佳能 NP-1215 型复印机机器工作时显示无粉

故障现象　机器工作时，墨粉盒内有粉，但主控板显示无粉。

分析与检修　根据现象分析，该故障可能是由于无粉传感器损坏所致。打开机盖，检查发现传感器、墨粉驱动电机均正常。再进一步仔细观察，发现搅拌弹簧脱位。原来是粉盒内墨粉全部偏向左边，导致搅粉弹簧不能转动。装好弹簧后，机器恢复正常，故障排除。

例 18　佳能 NP-1215 型复印机浓度不均，前侧浓

故障现象　机器复印时，浓度不均，前侧浓。

分析与检修　根据现象分析，问题可能有两点：一是一次电晕丝的高度不正确，可用螺丝刀调整其高度，直至正确为止；另一种是显影辊与感光鼓接触不好造成，此时要检查显影器加压机械部件是否松动。该机图像前侧淡，首先应清洁曝光灯、反射镜、镜头，然后检查前曝光灯如未亮，则需更换曝光灯及 DC 控制器基极。该机经检查为一次电晕丝高度不正确。用螺丝刀调整其高度后，机器故障排除。

例 19　佳能 NP-1215 复印机屏显"E00"故障代码

故障现象　屏显"E00"故障代码，机器自锁不工作。

分析与检修　根据现象分析，该机显示"E00"故障代码，主要与定影加热灯丝烧断、定影辊表面检测热敏电阻 TH1 烧断或断线、过热保险 TS1 烧断、加热灯电源驱动电路故障等有关。检修时，打开机盖，断电后检查热敏电阻 TH1 和连接线正常。取下定影器左上方灯管电源插头，用万用表测量其阻值约 4Ω，说明串接在回路中的热保险丝 TS1 没有问题。去掉机器后盖板，可见到加热灯电源连接于 AC 电路板上的晶闸管器件上，加电测试，查出该晶闸管处于截止状态，其触发端没有信号。该晶闸管的通断受控于光电耦合电路，主机通过该光电耦合器控制定影加热灯电源的通断，从而达到控制定影辊温度的目的。重点对这部分器件进行检查，发现串接在光电耦合器回路中的限流保护电阻已经烧断开路。更换该电阻后，机器故障排除。

例 20　佳能 NP-1215 型复印机频繁卡纸

故障现象　机器频繁卡纸。

分析与检修　根据现象分析，该故障一般发生在两处机械部位，即搓纸轮和定影辊。(1) 定影出口处卡纸，主要原因是纸张不平造成的。解决的办法是尽量避免双面复印，因为复印纸单面复印后纸张受热弯曲，再翻面印，出定影辊后不能展平送出，容易卡纸。(2) 搓纸轮打滑造成卡纸。搓纸轮是胶质齿轮形状结构，以增加搓纸的摩擦力。如果复印机使用时间较长，搓纸齿轮被磨平或者齿轮表面粘有纸屑粉末等污垢，从而减小搓纸时的摩擦力，出现打滑，造成卡纸。该例为搓纸轮磨损所致。更换搓纸轮后，故障排除。

例 21　佳能 NP-1215 型复印机复印件全白

故障现象　复印时复印件全白。

分析与检修　根据现象分析，该故障原因可能有：转印电晕器工作不良；一次充电器工作不良；感光鼓不转动；高压发生器有故障；DC 控制板有故障等。检修时，查一次充电器、感光鼓均无问题。再从该机的高压发生器来分析，转印电晕器的高压和一次充电器的高压都是由同一高压发生器发生，转印电晕器高压漏电也会造成一次充电器没有高压。拆下转印电晕器，发现转印电晕器处沉积碳粉太多，从而使一次充电器没有高压。将转印电晕器的碳粉清除干净后，故障排除。

例 22　佳能 NP-1215 型复印机全画面模糊

故障现象　机器复印时，全画面模糊。

分析与检修　根据现象分析，问题可能出在光学系统及相关部位。检修时，打开机盖，先检查光学系统驱动拉线松紧程度是否合适，再检查光学系统轨道移动是否平滑。该机经检查为光学系统轨道有污物。清除轨道污物后，机器故障排除。

例 23　佳能 NP-1215 型复印机显示"E000"故障码

故障现象　显示"E000"故障码。

分析与检修　根据现象分析，该故障是由于定影热敏电阻开路或损坏、定影灯管损坏或连接导线开路、AC 驱动器或 DC 驱动器工作不良、过热保护器（热动开关）损坏等原因造成的，故应进行全面检查。首先检查热敏电阻和过热保护器未见异常。然后拔下插头 J9，用万用表对定影灯管进行检测（正常阻值为 55Ω 左右），发现其已开路。在拆卸下定影灯管时，发现灯管已断裂，但换用新灯管后，"E000"故障码依旧存在。这时，(1) 松开螺钉，取下电位器盖；(2) 将电源开关接通；(3) 按下 DC 控制器上的开关 SW301；(4) 将电源开关断开。再使用时该机器故障码将消失，故障排除。

例 24　佳能 NP-1215 型复印机无 DC 电源

故障现象　开机后无 DC 电源。

分析与检修　根据现象分析，该故障一般出在电源供给电路。检修时，打开机盖，首先检查 AC 板有无电源供给，若有，应检查变压器 T1 j201-1 和 j201-2 之间为 27V，j201-3 和 j201-4 之间为 37V，j201-5 和 j201-6 之间为 11V。该机经检查为变压器内部不良。更换变压器后，机器故障排除。

例 25　佳能 NP-1215 型复印机工作时纸盒卡纸

　　故障现象　机器工作时，纸盒卡纸。

　　分析与检修　根据现象分析，问题一般出在搓纸定位系统。检修时，打开机盖，观察发现当复印纸搓入定位前轴时被卡，经检查为定位前轴打滑，应用湿布清洁直至正常。

例 26　佳能 NP-1215 型复印机纸张卡在定影器内

　　故障现象　机器复印时，纸张被卡在定影器内。

　　分析与检修　根据现象分析，该故障一般出在定影系统。主要原因有：（1）分离爪老化，需更换；（2）定影上下辊压力不匀需调整。该机经检查为分离爪老化。更换分离爪后，机器故障排除。

例 27　佳能 NP-1215 型复印机定影不良

　　故障现象　机器复印时，复印件定影不良。

　　分析与检修　根据现象分析，问题一般出在定影部位。检修时，打开机盖，先检查定影上、下辊是否沿输纸方向移动不良，定影上、下辊是否有伤痕。经检查该机为定影辊损坏。更换定影辊后，机器故障排除。

例 28　佳能 NP-1215 型复印机复印件画面太淡

　　故障现象　机器复印时，复印件全画面太淡。

　　分析与检修　根据现象分析，问题可能出在感光鼓及相关部位。检修时，打开机盖，步骤为：（1）检查充电转印电晕丝的高度以及挂装方法是否正确，同时调整电晕丝高度，清扫电晕丝；（2）检查显影筒表面的墨粉浓淡度是否均匀；显影筒上是否正确加上显影偏压；（3）感光鼓不良或超过寿命，需更换。该机经检查为感光鼓超过使用寿命。更换感光鼓后，机器恢复正常。

例 29　佳能 NP-1215 型复印机复印件上出现黑带

　　故障现象　机器复印时在复印件最左端出现一条宽约 5mm 的黑带。

　　分析与检修　根据现象分析，问题可能出在原稿台上。经仔细检查，果然发现当复印件用 A3 复印纸时，稿件上的黑带恰好与原稿台左侧的一条油漆膜的尽头相接近，认为可能是由于这条漆膜的吸光引起的，于是就试着用刀片轻轻将这条油漆膜刮去，重新试机后复印机稿件上的黑带消失，说明故障正由此引起。

例 30　佳能 NP-1215 型复印机复印件上有重影

　　故障现象　机器复印时，复印件上有重影。

　　分析与检修　根据现象分析，该故障可能发生在高压发生器。由原理可知：该机有两个高压发生器，共输出 4 组高压，即 −5.8kV 前消电电压、+6.6kV 一次充电电压、−6.5kV 二次充电电压和 +5.9kV 转印电压。为了检测各电压是否正常，取一个电工测试笔上的氖管，将其一端与 1M/0.25W 的电阻串联后接地，另一端接高压发生器的输出端，检查无误后，启动复印机进行复印，发现 −5.8kV 消电电压异常。更换转印高压发生器后，机器恢复正常。

例 31　佳能 NP-1215 型复印机复印件上有不规则黑线

　　故障现象　机器复印时，复印件上有不规则黑线。

　　分析与检修　根据现象分析，问题可能出在充电电极相关部位。检修时，先将浓淡调节器置于自动调节位置，复印件的黑线时有时无。当将调节器置于手动位置且调节器调在最淡位置时，则无黑线，说明故障是因充电电极丝不良引起的。检查充电电极丝，发现电极丝已变形，似断非断。更换电极丝后，机器恢复正常，故障排除。

例 32 **佳能 NP-1215 型复印机复印件前半部分经常出现全白**

故障现象 机器复印时，复印件前半部分经常出现全白。

分析与检修 根据现象分析，产生该故障主要原因有：（1）输纸定时与光学系统的时序不同步；（2）扫描运动与感光鼓的转动不同步；（3）光导体旋转不良。打开机盖，先分别检查以上各因素，发现感光鼓带齿一头的塑卡已严重磨损，造成旋转与曝光灯扫描不同步。更换鼓上塑卡后，机器故障排除。

例 33 **佳能 NP-1215 型复印机复印件图像全白**

故障现象 机器复印时，复印件图像全白。

分析与检修 根据现象分析，该故障原因很多。为了判断故障部位，先开机复印，偶尔能复印出不规则的浅淡图像来，但出现全白时并不显示故障代码。由于电路故障一般能够显示故障代码，故怀疑故障出自机械部位。仔细检查复印过程，复印件能够顺利通过光导体，但复印纸与鼓之间间隙很大，致使复印纸全白。调节定位钩的角度，复印图像又出现，判定为定位钩错位所致。该机定位钩处于两辊之间的强压之下，复位时要克服辊压力才能把定位钩塞进两辊之间。一旦定位钩错位，复印纸与鼓之间就不能很好粘在一起，容易造成复印图像全白故障。将定位钩复位后，机器恢复正常，故障排除。

例 34 **佳能-1215 型复印机工作时停电又突然启动，机器不工作**

故障现象 机器工作时，电网掉电又突然启动后，开机面板出现 E001 交替闪现现象，重新开机，始终不能工作。

分析与检修 根据现象分析，问题可能出在定影加热电路及部位。由原理可知，该机采用加热定影电路装置，加电后要有一定的预热时间，以便正常工作时利用高温使墨粉融化渗入纸中，在定影温度未达到规定值以前，待机指示灯始终处于点亮状态。根据该机的现象，可以确定问题出在定影器的加热器部分。其原因主要为：一是定影加热器线路不通；二是热敏电阻烧断；三是定影灯断路。取出机器左侧的定影器，首先检查各接线完好，然后用万用表对热敏电阻进行测量，加温前及用烙铁熏烤加温后阻值均正常，最后对定影灯两端进行测量，阻值为无穷大，取下定影灯，观察其灯丝已断开。更换定影灯后，机器恢复正常，故障排除。

例 35 **佳能 NP-1215 型复印机开机后电源灯亮，显示代码"E202"**

故障现象 机器开机后电源灯亮，光学系统无动作，齿轮发出"咔咔"声，故障显示 E202。

分析与检修 根据现象及代码分析，故障可能出在以下几个方面：（1）光学系统原始位置传感器不良（Q3）；（2）光学系统电机故障（M2）；（3）电机控制器、DC 控制器不良。检修时，打开机盖，用万用表检测以上电路元器件基本正常。将光学系统向后拉，通电试机，光学系统运动。走到起始点时发出"咔咔"声，同时测 Q3 和 J314 的 3 脚 SCHP 信号为 0V。进一步仔细查找原因，发现光学系统被机壳卡住，不能运行到起始点，故遮挡片无法进入传感器 Q3，遮不住光，致使 SCHP 信号为 0V。将机壳向上拉动，以使光学系统顺利通过后，机器故障排除。

例 36 **佳能 NP-1215 型复印机电机刚一运转即停，显示全无**

故障现象 开机后显示正常，主导电机 M1 刚一运转即停，显示全无。

分析与检修 根据现象分析，该故障一般发生在电源及负载电路。检修时，先开机，在未出现故障前，用万用表测稳压电源＋24V、＋5V、＋30V均正常，电源板（PCB2板）基本正常。分析原因可知，当主导电机M1旋转时，光学系统冷却扇FM1、排气扇FM2、输送扇FM3同时旋转。几只风扇均用＋24V电源供电，主导电机M1为220V供电。发现故障时，供给M1的220V和＋24V均无，说明电源负载存在短路故障。再用万用表测主导电机M1无短路，其余几只风扇电机由于阻值小，无法测量，只好依次拔下电源插头，通电试机。当拔下输送电扇FM3插头时机器恢复正常。将输送电扇卸下，用数字万用表测量阻值为0.004Ω，显然FM3内部短路。打开风扇后，发现电刷间有锈蚀的金属碎屑，清理后用软布擦拭干净、装好，用＋24V电源试机，电机旋转正常。

例37 **佳能NP-1215型复印机不能自动输纸**

故障现象 机器复印时，不能自动输纸。

分析与检修 根据现象分析，问题可能出在给纸轮及拖纸轮系统。由原理可知：自动输纸比手动输纸多了给纸轮和拖纸轮。开机复印，观察其复印过程，发现拖纸无力。停机观察，拖纸轮表面的4个黑色硬塑从动轮表面过于光滑，并且压力弹簧力量不够。取下4个传动轮，在其轮沿缠上等宽电工胶布，并更换压力弹簧后，机器故障排除。

例38 **佳能NP-1215型复印机纸张卡在输纸带上**

故障现象 纸张卡在输纸带上。

分析与检修 检修时，打开机器，对输纸带进行检查。用手操作输纸辊，发现输纸辊不转并有明显的松弛现象。取出输纸部件，拆下输纸带，抽出输纸辊轴，用胶布分别在4个塑料辊上顺时针缠绕一圈半，再装回输纸部件。该机经上述处理后，故障排除。

例39 **佳能NP-1215型复印机开机后不工作**

故障现象 开机后机器不能工作。

分析与检修 经开机检查发现，磁鼓传感器不工作，用万用表R×1k挡测其两引脚的电阻，发现该传感器内部损坏。更换磁鼓传感器后，机器故障排除。

例40 **佳能NP-1215型复印机输送带打滑**

故障现象 机器工作时，输送带打滑。

分析与检修 该故障机内长时间处于高温状态，致使输送带变长所致。检修时，打开机盖，卸下硒鼓组件、显影器、转印电极架，用镊子取下输送带下面的从动轴，使输送带处于松弛状态，双手伸入机内，小心把每根输送带翻一个面，或卸下输纸部件，将输送带翻面，即可正常使用。经上述处理后，机器故障排除。

例41 **佳能NP-1215型复印机墨粉消耗量大**

故障现象 机器工作时，墨粉消耗量太大。

分析与检修 根据现象分析，问题可能出在高压及相关部位。根据经验，一支墨粉正常印A4幅面为3500张左右，而该机只印了四五百张，即显示无粉信号；同时漏粉现象严重，墨粉漏到转印架及输纸带上，使皮带打滑。检修时，打开机盖，取出感光鼓组件，发现墨粉大部分回收到了废粉仓中，可能与显影偏压有关。更换PC主控板，不起作用。拆下高压包未见异常。再查高压包（HVT）电路，发现比较运算放大器Q3（4558D）内部损坏，由于Q3不良，从而给出错误的显影偏压，导致故障发生。更换Q3后，机器恢复正常。

例42 **佳能NP-1215型复印机图像呈负像状态**

故障现象 机器复印时，图像呈负像，白底变黑，黑字变白。

分析与检修 根据现象分析，问题可能出在显影及主控电路。检修时，打开机盖，先检查显影偏压有无问题。更换高压包（HVT）后，故障不变。但更换主控板后故障消失。应进一步检查，故障器件为主控板 Q306 集成块，型号为"358C"运算放大器。更换 Q306 后，机器故障排除。

例 43 **佳能 NP-1215 型复印机显示故障代码"E5"**

故障现象 机器工作时，显示故障代码"E5"代码。

分析与检修 根据现象分析，机器工作时，出现"E5"代码的原因有：（1）镜头电机 M2 烧坏；（2）镜头位置传感器电路板之 Q306 烧坏；（3）主控板有问题。其中 M2 烧坏的故障率较高。检测时，打开机盖，拆下 M2，用万用表测其三个绕组（正常阻值每个绕组均为 49Ω），发现一个绕组已断，仔细找出断头焊接好。同时电机的碳刷也已磨损，可用废旧电池的碳芯做成碳刷代替。

例 44 **佳能 NP-1215 型复印机图像纵向压缩(一)**

故障现象 机器复印时，复印件上图像纵向压缩。

分析与检修 根据现象分析，故障可能发生在光学系统及扫描电机或控制部位。由原理可知：纵向倍率的改变是通过光学驱动系统改变扫描速度达到的，首先从光学系统的扫描速度上查找原因，检查扫描轨道的润滑、钢丝绳的松紧、驱动齿轮的啮合、扫描马达的转速等一系列影响扫描速度的因素，结果均正常。经分析，如果感光鼓转速慢了，相当于光学扫描快了。而影响鼓转速的大多是主电机，主电机不仅控制鼓转速，也控制搓纸、输纸、定影等，经仔细检查这几部分，发现定影上辊轴套磨损严重，使转动困难，从而影响了主电机的转速，造成上述故障。据经验，对位辊离合器磨损，造成不正确对位，也会出现此故障现象。更换定影轴套后，机器故障排除。

例 45 **佳能 NP-1215 型复印机图像纵向压缩(二)**

故障现象 机器复印时，图像出现纵向压缩现象。

分析与检修 根据现象分析，问题可能出在扫描电机及相关部位。由原理可知，该机纵向倍率的改变是通过光学驱动系统改变扫描速度达到的。影响扫描速度的因素主要有扫描电机转速过快和感光鼓转速过慢。感光鼓的转动是受主电机的控制，如果主电机转速过快，则搓纸、输纸均会出现异常，容易造成图像压缩。检修时，打开机盖，分别检查扫描电机和主电机，发现扫描电机转速过慢且温升异常。经查为转子轴承无油发热，导致阻力过大所致。给扫描电机转子轴承加注耐高温润滑油后，机器故障排除。

例 46 **佳能 NP-1215 型复印机图像呈黑纵条状且不清晰**

故障现象 机器复印时，图像呈黑纵条状且不清晰。

分析与检修 根据现象分析，该故障一般因光学系统中反光镜脏污引起的。但据用户说，机器开机工作正常，复印中出现加粉指示，便加入了价格低廉的碳粉，即出现该故障。打开机盖，查看磁辊，发现上面的碳粉浓度不均匀，将碳粉倒出，把磁辊上的碳粉擦干净，加入质量好的碳粉即可。

例 47 **佳能 NP-1215 型复印机清洁辊被墨粉污染**

故障现象 机器工作时，清洁辊被墨粉污染。

分析与检修 根据现象分析，问题由机器长时间使用未及时维护所致。检修时，打开机盖，卸下清洁辊，将其浸入强去污力的洗衣粉水中，用手轻轻揉洗毛毡，洗去上面的墨粉，反复漂洗干净，放入洗衣机内脱水，烘干，涂上硅油，即可使用。

例48 **佳能 NP-1215 型复印机定影部位齿轮打齿**

故障现象 定影部件异型齿轮出现打齿现象。

分析与检修 根据现象分析，这是因为定影部件异型齿轮轴芯磨损，原因为缺少润滑，塑料粉末落在轴上，长期磨损所致。检修时，打开机盖，将装有此轴芯的金属部件取下，用台钳夹住，将被损轴芯卸下，取一段直径合适、硬度大的圆钢（最好是合金钢），在车床上加工一根同样规格的轴芯，并在靠固定侧板的一端留出螺丝杆的位置，最后打磨，这样一根新轴芯便制好了。安装复原，加上润滑剂，便可正常运行。

例49 **佳能 NP-1215 型复印机显示代码"E001"（一）**

故障现象 开机后，显示 E001 代码，不能工作。

分析与检修 根据现象分析，问题出在控制电路。打开机盖，经检查，发现 Q101、Q102 两只晶闸管均被击穿。更换 Q101、Q102 后，机器故障排除。

例50 **佳能 NP-1215 型复印机显示代码"E001"（二）**

故障现象 开机后，显示 E001 代码。

分析与检修 根据现象分析，问题出在控制电路。打开机盖，经检查，发现 DC 控制器电路工作异常，反复检测发现为 Q315、Q339 两只三极管均已损坏。如无原型号更换，可用 C9015 代替 Q339（2202），用 B405 代替 Q315（2SD1521）。更换 Q339、Q315 后，机器故障排除。

例51 **佳能 NP-1215 型复印机复印品图像全白**

故障现象 机器复印时，复印品图像全白。

分析与检修 根据现象分析，问题产生有以下原因：（1）转印电晕器不良；（2）一次充电器不良；（3）显影器工作不正常；（4）感光鼓不良；（5）DC 控制器基板有故障；（6）高压变压器不良。检修时，打开机盖，观察其各部件的动作情况均无异常。根据一般经验，转印电晕器出现故障的可能性最大。于是，将转印电晕器从复印机中抽出，开机复印，待原稿照明灯刚动作一半时关机，打开复印机前门，观察复印纸上能隐约看见字样，由此说明为转印电晕器故障。拆下转印电晕器，发现转印电晕器座因漏电烧焦。更换转印电晕器座后，机器故障排除。

例52 **佳能 NP-1215 型复印机复印品图像全黑**

故障现象 机器复印时，复印品图像全黑。

分析与检修 根据现象分析，问题可能出在曝光灯及相关部位。开机观察此机在复印过程中的各部件动作情况，发现当复印纸进入复印机后，原稿台照明灯并未点亮。拆下原稿台玻璃，用万用表 R×1k 挡测原稿台曝光灯及温度保险均完好。当测量到灯稳压器基板上的 J602 插头 1、2 脚时，发现表针无摆动，怀疑从 J602 插头到曝光灯之间的连线中有断路现象。拆下此连线发现有一股被掐断。更换连线后，机器工作恢复正常。

例53 **佳能 NP-1215 型复印机工作时"咔咔"响**

故障现象 机器工作时"咔、咔"响。

分析与检修 根据现象分析，问题可能出在主电机及传动部位。打开机盖，开机观察其"咔、咔"声为机械部分传出，且来自机器背面。关机后将显影组件、鼓套件均从复印机中抽出，然后开机，听其声音有所变小。由此判断声音由主电机传动部分发出。拆下主电机，发现有一塑料齿轮损坏。更换塑料齿轮后，机器故障排除。

例 54 **佳能 NP-1215 型复印机在定影辊处卡纸**

故障现象 机器复印时，B4 及 A3 复印纸只走过定影辊一部分就卡住，B5 纸在传输带上刚接近定影辊就出现卡纸。

分析与检修 根据现象分析，该故障一般出在给纸、输纸部分。检修时，打开机器前门，并用门开关板把门开关接触好，开机复印，结果发现，给纸部分能正常动作，而在输纸部分，尽管传动辊在运转，但在它上面的传输带却在打滑，偶尔传输带能走一段，但很吃力。关机拆下整个输纸部分，结果发现在传输带及一头的辊子处有大量的墨粉及纸屑。

例 55 **佳能 NP-1215 型复印机复印件上有大面积黑斑**

故障现象 机器复印时，复印件上出现大面积黑斑。

分析与检修 根据现象分析，该故障一般为光学系统、显影辊、感光鼓局部被严重污染等所致。检修时，先对光路进行清洁，开机复印，故障现象不变。打开机器，取出显影组件，发现显影辊上多处被油类物质污染。取出鼓组件，发现同样现象。用脱脂棉球对显影辊和感光鼓进行清洁，然后装入，开机复印，复印件图像良好。分析原因是清洁油辊上加注硅油量过多，在正面复印时，硅油通过热辊沾在复印件上，在进行反面复印时，携带硅油的复印品将硅油又转沾在显影辊和感光鼓上。

例 56 **佳能 NP-1215 型复印机复印件墨粉易脱落**

故障现象 机器复印时，墨粉容易脱落，复印件右侧某固定位置总是产生皱折。

分析与检修 根据现象分析，该故障一般发生在定影及定影辊及相关部位。打开机盖，发现上定影辊周围表面粘有大量墨粉垢结块，从而导致上定影辊表面温度降低，显影后复印纸上的图文墨粉未能充电加热，不能渗透到复印纸的纤维毛细孔内，附着力减低，造成墨粉容易脱落。而且由于墨粉结块存在，上定影辊外轮表面不同心，右端直径大于左端，当上、下定影辊转动时，因表面不平整，压贴力不均匀，使两端压差增大，导致复印件右侧产生皱折，严重时还会出现卡纸现象。检修时，抽出定影器。用一块聚氯乙烯薄膜将下定影辊包好，再用一块稍大的薄膜垫在定影器底盘上，以遮挡清洗上定影辊时落下的污物。用细砂纸蘸洗衣粉溶液到定影辊上，同时慢慢转动定影辊进行擦洗。直至干净为止。

例 57 **佳能 NP-1215 型复印机复印纸在定影部分卡住**

故障现象 机器工作时，复印纸在定影部分被卡住。

分析与检修 根据现象分析，问题一般出在定影及相关部位。打开机盖，先检查输纸机构正常，再进一步检查发现定影部分的出纸传感器插接件松脱。重新插紧后，机器故障排除。

例 58 **佳能 NP-1215 型复印机纸张卡在输纸带上**

故障现象 机器复印时，纸张卡在输纸带上。

分析与检修 根据现象分析，问题一般为输纸带、输纸风扇不转或运转不良而造成。应重点检查输纸带、滚轴、滑轮及输纸风扇的运转情况。检修时，打开机盖，用手操作输纸辊，发现输纸带不转并有明显的松弛现象。取出输纸部件，拆下输纸带，抽出输纸带轴，用胶布分别在 4 个塑料辊上顺时针（从机器前方看）缠绕一圈半，装回输纸部件。经此处理后，效果很好。

例 59 **佳能 NP-1215 型复印机复印品污脏**

故障现象 机器复印时，复印品污脏。

分析与检修 根据现象分析，该故障一般为光学系统被灰尘污染、清洁部件对残余图像清洁不良、定影上下辊被污染等因素所引起。检修时，开机复印，当纸张前端到达输纸带时停机，取出未定影的复印品观察，如果复印品污脏，则说明光学系统或清洁部件有问题，否则，是定影部件被污染。通过观察，复印件图像良好，因此应检查定影部件。打开定影部件，发现清洁油辊干涸并被磨毛，定影热辊上有异物粘在上面。更换定影热辊和清洁油辊，并对清洁油辊加注适量硅油后，机器故障排除。

例 60   佳能 NP-1215 型复印机复印件图像太淡

故障现象   机器复印时，图像浓度太淡。

分析与检修   根据现象分析，该故障产生原因较多，如一次充电/转印电极丝高度不对、一次充电/转印电极座漏电打火、感光鼓老化、显影墨粉型号不对、显影加压机构运转受阻、显影偏压异常、高压发生器、DC 控制板损坏等，都有出现该故障的可能性。一般情况下，以感光鼓老化、一次充电/转印电极丝高度不对、电极座漏电打火、墨粉型号不对等居多，只要做相应处理，机器即可正常工作。该机经检查为感光鼓老化。更换感光鼓后，机器故障排除。

例 61   佳能 NP-1215 型复印机复印件前端比后端淡

故障现象   机器复印时，图像前端比后端更淡，中间有一条约 1mm 左右的细窄横带。

分析与检修   根据现象分析，该故障可能发生在充电电极及刮板等相关部位。检修时，打开机盖，检查发现，位于一次充电电极座两头用于固定栅网的 4 个小弹簧中的一个丢失，而这个小弹簧正好是连接栅网与电极座极片的桥梁，除用于固定栅网外，还起导线作用。栅网的作用一是决定鼓表面电位，使鼓充电均匀，另一个在图像曝光区域通过电路控制，使栅网对地开路，鼓表面充电。在待机状态或非图像曝光区域，栅网接地，充电电荷被栅网吸收，鼓表面充不上电，复印品全白，从而实现空白控制。找一同规格弹簧装上后，机器工作恢复正常。

例 62   佳能 NP-1215 型复印机复印纸常在转印部位卡住

故障现象   机器复印时，复印纸常在转印部位被卡住。偶尔印出一两张，也是全白。

分析与检修   根据现象分析，问题一般出在搓纸系统及转印等部位。打开机盖，检查搓纸系统无故障，再重点对转印部位的机械装置进行检查，结果发现，位于机器前门处对位辊轴套上的弹簧断裂。当这个弹簧断裂后，对位辊无法与其下部的辊接触，从而导致卡纸故障出现。卡纸故障排除，但复印品仍为全白。再仔细对转印部位进行检查，发现位于转印导轨两端弹簧顶起的金属装置，在转印机构板上方时，此装置与鼓表面有一定距离，经仔细观察，发现此装置在对位辊下部白色塑料插槽的上部，而正确的位置是金属装置应插在塑料插槽内。重新调整位置后，机器故障排除。

例 63   佳能 NP2020 型复印机复印件横向有白带

故障现象   工作时，复印件横向有白带。

分析与检修   根据现象分析，出现这种故障大致有三个原因：一是主充电电晕丝脏污；二是显影器有故障；三是转印电晕丝脏污。依据先易后难的原则，先清洁主充电电晕丝和转印电晕丝，故障依旧。接着拆下显影器检查，发现显影辊上的碳粉不均匀。拆下显影器，清洁磁辊，重新调整刮刀，使碳粉均匀，装好后试机，故障排除。

例 64   佳能 NP3020 型复印机无自检和预热过程

故障现象   显示"E000"故障提示，无自检和预热过程。

分析与检修   根据现象分析，"E000"故障一般是由于线路电压过高（大于 250V）或过低（小于 200V），引起定影辊旁边的热敏电阻保护性断路造成的，因此在线路电压明显不正常时，不要开机。在复印机出稿台下方有一长方形小盖板，取下小盖板，可以看到 4 个黄色的旋钮和 1 个黑色按钮。按住该按钮，同时接通复印机电源开关，一般开关电源 3～4 次，故障提示即消失，复印机恢复正常。更换热敏电阻，并经上述操作后，故障排除。

例 65　佳能 NP-3020 型复印机显示"E000"代码

故障现象　机器显示 E000 代码。

分析与检修　根据现象分析代码资料可知，问题一般出在热敏电阻、加热器、AC 驱动器、DC 控制器及热动开关等部位。一般情况下，加热器损坏的可能性最大。检修时，打开机盖，卸下定影组件，用万用表测加热器两端电阻为无穷大，取下加热器，发现其玻璃外壳有一鼓包，其内部的加热丝已被烧断，再测热敏电阻及热动开关均正常。更换加热器，机器故障排除。

例 66　佳能 NP-3020 型复印机纸排出 10cm 后卡纸，显示卡纸符号

故障现象　机器工作时，无规律卡纸，后来纸排出 10cm 后即卡纸并停机，显示卡纸符号。

分析与检修　根据现象分析，问题可能发生在定影系统的纸张检测部分。由原理可知，该机在整个纸道中有 3～4 个传感器，用来检测复印纸的流程，把信号反馈给 CPU，来控制机器的各种运行状态，如果反馈的信息出现异常就会及时发出停机指令，停止工作。该机出现卡纸故障后，只显示卡纸符号，没有给出故障代码，问题可能出在传感器。该机的传感器采用类似干簧管的磁控开关，传感器壳外有一带磁钢塑料杆，纸张通过定影部位后，触动塑料杆，磁钢远离磁性传感器，使 CPU 找到反馈的信号，完成一个复印周期。经仔细检查磁钢与磁控开关表面接触良好，断定为传感器内部损坏。更换传感器后，机器故障排除。

例 67　佳能 NP-3030 复印机显示"E000～E004"不能复位

故障现象　开机后显示"E000～E004"代码，不能复位。

分析与检修　根据现象与代码分析，该代码是佳能复印机热辊定影器故障代码。为防止定影器热敏电阻不良引起定影辊过热损坏，复位方法较为特殊，维修时必须执行规定的复位方法：(1) 打开复印机前门，用平口螺丝刀顶住门开关开机；(2) 用内六角扳手按动维修方式开关，使显示屏显示"S"；(3) 按键（星号键）4，用 ∧ 或 ∨（ZOOM 倍率"减"或"增"键）选择，直到显示"ERROR"时，按复印键；(4) 按复位键两次，退出后即可。该机经上述操作后，机器复位恢复正常。

例 68　佳能 NP-3050 型复印机复印件两侧深浅不平衡

故障现象　机器使用一段时间后，经常出现复印件两侧深浅不平衡现象。

分析与检修　根据现象分析，该故障产生原因较多，该机经检查为充电电晕丝高度不正确。检修时，可做如下处理：(1) 将相应浅的一侧的充电电晕丝的高度调低（使电晕丝与鼓表的距离缩小），方法为把调整用塑料螺栓顺时针旋转即调浅，逆时针旋转则调深；(2) 对浅侧的相反侧的扫描回路上的光缝调窄，或将深侧的相反侧光缝调宽。该机经上述调整后，机器故障排除。

例 69　佳能 NP-3050 型复印机图像呈纵向黑条块状

故障现象　机器复印时，图像呈纵向条块状，有时又正常。

分析与检修　根据现象分析，问题可能出在感光鼓及相关部位。检修时，开机盖，检查感光鼓，鼓表面很清洁，取下鼓分离爪支架，发现支架上托有一些废粉，分析其原因为，机器在复印过程中，支架摆动，使废粉跌落到稿面上，定影后出现该现象。将支架上的废粉擦干净，故障排除。

例 70　佳能 NP-3050 型复印机复印件中间部分全黑

故障现象　机器复印时，复印件中间部分全黑，其他部分正常，此时观察曝光灯在前进方向开始亮一会儿，前进一段时间，曝光灯灭下来，最后又亮起来，返回前又灭下来，很有规律性。

分析与检修　根据现象分析，问题可能出在曝光灯及相关部位。检修时，打开机盖，先重点从曝光灯处下手。打开稿台玻璃板，用万用表检查曝光灯及与之相连的扁形电缆，结果发现导轨中的扁形电缆有一根已断裂。重新补焊后，机器工作恢复正常。

例 71　佳能 NP-3050 型复印机复印件上半部无图像

故障现象　机器复印时，复印件下半部正常，上半部无图像。

分析与检修　根据现象分析，该故障一般是感光鼓疲劳、碳粉不均匀，充电电极丝及转印电极丝不平，如通过更换感光鼓、调整刮板和电晕丝均不奏效，则可能是镜头有问题。该机经检查，上述故障依旧。再拆下镜头盖板，发现遮光带断裂，曝光通过断裂处直接照到第四反光镜上，经第五、六反光镜射到鼓上，使复印件上部不能成像。将遮光带断裂处粘合后，机器故障排除。

例 72　佳能 NP-3050 型复印机复印件内侧深浅不平衡

故障现象　机器复印时，内侧深浅不平衡。

分析与检修　打开机盖，先将内侧的充电电晕丝调到最低，没有明显的改善，又把扫描架外侧光缝调到最窄，也无什么改善。在拆开镜头盖板时，发现连接镜头内侧的一块黑色遮光板已经断开，用双面胶粘好后，复印件即恢复到正常。原来遮光板断开后，第二反光镜的反射光经过镜头的同时，也经由遮光板断开处到达第四反光镜内侧，两股光线叠加造成内侧曝光过量所致。该机经上述处理后，机器工作恢复正常。

例 73　佳能 NP-3050 型复印机复印件内侧浅淡

故障现象　机器复印时，内侧浅淡

分析与检修　打开机盖，先对充电电晕丝、光缝、磁辊间隙做了调整，不见明显的改善。拆开镜头盖板，观察遮光板完好。拆下显影辊，用洗洁精清洗后擦干再试，故障依旧。怀疑是墨粉质量有问题，于是把显影器和粉仓的粉全部清除干净，再换上一盒原装粉一试，复印效果一切正常。原来使用的是代用粉，这种粉质量差，天长日久就在显影器内侧积存了很多铁粉，阻碍了墨粉到达磁辊，因而造成内侧浅淡。

例 74　佳能 NP-3050 型复印机定影部分卡纸

故障现象　开机后，在纸盘自动送纸复印时，经常出现定影部位卡纸现象。

分析与检修　根据现象分析，该故障产生一般有以下几种原因：（1）定影部分分离爪不良；（2）定影辊不转；（3）出纸传感器不良；（4）机器传动有故障。由于该机手动送纸时卡纸，故可排除第（3）项原因。检修时，打开前门，插上门开关做连续复印试验，发现复印纸前端进入定影辊间 3～5cm，尚未到出纸部分传感器即出现卡纸，由此可排除（1）、（2）项原因。怀疑定影部位运转过程中被异物卡住，拆下检查无转动不良现象。重新装上后开机检查，竟然出现预运转越转越慢，而且预运转过程还未完成即停了下来。怀疑机器传动有问题，再将红色显影器、鼓、黑色显影器取出（拆鼓时，先在右下角维修开关插孔处用棍捅一下，到屏幕出现"$"符号，即按住 * 键、4 键 *、* 键，然后按 DARKER 键 6 下，到屏幕左下角出现 0006 再按 ∗ 键, 等黑色显影器退开, 即可拆鼓和黑色显影器了), 再开机检查却发现机器运转非常流畅, 拿起红色显影器、鼓、黑色显影器等用手转动, 黑色显影器转动十分困难, 拆下发现显影器密封垫上积有一层结块的墨粉。此故障原因是黑色显影器墨粉结块, 阻碍显影辊的转动, 导致传动负载增加, 造成卡纸。刮掉显影器密封垫上墨粉后, 机器故障排除。

例 75 **佳能 NP-3050 型复印机复印件相间出现 3cm 宽横向白带**

故障现象 机器复印时, 复印件相间出现 3cm 宽横向白带, 白带两边内容衔接正常。

分析与检修 根据现象分析, 问题可能出在感光鼓等部位。检修时, 打开机盖, 先查扫描部分及输纸通道都正常。取下感光鼓组件时, 发现固定螺钉已掉, 重新固定螺钉再观察, 感光鼓后端 3 块传动挡板严重磨掉, 造成传动销与鼓打滑所致。找相同螺钉拧紧, 试机, 复印几张正常后故障重现。为彻底排除故障, 找 3 块长 3cm、宽 1cm 的铝片, 弯成凹形, 取适量调好的机油涂于凹形片内。把凹形片压紧在传动挡板上, 24 小时后, 取掉凹形片, 稍加修整, 使用正常。

例 76 **佳能 NP-3050 型复印机图像太黑且中间有横白条**

故障现象 机器复印时, 图像太黑且中间有横白条。

分析与检修 根据现象分析, 该故障一般为主充电电晕丝、转印电晕丝脏污所致。检修时, 打开机盖, 先清洁后试印稿样, 虽有好转, 但不理想。再检查显影辊, 发现磁辊的碳粉不均匀, 拆开显影器, 用刮刀重新调整后装机试验, 故障消除。

例 77 **佳能 NP-3050 型复印机图像不清晰**

故障现象 机器复印时, 图像不清, 须预热 2 小时以上才能正常复印。

分析与检修 根据现象分析, 该故障一般为感光鼓疲劳、镜片脏污、转印电极脏污所致。但该机预热后能正常复印, 分析可能为转印电极漏电。经开机检查, 果然如此。更换转印电极支架, 并用电吹风将转印电极和机内除潮后故障消除。

例 78 **佳能 NP-3050 型复印机复印件上有黑带**

故障现象 机器复印时, 复印件有黑带。

分析与检修 根据现象分析, 问题一般为刮板刮不干净及反射镜脏污所致。打开机盖, 检查感光鼓良好, 擦拭镜片效果不明显, 再进一步检查发现在黑带部位曝光灯已发黄, 使光线强弱不均, 确认是曝光灯内部老化。更换曝光灯后, 机器故障排除。

例 79 **佳能 NP-3050 型复印机分离处卡纸**

故障现象 机器复印时, 分离处容易卡纸。

分析与检修 根据现象分析, 该故障一般因天气潮湿, 分离电极与塑料框架漏电, 分离电压下降所致。检修时, 打开机盖, 拆下分离电极组件, 用无水酒精清洗分离电极与塑料框架之间的墨粉, 用电吹风吹干后, 再用兆欧表测量分离电极同塑料框架之间的电阻为无穷大, 装到机器上即可排除故障。如果有的复印机电极与塑料框架打火严重, 造成氧化, 可以用刀具刮去氧化层, 还可以用胶片将分离电极与塑料框架隔开, 效果也较明显。该机经检查为此故障引起。

例 80 **佳能 NP-3050 型复印机复印件上有多条黑线条**

故障现象 机器复印时, 复印件上有多条黑线且中间有一约 5cm 宽的字迹被淹没。

分析与检修 根据现象分析, 问题一般出在供粉、废粉收集两个系统。检修时, 打开机盖，发现在供粉部分磁辊上有多道环状硬结物，经仔细观察环形硬结是墨粉。用无水乙醇清除后，磁辊完好。分析结环的原因，可能是纸磨损下的纤维所致；或是磁辊刮板的间隙不正确。因此，将磁辊刮板的间隙仔细地调整，用手转动磁辊调至辊上粉匀而薄即可。在检查废粉收集部分中还发现硒鼓刮板凹凸不平，废粉刮不净。采用在刮片下垫薄纸片的办法，反复修正，使其平直并和硒鼓间无间隙。该机经上述修复后，机器故障排除。

例81 佳能 NP-3050 型复印机在对位辊与垂直辊 1 之间卡纸

故障现象 机器复印时，复印件浓淡不均，且经常在对位辊与垂直辊 1 之间卡纸。

分析与检修 根据现象分析，该故障一般发生在充电电晕器及搓纸传动机构等相关部位。检修时，打开机盖，首先取下红色显影器，然后通电进入维修状态，执行"46"功能，实施显影器与感光鼓组件分离，然后分别取出感光鼓组件及黑显影器，并仔细清理与走纸有关的通路，再对搓纸轮、垂直通路胶辊及对位辊用酒精反复擦洗，直至干净为止。第二，取下稿台玻璃及机壳后盖，清理曝光系统原始位置传感器；检查曝光系统拉线张紧度，往复推拉曝光系统灯架，动作自如，没有发现阻尼点。对电路板上的诸多插接头重新安装一次。第三，对卸下的感光鼓组件、显影及盒中复印纸分别做了检查，发现除感光鼓组件中的一次充电电晕器上的栅丝被人拆去外，其他均正常。重新装上栅丝，并将所有拆卸件复原后通电试印，复印件反而全白，同时在复印过程中，机内还伴有"丝丝"放电声。经仔细检查，发现放电声来自高压发生器电路板，经查印刷板上的贴片电阻 R77 变值。更换 R77，机器故障排除。

例82 佳能 NP-3050 型复印机复印件图像不清晰

故障现象 机器复印时，复印件图像不清。

分析与检修 根据现象分析，该故障一般为感光鼓疲劳、镜片脏污、转印电极脏污所致。打开机盖，经更换感光鼓、清洁镜片及转印电极均无效。经观察，开机预热 2 小时后就能正常复印。这说明转印电极因受潮漏电，须更换转印电极支架，但该支架价格高且不易购买，可以采取应急处理。用电吹风将转印电极和复印机内加热除潮，几分钟即可使用。

例83 佳能 NP-3050 型复印机显示"H4"代码不工作

故障现象 开机后显示 H4，"COPY"按钮内的指示灯不亮，机器也不能工作。

分析与检修 根据现象分析，问题一般出在热熔定影部分。因 CPU 未检测到加热轴温度，机器检测不到是否预热，故不能正常工作，故障原因具体如下：（1）复印灯管损坏；（2）热敏电阻损坏，通过的电流不发生变化，或热敏电阻与上加热轴间接触不良，CPU 检测不到上加热轴的温升；（3）恒温器与上加热轴的间隙太大。检修时，打开机盖，断开两个连接器，将热熔定影装置从复印机中取出，用万用表检测发现灯管正常。然后给热敏电阻表面加热，发现阻值变化明显，恒温器与上加热轴正常，但此时发现热敏电阻与上加热轴间有一层油污。将热敏电阻油污处擦拭干净，使之紧贴上加热轴，机器故障排除。

例84 佳能 NP-3050 型复印机复印件在纵向面产生白条

故障现象 机器复印时，复印件在纵向面产生白条。

分析与检修 根据现象分析，该故障产生原因及检修步骤为：（1）感光鼓表面沿圆周方向有严重划痕而复印件上产生白条，只要更换感光鼓即可；（2）充电电极丝上沾有墨粉或其他异物，使感光鼓相应部分充不上电而产生白条，只要对充电电极丝进行清洁即可；（3）充电电压不稳定，使充电电压不均匀，此种情况下产生的白条会宽窄不一，可加稳压装置来解决；（4）显影器中载体太少，使显影不均匀而产生白条，此时应补充载体，并使载体与墨粉充分混合后即可解决；（5）离合器分离片变形产生白条，只要修复或更换分离片即可。该机经检查为离合器分离片变形。更换分离片后，机器故障排除。

例85 佳能 NP-3050 型复印机复印件在垂直方向产生白条

故障现象 机器复印时，复印件在垂直方向产生白条。

分析与检修 根据现象分析，该故障产生原因及检修步骤为：（1）感光鼓轴偏心，使转速不均匀，产生白条，更换鼓轴承并对鼓中心位置做调整即可；（2）充电电晕接触不良，使感光鼓表面电压时有时无而产生白条，重新接好电极丝即可；（3）充电、转印和消电电极丝过松，放电时使电极丝与感光鼓距离变动而产生白条，只要将松弛的电极丝重新绷紧即可；（4）显影辊驱动器离合器打滑，使显影辊转动时有停顿现象而产生白条，只要清洁离合器摩擦面上的污物即可解决。该机经检查为光电电晕接触不良。重新装好电极丝后，机器故障排除。

例86 佳能 NP-3050 型复印机复印件有半幅呈全白状态

故障现象 机器复印时，复印件有时呈半幅全白状态。

分析与检修 根据现象分析，问题一般出在曝光灯及相关部位。检修时，先进行放大（缩小）复印，若白色区域不随复印倍率变化，则拔下预充电、主充电电晕器，用平口螺丝刀顶住门开关试印，并观察全面曝光灯的工作情况。该机全面曝光灯的作用是使鼓表面静电潜象的电位由负变正，以吸附负电性显影剂。该机使用 3 只直流 24V、1.6W 熔丝型小电珠作为全面曝光光源。电珠中的任何一只断路均会导致鼓上相应区域仍呈负性，与负性显影剂相斥，导致复印件半幅（上或下）全白。该机经检查发现其中一只电珠发黑不亮。将断路电珠拆下，其余 5 只电珠向外安装，最内层灯座处接一只 10Ω 电阻，此法能使 B4、B5 和 A4复印件正常（仅影响 A3 复印件），以应急需。NP305 复印机的全面曝光灯中只使用了 3 只直流 24V、1.6W 熔丝型小电珠。更换曝光灯电珠后，机器工作恢复正常。

例87 佳能 NP-3525 型复印机不能自动加粉

故障现象 机器能正常显示加粉符号，但不能自动加粉。

分析与检修 根据现象分析，有加粉符号显示，说明墨粉浓度传感器 Q24 正常，问题一般出在粉斗电机 M4 及其相关控制电路上。检修时，打开机盖，用门开关压板把前门顶住通电，发现粉斗电机在轻微振动，同时与之啮合的 4 个齿轮不转动，说明控制电路也正常，估计粉斗电机运转受阻。断电后检查粉斗中墨粉，发现有大量的凝结硬块，斗中的搅拌杆已被别断。现取下粉斗及电机，倒掉斗中残余墨粉，将别断的搅拌杆用胶固定好，对粉斗电机再通电试机，整个电机仍然在振动，其齿轮仍不转，估计电机内部齿轮被卡死。再打开电机后盖，摆正其内部的转向杆，重新上盖并通电确定电机齿轮旋转方向，以电机齿轮逆时针方向（从后盖外看）运转为正常，否则，应重新调整电机内部的转向杆，将调好后的电机后盖彻底固定好，并将所有部件装回机内，通电试之，电机运转正常，片刻加粉符号消失。

例88 佳能 NP-3525 型复印机进行黑色复印时呈全白状态

故障现象 机器进行黑色复印时，出现全白状态，但进行红色复印时图像正常。

分析与检修 根据现象分析，问题一般出在黑色墨粉检测电路及相关部位。如果黑色墨粉传感器损坏，粉斗电机接不到动作指令，墨粉就加不进黑色显影器，复印件就会越印越淡，直到全白。打开机盖，检查黑色显影器，发现显影辊的墨粉分布很均匀，因此排除了没有墨粉的可能。打开前门，启动机器，发现复印机预热结束时，本应靠向感光鼓的黑色显影器并没有到位。检查黑色显影器驱动凸轮的离合器，发现离合器的扭簧已经变形。更换扭簧后，机器故障排除。

例 89　佳能 NP-3525 型复印机开机后即显示卡纸

故障现象　机器开机后，面板即显示卡纸，但机内并无卡住的纸张，按复位键，不能复位。

分析与检修　根据现象分析，问题一般出在卡纸检测电路及相关部位。检修时，打开机盖，用万用表逐个检查卡纸检测传感器 Q14、Q15、Q17，发现传感器 Q15 检测信号异常。更换 Q15，故障不变。再进一步检查，发现卡纸检测传感器 Q15 与 DC 控制器的连接导线有被螺钉压住。用万用表测量，该导线已被压断。重新连线后，机器故障排除。

例 90　佳能 NP-3525 型复印机工作时组件发出响声

故障现象　机器工作时，定影组件旁发出很响的声音。

分析与检修　经开机检查与观察，发现主电机有一组齿轮已损坏，这组齿轮的作用是将主电机的动力传给输纸系统。齿轮损坏是因为负载运行阻力太大所致。打开前门，看到输纸系统的输送带已经缠绕在输送辊上。卸下输纸器检查，发现输送带背面与输送辊有粘连的痕迹。分析原因可能因为温度太高，橡胶输送带发软，在运行过程中粘上输送辊，使输送系统卡死而齿轮打坏。更换输送带和齿轮后，机器故障排除。

例 91　佳能 NP-3725 型复印机复印件边约 4cm 左右空白

故障现象　机器复印时，复印件边约 4cm 左右空白。

分析与检修　根据现象分析，问题可能出在充电电极及相关部位，且大多为充电电极座漏电打火而造成。检修时，打开机盖，检查充电装置，未发现明显的问题，将机器进入维修调整方式，查其空白边调整参数是否变动过，结果发现该参数被调为"2"，而正常时应为"100"。说明前修理员调过参数未复原。将其调整为"100"后，机器故障排除。

例 92　佳能-3825 型复印机开机不工作显示错误信息

故障现象　开机后不工作，显示："E002Turnpoweroffandon"故障信息，关机片刻，重新开机，现象不变。

分析与检修　经开机检查分析，该机在长期使用中，未进行过任何维护、保养，从故障代码信息看，断定为机器内部太脏，故障位置一般出在定影部分的热敏电阻 TH1、加热器 H1 和热保险 FU2 等部件。检修时先进行清洁、保养工作，再拆下定影部分，检查上述部件，发现定影辊很脏，与定影上辊表面接触的 TH1 上有一层污垢。将其拆下，用无水酒精、脱脂棉擦去污垢后，开机工作正常。

例 93　佳能 NP-3825 型复印机出现 E220 代码，有时图像全无

故障现象　机器工作时，出现 E220 代码，无法工作；不出现代码时，复印件图像全无。

分析与检修　根据现象分析，问题可能出在曝光灯及相关元件，以及一次电晕器、转印电晕器、高压发生器等部位。检修时，打开机盖，先对各电晕器及高压发生器的插接部分做重点清理。查代码资料得知，E220 代码表示曝光灯及相关电路有问题。由于曝光灯经常动作，出现问题的可能性最大，打开稿台玻璃板，重点检查曝光灯两端及导轨上的扁形电缆，结果发现与曝光灯一端相接的扁形电缆已断裂。重新焊牢扁形电缆并做绝缘处理后，机器故障排除。

例 94　佳能 NP-3825 型复印机复印件图像时而正常时而全黑

故障现象　机器复印时，复印件图像时而正常，时而全黑。

分析与检修　根据现象分析，该故障一般发生在与曝光灯及扫描系统。检修时，打开稿

台盖，试印一份，发现曝光灯在移动中时亮时灭，关机后，取下稿台玻璃，慢慢拉出曝光灯架，发现与曝光灯连接的扁形电缆有一裂纹。仔细卸下扁形电缆，检查果然有断路故障。重新补焊并做绝缘处理后，机器故障排除。

例 95　佳能 NP-3825 型复印机机内有异常声音，不能复印

故障现象　机器工作时，有异常声音，不能复印。

分析与检修　根据现象分析，问题可能出在机械传动、支架等相关部位。检修时，打开机盖，先卸下红色显影器，然后把感光鼓及黑色显影器一同取出，之后通电试机，异常声消失，说明问题与所卸部件有关。从组件中卸下感光鼓，发现鼓内废粉很满，其螺旋齿轮根本不动。倒掉鼓腔内废粉，将鼓装回组件中，同时对输送带、转印分离电极架及导轨、反转部及第一纸盒等部件仔细清理，之后将所有组件复原，通电试印，机器运转正常。此故障原因主要是由废粉末及时排除所致。

例 96　佳能 NP-3825 型复印机复印件经常全白

故障现象　机器复印时，复印件经常全白，但有时也正常。

分析与检修　根据现象分析，该故障可能出在一次电晕器上。取下一次电晕器仔细检查，没有发现问题。装机后再试，同时用高压表测量一次电晕充电电压，仅为 1kV 左右，比正常值 6kV 左右低了许多。高压发生器的负载有两路，一路向一次电晕器供电，一路向转印电晕器供电。用电压表测量高压发生器的直流供电，电压为 24V 正常。再检查高压发生器的两路负载，取下一次电晕器，开机复印的同时用高压表测量一次电晕充电电压仍为 1kV 左右。重新装好一次电晕，取下转印电晕器，开机复印的同时再测量一次电晕充电电压，上升到 6kV 左右，已正常，仔细观察转印电晕器，发现已很脏，并且内侧转印电极接点处已被严重烧焦、漏电，从而降低了高压输出，致使充电无效。更换转印分离晕器后，机器故障排除。

例 97　佳能 NP-3825 型复印机显示"E002"代码，不能复印

故障现象　机器显示"E002"代码，不能复印。

分析与检修　根据现象分析，该故障为机器自保。检修时，先进入维修状态，输入"49"，执行"ERROR"清机功能，之后通电试机，故障消除。此故障主要与环境有关，当环境温度低或电压波动时，就会导致定影温度未在规定的时间内达一设定值，从而引起机器自保。一般情况下，出现此代码时，执行"49ERROR"清机功能，故障即可排除。

例 98　佳能 NP-3825 型复印机纸盒 3 供纸电磁铁不工作

故障现象　机器工作时，纸盒 3 供纸电磁铁 SL581 不工作。

分析与检修　根据现象分析，开机后，供纸电磁铁 SL581 不工作有两种原因：一是 SL581 本身不良；二是其控制信号不正常。该控制信号来自 Q101（μPD7810）的 PA0 端，经 Q126 倒相驱动输出。检修时，打开机盖，先用机器自诊检测功能，将复印机处于 SL581 工作状态，即纸盒 3 供纸状态，用六角工具按压维修方式开关，使显示屏右方显示出"S"字样，按下 * 键，再按数字键 2，再按 * 键，然后用数字键输入屏幕号 00，在显示屏上会显示如图 5-1 所示字样。查图中显示，若第一位输出显示为 0，则表明微处理器 Q101 的 PA0 端口输出不正常，Q101 损坏；若第一位输出为 1，而电磁铁 SL581 不工作，检测电磁铁线圈正常，直流控制板上 J100-A7 脚电压为高电平，则倒相器 Q126 已损坏。该机经检查为 Q126 内部损坏。更换倒相器 Q126 后，机器故障排除。

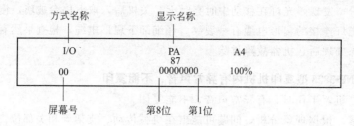

方式名称　　　　　　显示名称

I/O　　　　　　PA　　　　A4
　　　　　　　　87
00　　　　　00000000　　100%

屏幕号　　　　　第8位　第1位

图 5-1　佳能 NP-3825 型复印机显示屏

例 99　佳能 NP-6000 型复印机工作时震动声变大，机身猛烈晃动后停机

故障现象　机器工作时，震动声音变大，机身猛烈晃动后便停止运行，但并不影响复印。

分析与检修　根据现象分析，问题可能是由于控制下粉电机的可变电阻调整不当，使 ATR（墨粉自动控制电路）始终处于工作状态，墨粉无限制地进入显影器，造成显影器内墨粉过多，使之堵塞，机器震动而发出声响。检修时，应将条形槽内阻塞的墨粉清出，并使载体量符合上述要求，然后将槽内的墨粉余量调整到恰好是显影器窗口的对角线上。调好墨粉位置后，将显影器装到机器上观察 ATR 电路（在机门右下方第二块印刷板上）的 LED201 是否发光。如不发光，可调节 VR201 阻值至 LED201 发光，然后稍向相反方向调一点，使之似亮非亮即可，这既能保证槽内的墨粉在正常的位置，并会随着墨粉的消耗而不断补充。该机经上述处理后，机器工作恢复正常。

例 100　佳能 NP-6000 型复印机复印件图像越来越淡，最后不出字

故障现象　机器复印时，复印件图像越来越淡，最后几乎印不出字迹，即使将浓度调至最深挡，也只能印出灰的图像。

分析与检修　根据现象分析，该故障一般发生在下粉电机及相关部位。打开机盖，经检查，发现显影器内的载体已成灰色，用手触之已无墨粉脱落。更换新载体后不久，故障现象不变。后在运行中发现，墨粉箱中的送粉叶轮并不转动，此时 LED201 是亮的，这是补充墨粉信号。用万用表测连接墨粉箱下粉电机 M2 插头 J4 的 1 脚和 2 脚间有电压，判定为是下粉电机内部损坏。更换下粉电机后，机器工作恢复正常。

例 101　佳能 NP-6000 型静电复印机复印件上有水平波浪线

故障现象　机器复印时，复印件有水平波浪线。

分析与检修　根据现象分析，该故障一般为电极丝受墨粉污染所致。检修时，打开机盖，先小心将充电、转印、分离、消电电极丝依次抽出来，刷掉上面的灰尘、墨粉。用无水酒精擦净电极丝，并检查电极丝松弛情况，如太松，必须调紧，否则将出现复印件淡、底灰大等现象。如果试机后故障不变，再检查显影器和感光鼓组件。步骤为：卸下固定螺钉，抽出显影器，检查显影器里是否卡有纸屑等异物。卸下鼓轴上的卡销，抽出感光鼓组件，检查感光鼓有否划伤，清洁刮板有无纸屑，刃口有无缺口或异物。打开稿台盖板，卸下稿台玻璃，将曝光灯架移至中间，检查第一、二、三反射镜是否被污染。该机经检查为电极丝受墨粉污染。用无水酒精棉球清洁电极丝后，机器故障排除。

例 102　佳能 NP-6000 复印机复印件上有底灰

故障现象　机器复印时，复印件上有底灰。

分析与检修　根据现象分析，问题可能在硒鼓及相关部位。由于机器在使用一段时间后，硒鼓表面会存在一些残留墨粉和电荷，这是造成复印件底灰的原因之一。如卸下硒鼓清扫，极易损伤硒鼓，因此可以采用复印机自身清除法。其方法为：打开机盖，先将复印机充电电极拔出，取消对硒鼓充电，然后使复印机空转 30 秒左右，对硒鼓进行消电。最后再送进两张复印纸进行转印清除。清除结束，推进充电电极。此方法不但简单易行，而且可以把残留在硒鼓表面的墨粉和静电荷一次清除干净。该机经上述处理后，机器故障排除。

例 103　佳能 NP-6000 型复印机复印件图像上、下两端颜色深

故障现象　机器复印时，复印件图像上、下两端颜色深，中间色彩较淡。

分析与检修　根据现象分析，该故障一般为感光鼓中感光度下降所致。靠调整电极丝与鼓表面的距离或增加电极丝的拉力都不行，因为这种方法不能单独增加感光鼓中部的充电能力。由于这种复印机的光缝板是可以进行非等距离调节的，可利用它来改变感光鼓中部的曝光量，使复印件浓度均匀。方法是从机内抽出光缝板，松开其上的 3 颗螺钉，将光缝的中间部分调窄后固定，使中间部分透光减弱，反复几次可得到满意效果。该机经上述处理后，机器故障排除。

例 104　佳能 NP-6000 型复印机无法工作，复印件均为黑色

故障现象　机器无法工作，复印件均为黑色。

分析与检修　经开机检查与观察，发现 AC 电极已击穿。由于复印机高压发生器输出电压较高，当空气潮湿时，AC 电极两端的绝缘罩常常因放电而击穿。检查时可看到绝缘罩内有烧焦的痕迹，此时应进行更换。由于进口件难于购到，可按下法进行修复：将绝缘罩拆下，卸下电极丝。把烧焦的部分用砂纸或锉刀打磨干净，并在此部位上贴上透明绝缘胶带，再按原样安装好。为减少再次击穿的可能性，可将原来固定罩盖的金属螺钉换成塑料螺钉。如无塑料螺钉，也可直接用透明胶带将盖贴住。该机经上述修复后，机器故障排除。

例 105　佳能 NP-6000 型复印机天气潮湿时卡纸

故障现象　天气潮湿时卡纸。

分析与检修　经开机检查与观察，因气候潮湿，致使分离电机与框架漏电，引起分离电压下降，从而导致卡纸现象发生。用无水酒精清洗分离电极与框架间墨粉，再用 150W 灯泡烘烤 30 秒后，机器故障排除。

例 106　佳能 NP-6000 型复印机复印件偏黑或偏白

故障现象　机器复印时，复印件偏黑或偏白。

分析与检修　根据现象分析，该故障一般因光缝电极丝调节紊乱所致。检修时，打开机盖，先应更换失效过期的载体，擦拭光学系统各部件（镜头、反光镜等）和电极丝，接着抽出光缝板，将操作面板上的曝光控制杆置于"5"的位置，再按照机门内标牌上的数值调整各电极丝与鼓表面的距离相等，这样才能使复印品两端浓度一致，然后插上光缝板复印。如果复印件偏黑，可将光缝调大些；若复印件偏白，可将光缝调小些。如果图像反差小，浓差上不去，可将充电电极"＋"端电极丝与鼓表面距离调近些。如果复印件底灰大，则将消电电极丝与鼓表面距离调近些。如果仍解决不了底灰问题，可将充电电极标有"PAC"的电极丝与鼓表面距离调近即可。该机经上述调整后，机器故障排除。

例 107　佳能 NP-6000 型复印机出现卡纸信号报警

故障现象　机器每复印一张后均出现卡纸信号，但实际并未卡纸。卡纸信号出现于复印件输出后 1 秒之后。

分析与检修　根据现象分析，该故障一般发生在纸口及相关部位。检修时，打开机盖，拆下出纸口卡纸检测电路板，故障不变，这说明此电路板未起作用。产生该故障原因有两种：一是复印纸输出时所应碰到的检测摇杆变形；二是检测纸张是否通过的光电开关 Q1200

开路。两种情况均使机器在每次复印过程的一定时间内检测不到复印纸通过的信号，即认为卡纸。前一种情况应修复变形的摇杆；后一种情况则应更换 Q1200 或整块小印刷板。该机经检查为 Q1200 内部开路。更换 Q1200 后，机器工作恢复正常。

例 108　佳能 NP-6000 型复印机电极丝调节不良

故障现象　机器工作时，电极丝调节不良。

分析与检修　经开机检查与观察，发现机内电极丝调节螺钉损坏。由于该机各电极丝调节螺钉是塑料制成的，调节不慎时很容易折断，以致无法调节电极丝与感光鼓表面的距离。应急处理办法为：找一只 25W 的扁头电烙铁，烧热后对准螺钉断面用力向下压，烫出一道槽，待冷却后即可用扁口橡丝刀旋螺钉。如此法仍无法转动螺钉，再按下法调节电极丝；先将电极丝另一端调到适当高度，然后将电极丝这一端压至与另一端高度相同，观察电极丝与绝缘罩盖间的空隙，取相同厚度的一小片橡胶垫上。该机经上述调整后，机器工作恢复正常。

例 109　佳能 NP-6000 型复印机复印件出现宽而模糊的纵向黑条

故障现象　机器复印时，复印件出现宽而模糊纵向黑条。

分析与检修　根据现象分析，产生该故障一般有以下原因：（1）曝光灯老化或表面不清洁；（2）灯座接触不良；（3）光学部件及其他部件太脏。其处理方法为：（1）检查曝光灯及灯座，排除故障或更换；（2）断开电源，用镜头纸或擦拭光学玻璃的棉花擦去镜头、反光玻璃、反光罩、灯管等部件上灰尘；（3）检查转印、定影、传动齿轮等部位是否有异物，并予以清除；（4）注意复印机日常清洁保养，定期清除机内灰尘和异物。该机经检查为曝光灯座不良。更换曝光灯座后，机器故障排除。

例 110　佳能 NP-6000 型复印机复印时无图像

故障现象　机器复印时，无图像。

分析与检修　根据现象分析，问题可能出在显影辊及相关部位。由原理可知，机器复印时，图像是在感光鼓电场作用下，经光扫描产生潜像，靠碳粉吸附产生的，如果鼓回转，显影辊不回转，就不提供碳粉，复印纸上就无图像。根据现象分析，经开机检查，发现机械传动齿轮磨损，显影辊卡死不能回转。更换传动齿轮后，机器工作恢复正常。

例 111　佳能 NP-6000 型复印机复印件上字迹浅，调节浓度不起作用

故障现象　机器复印时，复印件上字迹浅淡，调节浓度旋钮不起作用。

分析与检修　经开机检查发现，机器转印、分离电极一端塑料基板上积满废粉，被高压电击，塑料基板烧出一凹槽，使电极短路，改变了充电电极的正常电压值。应急检修措施为：（1）清除基极上的废粉，半凹槽用环氧树脂或百得胶补平，烘干；（2）废墨粉不可重复利用，因为废墨粉带电吸附能力明显减弱，会造成机器污损，使复印件对比度较差。该机经上述处理后，机器故障排除。

例 112　佳能 NP-6000 型复印机开机烧保险丝

故障现象　机器开机即烧保险丝。

分析与检修　根据现象分析，该故障一般因机内电路出现短路故障所致，一般为除湿加热器短路，变压器层间、匝间局部短路。该机经检查为除湿加热器内部短路。更换除湿加热器后，机器故障排除。

例 113　佳能 NP-6000 型复印机复印件上出现横向细线条群

故障现象　机器复印时，复印件出现横向细线条群。

分析与检修 根据现象分析，该故障一般为废粉回收器刮片弹性变差。经开机检查果然如此。可以采用下列方法排除：（1）调整刮片与鼓之间距离；（2）拆下刮片反过来使用；（3）更换橡胶刮片。该机经上述处理后，机器工作恢复正常。

例 114　佳能 NP-6000 型复印机出现漏粉现象

故障现象 机器工作时，出现漏粉现象。

分析与检修 根据现象分析，问题出在显影槽及相关部位。经开机检查果然如此。由于显影槽中堆积了一些碳粉，使浓度检测器的传感器、光敏器和发光二极管上沾上碳粉，不能检测浓度，从而导致漏粉现象出现。用吹风球对准光敏管和发光二极管猛吹几下，清除检测器上的碳粉后，机器故障排除。

例 115　佳能 NP-6061 型复印机开机无任何反应

故障现象 开机后无任何反应，整机不通电。

分析与检修 根据现象分析，该故障一般发生在电源及相关部位。打开外盖，卸下散热片上盖，发现 C107、C108、C114 三只并联电容炸裂。其中 C107 为 1500pF/2kV，而其余两只电容已无法辨明其规格，查保险管完好。再打开电源开关，能听到电磁铁吸合声，用万用表测 Q101 整流桥堆输出直流电压正常，但电容 C102（由两只 220μF/400V 电容并联）两端电压为 0V，相关电路如图 5-2 所示。判断 R104 损坏，将其拆下，用万用表测量，果然阻值为∞。将 R104 更换后，再将三只并联电容 C107、C108、C114 用两只 2200pF/2000V 电容替换后，机器故障排除。

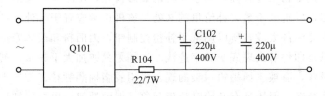

图 5-2　佳能 NP-6061 型复印机相关电路

第三节　施乐复印机故障分析与检修实例

例 1　施乐 1025 型复印机复印纸不能沿导轨前进

故障现象 机器工作时复印纸不能沿导轨前进，出现卡纸现象。

分析与检修 根据现象分析，问题可能出在分离电极高压部位。经观察发现，该机是通过硒鼓后，紧贴鼓向前至电路板挡住造成卡纸，如果鼓分离片与鼓之间有缝隙，纸就卷到鼓内。导致此故障的原因，可能是纸分离能力消退，使纸不能正常分离。检修时，打开前盖，放开托架，取下回收瓶、显影组件，取下转印/分离电极、塑料保护盖，压下托架，用万用表测分离电极丝端和鼓中心轴之间的电阻，不通，正常应该通但电阻较大。这时再取下高压电源，测它的分离输出端与它的地线端之间的电阻，有电阻且较大，说明高压电源正常。再测分离电极丝两端，也通，由此说明故障原因是因电极丝与高压电源之间接触不良造成。用镊子拉长高压电源分离极端弹簧，使之能与电极丝组件接触良好，机器故障排除。

例 2　施乐 1025 型复印机复印件空白

故障现象 机器复印时，走纸正常，但复印件空白。

分析与检修 根据现象分析，该故障一般发生在高压、电极丝充电及显影部位。检测时，打开机盖，先检查高压部分及电极丝充电均正常；再进一步检查，发现显影电机不转，

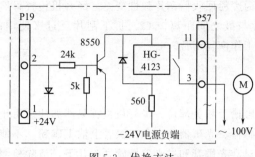

图 5-3　代换方法

由此导致复印件上空白。输入显影电机诊断测试代码 9-3，在正常情况下，P19（2）脚电压为 0V，三极管 8550 导通，断电器 RL8 吸合，P57（3）脚 100V 交流电压通过触点加到 P57（11）脚，显影电机得电转动。用万用表实测 P57（11）脚无 100V 交流电压，用导线短接 P57（3）、（11）脚，显影电机立即转动，说明电机正常，不转的原因是 RL8 继电器触点未吸合。再测 P19（1）脚电压为 +24V、（2）脚 0V 均正常。拆下 RL8 测量，线圈已断路。原机 RL8 继电器不易购到，可采用 HG4123 继电器代用，电阻仅 200Ω，工作电压低，不能直接接入原电路。具体代换方法如图 5-3 所示，调整串接电阻，使继电器工作电流为 30～50mA 即可。更换继电器后，机器故障排除。

例 3　施乐 1025 型复印机冷机复印两端清晰度不一致

故障现象　机器冷机复印时复印件左右两端清晰度不一致，且有均匀不一的底灰出现，待复印二三十张时，清晰度逐渐恢复正常。

分析与检修　根据现象分析，该故障可能出在光学系统及墨粉控制装置。打开机盖，先清洁光学系统的各个反光镜，试印故障有所好转，把显影部分拉出，观察显影辊上的磁穗，高度均匀一致，只是墨粉浓度较高，用手一转动显影齿轮，墨粉有严重的飞扬现象，检查下粉控制调整电位器，发现处于最大补给量的 8 处，该机正常应置于 4 处。经了解该机使用了旧粉，因印出来的复印件太浅，所以调整了补粉控制钮，因旧粉和载体摩擦时带电量会比新粉明显减小，所以复印件易出现底灰和字迹浅淡，如果只顾加大下粉量，就会出现故障。接着再检查主充电极丝，有被飞扬墨粉污染的现象，用脱脂棉蘸酒精仔细擦干净，把各部分组合好，试印，故障减轻，但还是有开始时故障现象，把硒鼓架拉出再仔细检查，发现主充电极托架被墨粉严重污染。经清洁主充电极托架后，机器故障排除。

例 4　施乐 1025 型复印机出现线条底灰

故障现象　机器复印时，复印件出现线条状底灰。

分析与检修　根据现象分析，该故障一般出在显影或定影部分。检测时，先复印一张，在复印件未到达定影部分时，关掉复印机电源。打开复印机，取出复印件看是否有条状底灰出现，如果出现则是显影部分故障，否则问题在定影部分。该机经检查复印件正常，说明问题出在定影部分。打开机盖，仔细检查热辊爪、热辊等部件，发现热辊爪沾污严重。清洗热辊爪后，机器工作恢复正常，故障排除。

例 5　施乐 1025 型复印机显示代码"U4"

故障现象　开机后，显示 U4，关机过一会儿再开机，机器一切正常，但第二天开机时又重复前述现象。

分析与检修　根据现象分析，问题可能出在温度控制电路。检修时，当机器出现"U4"代码时不要关机，按"0"键，显示"2"，查维修手册，U4-2 是定影部分在 50 秒内不能达到机器设定的 194℃时，为了保护复印机其他零件不至于因高温而意外损坏，机器即出现自保故障代码。判断问题出在温度检测电路。该机温度检测电路是靠一个紧密和上定影辊表面接触的热敏电阻来检测定影温度的，当该热敏电阻损坏，就会造成上述故障。同样，如果主控板发生故障，也会造成该电阻损坏。本着先易后难的原则，拆下热敏电阻，发现热敏电阻内部不良。更换热敏电阻后，机器故障排除。

例 6 **施乐 1027 型复印机工作时突然停机无显示**

故障现象 机器工作时，突然"啪"的一声响后，再无任何信号显示。

分析与检修 根据现象分析，该故障一般产生在电源电路，可能有以下三种情况：（1）电源插座不良；（2）机器的电源线及机内连线松动；（3）机内电源部分出现故障。检修时，先用电笔检查电源插座零线带电，接地线的感应电很强。用万用表的 500V 交流挡测量电源电压为 380V。进一步检查复印机的各电源部分，沿着线圈、滤波器、主电源开关、电源滤波器逐一进行检查，未发现问题。检查低压电源线路板上的易熔丝已烧坏，卸下低压电源线路板，用万用表测量有疑点的元器件，发现 2SC5200 功率管及外围元件已被击穿。更换电源功率管及外围元件等后，机器故障排除。

例 7 **施乐 1027 型复印机图像黑色不均**

故障现象 机器复印时，一端图像淡，一端图像正常，黑度不均。

分析与检修 根据现象分析，该故障发生原因有充电、曝光、显影和转印等相关部位。如机身位置不平稳、晃动等，也会形成上述故障。检修时，打开前机盖，抬起复印机上机身，发现机器右端转印电极处有泄漏现象。拆下显影组件，发现显影器右端磁穗明显比左端高。由于光导体的左端与载体钯粉的接触面积过大，载体色粉被光导体带出显影器，造成载体分布不匀而影响复印件的质量。调整显影器内刮板的位置，转动磁辊，反复调节磁穗高度，使磁穗在磁辊上均匀分布。填充载体色粉后，复印效果正常。如果发现显影剂泄漏较多，且磁密封层的载体厚度不足 2～3mm 时，说明载体减少，应更换同型号的载体介质。需要提醒的是，不同的厂家、机型所要求的载体介质系数是不同的，如果强装，会给以后的维修留下难题。当更换显影剂时，要注意做磁密封，即在显影组件的上方磁性体上均匀加上一些显影剂，使上方磁铁形成一个平滑的显影剂表面，它能防止显影器在运转过程中色粉飞扬，污染机腔。该机故障原因为显影器右端磁穗比左端高。经调整磁穗高度后，机器故障排除。

例 8 **施乐 1027 型复印机开机无任何反应**

故障现象 机器通电后，面板指示灯不亮，也无任何反应。

分析与检修 根据现象分析，问题可能出在电源电路。据用户介绍，故障发生前复印机使用正常，由于电网电源突然停、启造成。分析其原因：电网电源突然停、启，造成了复印机的瞬间过压及过流，损坏了机内某一器件。由该机故障现象，电源指示灯不亮，因此应着重检查复印机的电源部分。检修时，打开机盖，先检查电源保险丝完好，加电后用万用表检测电源部件，P1 插座交流 220V 输入电压正常，P2 插座开关电源输出端无＋5V、＋24V 直流电压。取下开关电源，首先对电源各路负载阻值进行测量，无短路现象，确定故障为电源本身。取 1.5（15A）变阻器一个作为假负载接入开关电源的＋5V 输出端，加电测量仍无直流电压输出，进一步检测开关管集电极及整流滤波输出无 300V 电压，说明是桥堆或限流电阻开路所致。经检测 22/5W 限流电阻烧断，从而确定电源部分有短路现象。静态测量开关管 2SC3030 各引脚电阻，阻值为 0V，说明其内部短路。更换限流电阻及开关管（可用 C3831 代换），机器工作恢复正常。

例 9 **施乐 1027 型复印机复印件满幅面全黑**

故障现象 开机复印时，满幅面全黑，但有完整的原稿图像。

分析与检修 根据现象分析，故障可能发生在曝光灯及相关部位。由于机器出故障时没有代码出现，判断主板无故障，分析其原因一般有以下几种：（1）曝光灯灯丝断，没有对原稿曝光；（2）曝光灯老化，造成曝光不足；（3）曝光灯恒温器断路，没有对原稿曝光；（4）光路部分的反光镜或插头有异物遮住。由于有完整的图像，可以排除曝光灯灯丝断、曝光灯恒温器断路以及光源部分损坏的可能。主要原因为曝光灯老化。于是检测时，开机盖拆下曝光灯，发现曝光灯有黑斑，与正常曝光灯比较明显不同，判断其内部不良。更换曝光灯后，机器故障排除。

例 10　施乐 1027 型复印机复印时有时全白

故障现象　机器开机复印时有时有图像，有时全白。

分析与检修　根据现象分析，问题可能出在显影或成像部位。检修时，先打开前门，用螺丝刀顶住前门边上的启动开关，使复印机工作。观察到将要把墨粉像转印到纸上这一步骤时，取出螺丝刀使机器停止工作。检查显影器，观察感光鼓上是否有墨粉图像，结果无图像，说明问题出在显影或静电成像部分。于是抽出电极丝，检查分离/转印电极丝未断。打入代码"9-1"，用万用表测高压正常。由于该机复印张数只有 2 万多张，排除硒鼓和载体疲劳的可能。将鼓组件和显影器一一替换后，发现鼓组件有故障。将鼓组件拆开，发现消电电极丝断。更换消电电极丝后，机器故障排除。

例 11　施乐 1027 型复印机复印件模糊不清

故障现象　开机复印时有噪声，复印件模糊不清。

分析与检修　根据现象分析，问题可能出在灯架及相关部位。检修时，打开机盖，先检查灯架运行状态，输入代码"6-2""6-3"，灯架运行正常。再检查过桥齿轮，也无异常，输入"4-1"代码，主电机运行正常。断电后用手推动白色大齿轮，无卡死现象。进一步分析图像模糊可能为硒鼓转速及灯架运行速度不同步造成的。因为转速与运行速度不同步，一般是灯架出现问题所致。进一步仔细检查，发现左边灯架导轨轴已发生位移。重新装好灯架，并固定粘牢后，机器故障排除。

例 12　施乐 1027 型复印机复印件仅中间区域有图像

故障现象　机器复印时，复印稿仅在中间区域有图像，两边空白。

分析与检修　根据现象分析，问题一般出在主板及控制电路。检修时，打开机盖，先检查像间/像边消电灯工作时序不对，而其工作时序又受主板控制，因此，再检查主板及相关部位。经进一步检查，发现机器前门左上方机壳内的一插头被人为拔下所致。重新将此插头插上后，机器工作恢复正常。

例 13　施乐 1027 型复印机复印件一侧有严重黑斑

故障现象　机器复印时，复印件一侧正常，一侧有严重的黑斑。

分析与检修　根据现象分析，该故障产生原因较多。应先清洁机器曝光灯、各反射镜面、镜头、电极丝、消电灯、预转印灯、密封玻璃和定影辊等部件。重新开机，故障不变，再抽出显影辊发现墨粉明显一边多一边少，且墨粉有溢出现象。仔细观察，发现复印机摆放位置明显不平，引起墨粉向一边集中并溢出而污染其他组件，导致复印件效果不佳。重新垫平机器后，机器故障排除。

例 14　施乐 1027 型复印机复印件出现底灰深

故障现象　机器复印时，复印件出现底灰深，调节反差按钮仍不满意。

分析与检修　根据现象分析，问题出在曝光头及相关电路。由该现象可知，曝光灯亮度减弱，在光导体上对应图像的明亮区域表面电位衰减不够，有很强的吸附色粉能力，显影后造成复印件底灰深。检修时，应对曝光灯亮度进行调整，调整的顺序是先进行细调，如效果不明显，再进行粗调。

（1）细调步骤：①按"0"同时接通电源开关，使复印机进入自诊状态，这时面板上全部指示灯都亮；②输入子系统代码"20"；③按复印机启动钮；④输入功能代码"2"，按复印启动钮，这时复印份数/计数显示窗显示与目前曝光灯亮度相对应的数字；⑤按反差选择钮，使显示窗内的数字增大或减小（数字范围0～32），如果显示窗里的数字大，表示曝光灯亮度大，复印件图像浅，底灰浅；⑥关闭主电源，退出自诊状态；⑦复印一张复印件，检查其曝光情况，如仍不理想，则重复以上的调整步骤。

当对曝光灯亮度进行细调后，仍不能满足要求，可对曝光亮度做粗试调整。

（2）粗调步骤：①卸下复印机后盖，找到电位器 VR-1；②用一字螺钉调整电位器 VR-1，顺时针调，曝光增加，逆时针调，曝光减弱。但 VR-1 增加太大时，可能使机器显示故障状态码"U8"。另外，进行粗调后，一般应重新进行细调。

该机经上述调整后，机器恢复正常，故障排除。

例15　施乐1027型复印机复印件左右黑度不均匀

故障现象　机器复印时，复印件左右黑度不均匀。

分析与检修　根据现象分析，该故障可能发生在显影部分。检修时，打开机盖，先观察曝光灯两端亮度是否一致，如未发现异常情况，应从简单的操作检查。先清洁原稿台、充电电极丝、反光镜、转印电极丝，然后复印一张稿件，但故障依旧。经进一步分析，故障可能出现在显影部分，拆下显影箱，仔细观察磁辊上的铁粉，发现磁辊两端磁穗高度不一致。慢慢转动磁辊，细心调整磁穗高度，直到高度一致为止。开机复印观察，左右黑度不均匀现象消失。

例16　施乐1027型复印机复印件尾部带灰度

故障现象　机器复印时，复印件尾部带灰度，字迹比较清楚。

分析与检修　根据现分析，复印件字迹还比较清楚，说明该机的曝光、显影、转印、定影部分都能正常工作，故障源可能在清洁部位。检修时，打开前盖，抬起机器上机身，经仔细观察，发现光导体上附着一层薄薄的色粉，拆下清洁刮板，发现刮板已被烘烤呈焦状。由于刮板损坏，造成光导体上色粉清洁不干净，使光导体无法恢复原来状态。这样，原稿经曝光后在光导体上形成的静电潜像与原稿不相对应，使复印件上出现灰度现象。更换新刮板后，机器恢复正常，故障排除。

例17　施乐1027型复印机复印浓度失调

故障现象　机器开机工作时，复印浓度失调。

分析与检修　根据现象分析，该故障一般出在显影器及相关部位。由该机原理分析，调节浓度是通过改变显影偏压（DC330V 基准值增加或减小）来实现的。检测时，用万用表测量高压发生器中的偏压输出端有 330V 基准电压，而且调节对比度时偏压随之改变。接着再测显影器碾辊，发现无电压，说明故障出在碾辊与偏压插座。经进一步仔细检查，发现碾辊偏压接触头与机壳上偏压插座接触不良。重新调整后，机器恢复正常。

例18　施乐1027型复印机复印件有均匀的黑斑

故障现象　机器复印时，复印品有均匀的黑斑，调节复印浓淡也不能清除。

分析与检修　根据现象分析，问题有多方面。检修时，打开机盖，先清洁各相关组件，重新开机，故障依旧。据用户称有次复印时，圆形复成椭圆形，怀疑可能镜头不到位。移动镜头果然不到位，进一步检查移动镜组件，发觉阻力很大，并且在底部平台上有明显与镜头组件底部摩擦的痕迹。用木棍轻轻敲击底部平台，使其凸出部分复原，重新装好相关组件，开机复印正常。

例 19　施乐 1027 型复印机复印时有时全白有时正常

故障现象　机器复印时，有时正常，有时全白，无规律性。

分析与检修　根据现象分析，该故障可能是相应组件经长时间运转或震动引起的接触不良所致。因为出现有时复印件全白，可能是充电电极、消电灯、转印电机接触不良所致。检修时，打开机盖，检查相关组件，发觉消电灯插头松脱，重新插紧，并检查其他电极确认接触良好，开机复印正常。

例 20　施乐 1027 型复印机复印件仅留下淡淡痕迹

故障现象　机器复印时，复印件仅留下淡淡痕迹。

分析与检修　根据现象分析，问题可能出在转印及相关部位。检修时，打开机盖，先检查曝光灯扫描正常，显影单元也运转，打开墨粉盒不缺墨粉，拔下充电电极检查，钼丝紧，与屏蔽罩绝缘电阻也无穷大，高压插头接触正常。再启动复印钮，在曝光灯扫描结束、转印程序尚未开始之前，迅速关断电源，掀起复印机，从底部观察硒鼓表面，发现复印稿的图文墨粉清晰地吸附在上面，由此判断故障不在充电程序，而是转印程序出现故障。立刻在硒鼓的左下方机座上用螺丝刀卸下有两根钼丝的转移分离电极丝组件，发现其中一根钼丝不见，即缺少了转移电极，无法向复印纸的背面施加正电荷，使复印纸紧贴于硒鼓表面，将显影的墨粉转印到纸上来。换上一根电极丝备件，机器故障排除。

例 21　施乐 1027 型复印机复印件底灰较重

故障现象　机器复印时，复印件底灰较重，往往需要把浓度调节到最淡，才能复印较清晰图像。

分析与检修　根据现象分析，导致该现象的原因较多，主要有以下几方面。

（1）光学系统污染，在复印件上显示是底灰，在所有复印件上都有，且遍及每一张复印品。原因包括：曝光灯有黑区；出现闪烁；曝光灯发光强度不够（进行机器代码微调）。

（2）显影浓度过高时以粉的飞散造成镜头和反光镜组以及稿台玻璃的污染，还有容易被忽视的挡粉玻璃的污染（可用柔软的布或餐巾纸擦拭）。

（3）硒鼓组件产生的底灰一般都是区域性底灰，原因包括：①硒鼓的老化，按正常的情况，施乐 1027 硒鼓的寿命在 10 万张左右，但由于各种原因的影响，往往有的只有五六万张就开始老化（可用清洁尼龙棉均匀轻抹鼓表面）；②充电电极丝污染或松弛可造成窄带型底灰；③清洁刮板的磨损，使鼓上的残留墨粉清洁不尽，会使复印品产生纵向条装底灰，应更换刮板；④显影器不良，施乐 1027 显影剂的使用寿命在 5 万张左右，如果显影剂失效，必然会使复印浓度过淡，使用者就会在复印的时候把浓度级别调高，这样就造成底灰，也有可能是消电灯被污染。

该机经检查为清洁刮板磨损。更换清洁刮板后，机器故障排除。

例 22　施乐 1027 型复印机显示故障代码"U8"

故障现象　机器工作时间较长时，频频显示"U8"故障代码，不能工作。

分析与检修　根据现象分析，该故障一般发生在曝光灯及驱动电路。由原理可知，当机器的主控板检测到曝光灯的驱动电源异常时，会自动显示"U8"代码而停机保护。在确认曝光灯完好的条件下，应着重检查曝光灯驱动电路（图5-4）。机器正常时，用万用表测曝光

灯两端电压 [P55（1）~（4）脚之间] 为 150V，当该电压突然跳变为 220V 时即出现"U8"代码，对此可键入"6-6"测试代码进行曝光灯输出诊断检测。方法是：在接通主电源开关的同时按"0"键，输入子系统代码"6"，按"开始复印"键（"6"将跳往缩/放比率显示窗），输入功能代码几秒后熄灭，灯两端电压为 150V，测试正常；当连续按"开始复印"键达十多次后，曝光灯亮度骤然增强，两端电压达 220V，迅速关机。初步确定曝光灯控制板有故障。将该电路板拆下，用调压器在 P55 的（1）、（4）端加 150V 电压，PL1 中的 A 发光正常，而光电池 B 两端电压维持 0.45V 值约 2min 后，突然降为 0V，因此可判断光电池存在热疲劳失效现象，由此而导致曝光灯控制板至主控板的反馈信号消失，引起曝光灯两端电压骤然升高，显示"U8"故障代码，并停机保护。更换曝光灯控制板后，机器工作恢复正常。

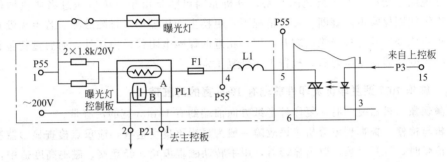

图 5-4 曝光灯驱动电路

例 23 施乐 1027 型复印机留有前一次复印内容

故障现象 机器在复印中突然留有前一次的复印内容，用 A3 纸复印时，沿走纸方向复印出两个图像。

分析与检修 根据现象分析，该故障一般为硒鼓上的消电电极丝或硒鼓清洁刮板工作不正常引起的。但更换消电电极丝后故障依旧，再检查硒鼓清洁刮板。打开前机盖，用手推硒鼓刮板继电器吸铁，轻松自如，无机械故障，然后又依照诊断代码 9-11 对硒鼓刮板进行检查，按数字键 0 后再开电源总开关，输入数字键 9，按复印键一次，输入数字键 11，再按复印键时，观察硒鼓刮板继电器，无吸合动作（正常情况下可看到硒鼓刮板继电器吸合工作的动作并可听到声响）。由此可断定故障是由硒鼓刮板继电器不吸合所引起。检修时，打开机盖，可见主控板上的 J4 插线下方有 3 个纵向排列、型号为 C1983 的大功率三极管，从上方数第三个三极管为 Q5，用万用表测 Q5 集电极电压，按动复印键，万用表指示为 23V，说明 Q5 没有导通（正常情况下在按复印键后此电压为 24V 降到 2V 左右，硒鼓刮板继电器吸合工作 1 秒后复位），接着再测量 Q5 基极，按动复印键后基极电压变化范围很小，说明无基极电压让 Q5 导通，其原因为主控板上一块集成电路无输出控制电压，经检测其局部损坏。由于无此集成块可购，可采用下列应急办法解决：将 Q5 基极引线切断，短接集电极和发射极，机器恢复正常。

例 24 施乐 1027 型复印机图像上出现不规则纵向灰条

故障现象 机器复印时，有底灰，且图像上出现不规则纵向灰条。

分析与检修 根据现象分析，该故障一般为粉刮板老化所致。对于不同品牌的复印机，粉刮板的个数、刮粉方式不一样。设计完善的复印机一般具有 3 个或 3 个以上的刮板，在不同的位置对吸附的硒鼓上的废粉进行清除。如果粉刮板老化，复印件就会出现不规则纵向灰条，局部甚至全部底灰。判断粉刮板是否老化，只要抽出硒鼓看一看刮过的地方是否干净即可。该机经检查为粉刮板老化。更换粉刮板后，机器故障排除。

例 25 **施乐 1027 型复印机复印件全白**

故障现象 机器复印时，复印件全白。

分析与检修 根据现象分析，该故障一般发生在高压及显影部位。与高压有关的部件有充电电极丝和转印电极丝；与显影有关的部件是显影器和显影电机。检修时，打开机盖，先检查充电电极和转印电极，未发现断丝、老化现象和高压放电痕迹，随即对两电极进入清洁；然后输入诊断代码 9-3 对显影电机进行测试，发现显影电机不运转，再输入诊断代码 10-1 对光学冷却风扇电机进行测试，结果光学冷却风扇电机也不运转。初步判定是无 100V AC 工作电源。关机打开后罩，对主变压器进行检查，用万用表电阻挡测量 P/J75 的 5、6 脚不通，这说明主变压器的次级线圈开路，分析原因可能是由于市电电压过高或机械传动卡死，使次级线圈保险电阻烧断。一般情况下，更换主变压器即可排除故障。若手头没有新变压器，可将原变压器外包绝缘层剥开，用一相近的保险电阻代换损坏件，而后重新包装好即可。更换主变压器件险电阻后，机器工作恢复正常。

例 26 **施乐 1027 型复印机复印件前端有 18cm 宽的污脏带**

故障现象 机器复印时，复印件走纸方向前端约有 18mm 宽的污脏带。

分析与检修 根据现象分析，该故障一般为显影不良所造成，应重点检查显影器和显影偏压。检修时，打开机盖，取出显影器，用手转动磁辊齿轮，经观察，磁辊高度适中，转动自如。然后将显影器复位，重新开机并按动浓度反差键，将浓度调整为最浓时和最淡时分别复印一张，结果复印件浓度无任何变化，说明显影偏压未加在显影器上。关机并打开机器及后罩，进一步仔细检查，发现显影偏压连接短线与显影组件驱动轴端的接触板脱离，拆除高压发生器，重新把连接线与接触板插接牢靠，再把高压发生器复位。该机经上述处理后，机器工作恢正常。

例 27 **施乐 1027 型复印机重复出现图像**

故障现象 机器复印时，每隔 11.2cm 重复出现一个图像，一个比一个淡。

分析与检修 根据现象分析，该故障一般发生在热辊定影灯及相关部位，且大多为热辊污染所致。检修时，打开机盖，检查热辊护板，发现热辊有几处黑斑，先用纱布擦净，在冷机状态是擦不掉的，不可抠刮，否则容易损伤热辊表面的聚四氟乙烯膜。但该机擦净后开机复印几张后又故障重复，判断问题出在定影灯。检查 20-3 代码为 24，正常，这说明热辊中的定影灯已老化，达不到定影所需的温度而粘粉，可采用应急办法解决：将 20-3 代码由 24 上调到 28，调高热辊定影温度，使其达到 194℃左右，开机复印，复印件正常。当更换新灯后仍需将 20-3 代码下调至 24，保证新灯工作电压正常。更换定影灯或采用应急办法后，机器故障排除。

例 28 **施乐 1027 型复印机复印件全为黑色且显示 "L8" 停机**

故障现象 机器复印时，复印品全为黑色，且频繁显示 "L8" 停机信号。

分析与检修 根据现象分析，问题一般因机内湿度过高造成，应检查冷却风扇等相关部位。由原理可知，当曝光灯上温度控制保护器工作温度高于 150℃时，即进入保护状态而切断曝光灯工作电源。显示 L8 为稿台玻璃过热，当稿台玻璃下的温度感应器测到温度大于 150℃时，向主控电路板发出信号，致主电路板发出停机信号。以上两故障均因复印机工作温度过高造成。检修时，打开机盖，首先检查冷却风扇，发现只能轻微转动，停机检查，手感阻力很大，清洁风扇两头铜套，加注耐温润滑剂后，开机工作正常。修复冷却风扇后，机器故障排除。

例 29　施乐 1027 型复印机复印件字迹纵向拉长

故障现象　机器工作时，复印件字迹纵向拉长。

分析与检修　根据现象分析，问题一般出在扫描驱动及相关电路。打开机盖，重点检查扫描架、扫描驱动板镜头检测电路均正常。分析可能主电机驱动速度变慢，造成传动延迟、纵向拉长。换电机驱动板，整机工作正常。其原因是主电机驱动板不能将 CPU 的调速信号与电机转速反馈脉冲信号比较而不受控所致。更换电机驱动板后，机器故障排除。

例 30　施乐 1027 型复印机报卡纸信息不能复印

故障现象　机器开机工作时，报卡纸信息，不能复印。

分析与检修　根据现象分析，问题可能出在输纸传动部位。经开机检查与观察，每次卡纸均在硒鼓下面，用 9～13 代码测试，整机传动、卡纸检测开关都正常。取下显影部，观察硒鼓传动，发现打开机身传动正常，合下机身时下部不传动。取下硒鼓组件，检查主传动过桥齿轮，主传动与硒鼓传动齿轮传动正常，而下部输纸传动轮的齿轮不转。取下该齿轮，该齿轮为两个齿轮通过两齿轮轴中的一个凸凹槽传动，由于大齿轮上的内轴套被顶出，造成外齿轮与内齿轮槽不能啮合，导致内齿轮转而外齿轮不转。重新将内齿轮轴的轴套压回原位后，机器恢复正常。

例 31　施乐 1027 型复印机复印件纵向右移数厘米

故障现象　机器复印时，复印件纵向右移数厘米。

分析与检修　根据现象分析，该故障一般发生在进纸定位系统。检修时，先开机试印，待出现故障后仔细观察，发现搓纸后无停顿现象，说明问题确为进纸定位不良造成。因纸从纸盒中输出后，主电路板使定位门电磁铁接通，抬起定位门的定位钩，阻止纸张通过，当鼓上的图像处于与纸张相对应的位置上时，定位门的电磁铁释放，其间搓纸后有少许的停顿。开机后取出定位门的电磁铁，发现活动销内有许多纸屑和粉尘污垢，清除后加油装机，故障排除。发生此故障的原因是由于电磁铁活动销回位受阻，定位钩不能抬起，造成复印件右移。

例 32　施乐 1027 型复印机图像一段有一段无

故障现象　机器复印时，图像时有时无，一段有一段无。

分析与检修　根据现象分析，问题可能出在显影器及相关部位。经开机检查，发现该机充电电极丝断过。经查发现烧断的电极丝掉入显影器中，使充电发生漏电现象，硒鼓充不上电，无法正常显影。拆开显影组件，取出烧断的电极丝后，机器故障排除。

例 33　施乐 1027 型复印机不能手动进纸

故障现象　机器复印时，不能手动进纸。

分析与检修　根据现象分析，问题可能出在主驱动电机及传动机构。检修时，打开机盖，经查发现，机器预热正常，供纸时曝光灯亮，但纸张不能进去，机器显示 "C9" 代码，仔细观察手动搓纸轮不转，进纸传感器完好，判断为主驱动电机传动齿轮有故障。为进一步确定故障部位，先进行程序诊断：按数字 "0" 键的同时打开复印机开关电源，进入诊断状态后输出诊断代码 "9-13"，按复印键时主驱动电机能转动但声音异常。将主驱动电机拆下，发现电机齿轮已损坏。更换新齿轮后，机器恢复正常。

例34 施乐 1027 型复印机第一张复印件不清晰，第二张全白

故障现象 机器开机复印时，第一张复印件有模糊的字迹，但不清晰，再次复印时为全白，而光学冷却风扇、显影电机也均不转。

分析与检修 根据现象分析，该故障可能出在显影电机、显影电机继电器、主变压器上。检修时，先用程序诊断：按数字"0"键时打开复印机电源，进入诊断状态后输出诊断代码"9-3"，按复印键时显影电机不转，将显影电机及显影电机继电器拆下，装到另一台同型号的机器上运行，复印件仍为全白，显影电机不转，判断为显影电机坏。拆开电机仔细检查，发现有一根漆包线断开，用竹签小心将断头挑起，将两头绝缘漆刮掉，并用焊锡快速焊好，用绝缘漆涂好焊接处，再用电吹风烘干后装机。把调压器调到 100V 时，通电试电机，电机运转正常。

例35 施乐 1027 型复印机显影电机不转

故障现象 机器显影电机不转。

分析与检修 经开机检查显影电机正常，判断问题出在主变压器及继电器上。检修时，打开机盖，将万用表打在交流 250V 挡，正表笔接 P57 的 11 脚，负表笔接 3 脚测量，无 100V 电压。将显影电机继电器拆下仔细检查，拆开继电器的外壳，发现有一只触点严重烧黑。用水砂纸把触头打磨平滑，并适当调整触点间的弹力，使其闭合时接触良好。经这样修理后，装机再次测试，仍无 100V 电压，说明显影电机的电源部分无 100V 交流电。根据维修经验，判定为电源变压器坏损坏。将变压器拆下，用万用表测主电源变压器插件，结果是 2、3 脚呈开路状态。小心将两绕组间的绝缘套管挑出，该管内包着的就是热敏保险，用万用表测其两端已呈开路。修复的办法有两个：一是把原热敏保险上的两根丝直接连接；二是用保险管座将两根线引出外面进行连接，管内安装 2A 保险管即可。该机经上述处理后，机器故障排除。

例36 施乐 1027 型复印机开机后显示"U4-1"代码

故障现象 机器开机后，显示"U4-1"，不工作。

分析与检修 根据现象分析，引起该故障的主要原因为主控电路板未检测到某种信号或信号参数有误。其检修步骤如下。

（1）打开机盖，检查定影组件、热敏电阻，清洁其表面的污垢。用脱脂棉蘸硅油清洁定影热辊，同时清洁定影分离片和定影胶辊。

（2）断开热敏电阻两端接线，用万用表测热敏电阻阻值，接着检查热敏电阻至主控电路板的导线，用替代法调换定影组件，通电开机若仍出现 U4-1 故障，则可能主控电路板组件内部电路异常，可调换主控电路板一试。若再次通电开机 U4-1 故障不变，则先将原定影、主控电路板组件复原。

（3）仔细检查 1#、2# 和 3# 纸盒搓纸组件，将其中搓纸轮磨损特别严重的组件（MDK13V-0）更换。

该机经检查为 3# 搓纸组件搓纸轮磨损。更换 3# 搓纸组件后，机器故障排除。

例37 施乐 1027 型复印机显示"J7"代码不能工作

故障现象 机器工作时，显示"J7"故障代码，不能继续复印；若复印下一张，只能关机后再开机一次。

分析与检修 根据代码资料可知，"J7"说明"调色剂回收盒调色剂已满"。但是，检查看调色剂回收盒内调色剂只有一半左右。将调色剂全部倒净，重新装上再开机复印，故障不

变，由此分析，问题有可能出在满粉传感器上。检修时，先用自诊检测指令进行测试（该传感器是一光电动开关，位置就在回收盒的出口处），其步骤为：（1）先将回收盒取下，按"0"键的同时接通电源开关，使机器进入诊断状态，此时全部指示灯亮；（2）输入"P-5"测试指令，打入顺序是"P"→"复印键"→"5"→"复印键"，该指令功能为检测回收盒满传感器是否正常工作；（3）用手或其他挡光片阻挡回收盒满传感器（光电开关）的光路，观察显示板上的红指示灯和绿指示灯的显示情况，在挡光前后有交替闪亮的现象，说明此传感器及其电路部分工作正常。再次装上回收盒，开机仍旧。进一步分析该传感器的原理可知，该传感器是靠上端凸起的透明部分穿过其光路来指示是否满粉的，当粉满时挡光，不满时透光。进一步仔细观察发现，该部分外表面已附着一些调色剂，因而判定该处不透明挡光，使传感器产生了假满粉信号所致。经清洁处理后，机器恢复正常，故障排除。

例 38　施乐 1027 型复印机图像不清晰

故障现象　机器复印时，图像不清晰，较淡，外露部分被压平。

分析与检修　询问用户，该机已工作 20 万张以上，判断显影器组件有故障。检修时，抽出显影组件，磁刷外露部分被压平。由于显影器刮片被磨损，使显影器磁刷太高，造成显影器材料（载体和显影墨粉的混合物）太靠近硒鼓，显影剂不易被吸附到硒鼓上，这样，既摩擦硒鼓，降低机器使用寿命，又使图像不清晰。如更换一只新显影器，价格昂贵，因此，可采用以下方法修复，检修步骤为：（1）关闭主电源开关；（2）打开前盖及复印机；（3）卸下显影组件；（4）取下色粉箱组件；（5）拆开显影器上盖；（6）卸下显影器刮片；（7）用锉刀适当磨去刮片两头尖角0.1mm；（8）重新安装机器；（9）输入 9-3 测试代码，使显影器工作 2 秒；（10）再卸下显影器，看看磁刷是否还接触硒鼓，如还接触，再拆开磨去一点；（11）复印一张，如果仍偏淡，用外壳螺钉从大到小重新调整磁刷高度，使复印机达到最佳状态即可。该机经上述处理后，机器故障排除。

例 39　施乐 1027S 型复印机突然出现复印件全黑现象

故障现象　机器复印过程中突然出现复印件全黑现象。

分析与检修　根据现象分析，问题可能出在曝光灯及电源电路。检修时，先开机试验，发现曝光灯管不亮，冷却风机也不转。拆下曝光灯管用万用表测量正常，检查冷却风机也无故障。再通电测试主变压器的初、次级各绕组电压，发现次级各绕组均无输出，关机后进一步检测，发现其内部断路。小心剥开变压器外层查找断点，发现初级绕组内串联有一只热敏保险管损坏。更换该热敏保险管后，机器故障排除。

例 40　施乐 1027S 型复印机图像前后浓淡不均、字迹淡薄

故障现象　机器复印时，复印件沿走向图像前后浓淡不均，后半部字迹十分淡薄。调浓度选择键，加重后复印效果更差。

分析与检修　根据现象分析，该故障主要产生原因有：（1）主高压不稳或电极丝高低不平；（2）曝光灯衰老或电压不稳；（3）显影偏压输出不稳或显影器工作不良。检修时，打开机盖，反复检查各部件，在抽出显影组件时，发现显影磁辊内载体大量堆积，经查为磁刷挡板与磁辊外套筒的间隙大小决定，拆下显影器提把盖，发现磁刷挡板 3 个固定螺钉已松，拧紧后装机试印，同时反复调整上述各部件，直到磁刷层厚度合适为止。该机经上述处理后，机器故障排除。

例 41　施乐 1027S 型复印机图像向后移动

故障现象　机器复印时，复印件前部约有 10cm 空白，图像向后移动。

分析与检修 根据现象分析，问题出在定位部分。检修时，打开前盖，上推门锁，拉起复印机上部，仔细检查定位电磁铁和定位门，发现定位门和电磁铁的联动装置滑落。装好试机，故障消除，但使用不久又出现同类故障，关机后用手推电磁铁衔铁，定位门动作良好。在打开前门及上部的情况下，用螺丝刀顶住前门开关，开机检查定位电磁铁的指令代码8-8，并不断按复印键，观察电磁铁和定位门的动作情况，发现电磁铁动作不灵活。拆下检查，发现铁芯表面部生锈，造成动作阻力增大。清除铁锈并滴入机油后，机器故障排除。

例 42　施乐 1035 型复印机开机无显示不工作

故障现象 通电开机后，面板上无任何显示，机器也不工作。

分析与检修 根据现象分析，问题可能出在电源电路。由原理可知，机器在正常情况下，每次接通电源时，控制系统均复位一次，然后微处理器立即逐个检查各负载的工作状况，如主电机是否回转，操作面板上有关指示灯是否点亮，光学变倍系统是否返回1：1位置，定影器中加热器是否工作等。待以上检查均符合预设条件时，机器才进入准备复印状态。该故障机在加电状态下无任何动作，首先应判断为电源电路故障。检测时，先打开机器后侧板和右侧进纸口处侧板，取出开关电源组件，用万用表交流挡测整流桥 D301 交流输入端有 220V 交流电，说明保险丝、电源主开关及安全开关均正常。接着再测 C388 主滤波电容正端有约 300V 直流脉动电压存在，说明整流滤波电路正常。拔下直流输出接插件 B01～B04，用万用表直流测控制电源 B2（C314 正极）端电压为 0V（正常为＋18V），由于控制电源 B2（＋18V）向另两个开关电源振荡推动电路提供工作电压，因此 B2 电压异常，则另两个开关电源也将不工作。测开关管 Q305 集电极有＋300V 直流电压，开机瞬间测其基极无启动电压，检查此管基极内部已开路。更换新管后，测 B2 端电压恢复正常，但测四组直流输出 B01～B04，仅 B04 有＋18V 的正常电压，其余各组为 0V，可见输出 B01（＋36V）、B02（＋5V）、B03（＋12V）三组电压的开关电源仍不工作。再用万用表测 IC302（TL94CN）（12）脚有极性为正的 18V 电压，（8）脚和（11）脚亦可观察到幅度相等、相位差 180°的方波信号，说明控制集电路 IC302 工作正常。检查推动管 Q313、Q314 推动脉冲变压器 T306、T307 均正常。再进一步检查功率开关管 Q311、Q312 吸收回路电阻 R348 均已损坏。更换 Q311、Q312 及 R348 后，机器故障排除。

例 43　施乐 1035 型复印机复印时图像全白

故障现象 机器复印时，图像全白，其他正常。

分析与检修 根据现象分析，导致该故障出现原因较多，如充电电晕丝脏污、断线漏电、微处理控制系统信号输出失常、电源输入不良和曝光系统不良等。打开机盖，先用万用表检查发现 B04（＋18V）端无电压，因而高压发生器无高压生成，各电晕丝无充电电压，以致图像全白，因此说明故障出在电源电路。该机 B04（＋18V）电压由 IC301、Q302、Q303、T301 等组成的开关电源生成。检修时，先用万用表和示波器测 IC301（12）脚有 18V 电压，（5）脚可观察到锯齿波形，（8）、（11）脚亦有波形，但（8）脚波形已严重畸变，说明 IC301 内部损坏。原机 IC301 采用 TL494CN，如购不到可用 μPC494、HA17524、MJM3524、μA494、LM3524、MB3759M 等代换。更换后（8）脚和（11）脚波形正常，但 B04 仍无＋18V 输出。进一步检查又发现 Q302、Q303 均已损坏。分析该故障原因是因 IC301（8）脚波形畸变造成的。此畸变波形中包含了一些宽度失常的尖峰脉冲，由于此开关电源采用推挽式功率输出电容，Q302、Q303 轮流工作，不可同时导通，但异常的尖峰脉冲破坏了这种状态，以致出现超过功率开关管耐压极限值的峰值高压，造成开关管损坏，导致无高压，图像全白故障发生。更换 IC301、Q302、Q303 后，机器故障排除。

例 44 **施乐 V2015 复印机按复印键，就出现代码 UI**

故障现象 开机正常，可以进入复印状态，但一按复印键，就出现代码 UI。

分析与检修 根据现象分析，故障为复印时的时序不正确所致。首先按"0"键开机，进入维修模式。因为复印时，扫描电机和主电机是同时工作的，首先用指令 4—1 测试主电机和消电灯，发现只要一按复印键，就出现 UI，证明故障在主电机和消电灯；再用指令 9-3 测试消电灯，结果消电灯是正常的，所以故障在主电机。打开机器后盖，通电检查，首先用万用表检查主电机的 24V 供电，红笔接主电机上的保险管端，只有 1.5V，说明电源板有故障。拆下电源板，发现上面有多处虚焊。重新补焊后，机器工作恢复正常。

例 45 **施乐 2520 型复印机开机后显示代码"E1"，复印分离处卡纸**

故障现象 机器复印时，复印件至转印/复印分离电极处出现卡纸现象，且显示代码"E1"。

分析与检修 根据现象分析，问题一般出在转印/分离电极及相关部位。检修时，打开机盖，检查发现转印/分离电极右端积累了大量废墨粉。用吸尘器清洁后，试机，故障不变。关机检查，发现复印件随硒鼓进入废墨粉槽内，并在此出现卡纸现象。拆除相关组件，抽出定影及硒鼓配件，取出充电/预充电配件，发现电极两端防废墨粉部件由于受潮，使充电/预充电配件绝缘度降低，导致转印/分离电压降低，最终出现复印纸不能顺利地分离下来而造成卡纸现象。用吸尘器清除充电/预充电电极槽内废墨粉，更换该电极配件两端的绝缘端子后，机器工作恢复正常。

例 46 **施乐 2520 型复印机输纸辊传动齿轮运行受阻**

故障现象 机器工作时，输纸辊传动齿轮运行受阻。

分析与检修 经开机检查与观察，发现输纸辊传动齿轮损坏。进一步检查，与之相啮合的定影辊传动齿轮完好，小心取出定影、硒鼓组件，查机械传动情况，发现运转效果良好，说明造成该故障原因并非定影、硒鼓组件机械受阻所致，机内还有其他部件受损。经分析判断其原因，可能是因为输纸辊传动齿轮与定影传动齿啮合不良造成。更换输纸辊 7K00142 传动齿轮，然后取两张 2cm×20cm 白纸条，中间放一张复印纸，将其放在输纸轮传动齿轮与定影辊传动齿轮中间，观察两齿啮合情况。装机，然后用手按顺时针方向连续旋转主电机转子转动部件，直到输纸辊传动齿轮与定影辊传动齿轮啮合 1～2 转后，取出纸条，观察两齿轮啮合痕迹，结果发现两齿轮啮合间隙过大，经长时间运转，齿顶严重错位，从而造成损坏输纸辊传动齿轮的故障。判断产生该故障的根本原因在于该机门栓右挂钩弯曲度，即挂钩有效长度过长，从而造成输纸辊传动齿轮和与之相啮合的定影辊传动齿轮啮合间隙过大，导致啮合不良。仔细校正门栓右挂钩弯曲度后，机器工作恢复正常。

例 47 **施乐 2520 型复印机复印第一张空白且卡纸**

故障现象 机器复印时，第一张出现空白，数天后，故障逐渐加重，首次复印空白张数增多，但只要接连复印几张后，机器仍可正常工作。但该现象维持十多天，在一次复印结束关机后，重新启动复印时，机器出现卡纸故障。

分析与检修 根据现象分析，该故障一般发生在充电电极及转印分离电极等相关部位。开机观察曝光灯及显影电机工作正常，判断高压部位有故障。检修时，先进入测试程序，输入 9-1 代码，检查高压发生器工作情况，此时机内蜂鸣器无鸣叫声，高压正常应有鸣叫声，说明高压确有故障。为进一步确定是高压发生器（包括控制部分）还是高压负载的故障，将所有电极丝连架卸下，重新输入 9-1 代码，进行测试，蜂鸣器鸣叫，证明高压发生器及控制部分工作正常，问题在高压负载部分，即几组充电电极丝或电极丝架上，检查电极丝未见异常，故怀疑电极丝架漏电。依次将卸下的电极丝连架装入机内进行测试，当把主充电电极丝架装入机内时，高压出现故障，确定为主充电电极丝架漏电。掀开电极丝架两端黑色塑胶盖，只见盖内两端固定电极丝的铜桩头及其周围有一层相当厚的霉斑（铜绿），正是此处漏电使高压发生短路。而机器工作正常时，纸在经过转印后，分离电极向纸上继续施加电荷，使纸与鼓正常分离，当转印和分离电极上高压消失时或很弱时，分离作用消失，纸张在经过鼓的机械挤压后，前端边沿向上弯曲，真空风扇产生的负压无法使纸张上翘的前沿重新变为平直，向上翘起的纸张前沿阻挡了纸张进入定影辊而发生卡纸故障。清洁电极丝的铜桩头污物后，机器故障排除。

例48　施乐 2920 型复印机复印件全白看不到字迹

故障现象　机器复印时，复印件全白，看不到字迹。

分析与检修　根据现象分析，该故障可能发生在高压光电电板、供粉系统等相关部位。经开机观察，机器运转时，有一很轻的"磁磁"声，怀疑充电电极有问题。检修时，打开机盖，拆下充电电极，用万用表欧姆挡测电极丝和电极外壳间的电阻，只有 $1k\Omega$。仔细察看电极丝，发现电极丝的一端固定螺钉处有一烧碳化的小点，这是因为电极丝和电极外壳击穿，致使高压对地短路，电场无法形成，从而使复印件全白。用毛刷将废粉清除，用小刀将碳化点刮净，再用无水酒精清洗干净，然后将电极放入烤箱或用 $100W$ 白炽灯烘烤 $30min$，待干后装机，机器故障排除。

例49　施乐 V3301 型复印机复印件文字压缩变形

故障现象　机内发出"咔咔"声，复印件文字压缩变形。

分析与检修　经查定影组件、机械部件运转良好，然后检查硒鼓组件。在稿台玻璃上放一张带有清晰文字的 A3 幅面稿件，开机复印。当复印机运行尚未到达定影组件部件时关机，取出文字尚未定影且文字也未完全转印的 A3 副本。观察发现其纸张上部的文字已严重压缩变形。据此现象分析，文字压缩变形可能是由于硒鼓组件复印期间旋转受阻所致。取下硒鼓组件，发现硒鼓上尚未转印的部分文字已明显变形、压缩。用手旋转硒鼓齿轮组件，发现硒鼓旋转已严重受阻。拆开硒鼓组件，发现硒鼓组件内疏导废粉的弹簧已严重变形。分析是由于硒鼓组件内废粉积压过多，疏导废粉弹簧运动受阻，导致疏导弹簧变形，从而使硒鼓运转阻力增大，造成硒鼓组件传动齿轮和与之啮合的齿轮啮合不良，致使机内产生较强的"咔咔"噪声。校正弹簧并按原位安装好，再清除硒鼓组件内废粉，将硒鼓组件装回，开机复印，故障排除。

例50　施乐 V3301 型复印机开机后显示 "J7" 代码

故障现象　开机后显示 "J7" 代码不能正常工作。

分析与检修　根据现象与代码分析，该故障与硒鼓组件使用寿命有关，要更换硒鼓组件以后才能复印。更换硒鼓应注意：严禁用手去接触硒鼓，严禁将硒鼓组件直接暴露在阳光下或任何其他强光下，严禁让硒鼓组件接近火源。其更换步骤为：（1）关机，打开前盖，抬起撑杆，打开顶盖；（2）按下黄色按钮，轻轻地把空盒平直地抽出一半，注意严禁接触加热区，以防止烫伤；（3）握住顶部的手把，把硒鼓组件直接拉出机外；（4）打开新硒鼓组件的包装，把它放到水平面上，取下防护材料，不要接触鼓体或刮伤其表面；（5）把硒鼓组件的导向器放到机内轨道上；（6）把硒鼓组件平直地往内推，直至"咔嗒"一声锁住为止；（7）在左侧中部压下文件盖板，然后关好顶盖和前盖，开机，检查硒鼓组件指示灯应熄灭，说明安装符合要求。该机经上述方法更换硒鼓后，机器工作恢复正常。

例 51 **施乐 3970 型复印机搓纸胶轮打滑**

故障现象 机器工作时，搓纸胶轮打滑。

分析与检修 经开机检查与观察，该故障为机器在使用一段时间后，搓纸胶轮表面原皱褶磨平，降低了摩擦力而导致打滑。可以采用下列方法解决：打开机盖，将搓纸胶轮传动杆由机器上拆下取出，胶轮不必脱杆，用硬质单刃片刀，在表面按槽距每隔 2mm 间距下刀，深为 2mm 刻成"V"字形槽，槽宽、槽距和槽沟深均不大于 2.5mm 为最佳，否则反而会减小摩擦力。机内两组 4 个胶轮均按此法修复。该机经上述修复后，机器故障排除。

例 52 **施乐 5026 型复印机扫描灯卡位，显示代码"U2"**

故障现象 开机后扫描灯架即后退并卡位，面板显示故障代码"U2"。

分析与检修 根据现象分析，问题可能出在主板及光学定位等电路。具体原因有：（1）主板故障；（2）光学定位传感器线路断或接头松脱；（3）光学定位传感器有故障。检修时，打开机盖，检查线路无断线现象，将前侧镜头传感器拆下，与光学定位传感器对调接入电路。开机，光学定位正常，但镜头定位异常，面板显示故障代码 U3，证明主板正常，故障在光学定位传感器。再检查光学定位传感器，取出线路板，经查为红外线接收三极管内部损坏。更换红外线接收三极管后，机器工作恢复正常。

例 53 **施乐 5027 型复印机复印件不能定影**

故障现象 机器复印时，复印品下边约有 6～8cm 宽的区域不能定影。

分析与检修 根据现象分析，故障出在定影系统。检修时，打开机盖，首先对定影系统的运行做全面检查：定影胶辊压力正常；两只定影灯的工作也正常。再检查定影辊上面刮粉胶片，发现胶片上有墨粉在高温下形成的硬块。进一步检查定影辊时，发现定影辊有 8～10cm 长的区域损坏，另一边正常，且损坏的部分很均匀，说明定影辊受热不匀，一边温度高，一边温度低。此时将定影温度调整为 27，换上一只定影辊试机，故障不变，有一边定影不佳；然后将定影胶辊调一头，再试机，故障仍不变，可见并非定影胶辊的故障。这样定影系统只有定影灯未换了，判断为定影灯两边发热不均匀所致。更换两只定影灯后，机器故障排除。

第四节　三洋复印机故障分析与检修实例

例 1 **三洋 SFT-800 型复印机进纸口部位卡纸**

故障现象 机器工作时，用纸盒或手动供纸时，纸张均卡在进纸口部位，搓纸轮无效，而推一下复印纸即可正常走纸。

分析与检修 根据现象分析，问题出在搓纸轮，具体原因一般为长时间磨损造成搓纸轮污染，其表面沾有光滑粉尘，失去了搓纸摩擦力。打开机盖，首先用酒精清洗无效。可采用如下方法解决：将乳胶指套剪成与搓纸轮相等宽度的圈，套在搓纸轮的表面，以便增加搓纸轮的外径及与纸张的摩擦力。该机经上述处理后，机器工作恢复正常。

例 2 **三洋 SFT-1150 型复印机工作时卡纸**

故障现象 机器工作时卡纸。

分析与检修 根据现象分析，问题一般出在输纸通道，且大多为对位辊磨损及驱动离合器损坏所致。由原理可知：对位辊是复印机纸张搓出纸盒后，带动纸张前进对位的硬橡胶辊，分别位于纸张的上下两侧。对位辊磨损后会使纸张前进速度减慢，纸张会经常卡在纸路中段。对位辊驱动离合器损坏使辊无法旋转，纸张无法通过。该机经检查果然如此。更换对位辊后，机器恢复正常，故障排除。

例3 **三洋 SFT-1150 型复印机复印时卡纸**

故障现象 机器复印时卡纸。

分析与检修 根据现象分析，问题可能出在纸路传感部位。由原理可知，纸路传感器多设在分离区、定影器出纸口等处，采用超声波或光电元器件对纸张的通过与否进行检测，如传感器失灵就无法检测到纸张的通过情况。纸张在前进中，当碰触传感器运转的小杠杆，阻断了超声波或光线，从而检测出纸张已通过，发出进行下一步程序的指令。如果小杠杆转动失灵，就会阻止纸张前进，从而造成卡纸，故应检查纸路传感器是否正确动作。该机经检查果然为纸路传感器内部失灵。更换传感器后，机器故障排除。

例4 **三洋 SFT-1150 型复印机出口挡板位移引起卡纸**

故障现象 机器工作时，因出口挡板位移引起卡纸。

分析与检修 根据现象分析，问题出在出口挡板及相关部位。由原理可知，机器复印时，通过各种程序后，最后复印纸通过出口挡板输出，完成复印程序。长期使用的复印机，出口挡板有时发生位移或偏斜，阻止复印纸顺利输出，造成卡纸故障。该机经检查确认为出口挡板位移而引起。校正出口挡板后，机器故障排除。

例5 **三洋 SFT-1150 型复印机稿台自行前移到最前端**

故障现象 机器开机后，稿台自行前移到最前端后，稿台离合器不断开继续吸合，稿台因限位不能再动，但钢丝绳在轮上打滑发出"吱吱"响声，面板信号全显示。

分析与检修 根据现象分析，问题可能出在稿台控制及相关部位。具体原因有：稿台前移，离合器不良，无法离开所致；但有面板信号全显示，则有可能为主控电路出现故障，即稿台控制部分不良。检修时，卸下主控板，加上工作电压，用逻辑探笔选点测量，发现数据总线（Bus）八条中两条有故障。数据总线涉及 CPU（8085）、Port（8155 和 3 个 8255）、CS（74LS138）ALE（74LS373）、ROM（2764）共 8 块大规模集成电路。由现象分析，稿台控制电路出故障，仅涉及 IC1（8085）、IC4（8255）、IC6（2764）3 块集成块，其中任一故障都可导致前述故障现象发生。再对这 3 块集成电路块进行逐脚测量，结果为 IC4（8255）各脚工作状态正常，IC1（8085）和 IC6（2764）工作状态异常。根据实际检修经验，面板信号全显示大多为 ROM 损坏造成，取下 2764 检查，果然已损坏。更换 IC1（2764）后，机器故障排除。

例6 **三洋 SFT-1150 型复印机分离爪不良引起卡纸**

故障现象 机器工作因分离爪不良引起卡纸。

分析与检修 根据现象分析，问题出在分离部位。由实际经验可知，长期使用的机器，感光鼓或定影辊分离爪会严重磨损，从而出现卡纸现象。严重时，分离爪无法将复印纸从感光鼓或定影辊上分离下来，使纸缠绕其上。此时，应用无水酒精清洗定影辊和分离爪上的墨粉，拆下磨钝的分离爪，用细砂纸打磨锋利，这样一般能使复印机继续使用一段时间。如果不行，只有更换新的分离爪。该故障检查为分离爪严重损坏，只能更换。

例7 **三洋 SFT-1150 型复印机定影污染引起卡纸**

故障现象 机器因定影污染引起卡纸现象。

分析与检修 根据现象分析，该故障一般出在定影辊部位。由原理可知，定影辊是复印纸通过时的驱动辊，定影时受高温熔化的墨粉容易使定影辊表面污染（特别在润滑不良和清洁不良时），使复印纸粘在定影辊上。这时应检查辊上是否清洁、清洁刮板是否完好、硅油补充是否有效、定影辊清洁纸是否用完。若定影辊污染，则用无水酒精清洗，并在表面涂少许硅油。该机经检查为定影辊表面脏污。用无水酒精清洁定影辊后，机器故障排除。

例 8　三洋 1150Z 型复印机定影单元卡纸

故障现象　机器复印时，定影单元卡纸。

分析与检修　根据现象分析，问题出在定影单元及相关部位。具体可能的原因有：（1）油毡上长时间缺少硅油或油毡上碎纸片，灰尘积累太厚，使之阻力加大而卡纸；（2）压力辊表面积尘过厚或压辊两端轴头杂物太多，造成压力辊运转不灵活。对于第一种原因，可以取下油毡，清除碎纸片和灰尘，加入适量硅油启动复印机运转一下，让硅油均匀地涂在油毡上。对于第二种原因，可以用毛刷清除表面的积炭和辊上的杂物，并在轴头上加入适量的润滑油，转动几下皮辊，使其能自然转动即可。该机经检查为第二种原因引起。

例 9　三洋 1150Z 型复印机不能定影

故障现象　显影正常但不能定影。

分析与检修　根据现象分析，该故障一般发生在定影灯及相关电路。打开机盖，经检查发现定影灯管不亮，但用万用表检测，灯管正常，而与灯管两端连接的接头片却不通，电源线有电压。检查发现接触片上有打火的烧痕，用细砂纸将其擦光，并将铜片向内推，以增大压力，使铜片与灯管接触良好，保障电源的正常通路。机器经上述修复后，故障排除。

例 10　三洋 1150Z 型复印机图像灰淡，反差小

故障现象　开机复印时，复印件图像灰淡，反差小。

分析与检修　根据现象分析，问题一般出在曝光灯或墨粉等相关部位。检修时，打开机盖，检查光学镜头无灰尘，曝光灯管发光，供给曝光灯电压也正常。再进一步观察，发现墨粉盒内墨粉成块，明显受潮，使供粉不正常，造成了复印件文字、图像灰淡。断开复印机电源，掀开供粉盒，使墨粉自然晾干，或将墨粉倒出，放在别的容器中，待晾干后再倒入墨粉盒内。该机经上述处理后，机器故障排除。

例 11　三洋 1150Z 型复印机复印件上有纵向皱纹

故障现象　机器复印定影后复印件上有纵向皱纹。

分析与检修　根据现象分析，该故障一般为纸张受潮或纸张厚薄不均以及定影温度过高所引起，但实际维修中也有因为热辊右侧的轴套磨损严重，使热辊在工作时压力不均匀而发生此故障。更换轴套后，机器故障排除。

例 12　三洋 1150Z 型复印机复印纸沿硒鼓卷曲

故障现象　复印纸沿硒鼓往上卷曲。

分析与检修　根据现象分析，该故障一般发生在分离电极相关部位，具体原因是因分离电极丝断路引起的。检修时，打开机盖，检查发现分离电极丝已断开，但不是正常开路，而是因分离丝接线盒缺口处积累的漏粉过多，使分离丝与底座短路打火而从一头断开，余下的这节电极丝经清洗后仍可继续使用，在其接头处再增加一个小弹簧，因其长度已超过 B4，所以用弹簧接通后不会影响工作。在此应提醒用户，为了减少此类故障发生，应经常检查、清理分离电极丝盒中的墨粉，因墨粉是导电的，以免引起短路打火。该机经上述处理后，机器故障排除。

第五节 奥西复印机故障分析与检修实例

例1 **奥西1630型复印机复印纸经常卡阻或导致显影异常**

故障现象 机器复印时，复印纸经常在分离部位卡阻，或卷在硒鼓上造成卡纸，或进入显影槽内导致显影异常。

分析与检修 根据现象分析，该故障可能发生在电极分离部位。由原理可知，该机是采用交流电分离（分离电极）的方法将复印纸与硒鼓分离的。当出现这类故障时，通常将分离电极丝上的电压调高即可解决（顺时针调节复印机前面下部标有AC的孔内电位器）。但在夏季或空气干燥时，即使将分离电压调至最高仍然无效。此时由于空气干燥，使得复印纸与硒鼓间静电吸附力增大，导致分离不良。解决办法为：只要将复印机外壳接地，泄放一部分静电荷，故障即可排除，还解决了机壳带感应电麻手等问题。该机经上述处理后，机器故障排除。

例2 **奥西1630型复印机复印纸每次都卡在二次进纸处**

故障现象 机器工作时卡纸，复印纸每次都卡在二次进纸处，且被压叠成屑状。

分析与检修 根据现象分析，机器出现二次进纸故障一般不外乎电磁线圈吸合不好、线圈位置松动及传动部分出问题所致，该机较为常见的是传动链与二次输纸轴上齿轮松脱。检测时，打开复印机后盖，经检查发现二次输纸轴齿轮明显松脱，细心地将链条重新挂在齿轮上即可恢复正常。

例3 **奥西1630型复印机复印件一侧或两侧出现黑条状底灰**

故障现象 机器工作时，A3幅面复印件一侧或两侧出现黑条状底灰。

分析与检修 根据现象分析，问题可能出在显影装置，大多为显影组内碳粉在两侧堆积过多所致。检测时，打开机盖，卸下显影组，可看到硒鼓与磁辊之间堆积了许多墨粉，用毛刷将其清除干净即可排除。导致其故障的主要原因是载体疲劳，吸附墨粉能力下降，引起墨粉溢出而堆积。该机载体的标准印数为3万张，一瓶900g装的载体，只能印2万张左右。如想再增加印数，可试用以下方法：将疲劳的载体取出，用细箩筛反复筛几次，滤去纸灰等杂质，然后装入瓶中密封保存，待搁置一段时间后又可以重新使用。不过再用时须略微补充一点新载体，约一瓶盖，并经常对显影组件、清洁组件进行清洁维护。该机经清除显影组件内碳粉后，机器故障排除。

例4 **奥西1630型复印机刚开机即出现卡纸符号**

故障现象 机器刚开机即出现卡纸符号，指示在进纸口部分卡纸。

分析与检修 根据现象分析，问题可能出在输纸通道。据用户称是由于机器在手动送纸到进纸口卡纸时，未掀起机身，硬扯复印纸后造成。由于该机是蚌壳式，卡纸时必须掀开机身方能顺利地消除。估计在输纸通道有残余纸屑。取下机器左侧进纸口护盖观察，果然发现有一小纸屑在后面送纸口搓纸轮上。清除纸屑后，仔细观察发现手动送纸口进纸磁性检测开关由于硬扯复印纸而移位。复原磁性开关位置后，机器故障排除。

例5 **奥西1630型复印机有时开机定影风扇不转**

故障现象 有时开机后定影风扇不转，打开前门盖再开关两次后又能恢复正常。

分析与检修 根据现象分析，该故障一般为门开关接触不良，打开机盖，经检查果然如此。调整前门盖上门开关快片后，机器故障排除。

例6 **奥西1630型复印机复印件上有几根竖直白条**

故障现象 机器复印件有几根竖直白条。

分析与检修 根据现象分析，该故障产生主要原因有：（1）主充电电极丝脏污；（2）转印电极丝不清洁；（3）上显影组件密封片沾污；（4）硒鼓被划伤；（5）磁辊与刮刀之间有纸屑杂物。检修时，打开机盖，根据先易后难的原则，先清洁主充电组件和转印组件后故障不变。从机内取下显影组件，小心地取下硒鼓并存于干燥黑暗处，用手逆时针转动磁辊右端齿轮，观察磁刷立穗情况，发现磁刷有几条竖直缺陷。用复印纸折叠两层沿磁辊与刮刀间隙处来回弄两次，将杂物赶到磁辊两端（也可取下刮刀清除杂物，然后装上刮刀按要求调整）。再转动磁辊，观察磁刷立穗良好。装好显影组件后即可。

例7 奥西1630型复印机复印件出现横向影格条底灰

故障现象 机器复印时，复印件出现横向影格条底灰。

分析与检修 根据现象分析，该故障一般发生在光学系统。由于影格条底灰为横向且与清洁刮板宽度相当，很容易误判断为刮板调节螺钉松动所致。此时通过缩、放两张原稿比较，发现影格条宽度亦随之缩放，证实问题出在光学系统。检测时，取下原稿玻璃台，卸下镜头罩盖，发现各道反光镜片及光学镜头上均有灰尘，说明故障由此引起。用镜头纸清除其灰尘后，机器故障排除。

例8 奥西1630型复印机复印件模糊不清

故障现象 机器复印时，复印件模糊不清。

分析与检修 该现象有两种情形：（1）局部小块模糊，且出现的位置不固定；（2）整个复印件均模糊。对于第一种情况，一般为硒鼓局部受损致使性能下降，处理方法为：增加预热时间，或者不拔下电源插头，打开干燥器开关，机上的总电源开关可不打开，这样，硒鼓恒温在35℃，提高了其光敏特性，从而保证复印件质量一致。对于第二种情况，往往是因为高压充电极接触不良，未插到位所引起，将充电极组件拔下，清洁后推插到位就可恢复正常。该机为两种原因均有。经上述处理后，机器故障排除。

例9 奥西1630型复印机开机后显示代码"C5"

故障现象 开机后维修呼叫闪亮，按下复印键显示"C5"代码。

分析与检修 根据现象及维修经验分析，开机后显示代码"C5"，说明边缘空白灯及有关电路故障。常见为灯泡与灯座、灯角连线插接不好，将其插紧即可。该机经检查为灯角连线插接不好。将其插紧后，机器故障排除。

例10 奥西1630型复印机开机后显示代码"C6"不工作

故障现象 开机后维修符号闪现，按复印键"C6"显示，机器不工作。

分析与检修 根据现象及资料分析，开机后显示代码"C6"，表明电晕丝断或碰机架漏电。虽然主充电丝及转印、分离电极丝三者都有可能出问题，但绝大部分故障出在转印、分离处，因其处于硒鼓下方，墨粉泄漏堆积，稍一受潮就有可能在薄弱处被高压击穿放电。检修时，打开机盖，可分别取下电器及转印分离电极以确定故障部位，然后仔细检查有故障的电极丝端头及罩盖内，即可发现高压放电产生的痕迹。该机经检查为高压受潮漏电。用无水酒精反复清洁，并将电极丝多余的部分剪去后，机器故障排除。

例11 奥西1630型复印机开机即显示代码"C7"不工作

故障现象 开机后，维修符号闪现，按复印键显示代码"C7"，不工作。

分析与检修 根据现象及资料分析，开机后显示代码"C7"，一般为热敏电阻（在热辊后方）或加热灯损坏。检修时，先在机上用万用表测量加热灯和热保险丝的通断，该加热灯为220V、960W卤素灯，热保险丝为129℃、220W、10A，如不通则只有换新。热保险丝可用市售廉价的温度保险代换，如温度保险 10A、130℃，经试用，完全可以代替百元一个的热保险丝。如测得热保险及加热灯均完好，则多为热敏电阻损坏。正常时用万用表测其阻值约为 90kΩ，且表面黄色薄膜完好，该件坏后也只有换新。安装时一定要将热敏电阻表面紧贴在热辊上，以使检测温度正确。该机经检查为热敏电阻损坏。更换热敏电阻后，机器故障排除。

例 12　奥西 1630 型复印机复印件前端经常出现 20mm 宽空白

故障现象　机器复印时，复印件前端经常出现约 20mm 宽空白。

分析与检修　根据现象分析，该故障可能发生在定位装置及扫描台上。打开机盖，先检查定位电磁线圈吸合有无超前或位置是否松动。经检查无故障，说明问题出在扫描台上。因为如果其定位遮光板前有异物，将光电开关光路挡住，使二次送纸继电器提前吸合，导致复印纸提前输送，则会出现前端空白故障。取下原稿玻璃台，发现遮光板前约 20mm 处有一小条沾满了灰尘、墨粉的脱脂棉。将其取出后，故障排除。

例 13　奥西 1630 型复印机复印件为全黑或全白

故障现象　机器开机后维修呼叫闪亮，按下复印键，故障代码"C4"显示，复印件为全黑或后半部全黑。

分析与检修　根据现象分析，引起该故障原因有：（1）曝光灯烧坏；（2）曝光灯引线折断。检测时，打开机盖，将原稿台玻璃取下，用万用表测曝光灯两端阻值，正常时约为 5Ω，如远大于此值，即可断定为曝光灯坏。该灯管为 460W、190V 卤素灯，使用寿命约 10 万印张。灯管坏则只能换新；如测得灯管为 5Ω，则多为曝光引线折断，虽然与灯管串联的还有一只 95℃ 的恒温保护器，但一般不易损坏。因此，应进一步检查中心风扇旁引线座与电路板及插座等部位接触情况。其边缘空白灯共有 8 只，每只均为 3W、12V，每两只一组相串联，直流电阻约为 11Ω。操作时，先放下显影组件，在硒鼓上盖一张纸，以防失手将硒鼓擦伤，然后抽出高压充电器，拔下清洁组件插头，取出逐个清洁组件，用万用表测各组灯泡阻值，哪组不正常则清洁其连接处至恢复正常为止；若各路均无问题，则重新检查插头本身。其内部每孔均由两块弧形小铜片组成插芯，往往因多次抽拔而松开造成接触不良，这时可用尖镊插入再测量一次即可证实，如有时断时通现象，则须将扫描台移至最右端再测。引线断后可用原型号线或其他复印机引线代换。该机经检查为灯管引线折断。更换引线后，机器故障排除。

例 14　奥西 1630 型复印机扫描灯熄灭，显示代码"C4"

故障现象　开机后按下复印键，扫描灯在初始位置静止状态能正常点亮，在正程前进很短距离又立即熄灭，代码 C4。

分析与检修　根据现象及维修经验分析，产生此故障原因可能有：一是直流主控板、光控板不良；二是曝光灯两端及供电导线、有关接插件接触不良；三是曝光灯触发器、95℃ 恒温器不良。打开机盖，先排除了第一、二种原因，说明问题为第三种原因引起。检测时，将机器转入模拟工作状态，置"08"状态下用万用表检测 AVR 电路板上 CN2-11 和 GND 之间直流 5V 正常，AVR 电控板的输入、输出电压均正常。检测曝光灯触发器 HLTR1 和 G 之间连接上 120 电阻时，曝光灯能正常点亮，说明曝光灯触发器工作正常。根据检修程序，使 AVR 电路板上的 CN2-2 连接到 0V 时曝光灯也能正常点亮，证明光控板 AVR 无故障。对曝光灯 95℃ 恒温器、供电电源线进行电阻测量也无问题。对直流主控板进行调机试验也无故障。在模拟工作状态下进行 B5、A4 纸扫描灯行程及 B4、A3 纸扫描灯行程工作情况的检查，均出现初始位置静止时点亮，正程前进 20cm 处熄灭，在模拟"08"曝光灯点时人为地将曝光灯前进，同样正程前进行到 20cm 处熄灭。故障时对曝光灯进行电压测量，曝光灯两端无电压，但控制电压输出正常。此时关机断电，对曝光灯供电导线进行电阻测量，发现导线断路。检查其原因为：曝光灯架频繁地正反程运动，使导轨下固定在机壳处的导线折断。更换同型号的扁线后，机器故障排除。

第六节　友谊复印机故障分析与检修实例

例1　友谊 BD5511 型复印机复印件图像纵向后移

故障现象　按复印键后，复印出的图像纵向后移，并有"叭叭"异常的响声。

分析与检修　经开机观察，问题在机械部分。该机为二手机，估计为人为故障，应着重检查先前修过的部位。打开机后盖，按复印键，使机器工作，查看各齿轮及走纸情况，发现定位离合器钩在后定位辊上时，后定位辊仍在转动，造成"叭叭"声。仔细检查该部位，发现是前次维修时将定位辊上的控制环装反所致。重新装好后，试机故障排除。

例2　友谊 5511 型复印机复印件中出现横向黑条

故障现象　机器复印时，复印件中都有出现横向黑条，且出现次数随时间增长而增多，时有跳闸现象发生。

分析与检修　经开机检查与观察，该机的过流保护开关原已损坏，处于常闭状态，因此机器跳闸时，检查总机电源无短路。判断其故障原因有三。（1）硒鼓一面划伤。若复印件上横向黑条不是每张都有，而是时有时无，则可判断不是硒鼓划伤。（2）显影偏压漏电或接触不良。若偏压漏电，会使底灰增大。判断是否接触不良，可打开墨粉盒旁的机盖，用手拨动显影箱上的偏压连线看是否松动，或测量偏压。（3）曝光灯与电极簧片接触不良，产生瞬时闪烁。曝光灯是否接触良好，可用自诊方法判断：开关置 ON，关上前门，右手同时按下 0 和 2 数字键，左手打开主开关，此时复印机处于连续扫描状态，曝光灯闪亮为正常。该机经检查发现曝光灯馈线上闪了一次火花。打开盖板玻璃，发现馈线上有破损和烧黑的痕迹。破损原因是塑料馈线老化变形，在扫描过程中与镜头黑色防尘盖板摩擦接地，总电流增大而跳闸。当瞬时跳闸而使曝光灯闪烁时，由于硒鼓上无光信号，静电荷得以保留，反映在复印件上即为一横向黑条。整理馈线并用胶带绝缘后，机器故障排除。

例3　友谊 BD-5511 型复印机出现严重底灰色

故障现象　机器复印时，复印件上经常出现严重的底灰、横道、前一页页尾的字迹复印到下一页头或将同一页页首的字迹复印到页尾上。

分析与检修　根据现象分析，问题可能为清洁刮板老化，刮不净残余墨粉所致，但更新刮板（只需把刮板调换一下方向）后，故障不变。继而怀疑是消电灯、转印电极等处有问题，但经查这几处均正常。随后又卸下硒鼓组件，偶然触及刮板，发现有松动现象，原来是刮板固定螺钉松动造成刮板与硒鼓接触不良。重新拧紧螺钉后，机器故障排除。

例4　友谊 BD-5511 型复印机整机不动作

故障现象　开机后主机驱动电机不转，整机不动作。

分析与检修　根据现象分析，问题可能出在主机驱动及相关电路。由原理可知，该电机是单相电机，工作时用电容分相产生旋转磁场驱动转子旋转，电机不转的原因可能是分相电容被烧毁。经检查果真如此，但该电容市面上很难买到，可以用风扇电容替换。用两个风扇电容并成 $3\mu F$ 容量接到主机上后，机器故障排除。

例5 友谊 BD-5511 型复印机主电机一直转动不停

故障现象 开机后出现主电机自启动，几秒后自停。原认为电压不稳引起主机错动作。但数天以后，当机器加电后，主电机一直转动不停，结果，自动进纸盒有纸就产生堵纸故障，把纸拿掉，堵纸故障消失。手动进纸和复印件均正常。

分析与检修 根据现象分析，主机本身没有故障，原因应出在控制主电机运转的继电器上。打开出纸口下机盖板，机内有一块保险管和一个固体继电器为主的电源板。焊下继电器，用万用表测其交流输入和输出端之间的电阻，约 $400k\Omega$，表面上没有击穿，但实际已不能使用。更换继电器后，机器故障排除。

例6 友谊 5511 型复印机当手送纸启动时电源开关跳闸

故障现象 开机后，能预热进入待印状态，显示也正常，当手送纸启动主电机后，电源开关跳闸开关复位后，再次开机又能进入待印。

分析与检修 根据现象分析，问题可能出在搓纸电磁铁及相关电路。待机器跳闸后，检查总电源插头无短路，跳闸开关复位后机器又能工作，说明机器并不是处于固定短路状态。手供进纸引起跳闸，查与供纸有关的只有搓纸电磁铁电路。检修时，先用自诊法检查：SW1 第六个小开关置 ON，右手按 0 和 3 数字键，左手打开主开关，置入代码 14，按复印键，再按数字键 3，可听到搓纸电磁铁的吸合声。打开后盖，用螺丝刀抬起手供纸开关的右臂（搓纸电磁铁上方），观察手供进纸情况，主电机旋转约 3 圈后，定影灯附近出现跳火，电源跳闸。再查发现热辊驱动齿轮的凸肩部分有烧焦的痕迹，并与定影灯的终端挡板距离很近。轴向推动热辊驱动齿轮，活动间隙比较大。往外拉动，热辊驱动齿轮的凸肩部分正好与定影灯终端挡板相碰接地，从而引起跳闸。断电后，主电机靠旋转惯性带动驱动齿轮又继续旋转一定角度，使驱动齿轮与终端挡板相碰的地方错开了位置，因而用电表测量或重新开机又处于正常状态。更换热辊轴套上的塑料轴套，使驱动齿轮的凸肩部分与定影灯终端挡板保持 2～3mm 距离，装机后故障排除。

例7 友谊 5511 型复印机开机显示堵纸符号

故障现象 该机器一开机显示堵纸符号，不能进入待机状态，无法正常工作。

分析与检修 根据现象分析，问题一般出在过纸通道。由于开机后不能进入待机状态，同时又显示堵纸符号，很可能是纸路部分堵纸和残片留下硒鼓上缝内。打开机盖，检修时仔细检查没有发现上述现象。进一步分析是不是市电电压过低和转印电极电压异常造成不能进入待机状态，而显示堵纸呢？经检测稳压器指在 220V，说明电压正常；卸下电极板清扫，清除电弧，装上开机，故障照旧。用高压方法测电极电压正常。按不能进入待机状态检修程序检查，并查自动进纸的纸尾边检测系统是否正常。用万用表测激励光灯＋24V 电压正常，反复调节 VR2，改变光电池输出电压，仍无效果。是不是光电池表面落上灰尘而造成光电压太低，显示堵纸符号呢？再用无水酒精清洗激励光灯和光电池，开机试验，故障仍不变。再进一步检查纸尾检测传感器，发现其表面布满灰尘。清除纸尾检测传感器表面污物后，机器故障排除。

例8 友谊 DB-5511 型复印机不能定影

故障现象 复印件不能定影，字迹一擦即掉。

分析与检修 根据现象分析，问题一般出在上热辊轴部位。原因大多为上热辊轴套严重磨损，导致上、下热辊间压力不够，热量不能传递到复印纸上，使墨粉在复印纸上固化不牢。该机经检查，果然为上热辊轴套严重损坏。更换上热辊轴套后，机器故障排除。

例9 **友谊 BD-5511 型复印机关机后温度熔断器自然损坏**

故障现象 机器开机工作正常，但关机后温度熔断器自然损坏。

分析与检修 根据现象分析，问题一般出在温度控制电路。由于关机后经常损坏温度熔断器，打开机盖检查，未发现散热风机有故障，也未发现关机后散热不良。最后在温控板上用万用表实测，发现该机温度控制器上热敏电阻的分压电阻 R18 的阻值增大，原是 3.3kΩ，实测 6kΩ，该电阻增大，导致加热控制电路分压中标准电压低于参考基准电压，以致不能按标控温，关机后风扇停止运转，热辊表面温度急剧上升到 200℃ 以上，超过了熔断器的熔断值，因此造成关机后烧坏热熔断器。更换 R18 后，机器故障排除。

第七节　其他类型复印机故障分析与检修实例

例1 **美能达 EP-复印机有成行缺字或缺笔画现象**

故障现象 复印件上出现白线，有成行缺字或缺笔画的现象。

分析与检修 检修时，打开机盖，先拆卸感光鼓总成，再拆卸主充电电极架栅网，并将污染和纸屑清洁干净，然后检查转印电极丝表面是否有结炭或是纸屑。若有，用平口螺丝刀在电极丝上来回拉动几次，清洁转印电极丝的表面，确保转印电极丝表面平滑、无污染。再拆除感光鼓心检查显影器，发现显影磁辊表面的磁穗有 2mm 宽的缺磁穗区域。卸下显影器上的盖板，拆下间隙刮板，清除显影磁辊和间隙刮板间的纸屑，重新安装好间隙刮板，用手转动显影磁辊，开始磁穗很均匀，但转几圈后，显影磁辊表面的磁穗又出现 2mm 宽的缺磁，在磁辊上明显有磁穗下凹形成的白线。拆下磁辊下面的过滤器，发现过滤器内的纸屑已满，尤其在磁辊表面缺磁穗处有块较大的纸屑（约 5mm×6mm），由于这块纸屑将显影磁辊表面的磁穗阻挡着，造成该处缺显影磁穗现象。清除纸屑后，故障排除。

例2 **美能达 EP-1054 复印机复印件字迹越来越浅**

故障现象 复印一年后，复印件字迹越来越浅。

分析与检修 经检查该机不能自动补粉，但按"补粉键"，补粉电机能转动，检查加粉器位置传感器未发现异常。拆下感光鼓总成，卸下显影器显剂混合螺杆下面的显影墨粉和载体比例变化传感器，将其表面清洁干净，再装回显影器。可用"F8"试验方式自行进行（AIDC）传感器的调整。EP-1054 机进入"F8"步骤如下：（1）按"计数器"键，页码数显屏上显示出复印的张数；（2）按"△"，再按两次"0"键；（3）再按"△"，再按一次"0"键；（4）连续按两次"1"键，数显屏上出现"F"；（5）按"8"键，再按"复印"键，自动碳粉调整器开始大约 2~3min 后，机器自动停止，并在数显屏上显示出现一个数，这个数就是自动下粉传感器检测的电位。而这台机器做完调整后，这一数值只有"16"，所以自动下粉量很低。直接用控制键来改变这一数值是改变不了的。改变这一数值的方法是用"补粉"键人为补粉。当一个补粉周期完成后，进行复印，开始复印浓度较高，当继续复印出文件浓度较好时，停机再用"F8"维修方式进行自动补粉调整，当下个"F8"维修方式调整后，数显屏上显示 50~60 的数值，这个数值是适合自动补粉传感器检测的补粉电位值，能自动调整好墨粉和载体的比例，进入正常自动补粉。该机经上述调整后，工作恢复正常。

例3 **美能达 EP1-054 复印机严重卡纸**

故障现象 严重卡纸，且在复印件与出纸方向垂直地方有虚行，宽度约 3mm。

分析与检修　经该机测试，发现复印纸从搓纸轮过来到对位辊时，走纸不平稳，若纸走过对位辊就开始抖动，复印纸就会卡在感光鼓的下面，若快要走过对位器时发生抖动，就可能不卡纸，但在复印件上出现与出纸方向垂直的虚行。检修时，卸下后上盖，复印测试观察对位离合器，运转不平稳，当离合器的电磁铁吸合后，有旋转停顿现象，说明对位离合器有打滑现象，故而造成上述故障。拆下对位离合器，发现离合器的电磁铁和吸盘之间有很多废墨粉，使电磁铁和吸盘吸合不牢。因该机的对位离合器无法拆下清洁，故用很薄的绸布塞入电磁铁和吸盘之间转圈，来回抽拉，将中间的废墨粉抽擦干净再装回。开机复印测试，卡纸和虚行故障排除，复印机工作正常。

例4　**夏普 7850 型复印机显示屏显示 H4，不能正常工作**

故障现象　显示 H4，"COPY"按钮内的指示灯不亮，机器不能正常工作。

分析与检修　根据现象分析，该故障一般有以下三种可能原因：（1）复印灯管坏，不能给上加热辊加热，上加热辊温度达不到；（2）热敏电阻坏，通过的电流不发生变化，或热敏电阻与上加热辊间接触不良，CPU检测不到上加热辊的温升；（3）恒温器与上加热辊的间隙太大。检修时，打开机壳，断开两个连接器，将热熔定影装置从复印机中取出，测量发现灯管正常。然后给热敏电阻表面加热，发现阻值变化明显，恒温器与上加热辊正常。但此时发现热敏电阻与上加热辊间有一层油污。拆下热敏电阻，将油污处擦拭干净，然后再装上热敏电阻，使之紧贴上加热辊，重新将热熔装置装入机内，打开电源，执行测试指令 I4，H4 故障信息显示消失，预热指示灯点亮。该机经上述处理后，故障排除

例5　**夏普 SF-741 型复印机开机烧保险 F2**

故障现象　机器开机就烧电源保险 F2。

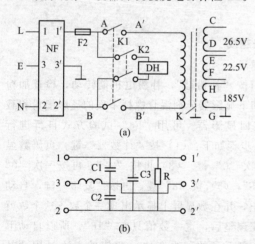

图 5-5　交流电源供电电路

分析与检修　根据现象分析，该故障一般出在交流电源供电电路，如图 5-5（a）所示，其中 NF 为噪声滤波器，如图 5-5（b）所示。由图可知，DH 为除湿加热器。K1 为电源开关，K2 为除湿加热器开关。根据现象分析，F2 烧断的可能性有以下几种：（1）AA′线与 BB′线间短路；（2）除湿加热器全部或局部短路；（3）变压器匝间短路；（4）次级绕组负荷过重。检修时，打开机盖，按以下步骤进行检查：（1）用万用表测 AA′线与 BB′线间电阻，并无短路现象；（2）断开各次级绕组负载，仍烧保险；（3）取下变压器单独加电，各次级绕组电压正常，而且变压器也不发烫。再用万用表测各绕组间绝缘电阻及其对屏蔽层 K 之间绝缘电阻，发现 A′K 短路，进一步检查发现噪声滤波器 C2 击穿。这样 A′点通过屏蔽线 K 接到 3′点，再经 C2 与 BB′线短路，造成 F2 烧断。由于噪声滤波器是封装起来的，变压器芯与固定支架又焊在一起，检修很麻烦。因此，可采用应急办法：将屏蔽层 K 悬空后，机器故障排除。

例6　**FZ-240 型复印机复印件上无图像**

故障现象　机器开机复印时，复印件上无图像。

分析与检修 根据现象分析，产生该故障的原因有：(1) 充电或印电极失效；(2) 高压发生器损坏。据用户介绍，该机转印及充电电极丝刚换上不久，这点也可排除，重点应检查高压发生器。检测时，打开机盖，先用万用表 2.5kV 挡做拉丝放电检查，黑笔接地，红笔慢慢靠近高压端 A，直到接触 A 端，未见拉丝现象，而表针指示在 7000V，高压严重下降，断开硅柱重做上述检查，当红表笔离 A 端约 5mm 处，出现拉丝，估计为滤波电容被高压击穿。焊下测量果然如此。更换该滤波电容后，机器故障排除。

例 7　FZ-240 型复印机扫描部分不能返程

故障现象 机器开机复印时，扫描部分只能正程不能反程。

分析与检修 根据现象分析，该故障一般发生在正反程控制电路。由原理可知：该机开始扫描部分的滑块压位为 K7，按下复印键，J2-2 闭合，J7 得电自保，正程离合器 DT1 得电工作，正程扫描开始，当扫描部分运动到最左端使滑块压下 K3 时，J7 释放，DT1 断电，DT3 应得电工作使扫描部分返回原位。而现在不能返回，可能是反程离合器不工作，用万用表测 DT3 两端电压为 0V，测 J1-B3 触点，接触良好，测 K7 两端 24V，断定 K7 失灵。更换开关 K7 后，机器故障排除。

例 8　FZ-240 型复印机复印件像平纹布状

故障现象 机器复印出的复印件像平纹布一样。

分析与检修 根据现象分析，问题一般出在硒鼓及相关部位。打开机盖，经检查为充电器的栅丝松动，接近了鼓表面所致。重新拉紧栅丝后，机器故障排除。

例 9　FZ-240 型复印机复印件图像不是超前就是后移

故障现象 机器复印件图像不是超前就是后移，在每张复印件的前端 1~3cm 的位置上无规律地变化。

分析与检修 根据现象分析，该故障一般产生原因有：(1) 对位传感器工作不良；(2) 对位辊工作不正常；(3) 对位辊螺线管不良；(4) 直流控制板或有关插件不良。由原理分析可知，如果对位传感器不良，造成的故障不是出白纸，就是原件只印在纸的一部分，再就是卡纸，而机器能连续工作，说明直流控制板、对位辊螺线管、有关接插元件应无故障。经分析，判断问题应为对位辊不良而致。检修时，打开机盖，拆下直流 24V 电源板检查对位辊组件，发现对位辊离合器与对位辊的紧固螺钉松动，在复印过程中造成对位辊不能及时地正常转动，因而产生了上述不同步的现象。拧紧螺钉后，机器故障排除。

例 10　FZ-390 型复印机复印不久出现全白现象

故障现象 机器每次复印数十张后便出现复印件全白现象，且每次张数减少，甚至复印数张便出现全白，且反差也越来越小。

分析与检修 根据现象分析，该故障一般发生在高压电路。打开机盖检查，发现高压发生器内电容器软击穿，因此造成复印开始电容正常，但漏电逐渐增大后击穿，导致无高压，便出现复印全白现象。更换该高压电容后，机器工作恢复正常。

例 11　松下 7113 型复印机出现黑板现象

故障现象 出现黑板现象。

分析与检修 检修时，打开机盖，检查曝光灯，扫描一切正常，原稿也好，怀疑是光路出了问题。检测时，发现只要把组成光路和几块反光镜重新调整到原先的标准位置，试机后，故障消失。

例 12　松下 7718 型复印机复印件着色不均匀

故障现象　机器复印时，复印品着色不均匀，内侧深，外侧浅。

分析与检修　根据现象分析，问题可能为碳粉回收周期失调或不良。因为 7718 以上系列复印机有碳粉回收系统，回收粉在显影器外侧使用的概率最大。如果回收粉杂质含量较高，复印一定数量后粉的质量有很大变化，引起品质不均匀。因此，可更改碳粉的回收周期（F5-C65），尽量少使用回收粉。另外，复印机显影器掉粉的故障，也可通过更改碳粉回收周期来解决。更改碳粉回收周期后，机器故障排除。

例 13　松下 7718 型复印机手送台不进纸

故障现象　机器工作时，手送台不进纸。

分析与检修　根据现象分析，问题出在手动进纸传动部位，且大多为进纸轮 DFP 轮不良所致。由原理可知，手动进纸组件 DFP 轮是反向轮，转矩限制器套在 DFP 轮轴上与 DFP 轮相连。DFP 轮的主要作用是反向旋转时与 DFP 轮轴同步，顺向旋转时有一定的阻力，这个阻力应小于进纸轮与 DFP 轮之间的摩擦力，且 DFP 轮还有一弹簧向上顶，使 DFP 轮与进纸轮贴紧。当复印操作时，搓纸轮将纸送入进纸轮与 DFP 轮之间。如若送入多张复印纸，那么 DFP 轮与进纸轮的摩擦力就变为两个力，即进纸轮与上层纸的摩擦力和 DFP 轮与下层纸的摩擦力，DFP 轮和进纸轮之间的摩擦力就很小，小于转矩限制器阻力，起到了防止进双纸的作用。如搓入单张纸，那么 DFP 轮和进纸轮的摩擦力突然很大，DFP 轮带动转矩限制器顺转，使纸进入。但是，如进纸轮、DFP 轮脏污或损坏，使得 DFP 轮簧压力减小，都会造成不进纸。因此，应清洁手动进纸组件及搓纸轮、进纸轮、DFP 轮。该机经检查为 DFP 轮严重磨损。更换 DFP 轮后，机器故障排除。

例 14　松下 7818 型复印机显示"E3-11"故障代码

故障现象　刚开机时显示"E3-11"故障代码，不工作。

分析与检修　根据现象分析，该故障一般有以下三种可能原因：（1）高压电源第 2 供电部分漏电；（2）分离电晕座脏污和漏电；（3）YES 主电机接头短路或损坏。分别检查上述部位未发现异常，此时注意到配件有明显潮湿现象，分析可能因受潮结露引起该故障。经查该机确实存在大面积严重结露。用电吹风对准复印机内部逐渐加温的办法去湿，15min 后装调好显影器和鼓架，开机复印，不再显示故障代码，试印图像清晰、工作稳定，故障排除。

例 15　东芝型复印机出现停顿现象

故障现象　机器工作时，出现停顿。即当纸输到硒鼓下面时，停顿一下再运行，复印效果横向为一黑线。

分析与检修　根据现象分析，问题可能出在机械传动及相关电路。检修时，打开机盖，经检查故障不是机械部分引起的，而是电路出了问题。用万用表测量直流 24V 输出电压不稳定。检查电源板上复合管 Q1 和 Q2 已软击穿。其中 Q1 为 2SA1307，Q2 为 2SC2555，市场上不易买到，可用 2SA634 和 2SC3042 分别代替 Q1 和 Q2 原管，代用后调整取样电位器 VR1，故障即可排除。

例 16　天津 JF1 型复印机复印浓度降低

故障现象　机器工作时，复印浓度降低。

分析与检修　根据现象分析，问题可能为该机光导体不良。检修时，打开机盖，先对机器全面清扫、统调，复印质量未见好转。从技术资料得知，该机光导体材料为氧化锌（ZnO）。充放电次数为 1000～3000 次，复印最高次数为 2.5 万次，故怀疑光导体使用时间过长，导致其接受电荷的能力，即光导体的暗处接受充电的能力减弱，光导体表面沉积的电荷数量减少，使其在黑暗处电位下降，只能吸附少量的墨粉，造成复印件的图像浓度下降。经检测果然如此。更换光导体后，机器工作恢复正常。

例 17　海欧 Se-16 型复印机不能定影

故障现象　机器复印时，不能定影。

分析与检修　根据现象分析，问题一般出在定影灯及相关部位。检修时，打开机盖，经检查发现其中一个定影灯烧坏。因该定影灯难以购到，可采用一条 700W/220V 电炉丝代替。具体方法是：先将原定影灯拆下，将它套进电炉丝空芯部分，利用原定影灯作电炉丝支撑物。将电炉丝分别接到定影灯座的两固定螺钉上并拧紧即可。如果温度还不够，可以适当增大电炉丝的功率，但不能超过 1000W，否则会因电流过大而引起温控电路的晶闸管过载烧坏。用电炉丝代换定影灯，不仅大大降低了成本，而且还可以减少定影灯对硒鼓的照射，相当于减少了硒鼓的曝光次数，从而延长硒鼓的使用寿命。该机经此代换后，机器故障排除。

例 18　SELEXGR-1650 型复印机复件左边有纵向放射状黑斑

故障现象　机器复印时，复印件左边有纵向放射状黑斑点，但其他部位正常。

分析与检修　根据现象分析，该故障产生原因较多，如光导体、光学系统和纸路有故障均会导致该现象出现。检修时，可按下列方法逐步进行：先取两张最大幅面的复印纸，设置一种不同倍率和浓度的复印样作样品。对照两份复印样品，发现边缘黑斑点尺寸位置相同，说明此故障与光学系统无光。另取一张复印纸放入进纸口，待曝光灯快行至终点时，关闭电源开关，打开前侧盖板，观察未进入定影器的复印件上已存在黑斑点，说明故障与定影器和光导体以后的输纸道无关。再抽出调色剂盒，用一塑料片顶进右前侧的安全开关，使其在无调色剂的状态进行复印，此时复印件上无斑点，说明进纸搓纸轮、对位辊等进纸机构无脏污，故障缩小到显示器、充电电晕器和光导体上。检查显影器无泄漏，显影辊筒上调色剂分布均匀地结块。充电电晕器、光导体和载体盒为一体化结构，取下顶端两枚自攻螺钉即可抽出。用手旋转光导体一端白色齿轮，观察光导体表面左边缘有复印件上黑斑相似的污物，使该处不能接收光照，经转印、分离和定影后，最终在复印件上形成黑斑点。用脱脂棉蘸专用清洁剂清擦，再将光导体整体全面清洁后，机器故障排除。

例 19　EP2080 型复印机显示 C0200 代码，不工作

故障现象　开机后显示 C0200 代码，不工作。

分析与检修　根据现象分析，问题一般出在主电晕充电电器、转印分离电器及相关部位。首先将主电晕充电电器拔下后再开机，故障依旧；然后将转印分离部分取出，再开机仍出现此故障代码。打开机器后盖，开机观察发现分离部分一侧有打火现象。仔细拆下该座，检查发现该座与铁机座相接处有碳化痕迹，用刀片将碳化的部分刮净，再在此处贴几层透明胶带后，安装回原处后开机，不再出现故障代码。将其他充电器复位后，再开机一切正常。

第六章　传真机故障分析与检修实例

第一节　松下传真机故障分析与检修实例

例 1　松下 UF-200 型传真机收发文稿一侧字浅一侧字深

故障现象　机器发送时，接收方文稿一侧字浅一侧字深。

分析与检修　根据现象分析，该故障一般是由于压纸胶辊不在水平位置；机器上盖某处受卡，致使记录纸一侧没有和记录头充分接触。该机经检查果然为机器上盖受卡所致。重新处理后，机器故障排除。

例 2　松下 UF-200 型传真机不能手动操作收发文稿

故障现象　机器不能手动操作收发文稿，自动接收正常。

分析与检修　根据现象分析，该故障可能出在机内备用电源电路。通电后依次按"FUNCTTON"功能键、数字"7"键、4 次"TEL/DIAL"键、"＊"键，发现机器能进入设备测试方式；再依次按数字"3"键、"START"键，发现机器能启动，并能自动打印出 RAM 数据和功能参数表。仔细观察功能参数表，发现其参数值已全部初始化至最初设定状态，并且机器自动复位，由此判断机内备用电源电路有故障。该机备用电源电路包括 POW1 电池组件、三极管 Q7 和 Q8、复位开关 SW2，它主要使 RAM 不间断供电，以便保证数据参数和时钟信号不被丢失。检修时，打开机盖，先用万用表测 POW1 电池组件两端电压正常，怀疑开关 SW2 位置不恰当或其接触不良。正常情况下开关 SW2 应位于"ON"处。用万用表 R×1 挡沿 SW2 焊片分别检测印刷线路，发现"ON"端焊片断裂。更换开关 SW2 后，机器故障排除。

例 3　松下 UF-200 型传真机启动后裁纸条截止通信

故障现象　接收机启动后裁纸条截止通信。

分析与检修　根据现象分析，这是由于接收机设置了"自动纠错"功能，当和发信机沟通后接收机正向旋转输送记录纸，此时如有一干扰脉冲信号，超出误码限值就使机器截止通信并切纸。所以在有干扰信号的线路上应变"自动纠错"功能为 OFF，能够提高通信效率。该机经上述调整后，机器恢复正常。

例 4　松下 UF-200 型传真机屏显示失常

故障现象　开机后，显示屏显示失常。

分析与检修　根据现象分析，问题可能出在 SCH 板上。检查操作面板及键盘控制电路无异常，判断故障在 SCH 板。检查 CNJ18 和 CNJ19 接触良好。用万用表测 IC99（25）脚为高电平，说明 IC99（82C55）接口芯片软件工作正常，测量 IC99（24）脚有高低电平变化，说明器件无软件故障。进一步测 IC99（13）脚为高电平，正常状态应为低电平，由此判断 IC105 与非门有故障，检查 IC105、IC241 等元件，发现 IC241 内部不良。更换 IC241 后，机器故障排除。

例 5　松下 UF-200 型传真机复印字迹不清晰

故障现象　机器复印时，复印字迹不清晰。

分析与检修 根据现象分析，问题一般出在 SCH 板上的光学控制系统。检修时，打开机盖，先检查印字系统的打印辊轮及感热头印字表面均清洁，无脏污现象，再检查印字控制系统 SCH 板的 IC103、IC104、IC105 器件能正常工作，由此说明故障确在光学系统或其控制系统。再检查光镜、反射镜、CCD 镜面、荧光灯光阑等变换系统无脏污现象。用万用表测 VIDEO 板 +12V、−12V 电路均正常，由此断定问题在光学系统控制电路。仔细检查该电路 IC31、IC32、IC33、IC34 及其外围相关元件，发现 IC32 内部损坏。更换 IC32 后，机器故障排除。

例6 松下 UF-200 型传真机振铃信号失常

故障现象 开机后，振铃信号失常。

分析与检修 根据现象分析，问题一般出在振铃控制及相关电路。检修时，打开机盖，先检查外线 LINE 的 L1 与 L2 和外接电话机 TEL 的 L1 与 L2 不能互换，检查接线正确，振铃信号也能进入。再检查 LCU 板、SCH 板的 CNJ36、CNJ37、CNJ40、CNJ33、CNJ34A、CNJ34B 等均无异常，检查 MODEM 板各单音测试正常，怀疑 LCU 板有问题。在接收振铃期间用万用表测 CNJ36（9）脚为高电平，正常状态为低电平。测光电耦合器 PC1（1）、脚（2）脚（发光二极管）正向导通，PC1（4）、脚（3）脚（光敏晶体管）也导通，说明 PC1 正常工作。进一步检查二极管 D5、电阻 R8 和 R7、电容器 C4、RL1 等相关元件，发现 D5 内部不良。更换 D5 后，机器故障排除。

例7 松下 UF-200 型传真机切纸时有动作但不能全切

故障现象 机器工作时，切纸器出现有动作而不能全切的现象。

分析与检修 根据现象分析，该故障一般是因为切纸器连续工作过度，使上部刀片弹簧产生金属疲劳，减少了弹性强度所致。该机经检查果然如此。将刀架拆下，把弹簧钢丝向受力方向用力掰开后，机器故障排除。

例8 松下 UF-200 型传真机在专线上不能自动接收

故障现象 机器在专线上不能自动接收。

分析与检修 根据现象分析，这是因为在专线上接收机检测到 1300Hz 的发机信号后才启动，送出 CED 信号进入自动接收状态。但是 UF-200、UF-210 机初始检测频率为 2100Hz，把它改设为 1300Hz 就可以自动接收。该机经上述调整后，机器故障排除。

例9 松下 UF-200 型传真机无振铃信号

故障现象 开机接收时，无振铃信号。

分析与检修 根据现象分析，问题可能出在 SCH 板上。检修时，打开机盖，先检查机器的接线与插口均正常，CNJ34A 也无异常，再用示波器观察 IC19（82C55）的 27～34 脚有信号变化，观察 IC19 的 19 脚为高电平，正常状态下为低电平。用万用表测 IC19 的 13 脚电压不正常，说明 IC4 构成的双线性电压比较器有问题。断电后，分别检查 IC4、R17、R18、R19、R20 等相关元件，发现 IC4 引脚虚焊。重新补焊后，机器故障排除。

例10 松下 UF-200 型传真机脉冲拨号不正常

故障现象 开机后，机器脉冲拨号不正常。

分析与检修 根据现象分析，问题可能出在 LCU 板或 SCH 板及相关电路。检修时，先检查传真机、电话机与变换机之间的拨号方式设置一致，且已设置为公用线状态，摘机检测，操作面板均无异常，说明设置方式正常。再检查 LINE 外线 L1 与 L2 及 TEL 电话机线均正常。检查 SCH 板、LCU 板及 MODEM 板有关插口电缆，无断线、开焊或接触不良现象，由此判断问题一定出在 LCU 板或 SCH 板上。先检查 LCU 板继电器 RL1～RL4 无断路或短路故障，在摘机期间用万用表测量 CNJ36 的 10 脚为高电平，正常时为低电平。断电后，分别检查 C1、R2、R1、D6 等相关元件，发现双向晶体管 D6 内部击穿。更换 D6（VR6155）后，机器故障排除。

例 11　松下 UF-200 型传真机不能手动操作收发传真

故障现象　开机后，按"START"键不启动，不能手动操作收发传真，自动接收正常。

分析与检修　根据现象分析，机器能自动接收，说明通信部分电路及对方设备正常。问题可能出在机内备用及相关电路。检修时，先检查"START"按键，若正常，通电进行自检。依次按下"FUNCTION"功能键→数字"7"键→"TEL/DIAL"键 4 次→"＊"键，机器进入设备测试方式。随后按数字"3"键→"START"键自行启动，自检打印出 RAM 数据和功能参数表，发现其参数值已全部初始化为最初设定状态，此时机器已自动复位，说明机内备用电源电路故障。该电源用于向 RAM 进行不间断供电，保证其数据参数和时钟信号不致因断电而丢失。该电源电路主要包括 POW1 电池组件、三极管 Q7 和 Q8、复位开关 SW2 等部件。经进一步检查发现 Q7 内部损坏。更换 Q7 后，机器故障排除。

例 12　松下 UF-200 型传真机通信失效屏显示"400～599"信息码

故障现象　机器通信时失效，屏显示 400～599 信息码。

分析与检修　根据现象分析，该故障一般为下面原因造成：（1）电话线路不良；（2）传真机不具备兼容性；（3）对方传真机异常。可采取以下处理方法：（1）重新安放稿件，再行试发；（2）可用本机与一台好的传真机进行通信，如仍不能通信，则是本机故障，可检查本机 MODEM 的收、发信号端是否有相应的收、发信号。该例经检查为线路信号不好所致。待信号良好时，再行试发。

例 13　松下 UF-200 型传真机所有操作键都不起作用

故障现象　开机后，所有操作键都不起作用，即"死机"。

分析与检修　根据现象分析，该故障一般发生在面板控制及主控板电路，也可能为按键被锁定。检修步骤为：（1）首先检查按键是否有被锁定的，有则应解除锁定，然后重新打开电源，让传真机再一次进行复位检测，以清除某些死循环程序；（2）若进行以上操作后仍无法恢复正常，则可能是操作面板或主控板电路损坏。该机经检查为按键被锁定。按操作说明解除锁定后，机器恢复正常。

例 14　松下 UF-200 型传真机不能自动进稿

故障现象　开机传真时，不能自动进稿。

分析与检修　根据现象分析，问题一般出在自动进稿传动机构。检修步骤为：（1）检查进稿器部分有无异物阻塞，原稿位置扫描传感器是否失效，进纸辊轴间隙是否过大等；（2）检查发送电机是否转动，如不转动，则需检查与电机有关的电路及电机本身是否损坏。该机经检查为发送电机内部不良。更换发送电机后，机器故障排除。

例 15　松下 UF-207 型传真机显示代码"060"不工作

故障现象　开机后屏显 060 故障代码，不工作。

分析与检修　根据现象分析，查故障代码表，判断故障是由于机器面板未恢复到位所致。该机经检查果然面板未盖紧。重新盖好面板盖，机器故障排除。

例 16　松下 UF-207 型传真机对方接收传真件上有黑色条纹

故障现象　对方接收传真件过黑或带有黑色条纹。

分析与检修　根据现象分析，问题可能出在荧光灯及相关部位。检修时，先确定故障范围。复印文稿，发现复印件呈黑色或带有黑色条纹，说明确为荧光灯管不良所致，需要清洗或更换日光灯管。先将传真机器电源开关拨至关（OFF）位，并拔下电源插头。再拿开稿件托盘和电话听筒，将传真机立放在台子上。卸下底板螺钉，面朝向自己的方向打开底板，转动荧光灯管，用洁净的布擦拭荧光灯管表面。若荧光灯管两端已严重发黑，则要拔插头，按压两边的灯座，即可取出灯管。更换荧光灯后，机器故障排除。

例 17　松下 UF-207 型传真机 16 开纸横放常被夹住

故障现象　机器传真或复印时，16 开纸稿件横放常被夹住。

分析与检修　根据现象分析，该故障一般为自动稿件进给器调整不当所致，需要重新调整。调整时，先取出稿件，当稿件被夹而用手无法捏住被夹稿件时，则先按压传真机右下侧的弹簧钮，打开接收部分；再按压记录纸盒两侧的弹簧钮，取出记录纸盒，拨弹发送开闭装置下端两侧的销栓，即可将被夹稿件拉出；最后重新放回记录纸盒，关好发送开关装置，放好记录纸，轻轻地合上接收部分，当听到"咔嗒"一声时，便说明接收部分已合到位。调整自动稿件进给器的步骤为：先按右下边的弹簧钮打开接收部分；再按动记录纸盒两侧的弹簧钮，取下记录纸盒，将调整压板调至位置 2 标准进给位；最后按上述逆过程仔细安装复位。将 ADF 调整完毕后即可。

例 18　松下 UF-207 型传真机不能发送和接收传真

故障现象　机器复印正常，但不能发送和接收传真。

分析与检修　根据现象分析，该故障一般发生在有关接口电路。经开机检查，发现接在传真机上的电话机不能进行拨号及通话，显然是电话线接口有故障。打开传真机面板，经检测，发现主机接口电路板输出端至电话机间的连接线已断了一根。考虑到本机外线接线盒(1)、(2) 脚与主机电话接口电路板 (5)、(6) 端间两根引线为空余，故决定用其中之一来代替已坏引线。将主机接口电路板 (4) 端与 (6) 端用短路线接通，再在外线接线盒上用短路线将 (2) 脚与 (4) 脚短接即可。该机经上述处理后，机器恢复正常。

例 19　松下 UF-207 型传真机开机后显示异常不能进入正常操作

故障现象　机器开机后，显示"(19) NOTREGISTERED"，不能进入正常的操作。

分析与检修　根据现象分析，产生该故障原因可能有：(1) 编译码集成电路异常；(2) 可编程接口电路不良；(3) 微处理电路有问题。检修时，打开机盖，首先用示波器测量 CNJ1 上 [(1) 脚和 (2) 脚分别接+5V 和信号地，(3)脚～(9) 脚分别对应于 PB3、PB2、PB1、PB0、PC2、PC1、PC0] 的各脚波形是否正常，以便进一步判断故障部位是在键盘电路板还是在主电路板上。当测量到 CNJ1 (9) 脚时，其对地直流电阻较其他脚小。拔下 CNJ1 插头，使键盘电路板与传真机主电路板的连接断开，分别测量 CNJ1 (9) 脚的键盘电路板和传真机主电路板的对地电阻。结果发现在传真机主电路板 CNJ1 (9) 脚对地直流电阻为 1.47kΩ，而 (3)脚～(8) 脚对地直流电阻均大于 8kΩ。因为 CNJ1 (9) 脚连接传真机主电路板对应于 82C55 芯片 PC0，而在电路板上 PC0 并未接其他电路，因此可判定 82C55 内部漏电击穿。更换 82C55 后，机器故障排除。

例 20　松下 UF-208 型传真机按启动键文件不能发送

故障现象　机器放入原稿后，按启动键，文稿不能发送。

分析与检修　根据现象分析，该故障一般发生在发送电机及控制驱动电路。由原理可知：发送电机主要由 IC31（15）脚、（1）脚及 IC32（15）脚、（1）脚各输出两组信号电平驱动，该 4 路信号依次输出高电平（24V），使电机运转一周。IC31、IC32 是否输出高电平，受 IC37 及 Q16、Q17 控制。正常时，副 CPU IC37（52）～（57）脚根据主 CPU 数据信号依次输出高低变化的方波，加至 IC31、IC32，只有 Q16、Q17 导通，IC31（11）脚、IC32（11）脚为高电平，IC31、IC32 才能输出驱动信号，且只有 4 路驱动信号均正常，电机才能转动。检修时，打开机盖，在发送状态下，用万用表测 CN24（1）～（4）脚电压，发现（1）脚、（2）脚始终为低电平 0.6V，（3）脚、（4）脚高低电平变化正常，说明 IC31 未输出驱动信号。检查 IC31（11）脚为低电平，说明 IC37（67）脚未输出控制信号或 Q16 损坏。经进一步检测，发现 Q16（DTD123）内部不良。更换 Q16（DTD123）后，机器恢复正常。

例 21　松下 UF-208 型传真机开机不久显示"004"(记录纸卡纸)代码

故障现象　开机后不久显示 004（记录纸卡纸）代码。

分析与检修　根据现象分析，问题一般出在记录纸排出传感器或切纸刀组件部分。检修时，打开机盖，用万用表先测插座 CNJ13（3）脚、（4）脚电压并改变记录纸排出传感器状态，发现传感器变化正常，说明记录纸排出传感器正常。再检查切纸刀组件，发现切纸刀位置传感器输出插座 CNJ14（1）脚 1.2V 电压正常，（2）脚始终输出低电平。正常时，CNJ14（2）脚在切纸时才为低电平，未切纸时为高电平，说明切纸刀位置传感器始终向 IC38 输入低电平，使 IC38 输出控制驱动信号，造成切纸刀反转复位，出现卡纸。经进一步检测，发现切纸刀位置传感器内部失效。更换切纸刀位置传感器后，机器恢复正常。

例 22　松下 UF-208 型传真机开机工作时切纸刀转动不复位

故障现象　开机工作时，切纸刀转动不复位，纸已被切断。

分析与检修　根据现象分析，问题可能出在记录纸传感器。检修时，打开机盖，用万用表测主板切纸刀传感器电路插座 CNJ14 各脚电压分别为：（1）脚 1.6V、（2）脚 4.8V、（3）脚 0V，且在切纸状态下电压不变［正常时，装入记录纸后切纸刀复位，（2）脚为低电平，切纸电机转动一周］，说明故障在记录纸传感器电路。该机切纸刀位置传感器采用光耦合电路，检查此部分电路，发现光耦合器内部损坏。更换光耦合器后，机器恢复正常。

例 23　松下 UF-208 型传真机复印件及对方接收文稿有边缘清晰的黑竖条

故障现象　机器复印件及对方接收文稿边缘有一个棱角分明的黑竖条。

分析与检修　根据现象分析，黑竖条边缘清晰，说明感热记录头、CCD 器件均正常，问题可能出在光通道上。传真机的光通道主要包括 LED 阵列光源、透镜、反光镜、发送导轨的白色涂层等。经开机检查发送导轨的白色涂层无异物；进一步检查，发现光学系统中 A、B 两块反光镜中的一块有问题，从而产生该现象。重新安装该反光镜后，机器恢复正常。

例 24　松下 UF-208 型传真机工作时不切纸

故障现象　机器工作时，显示正常，但不能切纸。

分析与检修　根据现象分析，问题一般出在切纸机构及电机驱动电路。经检查切纸刀机械传动组件正常，说明故障在切纸刀电机控制及其驱动电路。有关电路如图 6-1 所示。由原理可知，当切纸时，副 CPU IC37（37）、（38）、（39）、（40）脚依次输出 4 路控制信号，加至信号驱动电路 IC35（3）、（6）、（11）、（14），IC35（2）、（7）、（10）、（15）脚依次输出高电平，加至切纸刀电机，IC35 每输出一路高电平，切纸刀电机转动 1/4 周，4 路依次输出完毕，电机转动一周，完成切纸动作。故障很可能是缺一路驱动信号或 IC35 工作异常所致。检修时，先断开 CNJ25 插头，用示波器测插座（3）、（4）、（5）、（6）脚，在切纸状态下观察有无驱信号波形。经实测，发现 CNJ25（5）脚无驱动信号，再用万用表查 IC35（10）脚、（11）脚也无电压变化，测 IC37（39）脚有电压变化；进一步检查，发现 IC35（11）脚与 IC37（39）脚之间有一跳线脱焊。重新补焊后，机器恢复正常。

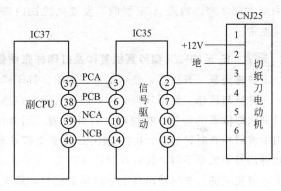

图 6-1　切纸刀电机控制及驱动电路

例 25　松下 UF-208 型传真机开机后显示"010"（无记录纸）代码

故障现象　开机后显示 010（无记录纸）代码，不工作。

分析与检修　经开机检查与观察，记录纸已装好，判断问题出在记录纸检测及相关电路。由原理可知，机器正常情况下，无记录纸时 CNJ21 分别为：（1）脚 1.2V、（2）脚 4.8V、（3）脚 0V，放入记录纸时分别为：（1）脚 1.4V、（2）脚 0.4V、（3）脚 0V。检修时，打开机盖，用万用表实测 CNJ21 各脚电压，发现无记录纸，（1）脚始终为低电平（0V），使耦合器内部的发光二极管不发光，（2）脚不输出低电平，造成开机后显示 010 代码。断开 CNJ21 插头，测（1）脚对地电阻无短路现象，说明故障在 +5V 供电电路；经进一步检查发现供电电阻 R242 引脚脱焊。重新补焊后，机器恢复正常。

例 26　松下 UF-208 型传真机复印发送时原稿立即退出

故障现象　机器复印或发送时，原稿进入后又立即退出。

分析与检修　根据现象分析，原稿进入机内后未停止，说明原稿有无传感器 ADF 线圈未释放。检修时，打开机盖，观察 ADF 线圈，发现始终不释放，检查 ADF 线圈正常，说明末端阅读 RPS 传感器未向 IC38 输出低电平或 IC38 未输出 ADF 线圈释放指令。检查 RPS 传感器光通道部分无异物，用万用表测 CNJ12 插座各脚电压，（1）脚为 5V，（2）脚为 0.2V，（3）脚为 0.2V，（4）脚为 0V，均正常，说明光通道检测部分正常；顺 CNJ12（2）脚、（3）脚向 IC38 检查，发现至 IC38 有关引脚虚焊。重新补焊后，机器恢复正常。

例 27　松下 UF-208 型传真机开机后显示"060"代码

故障现象　开机后显示"060"代码（门打开）。

分析与检修　根据现象分析，问题出在发送门开关及相关部位。该机有发送门微动开关和接收门微动开关，这两个门开关串接，正常时，接收门开关与发送门开关均闭合，若某一个门开关打开，则 CNJ13（5）脚输出高电平，机器告警，液晶屏显示"060"。经开机检查，发现发送开关内部损坏。更换发关门开关后，机器恢复正常。

例 28　松下 UF-208 型传真机发送时文稿不前进

故障现象　机器复印及发送文稿时，文稿不前进，但发送电机运转。

分析与检修　根据现象分析，问题可能出在原稿检测器及相关电路。检修时，开机观察，发现原稿有无传感器 ADF 线圈不吸合，ADF 辊不转动，判断故障在 ADF 线圈驱动电路或 ADF 线圈本身。用万用表测 ADF 线圈插座 CNJ28（1）脚 12V 电压正常，（2）脚在按启动键后立即由 12V 变为 0V，说明 ADF 线圈已加上电压，但仍然不吸合，说明故障在

ADF 线圈本身。检查 ADF 线圈，发现电磁铁内部卡死。修复 ADF 线圈电磁铁后，机器恢复正常。

例 29 **松下 UF-208 型传真机复印及打印样张图像全白**

故障现象 开机后，显示正常，复印、打印样张图像全白。

分析与检修 根据现象分析，问题可能出在感热记录头电路。该电路主要用于图像电信号到图像像素的转换。检修时，打开机盖，用万用表先检查＋24V、＋5V 电源是否正常，用示波器检查时钟信号、IC24 输出的段驱动信号是否正常。IC24 内含 4 个与非门，当记录允许信号为低电平时，IC37（74）、（75）、（76）、（77）脚根据主要 CPU 指令依次输出低电平，使相应的与非门输出高电平段驱动信号，依次送到感热记录头，使感热记录头的某一段发热。经仔细检查，IC24 的＋5V 电源正常，IC24（1）、（9）、（4）、（12）脚依次输入低电平也正常，但 IC24（3）、（6）、（8）、（11）脚始终输出低电平，由此判定 IC24 内部损坏。更换 IC24（74HC32）后，机器恢复正常。

例 30 **松下 UF-208 型传真机开机后无任何显示，所有指示灯均不亮**

故障现象 开机后显示屏无任何显示，操作面板上的所有指示灯不亮。

分析与检修 根据现象分析，判断故障出在电源部分。检修时，打开机盖，把电源部件取出来，发现保险丝烧毁，有明显的烧毁痕迹，压敏电阻也已爆裂，印刷板上与压敏电阻相连的铜箔也烧脱断裂，F1 用 3A 保险丝换上，NP1 可用 TNR12G471K 型号的压敏电阻换上。通电前把机器电源置于 ON 状态，把万用表置于 1k 挡，检测电源输入端的正、反方向电阻，电阻值均大于 200kΩ，且有明显的充放电现象，说明开关电源高压部分的开关管、滤波电容及整流二极管等无异常。造成烧保险丝及压敏电阻一般为雷击所造成。为了安全，在雷雨时传真机若不使用，最好拔去电源及电话外线。更换所有损坏元件后，机器故障排除。

例 31 **松下 UF-208 型传真机记录副本呈全黑状态**

故障现象 机器接收时，记录副本呈全黑状态，其他功能正常。

分析与检修 根据现象分析，该故障一般发生在电晕高压激光检测电路。检修时，打开机盖，先检查电晕线是否断开，电晕高压是否存在。检查无电晕高压，再检查高压电源中的电晕高压产生电路。如电晕线上有高压，则应检查激光束通路中的光束探测器。当发现激光一直接通时，应检查直流控制器。可用万用表测量直流控制器板上的连接器 J202（5）脚，若该脚的对地 J202（2）脚电压始终为 0V，则说明 IC105（LS08）或 IC202（VSM2）内部不良。若接收文稿正常，复印件全黑，则故障发生在扫描部分，故障原因为：接触式传感器 CIS 中的发光二极管（LED）阵列未点亮。可用示波器或万用表测量主控板 1 上的连接器 J13（9）脚的对地电压，复印时脚应为低电平。该机经检查 IC202 内部损坏。更换 IC202 后，机器故障排除。

例 32 **松下 UF-208M 型传真机开机后无显示，指示灯也不亮**

故障现象 开机后，液晶显示器无任何显示，电源指示灯也不亮。

分析与检修 根据现象分析，问题一般出在电源部分。检修时，打开机盖，发现电源部件中的保险丝烧毁发黑，压敏电阻 NR1 也烧裂。将电源块从机器中拆下来，观察到电源印制板上与压敏电阻脚相连的铜箔烧断。经过分析，判断此故障是由雷击造成的。更换损坏元件后，用万用表通电后测量各组输出电压均正常，装上机器，开机一切正常。为了防止雷击，建议当雷雨将至时，关掉电源，并把电源插头和电话插头拔下。更换保险管（3A）和压敏电阻 NR1 后，机器故障排除。

例 33 **松下 UF-208M 型传真机复印件及对方接收文件图像全黑**

故障现象 机器打印样张正常，复印及对方接收文稿全黑。

分析与检修 根据现象分析，该故障一般发生在 CCD 光电转换电路和图像处理电路。光电转换电路主要由 LED、镜头、反射镜、CCD 等组成。检修时，打开机盖，在复印状态观察 LED 文稿扫描光源，发现 LED 不发光，说明问题出在 LED 控制驱动电路。有关电路如图 6-2 所示。由原理可知，机器复印时，IC37（50）脚输出高电平，Q20 导通，连接器 CNJ29（2）脚为低电平，＋24V 电源经 LED 构成回路，LED 发光。用万用表实测 CNJ29（2）脚，始终为＋24V，说明 Q20 未饱和导通，测 Q20 的 G 有 0.8～2.4V 的高低电平变化，说明 IC37（50）脚输出的控制信号正常。经进一步检测发现 Q20 内部损坏。更换 Q20（2SK1078）后，机器故障排除。

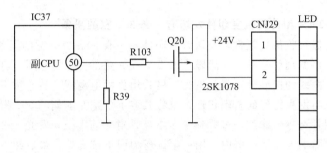

图 6-2　LED 控制驱动电路

例 34 **松下 UF-208M 型传真机无自动接收功能**

故障现象 机器开机后，无自动接收。

分析与检修 经开机检查发现，该故障因用户操作设置不当所致。由于该机有两种接收方式，即自动接收和人工接收。当设在人工接收时，传真机液晶显示器显示"MANUAL-RCV"（人工接收），此时如有传真信号输入，就不能自动接收，需人工按收信键（START）方能接收。若要自动接收，可把接收方式设为"AUTORCV"（自动接收）即可。按操作说明书重新正确设置后，机器故障排除。

例 35 **松下 UF-208M 型传真机 B4W 文稿宽度检测传感器工作异常**

故障现象 机器工作时，B4W 文稿宽度检测传感器工作异常。

分析与检修 经开机检查与观察，若检测文稿始终为 B4 幅面，应检查传感器 SCN2（3）脚、（4）脚，CNJ11（3）脚、（4）脚是否短路等。若检测文稿始终为 A4 幅面，则应检查传感器检测文稿的伸臂是否损坏，CNJ12 插头是否插接不牢，传感器 SCN2 是否损坏等。该机经检查为传感器检测文稿伸臂损坏。更换损坏器件后，机器恢复正常。

例 36 **松下 UF-208M 型传真机 PSA 记录纸检测传感器工作异常**

故障现象 机器工作时，PSA 记录纸检测传感器工作异常。

分析与检修 经开机检查与观察，若始终检测有记录纸，应检查传感器 SCN1（3）脚、（4）脚，CNJ12（2）脚、（3）脚是否短路，以及感温记录头盖板下是否缺少一段黑胶布。若检测不到记录纸，则应检查传感器是否损坏，CNJ21 是否插接不牢，连接线是否断线等。该机经检查为 CNJ21 插头松脱。重新插紧插头后，机器故障排除。

例 37 **松下 UF-208M 型传真机 CUT 切纸刀位置传感器工作异常**

故障现象 机器工作时，CUT 切纸刀位置传感器工作异常。

分析与检修 经开机检查与观察，当机器检测不到切纸刀回原位时，应检查 CNJ14、

CNJ15 及 CUT 传感器。当检测切纸刀始终在原位时，应检查 CUT 传感器的光通路和 CUT 传感器本身是否良好。该机经检查为 CUT 传感器内部不良。更换 CUT 传感器后，机器故障排除。

例 38　松下 UF-208M 型传真机 EXTT 记录纸排出检测传感器工作异常

故障现象　机器工作时，EXTT 记录纸排出检测传感器工作异常。

分析与检修　经开机检查与观察，当机器检测不到记录纸前端时，应检查传感器光敏三极管两引脚及其连接线是否短路；当检测不到记录纸末端时，应检查传感器光电通道和连接插头；当始终检测记录纸前端时，应检查传感器光通道，传感器 EXTA、EXTB 是否安装错位，以及传感器的发光二极管或光敏三极管是否损坏等。该机经检查为光敏二极管内部不良。更换光敏二极管后，机器故障排除。

例 37　松下 UF-208M 型传真机复印件左边有一条 3cm 宽的黑条

故障现象　机器接收传真正常，发送时复印件左边有一条 3cm 宽的黑条。

分析与检修　根据现象分析，该故障一般发生在光路部分。检修时，打开机盖，在左后角电路板上有一个两线的接插件，就是发光二极管组件的电源线，将它拔下；在右后面电路板上有一根接地线与发光组件的右端相连，也将其取下。把左前侧的 3 个齿轮取下，在左前侧齿轮处与右前侧各有一个缝隙，可看到发光二极管组件的支架，发光二极管组件的支架没用螺钉固定，它的两端卡在一个槽内，用一字螺丝刀向下按支架，最后卸下底板前面的两个螺钉，把传真机立放，就可将发光二极管组件取下，然后用万用表检测发光二极管是否损坏。该机的发光组件，是由高亮度贴片发光二极管组成。一个发光组件由一块印刷电路板、一些电阻和 6 组高亮度贴片发光二极管组成，每组发光二极管长 5cm，并且两边各有 4 只焊脚。将发光二极管组件的电源线接在直流 24V 稳压电源上，打开电源检测发光二极管，发现有一组发光二极管不亮，说明该组二极管已损坏。更换同规格二极管后，机器故障排除。

例 40　松下 UF-208M 型传真机 ADF 文稿传感器工作异常

故障现象　开机后 ADF 文稿检测传感器工作异常。

分析与检修　经开机检查与观察，ADF 传感器始终检测不到文件时，应检查 ADF 传感器检测文稿的伸臂是否损坏，传感器光通道是否有纸屑或灰尘，CNJ20 插头是否松动，连接线是否断线，传感器本身是否损坏。该机经检查为 CNJ20 插头动。重新插紧后，机器恢复正常。

例 41　松下 UF-208M 型传真机 RPS 读取位置检测传感器工作异常

故障现象　机器工作时，RPS 读取位置检测传感器工作异常。

分析与检修　经开机检查与观察，当机器检测不到文稿前端时，应检查传感器光通道中是否有纸屑、灰尘，检测文稿的伸臂是否损坏、折断，连接插头 CNJ12 是否插接不牢等。若检测不到文稿末端，应检查连接插头 CNJ12 是否松动，传感器检测文稿的伸臂是否不能抬起等。该机经检查为 RPS 传感器光通道有纸屑堆塞。清除纸屑后，机器故障排除。

例 42　松下 UF-208M 型传真机发送或接收门微动开关工作异常

故障现象　机器工作时，发送或接收门微动开关工作异常。

分析与检修　经开机检查与观察，当机器发生门开关接点始终断开故障时，应检查开关引线连接是否错位，连线有无开路，引线是否插接不牢等；当门开关接点始终闭合时，应检查开关引线、微动按钮以及开关本身等。该机经检查为开关内部损坏。更换开关后，机器故障排除。

例 43 松下 UF-210 型传真机无法沟通联络

故障现象 机器在线路良好的情况下经常无法沟通联络。

分析与检修 根据现象分析，该现象不属于机器故障，是由于接收机的启动信号 CED 原设定为 2100Hz，正是我国载波机话路的振铃信号频率。将启动信号 CED 改设为 1100Hz 后，机器恢复正常。

例 44 松下 UF-210 型传真机发送完毕后仍送连续发送信号

故障现象 机器发送完毕后仍送连续发送信号。

分析与检修 根据现象分析，该故障一般是因为文稿送纸处的文稿检测传感器簧片（右侧第二个）卡住不能复位。该机经检查果然为文稿检测传感器簧片卡住。重新复位后，机器故障排除。

例 45 松下 UF-2EXC 型传真机不能计时，也不能进行 RAM 数据设置。

故障现象 机器工作时，不能计时，也不能进行 RAM 数据设置。

分析与检修 根据现象分析，该故障可能发生在计时电路或其供电电路。由原理可知，计时电路（IC50）和系统用随机存储器 RAM（IC24、IC25）共用一个 +5V 供电，且在关掉电源后电池保持电路供给，所以问题很可能出在 +5V 电源上。检修时，打开机盖，打开系统控制板，用万用表测 IC50、IC24、IC25 的 VDD 脚电压很低，说明故障发生在电池保持电路。该电路是一个简单的串联型稳压电路，其工作原理为：当电源关闭时，由电池向 IC50、IC24、IC25 供电，使其保持 RAM 内数据的设置和不间断的计时。当电源接通时，来自电源板的 +5V 输入正常，但输出很小，查 Q8、Q9 等，发现 Q8 内部开路，电池 BT1 也严重损坏。更换 Q8（可用 2SA719 代换）及 BT1 电池（可用 3 节 5 号 1.2V 光电电池串联代替）后，机器故障排除。

例 46 松下 UF-2EXC 型传真机开机后指示灯不亮，LCD 无显示

故障现象 开机后，电源指示灯不亮，LCD 也无显示。

分析与检修 根据现象分析，开机后，电源指示灯不亮，LCD 无显示，说明故障出在电源电路。检修时，打开机盖，用万用表测桥式整流组件"+"端有 300V 直流脉冲电压，说明电源整流、滤波电路正常；测得晶闸管 C 脚电压为 0V，检查晶闸管及外围元件，发现晶闸管 A 和 C 脚间并联的电阻（22）断路。更换该电阻（22）后，机器故障排除。

例 47 松下 UF-2EXC 型传真机显示故障代码"002"不能工作

故障现象 开机后切纸刀裁一纸条，面板显示故障代码"002"，机器无法正常工作。

分析与检修 根据现象分析，问题一般出在检测记录纸前沿传感器（EXTT）或 SCH 板上。检修时，打开机盖，先用万用表测量 J16 端是否有 0.1mA 的电流输出。如果有输出，说明 SCH 板电路正常，可能是传感器的发光二极管损坏，或是连线不通；如果无输出，则用万用表欧姆挡检测 J16 至 CNJ22（10）脚、（11）脚是否断路，如连接正常，则查 IC57、IC58（1）脚、（3）脚是否有 4.8V 电压。经检查发现 IC58（T5188）内部击穿。更换 IC58（T5188 也可用 3DG6D 代换）后，机器故障排除。

例 48 松下 UF-2EXC 型传真机面板显示"010"不工作（一）

故障现象 开机后面板显示"010"，表示无记录纸，但是记录纸放置正确。

分析与检修 根据现象分析，问题一般出在记录纸传感器及相关电路。检修时，打开机盖，用万用表测 CNJ33，有 4.8V 的高电平，证明 SCH 板电路正常。再检测 CNJ33 经 J43 至检测记录纸传感器 PSA 通路也良好，进一步检查发现传感器上的三极管 Q1、Q2 均损坏。

更换 Q1、Q2 后，机器故障排除。

例 49　松下 UF-2EXC 型传真机面板显示"010"不工作（二）

故障现象　开机后面板显示"010"，表示无记录纸，但是记录纸放置正确。

分析与检修　根据现象分析，问题一般出在 SCH 板上。检修时，打开机盖，用万用表在 CNJ33、CNJ22（12 脚、14 脚）没有检测到高电平，应从 SCH 板的输出端查至 IC33（μPD8243）（13）脚、（20）脚。拆下 SCH 板，用万用表欧姆挡黑表笔接 IC33（12）脚（接地），红表笔依次测（13）脚、（20）脚的内阻（应为 19Ω）。实测（13）脚阻值很大，说明集成块内部断路。更换 IC33 后，机器故障排除。

例 50　松下 UF-2EXC 型传真机接收及复印文件时清晰度下降

故障现象　机器接收传真及复印时清晰度明显下降，一边深一边浅。

分析与检修　根据现象分析，问题可能出在感热头，且大多为感热头老化所致。经开机检查果然为感热头内部老化。更换时应注意必须戴上接地环，防止静电击穿热敏头内 CMOS 块。

例 51　松下 UF-2EXC 型传真机不能接收及发送传真

故障现象　机器不能接收及发送传真，电源功能正常。

分析与检修　经开机检查，发现该机通电时，传真不能自动转到线路上，估计问题一般出在信号转换电路。检修时，打开机盖，首先检查电话传真转换 CML，发现 CML 继电器内部损坏。因该机 CML 继电器容易损坏，检修时不妨先查 CML 继电器。更换继电器 CML 后，机器故障排除。

例 52　松下 UF-2EXC 型传真机记录纸排出电机不能正常旋转

故障现象　机器工作时，记录纸排出电机不能正常旋转，发出"嗡嗡"响声。

分析与检修　根据现象分析，记录纸排出电机"嗡嗡"响，不能旋转，纸不能排出，传真机报警后自动停机，问题一般出在电机控制电路和驱动电路。打开机盖，经仔细检查，发现驱动块 IC2 内部损坏，导致电机缺相，无法正常旋转。更换 IC2（TD62064）后，机器故障排除。

例 53　松下 UF-2EXC 型传真机复印件底灰严重，字迹不清晰

故障现象　机器复印时，复印件底灰严重，字迹不清晰，有时出现几道竖黑条。

分析与检修　根据现象分析，该故障一般为下列两种原因造成：一是光学系统不清洁；二是荧光灯的亮度下降。检修时，打开机器底盖，将荧光灯周围的灰尘清扫干净。试机，如底灰仍然存在，可调整 PRH 板上的阀值电位器 VR1，直到底灰消除为止。若仍不能完全清除底灰，则需更换一只新荧光灯。有时光电耦合器 CCD 所在的图像处理板位置发生变化，也能造成复印件底灰严重或全黑，即使进行光路清洁，调整 VR1，也无明显作用。这时应调整图像处理板的位置，并重新进行固定。该机经检查为荧光灯不良。更换荧光灯后，机器故障排除。

例 54　松下 UF-2EXC 型传真机开机后无电源，不工作

故障现象　开机后，无电源，机器不工作。

分析与检修　根据现象分析，问题一般发生在电源及相关电路。打开机盖，检查电源部分，发现 2.5A 保险丝熔断，更换后，开机又熔断，怀疑电源部分有严重短路故障。依次拆下电源板，发现电源电路一只滤波电容击穿短路。更换滤波电容后，机器恢复正常。

例 55 **松下 UF-2EXC 型传真机原稿不能自动进入**

故障现象 机器发送时，放入原稿后，不能自动进入。

分析与检修 经开机检查与观察，该故障是因为维修时上盖板未放好所致。正确取放上盖板的步骤为：(1) 打开记录器 A；(2) 打开操作面板组件 B；(3) 取出记录纸；(4) 将纸仓中间的一只螺钉取出；(5) 把机器背后的搭钩撬开，抬起上盖板的后部，上盖板前方的两个搭钩即拉开，然后取出上盖板。上盖板还原时顺序与上述过程相反。值得注意的是，还原时，第一步是先将上盖板前的两个搭钩卡上。如果此步省略，极易造成发送报文时稿纸不能自动进纸现象。因经常挤压盖板，易造成上盖板前的两个搭钩断裂。该机经上述处理后，机器故障排除。

例 56 **松下 490 型传真机复印正常，通信功能失效**

故障现象 机器复印正常，通信功能失效。

分析与检修 经开机检查，电话机听不到拨号音，证明外线没有进来。进一步检查为线路板上的避雷器烧坏所致。更换避雷器后，机器工作恢复正常。

例 57 **松下 UF-915 型传真机显示 "PAPERJAM" (记录纸堵塞)**

故障现象 开机后显示 "PAPERJAM" (记录纸堵塞)，操作键均失效。

分析与检修 经开机检查，发现纸屑卡在切纸器和输纸辊之间。清除纸屑后，重新装上记录纸，加电开机，仍然显示 "PAPERJAM"，且操作任何键均不起作用。人为模拟检查记录纸阻塞传感器，发现输出电平有高低变化，说明传感器正常。调整由于取纸屑而移位的记录纸电机上的蜗杆，使其恢复到初始状态，故障消除。原因为记录纸电机上的蜗杆移位所致。该机经上述处理后，机器故障排除。

例 58 **松下 UF-915 型传真机不能自动送进原稿**

故障现象 机器工作时，不能自动送进放稿台上的原稿。

分析与检修 根据现象分析，问题可能出在扫描电机及相关部位。打开机盖，经检查发现扫描电机不转。分析其原因有：前端传感器 (FRSNS) 或后续电路发生故障，使主控系统检测不到有原稿的信号，不能输出送进原稿的信号；步进电机的驱动电路或步进电机本身损坏。该机前传感器为遮断式光电传感器。当无原稿时，发光二极管 (LED) 的光未被遮断，直接照射到光电三极管上，使其导通，输出低电压。当有原稿时，压下 LED 和光电三极管之间的挡片，LED 发出的光被遮断，发光三极管截止，输出高电平。当放上原稿或拿走原稿时，用万用表测 CN34 (3) 脚、(4) 脚电压不变，正常时应从 8V 降到 2V，说明前端传感器损坏。更换前端传感器后，机器恢复正常。

例 59 **松下 UF-915 型传真机不能发送与接收传真**

故障现象 机器开机后，不能发送与接收传真。

分析与检修 根据现象分析，问题可能出在调制解调器。检修时，打开机盖，用万用表先检查调制解调器的 +5V、-5V、+12V、-12V 电源电压，发现无 -5V 电源电压。该 -5V 电源电压由三端稳压器 MC79L05 输出。经检查，输入 MC79L05 的 12V 电压正常，其外围电路也正常，说明 MC7905 内部损坏。更换 MC79L05 后，机器故障排除。

例 60 **松下 UF-920 型传真机机器发送稿质量不好**

故障现象 机器发送文稿质量不好发送质量不好。

分析与检修 产生该故障的原因主要在光学系统。检修时，打开机盖，先从发送光学系统检查，查荧光灯是否老化，老化表现为两头黑，复印件两边不干净，应换新的；荧光灯若装反，复印件为全黑色，这时应把灯调一下头。另外，光学系统的反射镜、透镜表面有污物，也会使复印件太脏，应拆开机器用镜头纸擦去镜面灰尘；或考虑重新设置发送原稿对比度，以提高发送质量。该机经上述处理后，机器故障排除。

例 61　松下 UF-920 型传真机接收文稿质量不好

故障现象　机器接收文稿质量不好。

分析与检修　根据现象分析，该故障应从下列几方面检查及修复：打开机盖，检查记录纸是否过期，是否为专用记录纸，是否装反，否则应更换记录纸；如记录纸与感热头之间有异物时，在接收件上会出现有规律的纵向黑条，这时应清洗感热头和清除异物；感热头有损坏时，接收件会出现纵向黑白条，多为感热头内部短路或开路。该机经检查为感热头内部开路。更换感热头后，机器故障排除。

例 62　松下 UF-920 型传真机接收记录纸堵塞或歪斜

故障现象　机器接收时，记录纸堵塞或歪斜。

分析与检修　根据现象分析，该故障应从下列几方面查找原因：打开机盖，先检查记录纸传送辊表面、切纸机构内部是否有异物，切纸机构是否处于复位状态；传送记录纸机是否配合正常；记录纸宽度限位器是否装好，记录纸是否装纸，是否过期。该机经检查为记录纸传送辊表面有异物。清除异物后，机器故障排除。

例 63　松下 UF-920 型传真机切纸机构工作异常

故障现象　机器工作时，切纸机构工作异常。

分析与检修　根据现象分析，该故障应从下列几方面找原因：切纸刀是否归位，切纸机构皮带是否打滑；带轮是否与切纸活动刀杆脱位；切纸电机是否转动；切纸微动开关是否正常，并检查电路板控制信号。无机械故障，机器仍不能正常工作，应检查其电源、中央处理板、光电耦合器、调制解调器以及网络控制板等部位。该机经检查为带轮与切纸活动刀杆脱位。重新处理后，机器工作恢复正常。

例 64　松下 UF-920 型传真机"传真"及"传送清晰度"指示灯不亮

故障现象　机器传真时，原稿不能自动输入，"传真"及"传送清晰度"指示灯不亮。

分析与检修　根据现象分析，该故障一般出在原稿位置及读取传感器。由原理可知，"传真"及"传送清晰度"指示灯点亮，说明传真机处于发送状态，电源向所有电气板提供主电源。如果上述指示灯不亮，说明原稿位置传感器或原稿读取传感器有一个或两个工作不正常。另外还应检查开关、电缆及断线情况。该机经检查为原稿位置传感器内部不良。更换原稿位置传感器后，机器故障排除。

例 65　松下 UF-920 型传真机无原稿自动输入功能

故障现象　机器无原稿自动输入功能。

分析与检修　经开机检查与分析，问题可能存在以下几方面。

（1）传送辊不转动。传送辊由电动机带动传送原稿，不动作应检查：ADF（自动文件供给）部件是否锁紧；传送皮带是否脱落或打滑，如打滑应更换或打磨皮带；带轮固定螺钉是否离位。

（2）传送辊与金属弹簧片压力不够。检查侧盖是否盖好或更换弹簧片。

（3）分离纸橡胶片压力不正常。分离橡胶片磨损后应更换新件；分离橡胶片太脏，应清洗或用 50 号砂纸打磨。

（4）传送原稿安装的检查。传送原稿是否卷曲，应调整好后再发送；原稿太薄（小于

0.15mm），应复印后再发送；原稿架上放置文件应少于 40 页。

该机经检查为分离橡胶片磨损所致。更换分离橡胶片后，机器故障排除。

例 66　松下 UF-920 型传真机一次多页传送

故障现象　机器发信时，一次多页传送。

分析与检修　根据现象分析，该故障一般产生原因有：侧盖是否盖好；分纸橡胶片是否损坏或太脏；传送金属弹簧片接触是否良好或离位。该机经检查为传送金属弹簧片接触不良。重新处理后，机器故障排除。

例 67　松下 UF-920 型传真机文稿传送堵塞或歪斜

故障现象　机器工作时，文稿传送堵塞或歪斜。

分析与检修　根据现象分析，该故障由多种原因造成。打开机盖，先检查传送机构是否装好；传送路线上是否有纸屑或异物阻挡；原稿与导引板距离配合是否正确。再检查传送机构两辊轴的间隙，左右是否相同。如一头间隙大，一头间隙小，说明两辊不平行，传送时会发生歪斜，应调整间隙。如果中间磨损太多，可在磨损部位套一个橡胶膜，最好是更换辊轴，且应保证两辊轴有足够的压力。该机经检查传送机构两辊轴不平行。经重新调整后，机器故障排除。

例 68　松下 KX-FS80BX 型传真机误将电源线插入 220V 市电，机器不工作

故障现象　机器误将电话线接插入 220V 市电后，无法发送传真，电话杂音大且无法拨号。

分析与检修　根据现象分析，该机电话音频电路及相关电路可能已损坏。检修时断电后，开后盖板，取下"PFUP1029ZA"板，发现 VAR1 压敏电阻和 SA101 烧坏、R116 烧黑，用万用表测得 ZD101、ZD102 也均已损坏。用 27V/1W 和 5.1V/0.5W 稳压管更换 ZD101 和 ZD102，用 1.8Ω/0.5W 电阻更换 R116，拆除用于保护的 UAR1 与 SA101。恢复电路后机器故障排除。

例 69　松下 KX-F90B 型传真机复印件全黑（一）

故障现象　机器复印时，复印件全黑。

分析与检修　根据现象分析，问题一般出在 CCD 器件及供电电路。先检查光源，掀开原稿上导板便可看到 LED 阵列。将原稿放上原稿台，按"启动"键使传真机进入复印状态，此时 LED 发光正常，再检查 CCD 板。首先检查 CCD 板上的 +12V 供电电压，用万用表直流电压挡测量 CCD 板上的连接器 CN101（1）脚对地 [CN101（6）脚] 电压为 0V。测电源板上的连接器 CN402（9）脚对地电压，也为 0V，再测三端稳压器 IC403 的输入端，电压正常，说明 IC403 内部损坏。更换三端稳压器 IC403（7812）后，机器故障排除。

例 70　松下 KX-F90B 型传真机复印件全黑（二）

故障现象　机器记录或复印时，复印件全黑。

分析与检修　根据现象分析，该故障可能发生在 CCD 器及供电电路。检修时，先让机器进入复印状态，观察 LED 阵列发光正常。再用万用表和示波器测 CCD 板上的连接器 CN101，CN101（1）脚电压为 +12V 正常，测 CN101（1）、（3）、（4）、（5）脚，四路驱动信号全部正常。再测驱动器 IC101 的输出端 [（3）、（6）、（8）、（11）脚]，四脚都为低电平，显然 IC101 工作不正常。再查 IC101 的电源端 [（14）脚]，电压为 0V。分析该电路原理，发现 IC101（14）脚和 +12V 电源之间接有电阻 R101，故怀疑 R101 不良。断电后用万用表测 R101 的阻值，已无穷大。更换 R101（1kΩ）后，机器故障排除。

例71　松下 KX-F90B 型传真机接收时记录副本全白

故障现象　开机后发送正常，接收时记录副本全白。

分析与检修　根据现象分析，该故障发生在记录部分。检修时，打开机盖，先检查热敏头供电电压。通电进入复印状态，用万用表测量电源单元的连接 CN404（1）脚，无＋24V电压输出。再测另一个连接器 CN402（1）脚，24V 电压正常。24V 供电回路输出的电压正常而热敏头供电电压不正常，显然继电器未吸合。继续检查 Head ON 信号［CN402（11）脚］，复印时即转变成高电平，信号正常。再测量 Q404 输出端，仍保持高电平不变，判定驱动器 Q404 内部损坏。更换 Q404 后，机器故障排除。

例72　松下 KX-F90B 型传真机记录副本中有一段边缘的空白带

故障现象　机器工作时，记录副本中有一段边缘整齐的空白带。

分析与检修　根据现象分析，该故障是缺少一路选通信号造成的。检修时，打开机盖，用示波器检查热敏头和主控电路板之间的连接器 CN5 各脚的输出信号，未发现信号异常，判断故障发生在连接电缆或热头本身上。经进一步检查为连接电路断裂。更换一根敏热头电缆线后，机器故障排除。

例73　松下 KX-F90B 型传真机复印件上有许多黑竖道

故障现象　机器复印时，复印件上有许多黑竖道。

分析与检修　根据现象分析，问题一般出在光学系统。检修时，打开机盖，检查发现两面反射镜的镜面上都落有许多灰尘，因此在复印件上留下了许多黑道道。用干净棉花及软布蘸少量无水酒精，轻轻擦拭透光镜和反光镜，然后用镜头纸将光学镜头的镜面擦干净后，机器恢复正常。

例74　松下 KX-F90B 型传真机原稿不能送进

故障现象　机器发送时，原稿不能送进。

分析与检修　根据现象分析，该故障可能发生在原稿发送电机及原稿传感器和驱动电路。检修时，打开机盖，先检查发送电机是否转动。为判断电机是否损坏，可将发送电机与接收电机做互换试验。将发送电机的连接器 CN7 的插头插到接收电机连接器 CN8 的插座，然后进行记录纸输纸试验。结果表明，发送电机及其传动系统运转正常，说明问题出在原稿传感器或步进脉冲驱动器上。先检查原稿传感器，放上和拿走原稿时，传感器的输出状态正常。用示波器分别测驱动块 IC12（BA12003）的输入与输出步进脉冲波形。放上原稿后，IC12 的输入端［（1）、（2）、（3）、（4）脚］有步进脉冲波形，输出端［（16）、（15）、（14）、（13）脚］无步进脉冲，由此判定驱动器 IC12 内部损坏。更换 IC12（BA12003）后，机器故障排除。

例75　松下 KX-F90B 型传真机原稿无法送进

故障现象　机器工作时，原稿无法送进。

分析与检修　根据现象分析，问题一般出在发送电机及相关部位。检修时，先将发送电机与接收电机互换，然后开机工作。经观察接收电机发送及其传动系统运转正常，而发送电机及其传动系统互换后，仍不正常，说明问题出在发送电机及传动系统。再检查电机单独运转情况，发送电机仍不正常，说明故障是由发送电机本身引起的。用万用表测电机各相绕组的直流电阻时，发现有两相绕组之间不通，进一步检查连接电缆和电机引出线头，无断线及线头脱焊现象，因此定为发送电机内部损坏。更换发送电机后，机器故障排除。

例 76　松下 KX-F90B 型传真机开机无显示，按键失效

故障现象　开机后显示器无显示，按键操作也失效。再将原稿放上原稿台，仍然无动静。

分析与检修　根据现象分析，该故障可能发生在系统控制及供电电路。检修时，打开机盖，检查电源单元，用万用表测 CN402（2）脚、（3）脚无＋5V 电压。再测 CN402（1）、（6）、（9）脚的对地电压，结果＋24V 和±12V 电压均正常，说明故障发生在斩波电路中。先检查斩波电路输入端的保险丝已烧断。一般情况下，保险烧断说明电路中有短路故障，或因某个元器损坏导致电流过大而烧坏保险。用万用表测量斩波电路的输入、输出端，未发现短路现象，更换保险后，输出端仍无＋5V 电压。进一步检测发现控制电路集成块 IC402 内部损坏。更换 IC402 后，机器故障排除。

例 77　松下 KX-F90B 型传真机开机后 LCD 无显示

故障现象　开机后 LCD 无显示，机器不工作。

分析与检修　根据现象分析，问题可能出在电源电路。检修时，打开机盖，先检查操作显示面板和主控板之间、主控板和电源单元之间的连接器，均未发现松动、脱落现象。通电后，用万用表测量连接器 CN402 上的各个输出电压，均不正常，判断故障发生在电源单元的初级回路中。首先检查电源单元输入端，用万用表测得输入交流电压正常，检查保险 F401 也未烧断，再通电测整流器 D401 的输入电压和输出电压，均正常（直流输出电压约 300V）。然后用示波器测变换器电路中的开关管 Q405 和控制电路 IC451 各脚的波形，均呈异常状态。经进一步检查发现 IC451 内部损坏。更换控制电路 IC451 后，机器故障排除。

例 78　松下 KX-F90B 型传真机按任何键均不起作用

故障现象　开机后无显示，按任何键均不起作用。

分析与检修　根据现象分析，问题可能在电源及控制电路。检修时，打开机盖，用万用表测电源输出端，有＋5V 电压，主控电路板也有＋5V 供电电压，说明故障发生在主控电路中。该机的主控电路以单片传真控制器 R96FEM 为核心组成。这种控制器将主 CPU、扫描控制、记录控制、操作面板控制等电路集成在一块芯片中，具有很强的功能。操作显示面板的输入输出接口直接与传真控制器相接，无数据送到操作显示面板，说明单片传真控制器工作不正常。检修时，用示波器通电测量单片传真控制器 R96FEM 的数据线、地址线（在 ROM 上测量），全为高电平，说明 R96FEM 未工作。接着测量时钟输入〔（138）脚，SY-SCLK〕，也为高电平。R96FEM 的时钟由 MODEM 将 24MHz 晶体振荡器产生的时钟分频后提供，测量 MODEM（R96FEM）的时钟输入端（6）脚、（7）脚，也无时钟信号，进一步检查发现 24MHz 晶振失效。更换该晶振后，机器故障排除。

例 79　松下 KX-F90B 型传真机原稿送进时发生歪斜

故障现象　机器工作时，原稿送进时发生歪斜。

分析与检修　根据现象分析，问题一般出在原稿导板及输稿辊及相关部位。具体有以下几种原因。

（1）原稿导板未调好。原稿导板的宽度应调整到与原稿宽度相一致，导板的宽度不合适，原稿在输送的过程中容易左右移动，从而发生原稿送进时歪斜。

（2）输稿辊上粘有异物，致使输稿辊各部分转动不均匀，从而导致原稿各部分送进不一致，造成原稿歪斜。

（3）原稿导板中掉进了杂物。

该机经检查发现原稿下导板上粘有一小块胶带，从而导致该故障发生。除去原稿导板上的胶带后，机器故障排除。

例 80　松下 KX-F90B 型传真机不能自动切纸

故障现象　机器工作时，输纸正常，但接收或复印后不能自动切纸。

分析与检修　根据现象分析，该故障一般发生在切纸电机及驱动电路。该机切纸刀由单独的切纸电机带动。检修时，打开机盖，用手转动切纸机构，检查切纸机构是否卡住。经检查该机切纸刀切纸正常，说明故障确在切纸电机及其驱动电路上。进一步检查发现切纸电机连接器（CN9）的插头连接处有一根导线折断，从而造成切纸电机无供电电压，故无法带动切纸刀切纸。重新连线后，机器故障排除。

例 81　松下 KX-F90B 型传真机不输纸且声音异常

故障现象　机器工作时，记录纸不输纸且声音异常。

分析与检修　根据现象分析，机器不输纸且声音异常，一般由下列原因造成：一是步进电机缺相；二是输纸传动齿轮打滑；三是有异物卡住传动机构。出现这些情况时应立即关机。检修时，打开机盖，先检查步进电机及传动齿轮转动情况，发现输纸时步进电机转轴抖动，电机发出"嗡嗡"声音，说明电机缺相。再用示波器检查接收步进电机与主控板之间的连接器 CN8，测量发现四相步进脉冲中三相波形正常，有一相脉冲的幅度很低。拔下连接器插头再量，四相脉冲波形全部正常，说明驱动器工作正常，故障出在步进电机及连接电缆上。断电后用万用表测接收步进电机引出线到连接器 CN8 各对应插脚之间的通路，发现连接电缆未接好。重新连线后，机器恢复正常。

例 82　松下 KX-F90B 型传真机不能转至接收状态（一）

故障现象　机器自动接收时，振铃达到设定的次数后不能转至接收状态。

分析与检修　根据现象分析，问题可能在网络控制电路。经开机检测，机器能听到自备电话的振铃声，说明 CN1 的 T、R 端和 T1、R1 端处的振铃信号正常。用示波器测光电耦合器 PC1 的输入端〔（1）脚、（2）脚〕，振铃信号正常。再查 PC1 的输出端〔（4）脚〕，该脚始终为高电平，说明光电耦合器 PC1 内部不良。更换光电耦合器 PC1 后，机器故障排除。

例 83　松下 KX-F90B 型传真机对方不响应本机发出的联机信号

故障现象　机器接收时，对方不响应本机发出的 DIS 联机信号。

分析与检修　根据现象分析，该故障可能发生在发送通道和接收通道或调制解调器中。检修时，先应确认本机发出的 DIS 联机信号是否输出到电话线上。用示波器通电使机器进入接收状态，测 NCU 板上的连接器 CN4（12）脚，DIS 信号（300bps 调制信号）正常，说明调制解调器及其输出电路工作正常。再测模拟开关 IC10（3）脚、（4）脚，发现（3）脚信号正常，（4）脚信号很小，测运放 IC4（7）脚，信号也很小。为判断 IC10 是否损坏，进一步检测 IC10（9）脚，接收时为高电平信号正常，由此判定 IC10 内部损坏。更换模拟开关 IC10 后，机器故障排除。

例 84　松下 KX-F90B 型传真机无法与对方机器连通

故障现象　机器无论发送和接收，都无法与对方机器连通。

分析与检修　根据现象分析，该故障一般发生在机器发送与接收的公共通道中。在 KX-F90B 机中，发送和接收的公共通道有调制解调器，平衡变压器 T1，晶体管 Q1、Q3 和继电器 RLY1。检修时，打开机盖，先检查 MODEM，通电使传真机进入接收状态，用示波器测量 MODEM（34）脚（TXOUT），应能测到 300bps 调制信号，经测（34）脚无 DIS 信号输出，再测 DCLK [（16）脚]，该脚始终为高电平，说明 MODEM 工作不正常。为判别 MO-DEM 是否损坏，再依次测量 MODEM 的时钟、复印及各种输入信号，均未发现异常现象，故判断 MODEM 内部损坏。用 R96HEF（R96HEF）更换 MODEM 后，机器故障排除。

例85　松下 KX-F90B 型传真机机器发送失败自动拆纸

故障现象　机器发送时，能接收到和响应对方的 DIS 联机信号，但发送几次均失败，机器自动拆纸。

分析与检修　根据现象分析，机器能收到对方的 DIS 联机信号，说明该机的接收通道与公共通道均正常，问题不能出在发送通道之中。检修时，打开机盖，在听到对方发来的 DIS 联机信号后使本机进入发送状态，用示波器测 NCU 板上的连接器 CN4（12）脚（TX），测得信号正常，再测 IC10（3）脚、（4）脚，两脚的信号也均正常。断电后用万用表检测电阻 R39、R40 的阻值，发现 R39 内部损坏。更换电阻 R39 后，机器故障排除。

例86　松下 KX-F90B 型传真机复印件图像全黑

故障现象　机器接收及复印时复印件出现全黑现象。

分析与检修　根据现象分析，问题可能出在 LED 及供电电路。由于该机采用 LED 阵列作光源，拆开原稿上导板即可看到 LED 阵列。将原稿放在原稿导板上，按下"START"键，使传真机进入复印状态，此时 LED 阵列未正常发光，说明问题在其供电电路。用万用表测得 CCD 板上的连接器 CN101（1）脚对地电压为 0V。测电源板上连接器 CN402（9）脚，无＋12V 电压，再测三端稳压器 IC403，发现其内部已损坏。更换 IC403 后，机器工作恢复正常。

例87　松下 KX-F90B 型传真机开机后显示"E-08"代码

故障现象　开机后显示"E-08"代码，并出现告警。

分析与检修　根据现象及代码分析，"E-08"代码表示记录纸堵塞。而该机记录纸并无堵塞或卡住，断定为传感器异常所致。检修时，打开机盖观察，在切纸刀一侧的传感器板上有两个传感器：一个是遮断型光电传感器，主要作用是检测记录纸上盖是否盖好；另一个是反射型光电传感器，主要作用是检测记录纸是否卡纸。该机应为反射型光电传感器不正常所致。经检查发现该传感器接收光电反射信号的小窗口被灰尘挡住，导致传感器误认为记录纸阻塞而产生告警。清洁传感器光电接收窗口后，机器故障排除。

例88　松下 KX-F90B 型传真机复印或接收时文稿未完便切纸

故障现象　机器复印或接收时文稿未完便切纸。

分析与检修　经开机检查发现是切纸方式选择不当造成，具体操作顺序是：（1）按 PROGRAM 键；（2）按 ♯、9、0、0、键；（3）按 6、0、2 键；（4）按 SET、STOP/CLEAR 键。该机经上述处理后，机器故障排除。

例89　松下 KX-F90B 型传真机复印副本变短

故障现象　机器复印及接收时，复印副本变短。

分析与检修　根据现象分析，该故障一般是记录纸在输纸过程中发生阻滞造成。经检查该机能输纸，说明步进电机及驱动电路工作正常，问题可能出在输纸传动系统。检修时，打开机盖，先检查输纸辊及记录纸舱盖，经检查输纸辊和出纸口处无异物，再进一步检查发现输纸辊上粘有一块透明胶带纸，从而使记录纸在输纸过程中发生阻滞。清除胶带后去，用无水酒精棉将输纸辊擦拭干净，通电试机，机器恢复正常。

例 90　松下 KX-F90B 型传真机发送时机器进入拷贝状态

故障现象　摘机按"启动"键发送时，机器却进入拷贝状态。

分析与检修　根据现象分析，该故障可能发生在网络控制电路。由原理可知，该机的摘机信号由开关 S-2 闭合产生，因此先检查该开关的接触情况。断电后打开机盖，用万用表测开关 S-2 两端的通路，压下和松开开关时，开关状态应由通路变成断路，经检查开关状态正常。再通电测 IC15（34）脚的状态，压下和松开 S-2 开关时，该脚电压应由低电平（接近 0V）跳变为高电平（接近 5V）。实测该脚的对地电压始终为 5V 左右，说明开关 S-2 的状态未反映到 IC15（34）脚。仔细检查该电路，发现 IC15（34）脚至开关 S-2 之间只接有电阻 R60。断电后测 R60 的阻值，发现内部已经开路。更换电阻 R60 后，机器故障排除。

例 91　松下 KX-F90B 型传真机不能转至接收状态（二）

故障现象　机器自动接收时，振铃达到设定的次数后不能转到接收状态。

分析与检修　根据现象分析，该故障一般发生在振铃检测及 CPU 控制电路。该机现象说明主 CPU 未检测到振铃呼叫信号。检修时，先用示波器测量光电耦合器 PC1 的输出端［（4）脚］，发现该脚始终为高电平，再测 PC1 的输入端［（1）脚、（2）脚］，无振铃信号，但有自备电话的振铃声音，说明振铃信号已进入本机的电话单元。用示波器测量 CN1 的 R1、T1 端，测得振铃信号正常。测 CN1 的 T、R 端振铃信号也正常，因此判断故障发生在 R1 或 C1 上，经检测果然为 C1 内部不良。更换 C1 后，机器故障排除。

例 92　松下 KX-F130BX 型传真机与国外通信常失常

故障现象　机器与国外通信常失败。

分析与检修　该故障是因为在长距离国际通信线路中，为清除信号的回声而加入回声抑制器，其关闭的频率与传真机的被叫站标识信号（CED）同为 210Hz，故当 CED 信号发出后回声抑制器有可能被关闭，使随后包含有各种功能信息的数字标识信号（DIS）受到损伤，从而使传输规程的信息交换过程中断。处理办法为：将机器 CED 频率改为 1100Hz 并做忽略第一个 DIS 信号设置。操作如下：（1）按 PROGRAM、♯、9、0、0、0 键；（2）按 5、2、0 键；（3）按 2、SET 键；（4）按 5、9、4 键；（5）按 1、SET、STOP/CLEAR 键即可。该机经上述操作后，机器故障排除。

例 93　松下 KX-F150CN 型传真机发送时按下 START 键后自动拆线

故障现象　机器每次发送时按下 START 键后，红灯告警后便自动拆线。

分析与检修　经开机检查与观察，机器屏幕显示错误代码 E09，错误报告表示：PASS-CODEFAILED（密码通信失败），这说明是传送密码模式被误设所致。做以下操作后可正常：（1）按 PROGRAM、♯、1、3 键；（2）按 2、SET、STOP/CLEAR 键。该机经上述操作后，机器故障排除。

例 94　松下 KX-F190 型传真机传真纸卷用去 2/3 后卡纸

故障现象　机器工作时，每当传真纸卷用去 2/3 后，常发生连续卡纸现象。

分析与检修　经开机检查与观察，发现卡纸部位在左侧，而右侧出纸正常。分析故障原因是固定切刀左侧上缘阻挡出纸所致。因固定切刀较定位夹板硬度高，不易变形上翘，问题可能出在定位夹板上。如将定位夹板左侧调整适当的高度，故障即可清除。于是，松掉定位板固定螺钉，取下定位夹板，用钳子将夹板左侧 0.5cm 轻轻下弯约 1mm 后重新安装，定位夹板左侧便升高 1mm。通电检查，卡纸现象消除。具体原因：由于整卷传真纸较用 2/3 后的传真纸的直径大，纸头下弯曲度较小，不易被固定切刀所挡，不会卡纸；而当传真纸用去大部分后，纸卷直径减小，纸头的下弯曲度明显增大，当定位夹板出口与固定切刀上缘不能保持平行时，便会发生卡纸现象。

例 95　松下 KX-F190CN 型传真机显示"CHECK PAPER"告警

故障现象　机器开机时，显示"CHECK PAPER"（检查记录纸），并有告警声。

分析与检修　根据现象分析，该故障可能发生在记录纸传感器及相关部分。具体可能原因有：（1）记录纸用完，应装上新的记录纸；（2）记录纸堵塞，将发皱的记录纸去掉，重新安装记录纸；（3）测记录纸检测传感器连接线接触不良，或是该传感器损坏。该机经检查为记录纸检测传感器内部损坏。更换记录纸检测传感器后，机器故障排除。

例 96　松下 KX-F190CN 型传真机不能复印及发送文稿

故障现象　机器不能复印及发送文稿。

分析与检修　根据现象分析，问题一般出在图像信号扫描读取部分。检修时，打开机盖，先用示波器测 CCD 电路板输出插头 CN5（7）脚波形，发现在复印开始时 LED 发光正常，（7）脚输出近似方波的信号，说明 CCD 电路板和图像拾取部分正常。由于模拟信号处理电路的重点是将 CCD 输出采样处理信号，与高低基准信号同时送入模拟/数字（A/D）变换集成电路 A12，所以检查还应测量 CCD 输出的采样处理信号和高低基准信号。该机的上述信号只需在 A/D 变换集成电路 A12（15）、（14）、（16）脚测试即可。实测发现 A12（14）脚无高基准电平，说明故障在模拟信号处理部分的高基准电压发生电路。该机的高基准电压发生电路主要由 R103、R104、C69、R105、A16（2/2）、R106、R108、R109、V11、R110 和 VD17 等组成。实际上 A16（2/2）、V11 等构成了同相放大器，其电压放大倍数由 R108、R106 决定；来自 A15（7）脚输出的峰值电压和由 A15（1/2）（1）脚输出的采样图像信号，经 R103～R105 加到 A16（2/2）（5）脚进行放大，放大后的电压由 V11 发射极输出到 A/D 变换器 A12（14）脚作为高基准电压。首先检查输入的峰值电压信号和采样图像信号均正常，依次测量 A16（5）、（6）、（7）脚及 V11，发现 V11（2SD1819）内部损坏。更换 V11（2SD1819，也可用 3DG130C 代换）后，机器故障排除。

例 97　松下 KX-F828CN 型传真机发送信号对方收不到，文稿全黑

故障现象　机器传真，发送信号时对方收不到，文稿全黑。

分析与检修　根据现象分析，该机接收正常，说明问题一般出在图文信息读取部分。该机的图文信号读取部分主要由自聚焦透镜阵列、LED 照明阵列、光电转换元件组成的密合信息感应器及控制电路等构成，其有关电路如图 6-3 所示。图中 LED 为二极管发光阵列，以取代灯管，作为发送和拷贝时密合信息感应器的光源，用于识别文件特征、形状及图形等。其工作过程是：当插入原稿按"开始"按钮时，系统控制 IC1（20）脚为高电平，Q709 导通，引起 Q710 导通，+24V 电压加至 LED 阵列使之发光。此时 IC（29）脚为高电平，Q706 导通，引起 Q705 导通，+5V 电源通过 Q705 加至密合信息感应器；Q706 导通的同时又引起 Q707、Q708 导通，−12V 电源通过 Q708 也加至密合信息感应器，密合信息感应器受 IC 输出的 FTG、F1 的各种信号驱动，使 LED 阵列照射的原稿图像进行光电转换，输出模拟图像信号（AIN）。该信号由 IC 的 AIC 脚输入到 IC 内部，由 IC 内的模数（A/D）转换器转换成数字数据，从而得到数字处理的高质量图像。根据上述分析，问题应主要存在于密合信息感应器和相应的电源供给控制电路。首先在主板 CN3 插座上用万用表测 +5V、−12V、+24V 工作电压，发现当扫描文稿时，（20）脚无 +24V 电压，说明 LED 阵列无照明电源。断开 CN3 插头，IC（10）脚电压仍为 0V，初步确定故障在 Q709、Q710 等组成的 24V 供电控制电路。进一步检测 IC（10）脚，发现在扫描过程中有 4.2V 左右的高电平，依次检查

Q709、Q710，发现 Q709 内部损坏短路。更换 Q709 后，机器故障排除。

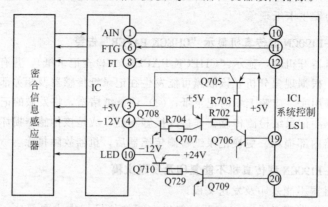

图 6-3　图文信号读取电路

例 98　松下 KX-F828CN 传真机记录纸为全黑

故障现象　液晶显示器显示"PaperJam"，复印的一小段记录纸为全黑。

分析与检修　根据现象分析，问题可能出在记录头及相关部分。检修时，拆下机器的底板，取出主电路板，发现主板上 CN1301 接插件的第⑨插针脱落，并且已经弯曲，没有插至电话手柄座下的电路板上。把第⑨插针弄直并用热熔胶将其余 8 芯插针排整齐粘牢。插好CN1301，装好主电路板及底板，开机复印时复印件仍为全黑。按面板上的"功能"键，再按"选择"键，选中"Report"（报告），打印出的内容仍为全黑。根据复印时扫描头 CIS 有黄绿色发出，说明 CIS 是好的，由此可判定是记录头（TPH）损坏。更换记录头（TPH）后，机器故障排除。

例 99　松下 UFF-108M 传真机显示 004 故障代码

故障现象　复印时，显示 004 故障代码，并有报警声。

分析与检修　根据现象分析，问题可能出在切纸刀组件部分。检修时，打开机器前盖，发现记录纸只切了一小段，但并没有被切断，用手将切纸刀沿原切纸方向往前推，直到终点把记录纸切断，装好记录纸，盖好前盖，复印时故障依旧。拆下切纸刀组件，发现由于刀片太薄，切刀发生了一定的扭曲现象。在平板上把刀片整修平整，并用油石研磨一下刃口，再把切纸刀组件用软布擦拭干净，装上机器，开机复印正常。

例 100　松下 KX-F828CN 型传真机发时原稿不走纸

故障现象　机器复印、发送时，原稿不走纸，接收正常。

分析与检修　经开机检查与观察，发现发送电机不动，判断问题可能出在发送步进电机及控制电路。由原理可知，当原稿放入托盘后，原稿传感器将检测到的信号送入系统控制电路 IC1，IC1 接收到原稿放入的信号后即输出指令，一路令显示电路显示原稿已放入，另一路由（62）脚输出 TXE 高电平信号，加到电机驱动电路 IC1201（7）脚，使 IC1201（10）脚输出低电平，Q1203 导通，24V 电压经接插件 CN1201 供给步进电机线圈的公共端 COM，同时 4 路步进脉冲由 IC1（63）～（66）脚输出，加至 IC1201，经其整形放大由（11）～（14）脚输出，再经 CN1201 加至电机，驱动电机转动。有关电路如图 6-4 所示。根据上述分析，步进电机不转的可能原因有＋24V 电源未加上、电机均损坏、电机驱动电路 IC1201 内部不良或损坏、系统控制 IC1 输出的步进脉冲信号没有加至步进电机等。检修时，打开机盖，先按动复印键，用万用表测 IC1201 的（9）脚电压为 0V，说明步进电机无 24V 电源电压，沿电路检测，发现 Q1203 内部损坏。更换 Q1203（2SB1322）后，机器工作恢复正常。

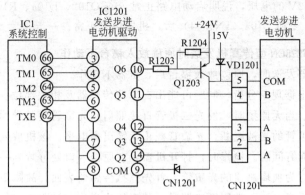

图 6-4 发送步进电机控制电路

例 101 **松下 KX-F828CN 型传真机复印件全白，发送正常**

故障现象 接收传真时，复印件全白，但发送正常。

分析与检修 根据现象分析，该故障一般发生在记录部分。该机采用热敏打印技术。当热敏头接触经过化学处理的记录纸时，放出瞬时热量，非常微小的黑色点素被打印在纸上，许多点连接起来即形成文字或图形，于是原始文件被重现。其结构主要由系统控制 IC 内部的存储器、热敏头等组成。其工作过程是：当传真机开始记录时，首先将被记录的图像信息存于 IC 内的静态随机存储器 SRAM 中，进行记录时，再作为 IC 的 DMA 串行信号与转送时钟信号一起被输出到热敏头；热敏头内移位寄存器接收到上述信号后再存入锁存器内（此动作由 IC 输出的选通脉冲信号 THLAT 控制），接着，将锁存器内的图像信息输出印字。根据上述分析，热敏头如果正常工作，必须具备＋24V 工作电源、STB1-4 记录启动信号、THLAT 数据选通脉冲、THDAT 图像信号、THCLK 图像输送时脉冲信号等条件。检修时，打开机盖，用万用表检查，发现热敏头的接插座上无＋24V 加热电源，沿＋24V 电源线检查发现在电源板输出的＋24V 插座上，一跳线焊点虚焊。重新补焊，机器故障排除。

例 102 **松下 KX-F828CN 型传真机无拨号功能**

故障现象 机器开机后，无拨号音，其他功能均正常。

分析与检修 根据现象分析，该故障一般出在传真/电话转换控制电路。由原理可知，正常情况下，当机器未收发文稿时，系统控制集成电路 IC1（92）脚为低电平，Q311 截止，继电器 RL301 释放，电话机直接连接在电话线上；当电话机拨完对方传真号，对方摘机发出响应信号并开始收发文稿时，系统控制集成电路 IC1（92）脚为高电平，Q311 导通，RL301 吸合，电话机无声。由此判断 RL301 误动作。引起 RL301 误动作的原因可能是 Q311 损坏或 IC1（92）脚始终为高电平。检修时，打开机盖，用万用表检查该电路相关元件，发现 Q311 的内部击穿。更换 Q311（DTC143E）后，机器恢复正常。

例 103 **松下 KX-F828CN 型传真机开机后无任何显示**

故障现象 机器开机后面板无任何显示，不工作。

分析与检修 根据现象分析，该故障一般发生在电源电路。检修时，打开机盖，检查发现保险丝已断路，说明电源部分有严重的短路故障。由原理可知，该电源为他励式并联型开关稳压器，PC101 为他励式驱动、控制集成电路，Q101 为 MOSFET 开关管，R102～R104 为 PC101 的启动电阻。PC101（10）脚的输出脉冲控制 Q101 的通断。根据上述分析，熔断保险丝的主要元件有 D101、C100、Q101 等。依次检查上述元件，发现 Q101 源、漏极短路。更换 Q101（2SK1643）后，通电虽未烧保险丝，但仍无＋24V 输出。再用万用表测

PC101（7）脚有 3.2V 的电压，说明启动电路正常，查 Q102、D104、R108、D103 等相关元件发现 D103 开路。更换 D103（1N4004）后，机器恢复正常。

例 104 **松下 KX-F828CN 型传真机发送时原稿放入稿台不动作**

故障现象 机器发送时，原稿放入稿台后，机器不动作。

分析与检修 根据现象分析，问题可能出在原稿传感器及相关部位。该机原稿传感器为遮断式光电传感器。当无原稿时，发光二极管直接照射到光敏管使其导通，输出低电平；当有原稿时，发光二极管的光被遮断，光敏管截止，输出高电平。该机放入原稿后，机器不动作，说明传感器可能有问题。检修时，打开机盖，在原稿入口处可看到一圆孔，内有一只发光二极管，对应下方为玻璃遮盖的光敏管。首先擦拭传感器表面，故障不变。用万用表测光敏管对地电压始终不变，而正常用纸遮挡时，其电压应变化，说明文稿传感器已损坏。检查传感器，发现发光二极管管脚已松动，但补焊后故障不变。焊下发光二极管测其正向阻值偏大，未损坏；而检查光敏管正常，说明故障是由于发光二极管性能变劣引起。更换传感器后，机器故障排除。

例 105 **松下 KX-F828CN 型传真机复印时文件走一小段即卡纸**

故障现象 机器复印时，复印件走一小段即卡纸，屏显示"PAPERJAM"。

分析与检修 根据现象分析，问题可能出在记录纸输出控制及记录头等相关部位。检修时，打开纸仓，按照纸仓内取不出记录纸或卡纸的调整方法，按住纸仓内左侧的绿色转轮上部，同时顺着箭头方向转动，直到齿轮上的红色标志出现在绿色转轮的前方为止，再次放好记录纸，接通电源故障不变。再检查主板电路，发现主板上 CN1301（9 芯片）接插件的第 9 芯插针脱落，没有插至电话手柄座下的电路板上。估计是原维修装配时，由于针孔不对位，造成第 9 芯片从原一排插针上脱落。把原 9 芯片插针弄直并用热熔胶与其余 8 芯排整齐粘牢。再插好 CN1301，装好主电路板底板，开机复印时没有再卡纸，但复印件仍为全黑。按面板上的功能键，再按选择键，选中"REPORT"，打印出的内容仍全黑。观察复印时扫描头 CIS 有黄绿光，说明 CIS 是好的，由此可判断记录头内部（TPH）损坏。更换记录头（TPH）后，机器故障排除。

例 106 **松下 KX-F828CN 型传真机接收时记录纸不输出**

故障现象 机器复印、接收文件时，记录纸不输出。

分析与检修 经开机检察与观察，接收电机不转，判断问题出在接收电机及控制电路。检修时，打开机盖，示波器检测驱动块 IC1202（12）脚、（15）脚方波，幅度很小且波形失真，继续测 IC1202 各方波输入端，其方波脉冲均正常。断开 CN1202 后，方波波形不变，检查与其相关的外围元件正常，于是判定电机驱动电路 IC1202（BA12003）内部损坏。由于该驱动电路不易购得，可采用图 6-5 所示电路

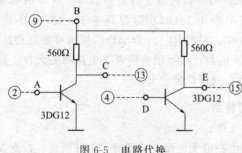

图 6-5 电路代换

代换，其方法如下：依次断开 IC1202（2）、（4）、（9）、（15）脚，将图中电路安装在一个小型印刷板上，分别将 A、B、C、D、E 端用导线引出，且依次按顺序将 A、B、D、E 这 4 根引线接至 IC1202（2）、（9）、（4）、（15）脚断开后的电路上，再将 B 焊到（9）脚处即可。该机经上述处理后，机器故障排除。

例 107 　**松下 KX-F828CN 型传真机机器工作时屏显示异常**

　　故障现象　机器工作时，显示屏字符显示缺笔画，并不停闪动，功能也失效。

　　分析与检修　根据现象分析，该故障一般发生在系统控制及电源电路。先检查电源部分。先用万用表测＋5V 电压为 4.7V 左右，＋12V、－12V、－120V 等电压均正常，但当执行操作指令时，显示屏显示紊乱，＋5V 电压在 2.8～5V 之间波动，说明＋5V 稳压电路异常。分析该电路原理，＋5V 电压在带负载时不稳有以下两种可能：（1）＋5V 电压形成电路工作异常，Q461、D461、C472、L461、IC461 中有元件损坏；（2）负载短路，造成＋5V 电压下降过多，引起系统控制电路工作异常。首先，在工作状态下逐路断开＋5V 负载，发现随着断开路数的增加，＋5V 电压也慢慢恢复正常，此现象说明负载并无短路现象，故障可能在＋5V 电压形成电路。进一步检查 Q461、D461、C472、L461 等相关元件，发现 Q461 内部不良。更换 Q461 后，机器恢复正常。

第二节　佳能传真机故障分析与检修实例

例 1　**佳能 FAX-450 型传真机发传真时，对方记录文件模糊**

　　故障现象　机器接收传真清晰，而发传真时，对方记录文件一片模糊，且复印底灰严重。

　　分析与检修　根据现象分析，问题可能出在 CCD 光电耦合器上。检修 CCD 器之前，先按下列步骤进行检查：（1）对变流器进行测试（SCNT 板 CN105）；（2）对稿件安放台的玻璃内部清洁处理；（3）对热敏单元（THP 装置）进行测试；（4）对感热端或 SCNT 板上的 CN119 插件重新插接；（5）对限制电平重新调节。上述检查均无异常，说明故障出在扫描单元及 CCD 耦合器上。卸下扫描单元的反射镜，发现反射镜和 CCD 光电耦合被粉尘严重污染，导致图像扫描的清晰度下降，底灰严重。用无水酒精对反射镜和 CCD 光电耦合器进行彻底清洗（清洗 CCD 光电耦合器时应细心操作，避免损伤 CCD 光电耦合器的表面）后，机器故障排除。

例 2　**佳能 FAX-450 型传真机开机无显示**

　　故障现象　机器开机后，显示屏无显示，不工作。

　　分析与检修　根据现象分析，该故障一般出在电源电路。具体原因为：（1）电源电路损坏；（2）操作单元插接件（SCNT 板上的 CN107）未插好；（3）电源单元插接件未插好；（4）PANEL 板损坏；（5）250V、3.15A 保险丝熔断。检修时，打开机盖，检查发现电源保险丝熔断，更换新保险丝后仍烧断。将电源板拆下进行测试，发现两整流滤波电容（100μF/400V）漏液，且上部凸出很明显。拆下对其进行测试，均已断路。更换滤波电容后，机器故障排除。

例 3　**佳能 FAX-450 型传真机有时不能接收文件**

　　故障现象　机器有时不能接收文件。

　　分析与检修　经开机检查发现，在人工接收时，原稿台上还放置有原稿，而机器处于什么状态均由原稿检测传感器来判断。当原稿台上有原稿，双方电话联络好，按下启动键（START）后，机器将处于发送状态，从而无法接收文件。因此，传真机在接收文件时，原稿台上应无原稿。取出原稿后，机器恢复正常。

例 4　**佳能 FAX-450 型传真机某些小发票不能复印或发送**

　　故障现象　机器对某些小发票不能复印或发送。

　　分析与检修　根据现象分析，这是机器本身所决定的。由于传真机对复印或发送的稿件尺寸有一定的限制，不同的机器所限定的最小尺寸不一样，如该机所限定的最小原稿尺寸为 148mm×105mm。遇到这种情况可采用如下两种方法解决：（1）用随传真机附送的透明封套把超小发票夹进透明塑料封套进行复印或传送；（2）把超小型发票先用复印机复印在标准 A4 纸张上，再发送。该机经上述处理后，工作恢复正常。

例 5 　佳能 FAX-450 型传真机文件发送完后不停机

故障现象　文件发送完后不停机。

分析与检修　经开机检查与观察，并让该机复印，当文件输送完后，记录纸辊不停，一直输出空白纸。判断故障为纸尽检测器损坏。将纸尽检测器拆下，用万用表测发光二极管正、反向阻值均为无穷大，说明发光二极管内部开路。在更换发光二极管时应注意，检测器是成套的，能买到原型号检测器更好，若买不到可只更换发光二极管。更换检测器后，机器故障排除。

例 6 　佳能 FAX-450 型传真机显示异常，不能正常收发传真及复印

故障现象　开机后不能收发传真及复印，面板显示屏交替显示"CHECKPAPER"和"时间"，不能正常收发、复印。

分析与检修　根据现象分析，问题可能出在记录纸检测电路或其相关部位。由原理可知，该机记录纸传感器（RPS）为反射型光电传感器，主要用于探测有无记录纸。一般由于窗口被灰尘阻挡而不能反射信号，出现显示无纸的状态。检修时，先用酒精对窗口清洁处理，仍显示"CHECKPAPER"（缺纸），则在主控板上，用万用表检查 CN108 的插座，（1）脚对地有 5V 电压正常，说明传感器供电回路没有问题。对传感器进行动态测试，即有纸时工作电压为 0.3V，无纸为 36V。测 CN103（RPS）和 CN104（CVS）的连接端均正常。再进一步仔细检查，发现记录纸盖板传感器未与盖板接触。此记录纸盖板传感器是一个微动开关，用于探测记录纸盖板是开还是关。对此盖板进行调整，使微动开关与盖板能够啮合。该机经上述处理后，机器故障排除。

例 7 　佳能 FAX-450 型传真机显示"CHECKDOCUMENT"不工作

故障现象　机器发送时显示"CHECKDOCUMENT"（检查稿件）。

分析与检修　根据现象分析，问题一般出在原稿检测及相关部位。具体可能有以下原因：①稿件堵塞，应重新放好原稿；②由于稿件输入不当、不到位，传感器检测不到有原稿，传真机开始接收稿件而不是发送稿件；③检测原稿传感器有无损坏。该机经检查为原稿传感器内部不良。更换传感器后，机器故障排除。

例 8 　佳能 FAX-450 型传真机 LCD 无任何显示

故障现象　开机后，LCD 无任何显示。

分析与检修　根据现象分析，问题一般出在液晶（LCD）显示屏及电源驱动电路。主要原因有：①操作单元接插件未接好（SCNT 板上的 CN107）；②电源单元接插件未接好（SCNT 板上的 CN114）；③电源损坏；④PANEL 板损坏；⑤SCNT 板损坏。该机经检查为 PANEL 板损坏。更换 PANEL 后，机器故障排除。

例 9 　佳能 FAX-450 型传真机 LCD 显示不正常

故障现象　机器开机后，LCD 显示不正常。

分析与检修　根据现象分析，该故障产生原因有：①热敏头单元接插件未接好（热头或 SCNT 板上的 CN119）；②热敏头单元损坏；③电源损坏。该机经检查为热敏头单元内部损坏。更换热敏头单元后，机器恢复正常。

例 10 佳能 FAX-450 型传真机复印时图像部分空白

故障现象 机器复印时，图像部分空白。

分析与检修 根据现象分析，该故障一般产生原因为：①CCD 损坏（扫描单元）；②热敏头装置（T、P、H 装置）损坏；③热敏头电缆损坏；④SCNT 单元损坏。该机经检查为热敏头内部不良。更换热敏头后，机器故障排除。

例 11 佳能 FAX-450 型传真机图像颜色太浅或太深

故障现象 机器复印或接收时，图像颜色太浅或太深。

分析与检修 根据现象分析，该故障产生原因一般有：①限制电调节不当；②热敏头装置损坏；③热敏头校正电阻设定不正确。该机经检查为热敏头电阻设置不正确所致。重新调整热敏头电阻后，机器故障排除。

例 12 佳能 FAX-450 型传真机记录纸全白

故障现象 机器接收时，图像全白。

分析与检修 根据现象分析，该故障产生原因一般有：①记录纸放反；②先试一下复印，如果一切正常，那么问题出在对方机器；③热敏头未插好（SCNT、CN119 两个接头在热敏头上）；④SCNT 板损坏；⑤热敏头装置（T、P、H 装置）损坏。该机经检查为热敏头未插好。重新插好 SCNTCN119 接插件后，机器故障排除。

例 13 佳能 FAX-450 型传真机接收时图像上有黑线

故障现象 机器接收时，图像上有黑线。

分析与检修 根据现象分析，该故障产生原因一般有：①先试一下复印，如果一切正常，那么故障出在对方机器；②热敏头装置（T、P、H 装置）损坏；③SCNT 板损坏。该机经检查为热敏头内部不良。更换热敏头后，机器故障排除。

例 14 佳能 FAX-450 型传真机图像复印混乱不清

故障现象 机器复印时混乱不清。

分析与检修 根据现象分析，该故障产生原因有：①荧光灯损坏或插头松动；②变流器损坏或接插头松动（SCNT 板的 CN115）；③CCD 板接插件未接好（SCNT 板的 CN110，CCD 板上的 CN1）；④CCD 板损坏。该机经检查为 SCNT 板的 CN115 插件未插好。重新插好插件后，机器故障排除。

例 15 佳能 FAX-450 型传真机复印时图像上有黑线条

故障现象 机器复印时，图像上有黑线条。

分析与检修 根据现象分析，产生该故障一般原因有：①扫描单元沾污（例如反射镜沾污）；②稿件安放台玻璃沾污。该机经检查为稿台玻璃脏污所致。清洁稿台玻璃后，机器故障排除。

例 16 佳能 FAX-450 型传真机复印时图像上有黑条块

故障现象 机器复印时，图像上有黑线块。

分析与检修 根据现象分析，产生问题的一般原因为：①CCD 损坏（扫描单元）；②热敏头装置（T、P、H 装置损坏）；③SCNT 板损坏。该机经检查为 SCNT 板内部损坏。更换 SCNT 板后，机器故障排除。

例 17 佳能 FAX-450 型传真机接收时图像有空白区

故障现象 机器接收时，图像部分有空白区。

分析与检修 根据现象分析，该故障产生原因一般有：①先复印，如果一切正常，那么问题出在对方机器；②SCNT 板损坏。该机经检查为 SCNT 板内部不良。更换 SCNT 板后，机器故障排除。

例 18 **佳能 FAX-450 型传真机按启动键时记录纸被切断**

故障现象 机器设置稿件，按启动键时记录纸被切断。

分析与检修 根据现象分析，该故障产生原因一般有：①稿件设置不当；②稿件传感器（DS）接插件未接好（SCNTCN115）；③稿件传感器失效。该机经检查为稿件设置不当。重新正确设置稿件后，机器故障排除。

例 19 **佳能 FAX-450 型传真机不能自动接收或人工接收**

故障现象 机器不能自动接收或人工接收。

分析与检修 根据现象分析，该故障产生原因一般有：①人工接收指示灯未熄灭；②NCU 板损坏；③SCNT 板损坏；④NCU 板上的 T1、T2、L1、L2 接头松动或未接上。该机经检查为 T2 接头松脱。重新处理后，机器故障排除。

例 20 **佳能 FAX-450 型传真机原稿不能输入**

故障现象 机器发送时，原稿不能输入。

分析与检修 根据现象分析，该故障产生原因一般有：①读出步进电机接插件未接上（SCNTN118）；②稿件传感器接插件未接上（SCNTCN105）；③稿件传感器（DS）损坏；④启动键不能工作（所有键不起作用）；⑤读出步进电机损坏；⑥自动稿件输入器（ADF）传送带未接好或断裂；⑦SCNT 板损坏。该机经检查为自动稿件输入器传送皮带断裂。更换传送带后，机器故障排除。

例 21 **佳能 FAX-450 型传真机原稿通过而不停顿**

故障现象 机器发送时，原稿通过而不停顿。

分析与检修 根据现象分析，该故障产生原因一般有：①PANEL 板组件中的稿件位置传感器（DES）损坏；②PANEL 板损坏；③SCNT 板损坏。该机经检查为稿件位置传感器（DES）内部不亮。更换传感器后，机器工作恢复正常。

例 22 **佳能 FAX-450 型传真机登记操作键不工作**

故障现象 登记操作键不工作。

分析与检修 根据现象分析，该故障产生原因一般有：①操作单元后面的存储器保护开关未关掉；②PANEL 板损坏；③SCNT 板损坏。该机经检查为储器保护开关未关。关掉保护开关后，机器故障排除。

例 23 **佳能 FAX-450 型传真机所有键不起作用**

故障现象 所有键不起作用。

分析与检修 根据现象分析，该故障产生原因一般有：①键被锁定（键约束状态）；②PANEL 板损坏；③SCNT 板损坏。该机经检查为键被锁定。按操作说明重新复位后，机器故障排除。

例 24 **佳能 FAX-450 型传真机不能自动拨号**

故障现象 机器不能自动拨号（单触速拨，编码速拨，常规拨号）。

分析与检修 根据现象分析，该故障产生原因一般有：①音频/脉冲设置问题；②NCU 板接插件未接上（SCNTCN112-NCUCN202CNTN113-NCUCN201）；③NCU 板上的 T1、

T2、L1、L2 接头松或未接上；④PANEL 板损坏；⑤SCNT 板损坏；⑥NCU 板损坏。该机经检查为机器音频/脉冲设置不当。重新正确设置拨号方式后，机器工作恢复正常。

例 25 佳能 FAX-450 传真机复印和发送文稿图像太小

故障现象 复印和发送文稿图像太小。

分析与检修 出现此类故障大多数是由于稿台上可滑动的纸导架未调整正常所致。纸导架除发送、保护原稿在行进中不致偏歪之外，还有一个更重要的作用就是触动 3 个探测稿件宽度的传感器（D. SEZIS），从而把原稿宽度的信息（A3、A4、B4 或 A5）传送给主控板（SCNT）的中心控制器。发送控制器检测到的信息与实际稿件不一致时，则会出现本例故障。将纸导架调整到与原稿宽度一致的位置后，试机，故障排除。

例 26 佳能 490 型传真机面板锁死不能发信

故障现象 机器开机后，能接收传真，但不能发送，面板锁死，按任何键均无反应。

分析与检修 根据现象分析，问题一般出在面板按键等部位。检修时，重新开几次，均不行。拆下面板，用万用表电阻挡测量各键导通情况，测至最左边设置传送精度键时，常闭不开。经查为面板反面的螺钉太紧。将面板反面螺钉松开一点后，机器故障排除。

例 27 佳能 490 型传真机不能收发传真

故障现象 机器复印及通话正常，不能收、发传真。

分析与检修 根据现象分析，该故障一般出在其调制解调器（MODEM）部分。该机调制解调器属两片式调制解调器，做成一块独立的电路板，通过排插针插在主电路板上。检修时，让该机作为收、发机时，用示波器观察调制解调器上 IC35 的 P22（RX 端）、P23（TX 端）均无相应的收、发信号，怀疑该调制解调器板损坏。由于该调制解调器价格昂贵且难以购到，遂将取出的调制解调器换到另一台好的佳能-490 上，试机时收、发信均正常，说明该调制解调器并未损坏。当把该调制解调器装上原机后，该机亦收、发信号正常。分析其原因为调制解调板插接不可靠，导致接触不良。重新插紧调制解调板后，机器故障排除。

例 28 佳能 FAX-490 传真机开机装不进纸

故障现象 开机装不进纸，裁纸刀出现"咔咔"声。

分析与检修 根据现象可初步判断为裁纸刀初始位置不正常。测量裁纸刀工作微动开关的阻值，发现微动开关闭合时，其阻值为 1kΩ 左右。正常静止时，裁纸凹轮应处于中间位置，检查裁纸刀静止时却处于裁纸位置，说明裁纸位置不正常。调整裁纸刀初始位置后，试机，故障排除。

例 29 佳能 FAX-490 传真机只能工作在 G2 方式

故障现象 传真机只能工作在 G2 方式。

分析与检修 先对系统数据进行总清零，试机无效。怀疑 CPU 主控板有故障。检查插头、印制板无问题。再检查本机复印功能正常。在接收状态时，按下 START 键后，电话转换正常，但无 DIS 数据识别信号输出，判断为调制解调器损坏。更换调制解调器后，试机，故障排除。

例 30 佳能 FAX-490 传真机不能打电话

故障现象 复印正常，但不能打电话。

分析与检修 根据现象分析，该故障一般出在压敏电阻器。提起电话手柄没有拨号音，说明外线信号没有进来。经查外线正常，说明是电路板上的避雷元件（压敏电阻器）击穿短路所引起的故障。去掉避雷元件，故障排除（即可应急使用）。但为了保障传真机安全使用，应及时用同型号压敏电阻器更换。更换压敏电阻器后，试机，故障排除。

例 31　佳能 FAX-490 传真机出现"CHECK PAPER"字符警告

故障现象　使用时出现"CHECK PAPER"字符警告，但实际有纸。

分析与检修　根据现象分析，该故障一般出在前端和末端的传感器。此故障也是佳能系列传真机的常见故障，经清洁纸前端和末端的传感器后，故障排除。

例 32　佳能 490 型传真机文稿上均为满幅黑条

故障现象　机器复印及发传真时，文稿上均为满幅黑条。

分析与检修　根据现象分析，机器能复印、发传真，说明电气部分正常，检查扫描灯管也无异常，怀疑为扫描镜头等部分有灰尘造成。取下机器外盖，卸下 CCD 扫描器，清洁光路、镜头、CCD 板等，在上 CCD 板时，慢慢调整板上两定位螺钉位置，用机器的复印功能调试，直到复印图像清晰为止。

例 33　佳能 490 型传真机不能拨打市话

故障现象　机器不能拨打市话。

分析与检修　经开机检查与分析，非机器故障。因用户所在地区仍采用脉冲拨号方式，而该机设置为音频拨号方式。不过，现在使用的传真机，为适应不同国家或地区的需要，均设有音频和脉冲两种拨号方式。而我国绝部分地方均采用音频拨号，只有极个别地区的系统可能还采用脉冲拨号方式。使用时应了解本地系统的是何种拨号方式，并把传真机的拨号方式设置正确即可。

例 34　佳能 FAX-490 传真机不工作

故障现象　传真机不工作。

分析与检修　拆机检查保险管（3.14A/250V）熔断，说明传真机电源电路存在严重短路故障。相关电路如图 6-6 所示，图中交流输入网络由 L1、L2、L3、R1、C 和 CR1 组成，接上电源后，CR1 处于截止状态。此时市电源通过限流电阻 R2 向整流器 D 供电，启动限流电阻 R2 的接入，可以有效地抑制在市电刚接通的瞬间电流对滤波电容 C7、C8 所产生的瞬间启动浪涌电流的冲击。当电源稳定后，变压器所产生的脉冲电压通过 D1，使 CR1 导通，导致 R2 短路，正常对整机供电。检查该电路，发现电容 C7、C8（110μF/400V）两个管子均爆裂，CR1（BCR5AM）击穿。更换 C7、C8 和 CR1 后，故障排除。

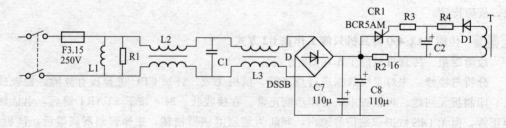

图 6-6　佳能 FAX-490 电源电路

例 35　佳能 FAX-750 型传真机记录副本变短

故障现象　机器工作时，记录副本变短。

分析与检修　经开机观察，记录副本变短是由于记录纸在输送过程中发生阻滞造成的，可能传动系统中有异物。检修时，打开记录纸仓盖，检查输纸辊未见异物，只是输纸辊上灰尘较多。用清洁软布将输纸辊擦拭干净，开机故障不变。再取下传真机两边侧板，观察接收电动机及传动齿轮的转动情况，发现记录纸传动带松动，造成输纸辊速度减慢，导致该故障。更换记录纸传动带后，机器故障排除。

例36 佳能 FAX-750 型传真机原稿进给机构不动作

故障现象　按下启动键后原稿进给机构不动作。

分析与检修　根据现象分析，该故障一般出在原稿进给控制机构及相关部位。应做以下检查：（1）进给控制电缆是否有接触不良、断线、脱焊或短路；（2）查有无 24V 电源，若有 24V 电源，而原稿进给机构电磁线圈不带电，应检查电路上的电容是否漏电；（3）检查原稿进给电机线圈是否断路；（4）若以上都正常，则应检查驱动晶体管及电阻是否断路；（5）检测主控板与传感器或各开关之间的接口应为低电平，否则可能为有关晶体管损坏。该机为原稿进给电机线圈断路，更换原稿进给电机后故障排除。

例37 佳能 FAX-750 型传真机发送电机不管有无原稿都一直在转

故障现象　接通电源后，发送电机不管有无原稿都一直在转。

分析与检修　根据现象分析，引起该故障的原因有：（1）原稿检测传感器损坏，造成发送电动机一直在转，这时应更换相应的传感器；（2）可能在拆装传真机后，连接线插接有误。一般若线扎的芯线相同，插头、插座都会以不同的颜色来区别，只要把插头颜色与插座颜色相同的对应插好即可。该机为原稿检测传感器损坏，更换传感器后故障排除。

例38 佳能 FAX-750 型传真机记录纸阻塞

故障现象　记录纸阻塞。

分析与检修　根据现象分析，引起该故障的原因有：（1）切纸刀的停止位置不正确；（2）切纸刀和记录纸导轨的缝隙不合适（正常缝隙为 0.8mm 左右）；（3）切纸电动机不转，可能是切纸电动机或驱动电路有故障；（4）检测切纸刀位置传感器是否失效。本例即为切纸刀位置传感器损坏，更换后故障排除。

例39 佳能 FAX-750 型传真机切纸器不动作

故障现象　机器工作时，切纸器不动作。

分析与检修　根据现象分析，该机原稿进送正常，判断为切纸机构或其传动系统有问题。检修时，拆下盖板，检查传动系统无异常，检查切纸机构及传送皮带都工作正常，但离合器动作失灵，拆下离合器检查发现其已损坏。将其更换后试机，切纸功能正常，故障排除。

例40 佳能 FAX-750 型传真机切纸器切纸后不能回到正常位置

故障现象　切纸器切纸后不能回到正常位置。

分析与检修　根据现象分析，问题一般出在切纸器与输稿纸系统。由原理可知，该系统均由发送步进电机带动，经查发送电动机及其驱动电路正常。用手拉动传动皮带，检查切纸正常，也未发现传动系统中有何异物，分析可能为切纸器位置检测传感器有问题。该传感器是微动开关，若接触不良，其输出状态就不正常，影响主 CPU 对切纸器位置的判断，导致切纸器不能到达正常位置。检查微动开关，发现连接微动开关的导线已断裂。更换微动开关的连接线后，试机工作正常，故障排除。

例41 佳能 FAX-750 型传真机文件副本全白

故障现象　接收及复印的文件副本全白。

分析与检修 根据现象分析,问题一般出在热敏头及相关部位。打开机盖,先检查热敏头的供电电压基本正常,用示波器观测主控板与热敏头之间连接器的各脚信号均正常,再将示波器探头移到感热头输入脚,测量电源电压及各个控制信号也都正常,由此判断感热头损坏。更换感热头后,接收复印的文件副本正常,故障排除。

例 42 佳能 L-770 型传真机显示正常但操作键失效

故障现象 开机后,显示正常,但所有操作键失效。

分析与检修 根据现象分析,问题一般出在面板操作控制电路。由原理可知,该机键盘主要受 IC1 控制,因此检修时,打开机盖,首先应接上示波器测 IC1 (9)~(16) 脚和 (19)~(25) 脚有无扫描脉冲,实测这些脚上均无扫描脉冲信号。为了确认该故障是否由 IC1 内部的键盘控制电路损坏引起,可关机测量这些脚对地是否短路,经测量未发现短路现象。由于 LCD 显示正常,说明主控电路输入到 IC1 的信号正常,再检查 IC1 外围电路也未发现异常,故判断 IC1 内部键盘控制电路损坏。更换 IC1 后,机器恢复正常。

例 43 佳能 L-770 型传真机接收文件图像全黑

故障现象 机器接收传真时,文件图像全黑。

分析与检修 根据现象分析,该故障一般为电晕线上无高压或激光一直接通所致。检修时,打开机盖,先用高压计测得电晕高压正常。再接着检查激光束通路中的光束探测器,发现激光一直接通。由于激光器主要受直流控制,因此应检查直流控制器输出的信号是否正常。可用万用表直流电压挡测量直流控制板上的连接器 J202 (5) 脚对地电压,发现该脚的电压始终为 0V,由此判定 IC205 内部损坏。更换 IC205 (LS08) 后,机器故障排除。

例 44 佳能 L-770 型传真机原稿不能自动送进

故障现象 机器发送及复印时,原稿不能自动送进。

分析与检修 根据现象分析,问题一般发生在原稿传感器或步进电机驱动电路。检修时,打开机盖,先检查原稿传感器 (DS) 的输出状态是否正常。可用万用表直流电压挡测主控板上的连接器 J11 (2) 脚的对地电压,放上原稿时该脚应由高电平 (4.5V) 变为低电平 (0V),经检查该脚状态正常,说明原稿传感器无故障。再检查步进电机的供电电压。可用万用表测主控板上的连接器 J19 (1) 脚的电压,为 +24V,正常。然后用示波器,按"启动"键送进原稿,测主控板上的连接器 J16 (1)、(2)、(3)、(4) 脚有无步进脉冲输出,检查结果 (3) 脚、(4) 脚无步进脉冲输出。再测主控板上的步进电机驱动器 IC5 (DBL371712) 的输入端 [(10) 脚、(11) 脚] 和输出端 [(1) 脚、(15) 脚],发现输入端步进脉冲正常而输出端无脉冲,因此断定驱动器 IC5 (DBC371712) 损坏。更换驱动器 IC5 后,机器故障排除。

例 45 佳能 L-770 型传真机复印件拉长

故障现象 机器传真及复印时,复印件拉长。

分析与检修 根据现象分析,问题一般为原稿送进时阻滞而造成。分析原理可知,当原稿送进系统中的输稿辊、分页辊等磨损较大时,其摩擦力就会减弱,原稿送进时的速度就会减慢,从而导致复印件拉长。检修时,打开机盖,先检查原稿导板和输稿辊、分页辊等,未发现异物,原稿上、下导板都很干净,但输稿辊有一定程度的磨损。为了判断输稿辊是否能用,可用替换法进行验证。用一根未被磨损过的输稿辊换下原来的输稿辊,然后通电进行复印试验,故障不变。进一步检查分页辊、分页器后再做复印试验,发现分页器内部不良。更换分页器后,机器故障排除。

例 46 **佳能 L-770 型传真机出现"CHECKPRINT"告警**

故障现象 开机后，出现"CHECKPRINT"告警，不工作。

分析与检修 根据现象分析，问题可能出在激光单元。按照维修手册的操作不能排除时，不要轻易怀疑电路板有故障，而应根据机器的结构进行相应的处理。此类机器分为鼓粉一体和鼓粉分离两种构造。对于前者，重点清洁与激光和同步信号有关的部位；后者应重点清洁鼓粉与激光源部位之间的隔离玻璃片。该机经检查隔离玻璃片污染严重。清洁隔离玻璃片后，机器故障排除。

例 47 **佳能 L-770 型传真机开机无显示，操作不起作用**

故障现象 开机后显示屏无显示，按键操作不起作用。

分析与检修 根据现象分析，该故障可能发生在操作控制及相关电路。检修时，打开机盖，用万用表检测操作显示面板上无+5V电压。再测主控板上的连接器J17（A1脚）的对地（A2脚）电压为0V，即主控板上无+5V电压，而主控板上的+5V电压由低电压电源提供。用万用表首先测连接器PN1（1）脚的对地（3）脚电压，测得电压为0V。接着测PN2（6）脚和（5）脚（地）之间的电压（+12V）、PN（3）脚（+24V）和（1）脚（地）之间的电压，经测量这两路电压也为0V。由于这三路电压均由同一个变换器产生，说明故障发生在变换器或变换器以前的输入回路中。检查输入端的熔断器F1未烧断，输入端也有220V交流电压输入。再检查整流器RC1的输出电压，即C5两端的300V直流电压正常。用示波器测变压器T1初级回路（1）脚、（2）脚的信号波形，未测到高频脉冲，说明变换器中的振荡回路未起振。进一步检修发现振荡回路中开关管Q1，内部损坏。更换开关管Q1（2SK643）后，机器故障排除。

例 48 **佳能 L-770 型传真机显示屏上显示黑影，下行无显示**

故障现象 开机后，液晶显示屏上行显示黑影，下行无显示。

分析与检修 根据现象分析，问题一般出在面板操作显示电路。由原理可知，该机液晶显示屏（LCD）受操作显示面板上的IC1控制。其中RS为寄存器选择信号，RW为读/写信号，该信号为低电平时，数据线上的数据输入到LCD显示缓冲区；EN为允许信号，当其为低电平时，允许向LCD输入数据。检修时，打开机盖，先检查LCD的控制信号是否正常，用示波器测连接器J1（4）脚（RS）、（5）脚（RW）、（6）脚（E），经检测（4）、（5）、（6）脚既不是高电平，也不是低电平，说明无控制信号送到LCD上。再测IC1的（44）脚、（45）脚和（46）脚，也无信号输出。为了判断IC1是否损坏，进一步测量主控板输入的信号A1 [（3）脚]、CK [（4）脚]、XRD [（5）脚]、XWR [（6）脚]、CS [（7）脚] 和CLR [（8）脚]，实测信号正常，说明IC1内部不良。更换IC1后，机器故障排除。

例 49 **佳能 L-770 型传真机记录纸不输出**

故障现象 机器复印时，记录纸不输出。

分析与检修 根据现象分析，问题出在记录纸传送部位。由原理可知，该机记录纸传送系统中的搓纸辊、传动辊等均由主电机带动，若主电机不转，盒纸传送系统就无法转运，因此先检查主电机是否转动。打开机盖，经检查主电机未转动，且记录纸传送离合器电磁铁也未动作。由于主电机和电磁铁均由低压电源输出的24V电压供电，因此应检查24V供电电压是否正常。先用万用表测直流控制器板上的连接器J212（3）脚的对地电压为0V。再测+12V、+5V两路电压输出端均正常，说明变换器和交流输入电路均正常，问题出在24V电压输出回路中。24V电压的输出主要受开关SW1和开关三极管Q2（2SC3300）控制。经仔细检查开关 SW1 内部接触不良。更换开关 SW1 后，机器恢复正常。

例 50 佳能 L-770 型传真机记录纸输出时卡纸

故障现象 机器接收时，记录纸输出时卡纸。

分析与检修 根据现象分析，问题一般出在记录输出纸传动及驱动电路。检修时，开机观察，盒纸传送离合器和拾取压轴离合器是否动作。经检查拾取压轴离合器未动作，说明该离合器的电磁铁未动作，因此不能将记录纸输送到位；造成卡纸。先检查盒纸传送板上的连接器 J901、J902 是否无松动、脱落。再用万用表测 J901（4）脚、（5）脚之间电压为 0V。测 J901（1）脚的对地电压，24V 电压正常。测 J901（7）脚，输纸时该对地电压为 5V 正常。此时驱动三极管 Q902（2SC1521）应导通，J902（4）脚应为低电平。但测 J902（4）脚的对地电压为 24V，说明 Q902 内部损坏。更换驱动三极管 Q902 后，机器故障排除。

例 51 佳能 L-770 型传真机供纸部位经常卡纸

故障现象 机器工作时，供纸部位经常出现卡纸现象。

分析与检修 根据现象分析，该故障一般发生在供纸传动部位，且大多为搓纸机构、对位辊和供纸盒等部件不良所致。①当搓纸辊弄脏或磨损较多时，会使搓纸辊的摩擦力降低，导致输纸不良或卡纸；②传动齿轮磨损较多而导致啮合不良时，就会在转动时打滑而不能正常输纸，造成卡纸。另外，对位辊脏污、搓纸轴承坏、供纸部件的螺钉松动等，都将使记录纸不能正常输出，在供纸部位卡纸。检修时，打开机盖，先检查传动齿轮是否打滑，该机传动齿轮工作正常。接着再检查搓纸辊、对位辊、搓纸轴承和传动齿轮等部件，也未发现磨损现象，只是搓纸辊、对位辊上有不同程度的脏污。用无水酒精棉球将搓纸辊、对位辊清洁干净后，机器故障排除。

例 52 佳能 L-770 型传真机不能转至发送或接收状态

故障现象 机器通信时不能转至发送或接收状态。

分析与检修 根据现象分析，问题可能出在摘机信号检测电路。通信时不能转到发送或接收状态，说明主 CPU 未检测到摘机信号。因为主 CPU 通过判断 FCOUNT 信号是否为低电平来判断摘机或挂机，因此，检修时，打开机盖，可先用万用表测网络控制板上的连接器 J202（10）脚对地电压，摘机时测得该脚为 0V（低电平），状态正常。再测主控板上的连接器 J08（10）脚和接口电路 IC42（58）脚，经测量 J08（10）脚为低电平，状态正常，而 IC42（58）脚既不是低电平，也不是高电平，说明 J08（10）脚至 IC42（58）脚之间的电路有故障。进一步检查，发现 J08（10）脚至 IC42（58）脚之间有二极管阵列 DA1、DA2 和电阻排 RA7（100×4）。依次测量 RA7、DA2 和 DA1，发现 DA2 内部不良。更换 DA2 后，机器故障排除。

例 53 佳能-L770 型传真机振铃数次后不能进入接收方式

故障现象 机器自动接收时，振铃响数次后不能进入接收方式。

分析与检修 根据现象分析，问题出在振铃信号检测电路。检修时，打开机盖，先用示波器测 NCU 板上的连接器 J202（13）脚为高电平，状态不正常，正常应为低电平。再测与门 IC6 的（12）脚、（13）脚，始终为高电平，状态也不正常。进一步测量 IC7（11）、（13）、（3）脚，以及 IC7（9）、（5）、（1）脚，测量结果（11）脚为低电平，（13）脚为高电平，（3）脚为低电平；另一路 IC（9）脚为低电平，（5）脚为高电平，（1）脚为低电平。IC7 为反相器，此状态完全正常，说明 IC7 未损坏。再测光电耦合器 IC2（5）脚、（7）脚，这两脚在振铃期间应为连续方波信号，此时测得两脚均为低电平，显然 IC2 中的两个光敏三极管均未导通。两个光敏三极管的集电极都经过同一个电阻 R7 接至＋5V 电源，若电阻 R7 损坏，两个光敏三极管均无法导通。关机后，用万用表电阻挡测量 R7 的阻值，发现 R7 内部损坏。更换 R7（10kΩ）后，机器故障排除。

例 54 **佳能 L-770 型传真机对方不响应该机发出的 DIS 信号**

故障现象 机器接收时，对方不响应该机发出的 DIS 握手信号。

分析与检修 根据现象分析，问题可能出在调制解调器及供电电路。检修时，先通电，使机器进入接收状态后，用示波器测主控板上的连接器 J03（38）脚，若未测到 DIS 信号，说明调制解调器工作不正常。在检查调制解调器的输入输出信号之前，应先检查其供电电压。调制解调器共有＋5V、12V 和 -12V 三路供电电压，检查时用万用表测主控板上的连接器 J03（3）脚、（4）脚（＋5V）、（26）脚（＋12V）和（37）脚（-12V），该机经检测＋5V 和＋12V 两路电压正常，但（37）脚电压为 0V，应进一步检查 FAX 电源有无 -12V 电压输出。该机 FAX 电源电路为脉宽调制式开关稳压电源，输出＋24V、＋12V、-12V 和＋5V 四路电压，四路电压均由同一个变换器产生。由于＋5V、＋12V 电压都正常，因此变换器和输入电路工作正常，故障只能发生在 -12V 电压输出电路中。由原理可知，-12V 电压电路中的主要器件是三端稳压器 μPC79L12H（Z2），用万用表测 Z2 的输入电压正常，输出电压为 0V，故判断 Z2 内部损坏。更换三端稳压器 Z2 后，机器故障排除。

例 55 **佳能 T-22 型传真机液晶屏无显示，指示灯也不亮**

故障现象 开机后，液晶屏无任何显示，电源指示灯也不亮。

分析与检修 根据现象分析，该故障一般发生在电源及相关部位。打开机盖，先检查传真机电源部件，看保险丝是否烧毁。若保险丝没烧毁，用万用表测各组输出电压是否正常，尤其注意是否有＋5V 电压，因为给指示灯供电的是＋5V。若保险丝烧毁，一方面要检查电源板，另一方面要检查主电路板是否有短路现象，各组输出与地短路均有可能导致过载，从而烧毁电源。另外，再查显示面板与主电路板连接线是否接触不良。该机经检查为显示面板与主电路板连接线接触不好。重新连线后，机器故障排除。

例 56 **佳能 L-770 型传真机发送信息后不动作数秒后自动拆线**

故障现象 机器发送时，屏显示发送信息后机器不动作，数秒后自动拆线。

分析与检修 根据现象分析，该故障一般发生在接收电路。由原理可知，机器传真时，首先由接收方向发送方机器发送 DIS 握手信号，发送方刚开始时处于接收状态，只有在收到对方机器发来的握手信号后才转为发送状态，向对方机发送响应信号和训练信号。该现象说明本机未收到对方机发来的握手信号。检修时，打开机盖，在听到对方传真机发来的音调后，按"启动"键使本机进入发送状态，用示波器测 NCU 板上的连接器 J201（6）脚，看有无 1850～1650Hz 频率可变的正弦波，若测量时该脚始终为高电平，说明 NCU 板上未收到 DIS 信号。再测运放 IC5（1）脚和平衡变压器 LT1（3）脚，在这两脚上均能测量到正常的 DIS 调制信号，再测运放 IC4（7）脚，未测到 DIS 信号，说明故障就在这级放大器上。关机后用万用表检测相关元电件电阻 R14 和 R13 的阻值，正常时 R14 为 5.5kΩ，R13 为 10kΩ。检测时发现 R13 内部损坏。更换 R13（10kΩ）后，机器故障排除。

例 57 **佳能 L-770 型传真机机器自动拆线**

故障现象 机器发信时，原稿能送进到扫描开始位置，LED 阵列点亮后就不能再前进，机器自动拆线。

分析与检修 根据现象分析，问题一般出在发送电路。由现象分析可知，该机已收到了对方发来的 DIS 握手信号，且该机也已发出了响应信号和训练信号，不能通信的原因在于该机发出的响应信号未被对方传真机收到。由于该机能收到对方机发的 DIS 握手信号，说明该机的接收通道和 CML 继电器、平衡变压器 LT1 和调制解调器等公共通道是正常的，故障发生在该机的发送通道。检修时，打开机盖，通电使本机进入发送状态后，先用示波器测主控板上的连接器 J03（38）脚，DCS 响应信号正常。再测连接器 J07（5）脚，300bps 调制信号的幅度很小，说明此级放大电路有问题。关机后，用万用表检测电阻 R35（18kΩ）、R38（35kΩ）和 R33（620Ω）均正常，故判定运放块 IC40 损坏。更换 IC40（MC4558）后，机器工作恢复正常。

例 58 **佳能 T-22 型传真机电源指示灯不亮**

故障现象 开机后，液晶显示器无显示，电源上的指示灯也不亮。

分析与检修 根据现象分析，该故障一般出在电源及相关电路。检修时，打开机盖，拆开电源外壳，发现保险丝烧毁，换上 3A 保险丝后，用万用表测量交流电输入两端，无电容充放电现象，说明仍有短路的地方，而烧保险后开关管也易烧毁。拆下开关管 2SK1081，测其三极间的电压均为 0V，说明 2SK1081 已击穿。进一步检查发现，脉宽调制控制块 TDA4605 内部也已击穿。更换开关和集成块后，测电源交流输入端有明显的充放电，遂给电源通电，结果电源上指示灯亮了一下后，很快熄灭了，也无输出，说明电源上仍有故障。经仔细检查，发现与 TDA4605（7）脚相连的电容 22J/63V 有一细微裂开，焊下检测发现其内部损坏。更换该电容后，机器故障排除。

例 59 **佳能 T-31 型传真机复印件副本有 40mm 宽的黑竖条**

故障现象 机器复印时，复印出的第一张副本正常，接着复印出的副本右边均有 40mm 宽的黑竖条。

分析与检修 根据现象分析，该故障产生原因有：（1）光学部分有污物；（2）CCD 器件部分有故障；（3）感热记录头部分损坏。根据实际维修经验，CCD 器件或感热记录头局部损坏而引起热的稳定性变差的可能性最大。检修时，先观察 LED 发光阵列，发光正常且无污物遮挡。接着再检测试记录头，按"功能"键→按"启动/复印"键→按"功能"键→连续按 6 次"#"键，出现画面 REPORT；再按"启动/复印"键，出现 JOURNAL 画面；然后再按"启动/复印"键，见打印出字样均清晰无误且无黑竖条，由此说明记录正常，判断 CCD 组件可能有问题。该机的 CCD 组件安装在机芯内，拆卸较复杂。可按以下办法来拆卸：开启上盖，先按下左、右边前端固定上盖与机芯滑枕的四颗螺钉；再把扣在上盖左、右边的两根弹簧从上盖中取出，往后搬动上盖，把上盖抬起，即可方便地把机芯卸下。观察 CCD 组件上的三面反光镜及 CCD 镜头上无污物，再用万用表测 CCD 板上插座（P10）的供电端（30）脚电压为 +5V，（5）脚电压为 +12V，（7）脚电压为 -5V 均正常，判断为 CCD 电路板局部损坏。更换 CCD 电路板后，机器恢复正常。

例 60 **佳能 T-40 型传真机使用一段时间后稿件不能输入**

故障现象 机器使用一段时间后，稿件不能输入，在入口处有一进一退动作，而后机器发出"CHECKDOCUNENT"（稿件堵塞）的告警显示。

分析与检修 根据现象分析，问题可能出在稿件输入系统。检修时，打开机盖，先清洁输纸辊，故障不变，说明问题不是输纸辊脏污所致。再检查稿件输出系统。稿件的输入是输纸辊和附着其上的一块橡胶板共同完成的，橡胶板的作用是增大稿件和输纸辊的摩擦力，使稿件更易于输入，故判断故障原因出在橡胶板上。仔细观察橡胶板完好无损，怀疑该板发生轻微变形，使稿件受到了一定的阻力，以致不能正常输入。为了减少稿件输入时的阻力，试将橡胶板前后位置反转后使用，稿件输入立即恢复正常。需要提醒用户：当发生稿件堵塞警告时，不要硬拉出稿件，而应该打开机器盖板取出稿件，以防橡胶板变形。该机经上述处理后，机器故障排除。

第三节　夏普传真机故障分析与检修实例

例1　夏普 378 型传真机开机无任何反应（一）

故障现象　机器不工作，开机无任何反应。

分析与检修　根据现象分析，该故障一般发生在电源电路。开机初步检查该电源电路中的场效应管、光耦、保险、整流二极管、30V 稳压管等均损坏。将上述元件换新后开机，还是烧场效应管。经查为 R10 阻值变大，使光耦供电过低，Q2 无基极偏置而截止，进而使反馈给 Q1 的电压失控而升高，Q1 饱和导通的时间过长而过流损坏。更换损坏元件后，机器故障排除。

例2　夏普 378 型传真机开机无任何反应（二）

故障现象　机器不工作，开机无任何反应

分析与检修　根据现象分析，该故障一般发生在电源电路。经开机检查，为启动电阻 R6 变大，导致 Q1 和 ZD1 反向击穿，该机因为空载正常，并能启动，所以容易忽视启动电路。实际是因为参与反馈的 R6 阻值变大，使 Q1 正反馈不足而未完全饱和导通，所以带载能力变差。更换 Q1 和 ZD1 后，机器故障排除。

例3　夏普 378 型传真机开机无任何反应（三）

故障现象　整机无反应，拆机观察保险已熔断并且变黑。

分析与检修　根据现象分析，该故障一般发生在电源电路。开机检查电源板，Q1 击穿，Q2、Q3 崩裂，R8 断路。更换上述元件，在＋24V 处加 24V 灯泡作假负载。把 AC220V 电压调为 AC120V 后通电观察，输出电压基本在额定值，但随着逐渐调高输入电压，输出电压也逐渐升高，当升高至 D9 击穿时电源停振，说明稳压电路没起作用。拆除 D9 再试，短路光耦③、④脚，电源停振，说明电源初级侧基本正常，重点检查 Q4、D10 等取样元件，但查遍所有元件包括光耦均正常。又回到初级侧分析，既然短路光耦（3）脚、（4）脚可使电源停振，Q3 等元件应是正常的。断开 D5 故障现象不变，最后将 D6 拆下，测其反向电阻不为无穷大，说明是 D6 漏电，使加到 Q3 基极的电压异常，致使 Q3 等调控作用不正常所致。更换 D6 后一切正常，故障排除。

例4　夏普 UX-107 型传真机雷雨后工作不正常

故障现象　雷雨后不能进入工作状态，屏幕也无显示，无自检动作。

分析与检修　根据现象分析，问题一般出在电源电路。检修时，打开机盖，用万用表测电源板，无＋5V 和＋24V 输出。断开负载后再测，仍无电压，说明问题确在电源电路。此机为自励式开关电源。再用万用表测桥式整流输出，无 300V 电压；检查两只 1.25A 保险丝管断路，整流二极管 D2（1N4004）短路，Q1（FS5KM）源极、漏极也均已短路。用相同型号元件更换后试机，电源仍无输出电压。再进一步检查发现抗干扰电感 L1 有一边断路。更换 L1 后，机器故障排除。

例5　夏普 UX-107 型传真机开机有显示及自检动作，但不能收发传真

故障现象　整机开机后，机器能进入工作状态，有显示和自检动作，但无法收发传真及

打电话。

分析与检修 根据现象分析，该故障一般出在传真和电话的公共电路上。检修此类故障，应注意区别是否同时出现传真和电话不正常。如果仅为某一功能失常，则重点检查这一部分的电路；如两者同时出现失常，则重点检查公共部分。一般此故障多出现在电话板，可着重检查电话板中的外接电话线部分的元件。检修时，打开机盖，经检查光电耦合器、整流全桥、稳压二极管、三极管等元件均无损坏，接入电话线，有电压输入。进一步检查，发现IC1（TEA1062A）内部损坏。更换IC1后，机器故障排除。

例 6 **夏普 UX-107 型传真机发信后接收方文稿有一条竖线**

故障现象 机器接收传真时文稿清晰，但发送传真时接收方的文稿中有一条竖线，复印时也如此。

分析与检修 根据现象分析，问题可能出在稿件扫描部分。根据实际检修经验，此类故障一般与扫描部分光学系统有关，其原理与复印机相似，认真清洁光学组件后发现光学组件有不少污物。清洁光学组件污物后，机器故障排除。

例 7 **夏普 FO-151 型传真机指示灯不亮，机器无动作**

故障现象 开机后电源指示灯不亮，机器也无任何动作。

分析与检修 根据现象分析，该故障一般发生在电源电路。检修时，打开机盖，先检查电源保险丝是否烧断，然后用万用表测 5V 电源输出电压，若无电压则应检查电源变压器T1 次级有无电压，整流二极管 D3 是否损坏，并用示波器观察专用集成块 IC1 的输出电压波形，若（7）脚输入波形正常，（3）脚输出波形不正常，则判断 IC1 损坏。该机经检测果然为 IC1 内部不良。更换 IC1 后，机器故障排除。

例 8 **夏普 FO-151 型传真机指示灯亮，操作按键时机器不工作**

故障现象 开机后指示灯正常，操作按键时机器不工作。

分析与检修 根据现象分析，该故障一般出在电源及主控制电路。检修时，打开机盖，先检查电源和主控电路板之间接插件是否插接良好。然后用万用表测＋5V 电源有无输出。因＋5V 电压的输出受主控电路输出的 PON 信号控制，PON 若为低电平，则允许输出＋5V电压；若为高电平，则禁止输出＋5V 电压。若 PON 始终为高电平，则问题出在主控电路；若为低电平又无＋5V 电压输出，则为晶体管 Q2 损坏。该机经检测为 Q2 内部不良。更换Q2 后，机器故障排除。

例 9 **夏普 FO-151 型传真机无电源指示**

故障现象 开机后，无电源指示，机器无反应。

分析与检修 根据现象分析，问题一般出在电源及相关部位。检修时，打开机盖，先用万用表检测电源输入端有电压输入，则故障可能在电源保险丝 F1、F2。用万用表检查保险丝是否烧断，若烧断则用同规格的新保险丝管。该机经检查为 F1 保险烧断。更换 F1 后，机器故障排除。

例 10 **夏普 FO-151 型传真机机器不动作（一）**

故障现象 开机后无电源指示，机器不动作。

分析与检修 根据现象分析，问题可能出在电源及相关部位。打开机盖，先用万用表测电源输入端有无电压，如无电压则故障在电源插头及连接线上，可用万用表测量插头及连接线的导通情况，查出断线处并焊接好重新插好。该机经检查为电源插头内部接触不良。更换电源插头后，机器故障排除。

例 11 夏普 FO-151 型传真机机器不动作（二）

故障现象 开机后无电源指示，机器不动作。

分析与检修 根据现象分析，问题可能出在电源及相关电路。检修时，打开机盖，先应检查电源输入滤波整流电路。该电路由高频滤波器、整流器和平滑滤波器组成，同时为防止冲击电流，电路中还接入了熔断器和热敏电阻。该机经检查为热敏电阻损坏。更换热敏电阻后，机器工作恢复正常。

例 12 夏普 FO-151 型传真机无＋5V 电源输出

故障现象 开机后无＋5V 电流输出。

分析与检修 根据现象分析，＋5V 电压为控制电压，估计问题出在主控电路。由原理可知，＋5V 电压输出由开关管 Q2 的导通与否来控制，Q2 又受主控电路输出的 PON 信号控制，当 PON 信号为低电平时 Q2 导通，接通主＋5V 电源，反之 PON 信号为高电平，则Q2 关断，无＋5V 输出。检修时打开机盖，先用万用表检测主控电路板上 CNPW (14) 脚上PON 控制信号的电平变化，若 PON 为低电平，则允许输出＋5V 电压；若 PON 为高电平，则禁止输出＋5V 电压。如果 PON 始终为高电平，则说明故障出在主控电路，应检修或更换主控电路板。如 PON 为低电平又无＋5V 电压输出，则可能一般为 Q2 损坏。该机经检测CNPO (14) 脚为低电平，经查为 Q2 内部损坏。更换 Q2 后，机器故障排除。

例 13 夏普 FO-151 型传真机不响应对方信号

故障现象 当对方机器进行传真呼叫时，该机不响应对方信号。

分析与检修 根据现象分析，造成该故障主要原因有两点。①线路接口连接不良，主要是调制解调器和主控电路之间及线路接口电路板与主控电路板之间的接口连接不良造成信号传输不良。经重新连接后即可排除故障。②线路接口电路有故障，一般为发送/接收信号输入输出电路中的运算放大器损坏。检修时，可用示波器检查输入信号，具体方法是：先将一原稿送入传真机的进稿器，使之处于待发送状态，然后通知对方发送 DIS 信号，接着按下启动键，用示波器测量 RXIN 对地的信号 [示波器探头接 CNL (2) 脚，地端接 CNL (14)脚]，若无信号或信号幅度很小，则应更换运算放大器。该机经检查为运算放大器 IC3 内部损坏。更换 IC3，机器故障排除。

例 14 夏普 FO-151 型传真机记录纸卡纸（一）

故障现象 机器工作时，记录纸卡纸。

分析与检修 根据现象分析，问题出在记录纸传感器。记录纸传感器为反射式光电传感器。当无纸时，光敏三极管截止，输出高电平；当有纸时，输出低电平。检测时，打开机盖，用万用表测 CNPS (3) 脚电平，当放上或拿走记录纸时，电平若无变化，说明传感器已损坏。该机经检查为传感器内部损坏。更换传感器后，机器故障排除。

例 15 夏普 FO-151 型传真机记录纸卡纸（二）

故障现象 机器工作时，记录纸卡纸。

分析与检修 经开机检查，问题出在接收步进电机及驱动电路。检修时，打开机盖，检查 CNTR 的 (1)、(2)、(3)、(4) 脚，看是否有正常的步进脉冲，若有为步进电机损坏，若无为驱动电路损坏。该机经检查为步进电机不良。更换步进电机后，机器故障排除。

例 16 夏普 FO-151 型传真机记录纸卡纸（三）

故障现象 机器工作时，记录纸卡纸。

分析与检修 经开机检查，该故障为记录纸排纸机构阻塞所致。检修时，打开纸仓盖，检查排纸通道和记录压辊中有无纸张、异物，若有应清除干净。该机经检查为记录压辊中有异物阻塞。清除异物后，机器故障排除。

例 17　夏普 FO-151 型传真机记录纸卡纸（四）

故障现象　机器工作时，记录纸卡纸。

分析与检修　根据现象分析，问题出在线路转换电路。即按启动键后，线路不能转换到传真机方式。检修时，先按启动键，能听到网络接口电路中接口断电器 CML 吸合声，这时用万用表测量断电器 CML 常开接点两端应无电压，否则说明断电器或驱动模块 MS4519 损坏。该机经检查为驱动模块 MS4519 内部不良。更换驱动模块 MS4519 后，机器故障排除。

例 18　夏普 FO-151 型传真机记录纸卡纸（五）

故障现象　机器工作时，记录纸卡纸。

分析与检修　经开机检查，该故障由记录纸本身不良引起。由于普通传真机一般都是热敏记录纸，如纸质不好，表面起皱，或有破裂口，或未将记录纸卷安装正确，都会造成卡纸故障。更换记录纸后，机器工作恢复正常。

例 19　夏普 FO-151 型传真机线路不能连接切换

故障现象　机器传真时，线路不能连接切换。

分析与检修　根据现象分析，该故障一般出在继电器驱动电路。由原理可知，切换器受主控制器来的开关命令控制，在不进行传真通信时，继电器 CML 的触点断开，使外线电路与电话机连接；在建立了传真呼叫后，CML 的外电路受主控命令促使 CML 动作，其触点闭合，外线电路与传真机连接。当按动启动键时，若能听到继电器动作声，则表示继电器吸合，若听不到则继电器不吸合。造成该故障一般有以下几种原因：①控线继电器 CML 不良；②继电器的接插件 CNL 脱落或接触不良；③接口电路故障，若前两处正常，则故障一般出在继电器驱动电路（MS4519）。检修时，打开机盖，用万用表测量 HS1［CNL（7）脚］和 HS2［CNL（8）脚］的对地电位。当电话线路切换到传真机时，应为低电平，若 HS1 和 HS2 均为高电平，则应依次检查光电耦合器 PT2、PT3 和驱动电路 IC1（MS4519）。该机检测均为高电平，经查为 IC1 内部损坏。更换 IC1（MS4519）后，机器故障排除。

例 20　夏普 FO-151 型传真机传送走纸歪斜

故障现象　机器传真时，传送走纸歪斜。

分析与检修　根据现象分析，该故障一般为传送原稿的输纸胶辊严重污脏或沾有异物所致，这样胶辊各部分便转动不均匀，导致原稿各部分送进速度不一致，严重时还会扯裂原稿。该机经检查果然为输纸胶辊严重脏污。用无水酒精棉清洁输纸胶辊后，机器故障排除。

例 21　夏普 FO-151 型传真机不能自动接收切换

故障现象　机器传真时，不能自动接收切换。

分析与检修　根据现象分析，该故障一般发生在线路接口电路，且大多为线路接口电路不良。该故障通常是线路接口电路上的振铃检测电路发生故障而造成。由原理可知，当线路检测到振铃信号时，就向主控系统输出该"C1"信号，主控系统命令机器转入自动接收状态。检修时，可在对方机器进行呼叫时打开机盖，用示波器检测接插件 CNL（4）脚，若始终保持高电平，则继续检查驱动电路 IC1 和光电耦合器 PT1 的输入和输出电平；若电平始终保持不变，则该器件损坏。另外，接线不良或接插件接触不好也会造成电路连接不良而使机器不能进入自动接收状态。该机经检查为光电耦合器 PT2 内部不良。更换 PT2 后，机器故障排除。

例 22　夏普 FO-151 型传真机原稿在送入口处卡纸

故障现象　机器传真时，原稿在送入口处卡纸。

分析与检修　根据现象分析，该故障产生主要原因有五点。①原稿尺寸不合规格，或太薄，或有裂缝，应改用规定尺寸的原稿。②文件传感器损坏或污染，也会使主控系统给出错误信号，使机器停止发送，传送文件就会在入口处卡住。在检测文件传感器之前，可先检测 CNFS（2）脚，应有 1～2V 电压，然后用万用表或示波器测量 CNFS（3）脚的对地电位，当放上原稿和拿走原稿时，电位应由高变低，若电位保持不变，则说明传感器损坏。③输纸胶辊卡死。④发送电机不良或驱动电阻有故障。检修时，可用示波器检查步进电机接插件 CNTM 的（1）、（2）、（3）、（4）脚是否有正常的步进脉冲送出，若步进脉冲正常，则说明步进电机有故障，应对步进电机进行检查；若无步进脉冲，则电机驱动电路有故障，可检查驱动器 TD62064 的输出端（7）、（2）、（9）、（16）脚，若输出的步进脉冲不正常，则继续检查其输入端（3）、（6）、（11）、（14）脚，若输入正常而输出不正常，则说明驱动器已损坏。⑤上述检查均正常，则故障出在电路控制部分，可仔细检查其发送、接收信号输入、输出电路。通常故障出在比较器上，当放上原稿和拿走原稿时，IR2339（13）脚的对地电位应由高变低，若电位保持不变，则说明比较器损坏。该机经检查为文件传感器内部损坏。更换文件传感器后，机器故障排除。

例 23　夏普 FO-151 型传真机原稿中途卡纸

故障现象　机器传真时，原稿中途卡纸。

分析与检修　经开机检查与观察，机器发送时，原稿能正常通过入口处进入机内，但当走到扫描位置，荧光灯点亮后就不再前进，原稿被卡在那里。分析故障的主要原因有：①操作不当，中途突然停机造成的；②前端传感器和后续电路有故障。检修时，打开机盖，对文件前端传感器进行检查。再进一步检查，发现后续电路中的比较器内部不良。更换比较器后，机器故障排除。

例 24　夏普 FO-151 型传真机记录纸走纸不正常（一）

故障现象　机器接收传真时，记录纸走纸不正常。

分析与检修　根据现象分析与检查，记录传感器正常，问题可能在接收电机。检修时，打开机盖，先将两电机的接插件 CNRM 和 CNTM 互换，若互换后原稿送进不正常而记录纸走纸正常，则可判断接收步进电机已损坏。经检查果然为接收电机内部不良。更换接收电机后，机器故障排除。

例 25　夏普 FO-151 型传真机记录纸走纸不正常（二）

故障现象　机器接收传真时，记录纸走纸不正常。

分析与检修　经检查接收电机完好而电机不转动，判断为驱动电路有故障。检修时，打开机盖，仔细检查发现接收电机电源接插头虚焊，无驱动电压输入。重新补焊后，机器故障排除。

例 26　夏普 FO-151 型传真机复印时复印件全黑（一）

故障现象　机器使用复印功能时，复印件全黑。

分析与检修　经开机检查，扫描荧光灯不亮，一般有下列几个原因：①荧光灯管损坏，应更换荧光灯；②连接不良，检查连接荧光灯的连接线及接插件；③荧光灯驱动器不良，荧光灯驱动器受主控电路点灯信号的控制，因此其故障主要有两个原因，一是灯驱动器损坏，二是主控电路送出的点灯信号 FLON 不正常，一般是主控电路板上的驱动电路出了故障。该机经仔细检查发现为灯驱动器内部不良。更换荧光灯驱动器后，机器故障排除。

例 27 夏普 FO-151 型传真机复印时复印件全黑（二）

故障现象 机器使用复印功能时，复印件全黑。

分析与检修 根据现象分析，问题出在 DDC 器件及供电电路。由于 CCD 器件是在 +12V 电压下工作的，检查时，首先将原稿送至送稿器中，然后用万用表测量 CNC（1）脚与 CNC（2）脚和 CNC（4）脚与 CNC（2）脚间的电路，若这两对端子间无正常的 ±12V 电压输出，则应检查相应的供电电路。该机经检测果然无 ±12V 输出，经查为 IC2（LM318）内部损坏。更换 IC2 后，机器故障排除。

例 28 夏普 FO-151 型传真机复印时复印件全黑（三）

故障现象 机器复印时，复印件全黑。

分析与检修 经开机检查，CCD 器件及供电电源均正常，问题可能在驱动电路。该驱动电路产生四组驱动脉冲 $\phi 1$、$\phi 2$、ϕT 和 ϕR。$\phi 1$ 和 $\phi 2$ 是相位差为 180° 的移位脉冲，其作用类似于寄存器的移位脉冲，第一次移奇数位信号，第二次移偶数位信号；ϕT 是转移控制脉冲，其作用是控制 CCD 器件中的转移门电路；ϕR 是复位控制脉冲，其作用是清除输出值，以便接收下一个新信号，因此 ϕR 信号频率为移位脉冲的 2 倍。通常，驱动电路不良会导致四种信号输出不正常。检查时，先按下启动键，在机器进行复印的同时用示波器测相应接口 CNC（5）脚、CNC（6）脚、CNC（7）脚和 CNC（8）脚。ϕT、$\phi 1$、$\phi 2$ 和 ϕR 通常由专用集成电路产生，经过驱动电路 75365 送到 CCD 器件。可用示波器检查该驱动电路 75365 的输入端（3）、（6）、（14）、（11）脚和输出端（2）、（7）、（15）、（10）脚，若输入正常而输出不正常，则说明驱动电路 75365 损坏。该机经检查为驱动块 75365 内部损坏。更换驱动块 75365 后，机器工作恢复正常。

例 29 夏普 FO-151 型传真机复印时复印件全黑（四）

故障现象 机器复印时，复印件全黑。

分析与检修 经开机检查，CCD 器件及驱动电路均正常，分析可能是 CCD 器件本身损坏。判断 CCD 器件的好坏，只要检查 CCD 器件输出的图像信号即可。在机器进行复印期间，用示波器测试 CCD 器件的（1）脚，如复印的原稿是有文字的文件，则该脚的输出应为不规则的模拟信号；如该脚无信号输出，则说明 CCD 器件已损坏。更换 CCD 器件还要采用防静电措施，以免损坏 CCD 器件。该机经检查为 CCD 器件内部损坏。更换 CCD 器件后，机器故障排除。

例 30 夏普 FO-151 型传真机复印时复印件全黑（五）

故障现象 复印时，复印件图像全黑。

分析与检修 开机检查，扫描灯、CCD 器件均无异常，判断问题可能出在信号输出电路。检修时，打开机盖，找到 CCD 器件及输出电路板，仔细检查射极跟随器的三极管 TR1（C1214）和运算放大器 LM318。经检测果然为 TR1 内部损坏。更换 TR1 后，机器故障排除。

例 31 夏普 FO-151 型传真机复印件半黑（一）

故障现象 机器复印时，复印件半边全黑。

分析与检修 根据现象分析，问题可能是光路不畅造成，如碎纸等杂物遮住边光路。检修时可依次检查荧光灯、透光镜、反光镜和聚焦镜之间的光路以及镜面上的清洁度，将遮光杂物清除掉，镜面擦拭干净即可。该机经检查为透光镜有污物。清除透光镜污物后，机器故障排除。

例32　夏普 FO-151 型传真机复印件半黑（二）

故障现象　机器复印时，复印件半边全黑。

分析与检修　经开机检查与分析，问题可能为 CCD 板松动造成。检修时，可用示波器监视 CCD 器件的输出信号，再用螺丝刀将固定 CCD 板的螺钉略微松开，轻轻摇动 CCD 板，直到在示波器上观察到 CCD 器件的输出信号正常为止，然后拧紧螺钉，将 CCD 板固定好即可。

例33　夏普 FO-151 型传真机复印副本上有黑道

故障现象　机器接收传真时，复印件副本有黑道。

分析与检修　根据现象分析，该故障产生原因主要有以下几个方面。①光学系统不清洁。光学系统不清洁主要有透光、反光镜或聚焦镜的镜面上有灰尘。②CCD 器件中部分电路损坏。此故障通常使用全白稿件进行全白测试复印，以此来确定 CCD 器件中是否有部分电路损坏。如确认有损坏，则应更换 CCD 板。③感热记录头不清洁。机器长期使用，会在感热记录头上出现烧焦变黑的斑痕，影响正常记录。检修时，可用干净棉花或软布蘸少量无水乙醇轻轻擦拭感热记录头，除去上面的黑斑即可。该机经检查为感机记录头脏污。清洁感热记录头后，机器故障排除。

例34　夏普 FO-151 型传真机发送时联络失败

故障现象　机器传真发送时联络失败。

分析与检修　根据现象分析，该故障主要原因：①电话未插接好；②拨号模式未选择好。应按电话线路的类别正确置于 P（脉冲拨号电话）或 T（音频电话）模式。该机经检查为拨号模式未选择正确。重新设置正确后，机器恢复正常。

例35　夏普 FO-151 型传真机传真发送不成功

故障现象　机器传真发送不成功。

分析与检修　根据现象分析，问题可能为发送电平不正常所致。由原理可知，机器传真发送时，发送电平过高或过低，都会导致联络失败。此时应调整发送电平，使之适应外线电路。具体方法如下。

LEU 板上的八位拨动开关，每位分别对应于一发送电平，某一位对应 -3dB，以后每挡依次衰减 2dB，第八位对应 -17dB。根据所需的发送电平，将拨动开关对应的那个开关位置于 "ON" 位，其余开关都设置在 "OFF" 位即可。

例36　夏普 FO-151 型传真机不能正常发送传真（一）

故障现象　机器不能正常发送传真。

分析与检修　经开机检查调制解调器工作电压不正常，判断问题出在电源供给部分。打开机盖，检修时可用万用表直流电压挡测量 CNM（3）、（4）、（26）、（37）脚的对地电压，（3）脚和（4）脚应为 $+5$V，（26）脚应为 $+12$V，（37）脚应为 -12V，如某一电压不正常，可依次检查输出电源的相关部分。经检测为 $+12$V 电压异常，其原因为该稳压管损坏。更换 $+12$V 稳压管后，机器故障排除。

例37　夏普 FO-151 型传真机不能正常发送传真（二）

故障现象　机器不能正常发送传真。

分析与检修　经开机检查，调制解调器工作电压正常，但不能正常工作，判断故障可能出在调制解调器本身。检修时，先将传真机接在用户电话线上，将传真机置于手动工作状态，摘下电话传声器，按启动键后测量 TXOUT 端 [CNM（38）脚]，如能看到 2100 Hz 的单音信号和 300 bps 调制信号，说明故障出在接口板上，若无 DIS 和 CED 信号，说明调制解调器内部故障。经检测无 DIS 和 CED 信号，说明调制解调器内部不良。更换调制解调器后，机器故障排除。

例 38　夏普 FO-151 型传真机复印副本呈全白状态

故障现象　机器接收传真时，复印副本呈全白。

分析与检修　根据现象分析，该故障一般由以下原因造成。①记录纸不良。传真机内的记录纸卷没有正确装妥、没有使用热敏记录纸和记录纸已失效褪色等，都会导致复印副本全白的现象。②感热记录头不良。感热记录头严重污脏或已烧坏，也是造成全白故障的主要原因。该机经检查为感热记录头内部损坏。更换感热头后，机器恢复正常。

例 39　夏普 FO-151 型传真机复印副本图像模糊扭曲

故障现象　机器复印时，图像模糊扭曲。

分析与检修　根据现象分析，该故障产生原因如下。①记录纸不良。②感热记录头污脏。用无水酒精清洗，保持感热记录头清洁无斑点。③输纸胶辊污脏。用软布蘸无水酒精揩擦干净。④外线路信号不良。图像信号经电话线路传送时因各种干扰常会使复印图像产生扭曲、模糊、深浅不匀等不良现象。遇此故障可先关机停一下后重新启动，如果不正常可通知对方关闭发送后，隔一会再发送。该机经检查为记录纸不良。更换记录纸后，机器故障排除。

第四节　三星传真机故障分析与检修实例

例 1　三星 SF-2800 传真机显示"COMMERROR"（指令错误）

故障现象　发送时 LCD 显示"SEND"（发送）后，机器不动作，几秒后显示"COMMERROR"（指令错误）。

分析与检修　根据现象分析，引起该故障的原因可能是发送通道工作不良。该传真机具有 Modem（调制解调器）测试功能，可用此功能检查发送通道。其操作步骤如下：依次按"FUNCTION"（功能）"＃""1""9""3""4"键进入 TECH（技术）方式，再按"FUNCTION""6"键进入测试方式，按"YES"选择测试项目，选择到"ModemTEST"（调制解调器测试），再按"YES"进入 FSK（频移键控）信号测试状态。用示波器观测集成电路 U14 的（3）、（4）、（9）脚信号波形：（9）脚应为高电平，（4）脚为发送图文信号输入，（3）脚为发送图文信号输出选择。经测（9）脚、（4）脚信号均正常，而（3）脚无信号，查 U14（TC4053BF）内部损坏。更换 U14 后，机器排除故障。

例 2　三星 SF-2800 型传真机开机后面板操作无显示

故障现象　开机后面板操作（LCD）无显示，LED 指示灯也不亮。

分析与检修　根据现象分析，该故障一般为面板操作及供电电路。由原理可知，操作面板上的 LCD 和 LED 均由 ＋5 V 电压加至操作面板。检修时，打开机盖，先检查电源单元有无 ＋5 V 电压输出。再取下电源部件，通电后用万用表直流电压挡测电源印制电路板上的 10 芯连接器 CON1（3）脚（＋5 V）的对地电压为 0 V。由于 ±12 V、＋24 V 和 ＋5 V 电压均由振铃扼流变换器电路产生，为了判断故障发生部位，再测 ＋12 V [CON1（5）脚对地] 和 －12 [CPN1（1）脚对地] 电压。经测量 ±12 V 电压正常，说明电源单元的变换器电路和输入电路均正常，故障在＋5V 电压输出电路。进一步检测发现稳压器 U2 内部损坏。更换 U2 后，机器故障排除。

例 3　三星 SF-2800 型传真机无显示，LED 指示灯也不亮

故障现象　开机后显示器无显示，LED 指示灯也不亮。

分析与检修　根据现象分析，该故障一般出在面板显示及供电电路。检修时，打开机盖，通电后，用万用表测量 CON1（3）、（5）、（1）脚的对地电压。经测量这三脚的电压均为 0V。再测量＋24V 输出电路中，D3 输出端的对地电压也是 0V，变压器 T1 的各个回路中均无高频脉冲，说明变换器振荡电路不起振。再检查电源输入端的保险 F1，发现 F1 已烧断，说明电路有短路或变换器电路有器件损坏。进一步用万用表检查 R1、C1、C4、BD1、Q1 等相关元件，发现开关管 Q1 内部击穿。换开关管 Q1 后，机器故障排除。

例 4　三星 SF-2800 型传真机复印件全黑

故障现象　机器复印时，复印件全黑。

分析与检修　根据现象分析，问题可能出在 LED 驱动电路。由原理可知，该机采用 CIS 扫描方式。CIS 器件用 LED 阵列作光源，并且与光敏传感器封装在一起，LED 发出的光经原稿反射后落到光敏传感器上，然后进行光电转换，若 LED 不发光，就会出现复印件全黑的故障，因此应先检查 LED 是否发光。检修时，先将原稿放在原稿上导板，按 "START" 键使机器进入 "COPY" 状态，此时 LED 阵列应发光。经检查 LED 阵列不亮，CIS 器件与主控板间连接器 P4 良好。图 6-7 所示为驱动器电路，LED 阵列一端经 P4（10）脚接＋5V 电源，另一端经 P4（9）脚接三极管 Q6 的集电极，Q6 的基极接 U1（72）脚。在连

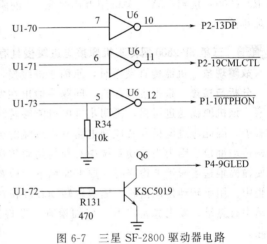

图 6-7　三星 SF-2800 驱动器电路

接器 P4 接触良好和＋5V 供电电压正常的情况下，只有 U1 或 Q6 损坏才会发生该故障。该机经检查为三极管 Q6 损坏。更换三极管 Q6 后，机器故障排除。

例 5　三星 SF-2800 型传真机复印件全白

故障现象　机器复印时，复印件全白。

分析与检修　根据现象分析，问题一般出在扫描及供电电路。检修时，先进行 TPH 测试：依次按下 "FUNCTION" "♯" "1" "9" "3" "4" 键，待机器进入 "TECHMODE" 后，再按 "FUNCTION" "6" "YES" 键进入 TPH 测试。经测试打印正常，说明故障出在扫描部分。经检查 CIS 器件与主控电路之间的 P4 连接器接触良好。然后接上示波器，通电测量 P4（1）脚（SIG）（使机器进入复印状态）未测到视频信号，但 CIS 器件中的 LED 阵列发光正常，说明 CIS 器件中的光敏传感器工作不正常，依次测量 P4（3）脚（＋5V）、（4）脚（－12V）、（6）脚（XOSI）和（8）脚（XOCLK），测量结果＋5V、XOSI 和 XOCLK 信号均正常，但 P4（4）脚的电压为 0V，断定故障由－12V 供电电路引起。用万用表测量电源单元的－12V 电压输出端为 0V。由原理可知，－12V 电压经三端稳压器 U4 稳压输出，测 U4 的输入端电压正常，说明三端稳压器 U4 内部损坏。更换三端稳压器 U4（7912）后，机器故障排除。

三星 SF-2800 型传真机复印件一半清晰一半全白

故障现象 机器复印时，复印件一半清晰一半全白。

分析与检修 经开机检查与观察，问题出在记录部分。仔细观察复印件，发现字迹由左向右逐渐变淡，怀疑是记录纸仓盖没压紧。用手压紧纸仓盖后再进行 TPH 测试，故障现象立即消除，说明故障是由于纸仓盖没关紧所致。关机后打开纸仓盖检查，发现纸仓右边的挂钩脱落。连接挂钩并挂好弹簧后，再压下纸仓盖，机器故障排除。

三星 SF-2800 型传真机发信时原稿不动

故障现象 机器发信时，原稿放上导板后不动。

分析与检修 根据现象分析，问题一般出在发送步进电机及原稿传输部位。检修时，先检查发送步进电机是否转动。抬起操作面板框架，用手压下原稿传感器的挡片，发现输稿辊未转。取下原稿下板检查传动系统，输稿辊和分页轮均正常，说明步进电机未转。再检查原稿传感器，用万用表测量 P10（6）脚对地电压，始终保持不变，正常应为高变低。取下操作面板组件，再测原稿传感器（3）脚对地电压接近 0V，正常应为 2V 左右。经查该脚经电阻 R3（200）接到 +5V，关机用万用表测 R3 的阻值，发现 R3 内部开路。更换 R3 后，机器故障排除。

三星 SF-2800 型传真机原稿送进缓慢且有异常声音

故障现象 机器传真发送时，原稿送进缓慢，并发出异常声音。

分析与检修 根据现象分析，问题一般出在发送步进电机控制及原稿传送机构。经开机观察，该机原稿送进缓慢，说明步进电机能够转动。由于步进电机的转速仅与步进脉冲的频率有关，因此步进电机及其控制电路发生故障的可能性较小。经检测该电路正常，再检查其机构传动部位。因为当传动系统中有异物妨碍传送或传动齿轮间啮合不好造成齿轮打滑，会致使输稿辊速度减慢。检修时，取下原稿下板检查传动系统，未发现有异物卡在传动齿轮输入辊中。用手转动传动齿轮，输稿辊转动较轻松，无打滑现象。再进一步观察发现电机轴在转动中有晃动，发出异常声音。仔细检查，发现固定电机的螺钉松动。将螺钉拧紧，故障排除。

三星 SF-2800 型传真机开机 LCD 上行显示黑影

故障现象 开机后 LCD 上行显示黑影，下行无显示，指示灯也不亮。

分析与检修 根据现象分析，该故障一般为下列原因造成。①主控电路板和操作面板之间的连接器脱落或接触不良，导致数据信号不能送到操作面板上。②程序存储器 EPROM 损坏，造成主控电路不能正常工作。③单片传真控制器的 R96FE（U1）未工作：R96FE 损坏；R96FE 的外围电路有器件损坏；R96FE 的复位电路 RST520C（U10）损坏，输出信号 PWRGD 始终为低电平，使 R96FE 无法正常工作；④24MHz 晶体振荡器损坏，无时钟信号输入 R96FE，使它不能工作。该机经检查为单片传真控制器 U1（R96FE）内部损坏。更换 U1 后，机器故障排除。

三星 SF-2800 型传真机开机后显示 "DOCUMETJAM" 信息

故障现象 开机后 LCD 显示 "DOCUMETJAM" 信息。

分析与检修 根据现象及资料分析，开机后显示 "DOCUMETJAM"，说明送稿器中有原稿堵塞。但经开盖检查，送稿器并未发现有原稿堵塞，重新开机后 LCD 仍显示 "DOCU-MENTJAM"，说明检测原稿状态传感器出了故障。检测原稿状态传感器有两个，为遮断式光电传感器，发光二极管和三极管装在传感器两边。经检查发现末端传感器的挡片被一纸屑堵塞，造成传感器的状态出错，引起 LCD 显示错误。清除纸屑后，故障排除。

例 11　三星 SF-2800 型传真机发送时显示"SEND"不动作

故障现象　机器发送时显示"SEND"后不动作，数秒后显示"COMMEROR"。

分析与检修　根据现象分析，该故障可能出在信号发送通道。由于该机具有监听传真信号音调功能。检修时，先监听能否听到对方传真机发来的 DIS 信号音调和本机发出的响应信号音调，如能听到，则说明本机已收到 DIS 信号，MODEM 也工作正常。经监听，该机能听到该信号，说明故障出在信号发送的通道。由于该机具有 MODEM 测试功能，可用此功能检查发送通道。依次按"FUNCTION""1""9""3""4"键进入 TECH 方式，再按"FUNCTION""6"键进入测试方式，按"YES"键选择测试项目，选择"MODEMTEST"项后按"YES"键选择"FSKTEST"，再按"YES"键进入 FSK 信号测试状态。然后用示波器测主控板上的连接器 P2（17）脚，原 FSK 信号；再测 U14（3）脚也无信号；测 U14（4）脚信号正常；测 U14（9）脚为高电平，状态正常；说明模拟 U14 内部损坏。更换 U14（TC4053）后，机器故障排除。

例 12　三星 SF-2800 型传真机按"2""5""8""0"键无效

故障现象　开机后按"2""5""8""0"键无效。

分析与检修　根据现分析，问题可能出在面板操作电路。由于这 4 个键位于键盘矩阵的同一扫描行中。该扫描行与主控电路输出端 OP04 相接，同时该脚还连接 LED5 指示灯和 LCD 显示器的 RS 控制器，因此检修时，观察开机时 LED 指示灯和 LCD 显示器的初始过程是否正常。正常情况下，开机后面板上的几个 LED 指示灯全亮，LCD 上行显示"SYSTEMInitial"，几秒后指示灯全灭，LCD 进入行正常显示状态。经观察该机开机时 LED 和 LCD 的显示过程完全正常，说明主控电路工作正常，故障确在操作面板上。用示波器测操作面板上的连接器 CBL2（6）脚，有扫描脉冲输入，再测 D6 的正极，无扫描脉冲。断电后用数字万用表检测 D6，发现 D6 内部损坏。更换二极管 D6 后，机器故障排除。

例 13　三星 SF-2800 型传真机两页原稿同时送进

故障现象　机器多页复印或多页发送时，两页原稿同时送进。

分析与检修　根据现象分析，该故障一般为分页器分页不良所致。SF-2800 机的分页器构造比较简单，由分页簧片和分离橡胶片组成，利用摩擦方法实现分页。当多页原稿送到分页滚轮前时，分离橡胶片使上面的多页原稿受它的摩擦力而停止前进，最下面一页原稿受它的摩擦力而停止前进，从而实现了自动分页。两页原稿同时送进，是因为分离橡胶片未起作用。检修时，先抬起操作面板框架，发现分页器的分离橡胶片磨损过多，失去分页作用。更换分离橡胶片后。机器恢复正常。

例 14　三星 SF-2800 型传真机复印副本拉长

故障现象　机器发送时，复印副本拉长。

分析与检修　根据现象分析，该故障一般为原稿在送进过程中发生阻滞造成。具体原因较多，如传动系统中掉进异物，使传动机械受阻，导致原稿送进阻滞；传动齿轮磨损，使齿轮间啮合不紧，导致转动打滑，使原稿送进速度减慢；分页簧片失效，不能压紧原稿，也会使原稿送进阻滞。检修时，打开机盖，先检查分页器，掀起操作面板框架，用手指轻轻按动分页簧片，发现分页簧片压力不足，使原稿和分页滚轮之间的摩擦减小。更换或调整分页簧片后，机器故障排除。

例 15　三星 SF-2800 型传真机自动接收时能振铃但无法进入状态

故障现象　机器自动接收时，振铃后机器不能进入状态。

分析与检修　根据现象分析，该故障可能出在振铃信号检测电路。开机观察，机器存在振铃，说明振铃电路工作正常；不能转到接收状态，主 CPU 未检测到振铃呼叫（C1）信号。检修时，打开机盖，先检查 LIU 板的振铃信号检测电路。用示波器测量光电耦合器 DPT3 的输出端［(3) 脚］，发现该脚始终为低电平。该信号在振铃期间应为高电平，由于能听到振铃声，说明振铃电路 MC34012 输出的振铃信号正常。再用示波器测量 DPT3 的输入端［(1) 脚］，振铃信号正常。由此断定光电耦合器 DPT3 内部不良。更换 DPT3（PC814）后，机器故障排除。

例 16　三星 SF-2800 型传真机不能自动接收和免提拨号

故障现象　机器开机后，不能自动接收和免提拨号。

分析与检修　经开机观察，机器手动发送和接收均正常，但按"接收"键选择自动接收方式时不能转换，指示灯也不亮；按"免提拨号"键免提拨号指示灯不亮，也不能进入免提拨号方式。根据现象分析，该故障一般为叉簧开关与 LIU 板之间接触不良所致。经检查 J4（4）脚为低电平，说明叉簧开关已接地，再检查叉簧开关，发现固定螺钉松动，使叉簧开关的位置下沉，致使电话手柄压下时无法挂断。将固定叉簧开关的螺钉拧紧后，机器故障排除。

例 17　三星 SF-2800 型传真机用单键及缩位拨号时不能进入发送状态

故障现象　机器用单键或缩位拨号时，不能进入发送状态。

分析与检修　根据现象分析，该故障一般是由于线路未转换到传真机而造成的，应重点检查继电器 CML1 及驱动电路。由原理可知，继电器 CML1 的线圈一端接＋12V，另一端经连接器 J2（19）脚接主控板上的驱动器 TD62503（U6）的（11）脚。检修时，先用万用表测 LIU 板上的连接器 J2（19）脚的对地电压（LCD 显示拨号信息后该脚应由高电平变为低电平），发现该脚始终保持高电平，再检查主控板上的连接器 P2（19）脚，该脚在传真机拨号后变成低电平，状态正常，说明连接器 P2 与 J2 之间断路。经查发现 P2 与 J2 之间连接的扁平电缆折断。更换扁平电缆后，机器故障排除。

例 18　三星 SF-2800 型传真机收到的图像模糊不清，误码严重

故障现象　机器接收的文稿图像模糊，误码严重。

分析与检修　根据现象分析，问题一般出在接收通道，应重点检查接收回路中的相关元器件。检修时，打开机盖，用万用表依次测量运算放大器 U18 周围的电阻 R63、R65、R64 正常，然后再用示波器，开机使机器进入接收状态，依次测量连接器 P2（16）脚，模拟开关 U18（3）脚、（4）脚，MODEM（U110）的（46）脚相关信号是否异常。经检测发现 U18（3）脚信号幅度较小，故判断放 U18 内部损坏。更换 U18（MC4558）后，机器故障排除。

例 19　三星 SF-2800 型传真机记录纸不输纸，显示不正常

故障现象　机器传真时，记录纸不输纸，屏显示"PAPERJAM"。

分析与检修　根据现象分析，该故障一般发生在记录纸出口等相关部位。屏显示"PAPERJAM"，是提醒机器发生记录纸堵塞。检修时，先打开记录纸仓盖，发现记录纸前端出现折皱，堵塞在出纸口处。取出记录纸，剪去前端折皱部分，重新装好记录纸，关上纸仓盖，记录纸刚走一下又出现记录纸堵塞现象，显示屏仍显示"PAPERJAM"。此时可断定出纸口处有异物阻挡或有部件变形。进一步仔细检查出纸口，发现导向板变形。整形导向板后，机器故障排除。

例 20 **三星 SF-2800 型传真机记录纸不输纸，显示正常**

故障现象 机器传真时，记录纸不输纸，屏显示正常，且有电机转动声音。

分析与检修 根据现象分析，该故障一般发生在记录纸输出通道。开机观察，屏显示正常，说明未发生记录纸堵塞现象，记录纸传感器和记录纸末端传感器的输出状态均正常。能听见电机转动声音，说明接收步进电机能够转动，电机及驱动电路无故障。判断问题为记录纸输纸辊未转动或纸仓盖未关紧。先检查纸仓盖，用手压紧仓盖后再做输纸试验，仍不输纸，打开纸仓盖观察，发现传动齿轮及固定卡圈脱落。重新装好传动齿轮及卡圈后，机器故障排除。

例 21 **三星 SF-2800 型传真机不振铃也不能接收**

故障现象 机器自动接收时，对方呼叫本机后，本机既不振铃，也不能转入接收状态。

分析与检修 根据现象分析，该故障一般发生在振铃电路。由原理可知，振铃电路是将外部电话线输入的铃流信号转换成振铃音频信号，再送到蜂鸣器发出振铃声。振铃电压由 U1（MC34012）输出，另一路输出信号送往振铃检测电路，将此信号转换成呼叫信号，输出到主控电路。传真机既不振铃，也不转入接收状态，说明无振铃音频信号输入蜂鸣器，振铃检测电路也无呼叫信号输出，应重点检查 MC34012。打开机盖，用示波器振铃时测 MC34012 的输入端 [（2）脚、（3）脚]，未测到铃流信号（铃流信号由外线输入，经 CML1 和 CML2 两继电器的常闭触点送到 MC34012 的输入端）。关机后再用万用表分别检查 CML1 和 CML2 的常闭触点，发现 CML2 的常闭触点接触不良，使铃流信号无法正常。更换 CML2 后，机器恢复正常。

第五节　理光传真机故障分析与检修实例

例 1 **理光 FX-120C 型传真机发送文件时无法进纸**

故障现象 机器发送文件时，按下"START"键后发出"咔"的声响，无法进纸。

分析与检修 根据现象分析，该故障可能出在文稿导引机构及相关控制电路。按下"START"键，TC13（33）脚输出低电平，经过 IC47 反相器和复合管 Q2 构成的射极跟随器后，Q2 的 C 极输出低电平，+12V 电源进入线圈 MG2 及 Q2 形成回路。该线圈产生磁场，并带动文稿导引机构动作，把文稿从稿架位置推至读取位置，进入传真通信状态。同时系统的复位电路产生清除信号，使 Q2 的 U_{be} 下降，最终达到停止原稿推动的目的。检修时，仔细观察发现"咔"声来自文稿进给线圈 MG2，MG2 能吸合但不能复位，检查 SCH 板有关控制电路无异常。再检查文稿机械传动部分，发现其传送轴、齿轮、皮带等部件均完好，判断故障原因为文稿进给线圈 MG2 机构传动部分不能复位。经进一步检查，发现 MG2 线圈和自动进给辊轮的齿轮臂，因长期使用而偏离原来的垂直方向。重新正确调整位置后，机器故障排除。

例 2 **理光 FX-120C 型传真机开机后无显示不工作**

故障现象 开机后，无任何显示，电源指示灯也不亮，不工作。

分析与检修 根据现象分析，问题一般出在电源及相关电路。检修时，打开机盖，仔细检查电源板，发现保险电阻已烧断。用 18kΩ/5W 的水泥电阻代换后，重新装好后开机，电源指示灯亮，但操作面板屏幕上同时显示"接收""发送"两种信号，不工作。经反复检查测试，发现保险电阻的一端为双面印刷电路板的过孔点，如果只进行单面焊接就会出现上述现象。改用双面焊接后开机，机器恢复正常。

例3 **理光 FX-120C 型传真机指示灯亮但无任何显示**

故障现象 开机后，指示灯亮，但显示屏无任何显示。

分析与检修 根据现象分析，问题可能出在 CPU 主板上。打开机盖，用万用表逐一检查，发现厚膜芯片 S5359F34K 部分引脚折断。因该机进行保养、维护时需将整机全部拆下，而厚膜芯片 S5359F34K 直立于光电耦合器件 CCD 的光学镜头和主电路板间，活动范围很小，易将其引脚折断。检修时，可用一长 10cm 左右的 11 芯孔的扁平信号电缆将其引出，并固定于后盖面板上。重新开机，屏幕显示 "PLEASESETSENEOR" 的信息，采用组合功能检查 LED，显示为"更换纸卷、线路故障、清除复印件、清除原稿"。逐一用组合功能调整传感器。具体步骤如下：①装好传真纸，放入排孔；②开电源，按下 "STOP" 键，3 秒后松开 "STOP" 键；③同时按下 "SHIFT" 键和 "START" 键。该机经上述处理后，机器故障排除。

例4 **理光 FX-120C 型传真机复印正常不能收发传真**

故障现象 开机后，机器复印正常，不能收发传真。

分析与检修 根据现象分析，机器复印正常，说明复印及收发传真共用电路工作正常，故障可能出在调制解调器及网络控制板至外线范围内。由原理可知，机器发送传真时，传真信号经调制解调器处理后变换成模拟信号，经系统板输出后，再进行模拟量的放大处理。从该机电路分析，传真信号路径为：HIC3—CN23（12）脚—CN2（12）脚—调整发送电平—IC4（低能滤波器）—T1 变压器—外线。检修时，打开机盖，经检查发现，CN23 的（12）脚到外线间正常。故分析是 MODEM 板和集成块 HIC3 有问题。调换一正常的 MODEM 板试机，机器工作仍不正常。因此，可判定 HIC3 有故障。进一步拆开检查，发现 HIC3 部分引脚脱焊。重新补焊 HIC3 引脚后，机器故障排除。

例5 **理光 FX-120C 型传真机接收正常复印及发送文稿全黑**

故障现象 复印及发送文稿全黑。

分析与检修 根据现象分析，问题一般出在图像扫描部分。检修时，打开机盖，先清洁三个条形反光镜，故障依然存在。再进一步检查，发现传真机内部有一个图像收缩镜筒，镜面有很多灰尘，说明故障由此而引起。具体检修步骤如下：①打开装纸的上盖，取出纸卷，可看到纸槽后侧有一个长弧形金属屏蔽罩；②卸下屏蔽两端的螺钉，揭开屏蔽罩，下面有一个长方形电路板即光电转换电路，取出电路板，正下方即为图像收缩镜；③收缩镜是一个单独的元件，可将它取出，清洗后按顺序及原位重新装后，机器故障排除。

例6 **理光 FX-120C 型传真机开机后不能通信**

故障现象 开机后不能通信。

分析与检修 根据现象分析，问题可能出在 MODEM 板上。检修时，打开机盖，通电后，用万用表测 CNM（3）脚为＋5V，CNM（26）脚为＋12V 和 CNM（37）脚为－12V，电压正常。然后打开传真机，进入接收状态，接上示波器，测 CNM（13）脚（DCLK），有均匀连接的方波信号，说明 MODEM 的数字处理部分工作正常。再检查 CNM（20）脚（TXD），有 DIS 信号，接着检查 CNM（38）脚（TXOUT），无 300bit/s 控制信号。继续检查 MODEM 板上的运算放大器 MC14587，也无 300bit/s 调制信号，检查 MC14586 的信号正常，说明运算放大器 MC14587 内部损坏。更换运算放大器（MC14587）后，机器故障排除。

例7 理光 FX-120G 型传真机遭雷击后不能工作

故障现象 机器遭雷击后，造成开机无任何显示，指示灯也不亮，有的机型则"死机"。

分析与检修 根据现象分析，故障为雷击损坏调整器所致。由原理知，传真机都有相应的防雷保护措施，在电源部分采用的保护措施如图 6-8(a) 所示。遇雷电时，雷电高压使压敏电阻 TNR 导通，使保险丝 F 熔断以保护电路。在传真机外接电话线部分，常见的防护如电路图 6-8(b) 所示，是利用压敏电阻的特性保护电路，图 (b1)、(b2) 是采用专用的防雷电的放电管作为防护措施，防护措施较全面可靠。但以上诸法也不万全，一旦雷电能量较大时，往往会通过传真机的线路变压器损坏传真机的关键器件调制解调器（MODEM），甚至大面积损坏集成电路而造成传真机不能通信，应首先检查 MODEM 的收发信号端是否有相应的信号该机经检查为调制解调器损坏。更换调制解调器后，机器故障排除。一般建议雷电时，拔掉外线及电源插头。

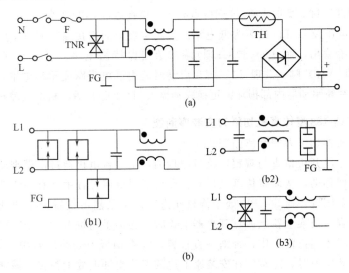

图 6-8　理光 FX-120G 型传真机防雷保护措施

例8 理光 FAX-188 传真机开机无显示（一）

故障现象 开机无显示。

分析与检修 根据现象分析，问题一般出在电源电路。检修时，打开机盖，用万用表 DC50V 挡测 AC/DC 组件的 CN2 电压，结果是 0V，从而确认故障在该组件电路中。为检查方便，要将组件从传真机内拆出，方法是拔下 CN1 和 CN2 上的电线，旋下组件板上两个螺钉后将其取出，用万用表的 R×1k 挡检查保险器 F1（2A）已开路。为找出可能使 F1 开路的元器件，先查压敏电阻 VZ1、整流桥 DB1、滤波电容 C7，都正常；再查开关管 Q1，发现 D-S 极已击穿，电阻 R8（0.2Ω/3W）开路，其他元件未发现损坏。按原规格换掉已损坏元件后，测 CN2 上正、反向电阻大于 3kΩ/10kΩ，正常。在 CN2 上接一个 50Ω/20W 电阻当假负载，检查无误后给组件板供电，再测 CN2 已有 24V 电压输出。切断电源，按拆卸的反顺序装好传真机，插上电源线机器开始切纸，进行收发传真机试验正常。

例9 理光 FAX-188 传真机开机无显示（二）

故障现象 开机无显示。

分析与检修 根据现象分析，问题一般出在电源电路。检修时，打开机盖，用万用表测

CN2 电压偏低，故障应在主板上的 DC/DC 直流调压电路中。IC1（MC34063AP1）是 DC/DC 调压集成块，它的（1）、（6）、（7）、（8）脚是 24V 电压输入脚，（2）脚输出正 5V 电压。DA1、79L05、C4、C3 等组成－5V 电压输出。先查看滤波电容 C2、C3、C4、C1、C8、C14 外观，没发现漏液、凸顶、断脚等明显损坏迹象。然后通电测 IC1 的（1）、（6）、（7）、（8）脚，发现电压很低，且（2）脚没有电压输出，电容 C4 上电压也为 0V（正常应为－9V 左右电压），手摸 IC1 很热。拔下电源线，焊下 IC1，检测内部已损坏。更换 IC1 后，故障排除。

例 10　理光 FAX-188 型传真机复印件全黑

故障现象　机器复印时，复印件全黑。

分析与检修　根据现象分析，该故障可能发生在 CIS 器件及驱动器等相关部位。检修时，先应检查 CIS 器件中的 LED 阵列是否点亮，可用 LED 阵列测试功能进行自检。具体方法为，依次按"FUNCTTON"功能键→数字"6"键→数字"1"键→数字"9"键（2 次）→数字"5"键→"YES"键；接着再依次按数字"1"键→数字"0"键→"YES"键→数字"0"键→"START"键，此时 LED 阵列应点亮，但检查该机 LED 阵列不亮。接着再用万用表检测有无＋24V 电压及 GLED 是否为低电平。实测主板上的连接器件 CN6 的（9）脚、（10）脚，有＋24V 电压输出，而（9）脚 GLED 端却始终保持高电平。进一步仔细检查驱动器 QA2R 的（1）脚、（16）脚，发现（1）脚在启动时能由低电平跃变至高电平，而（16）脚始终保持不变，故判断驱动器内部损坏。更换驱动器（TD62003）后，机器故障排除。

例 11　理光 FAX-188 型传真机切纸刀安装座断裂

故障现象　机器切纸刀安装座断裂。

分析与检修　经开机检查与观察，该机原理为，由一台电机通过皮带带动切纸刀片在切纸刀支架槽上来回移动，从而将传真纸切断。在切纸刀退回过程中，有一活动铁片使切纸刀起始处的微动开关闭合，通知 CPU 处于待机状态。该机虽然可设置为不切纸状态，但此时只适用于接收传真。当换上新纸或打开机器上盖时，必须手动按下"启动"键将多余的传真纸前边切掉，机器才能正常工作，否则一直报警。经查切纸刀安装座断裂，其修复方法为：将刀片放置于安装座上时，注意应在安装座上边的刀片支轴上放上弹簧（该弹簧作用是将下边刀片向外靠，使其与上边刀片充分接触），上边刀片压住下边刀片不到 1mm；先在安装座两个断面上各滴入一滴 502 胶，按原位紧压在一起，此时应注意位置一定要精确；粘接数小时后，转动切纸刀，如安装座在支架槽内移动顺利且位置正确，再将梯形铝片用 502 胶粘接于刀片安装座外侧，过 24 小时完全粘牢后，在刀座槽内滴入几滴润滑油，机器切纸即可恢复正常。

例 12　理光 188 型传真机复印件颜色过深

故障现象　机器复印时，复印件颜色过深，有的地方全黑。

分析与检修　根据现象分析，问题可能出在 LED 阵列及模拟图像处理电路。检修时，先进行 LED 阵列测试。经检测 LED 阵列发光正常，再检查模拟图像处理电路，该机模拟图像处理电路主要由运放 TL082 模拟开关、HC4053 及外围电路组成。TL082 用于放大 CIS 器件送来的视频信号，HC4053 通过选择接通器件内的模拟开关，自动调节放大器的增益。若模拟开关损坏，就会导致视频信号输出过高，造成复印件模糊等现象。该机经检查发现 HC4053 内部损坏。更换 HC4053 后，机器恢复正常。

例 13　理光 FAX-188S 型传真机开机后红色报警灯亮，显示"CLEARCOPY"

故障现象　开机后，机器面板红色报警指示灯亮，屏显示"CLEARCOPY"字符，原稿堵塞。

分析与检修 根据现象分析,问题一般出在文稿传输机构。打开机盖,拉开面板,取出原稿,按动白辊两端的绿杆,同时关闭面板,直到听到"咔嚓"声响时,表明面板关闭到位。值得注意的是,关闭面板时如听到异常声响,应立即停止操作。这时一定要注意观察绿杆是否回位,如绿杆未回位而强行按回位,易使白辊两端的绿杆断裂,正确的方法是需要绿杆向上、向外用力推,再向前压到位即可。

例 14 **理光 FAX-188S 型传真机发信时原稿不能自动进纸**

故障现象 机器发信时,原稿不能自动进纸。

分析与检修 经开机检查,该故障因维修时取出上盖后还原不当造成。正确取盖与复原方法为先取盖:①打开记录器;②打开操作面板组件;③取出记录纸;④将纸仓中间的一颗螺钉取出;⑤把机器背后的搭钩撬开,将上盖板的后部抬起,上盖板前方的两个搭钩顺势拉开,取出上盖板。上盖板还原时顺序为先将上盖板前的两个搭钩卡上,如果此步省略,极易造成以下故障:发送报文时稿纸不能自动进纸;因经常挤压盖板,易造成上盖板前的两个搭钩断裂,从而导致发送报文时稿纸均不能自动进入,此时须用手工按上盖板时方可进纸。该机经上述正确操作后,机器故障排除。

例 15 **理光 FAX-230 型传真机复印或传送文件全黑或部分黑**

故障现象 机器复印时,传送时文件全黑或部分黑。

分析与检修 根据现象分析,该故障为 CCD 感光单元中心偏移所致。可通过调整解决。该机 CCD 芯片位于 VPU 板上,VPU 板固定在聚焦镜头上。打开机盖,在 VPU 板的右下角有一个专供测试用的 CN1 插座,其中(2)脚为 CCD 输出图像信号的测试点,(6)脚接地,在 VPU 板上有 4 个可供调 CCD 用的螺钉,其中上面 2 个为粗调,下面 2 个为微调。调节这4 个螺钉,可改变 CCD 芯片与聚焦镜头的相对距离,从而达到调整图像扫描的范围与视频信号的幅度。调整步骤如表 6-1 所示。

表 6-1　调整步骤

步骤	操作	工作状态
1	同时按 * 键和 # 键	开电源
2	松开 * 键和 # 键,在 3 秒内同时按 4 和其他数字键	液晶显示:FLUORESCENTLAMPON,荧光灯亮,进入 CCD 状态
3	松开粗调、微调螺钉	对波形进行调整,直至获得满意波形
4	固定好调整螺钉	装机试机

该机经上述方法调整后,机器故障排除。

例 16 **理光 FAX-230 型传真机传送副本呈全白状态**

故障现象 机器传送副本呈全白状态。

分析与检修 根据现象分析,判定为传真机 CCD 光电器已损坏。该机经检查果然为CCD 光电器内部老化。更换 CCD 光电器后,机器故障排除。

例 17 **理光 FAX-240 型传真机不能传真**

故障现象 机器开机后,不能传真,但通话及复印正常。

分析与检修 经开机观察,机器通话及复印都正常,估计问题为接触不良造成。打开机盖,用示波器查 CN7 插头(8)、(9)、(10)脚,分别有正常波形,到 CN7 插件时丢失。用放大镜观察插头比较小，有松脱现象，插紧后故障排除。

例 18　**理光 FAX-240 型传真机不能自动切纸**

故障现象　机器工作时，不能自动切纸。

分析与检修　根据现象分析，问题出在切纸刀及传动机构。检修时，先让传真机接通电源，装好纸。正常时第一动作是切纸电机旋转切去纸头，但观察该机切纸刀前进 30mm 左右便不动了，传真纸送出时，被刀及刀架挡住形成卡纸，机器不能工作。分析原因为拖切纸刀的钢丝绳打滑，用酒精清洗无用，将紧固钢丝绳的拉簧去掉两圈，拉簧钩改小，使拉簧短了 3mm，钢丝绳不打滑了，切纸刀正常工作。

第六节　雅奇传真机故障分析与检修实例

例 1　**雅奇 2000A 型文传真机接收正常发送文件全黑**

故障现象　机器接收正常，但发送和复印文件全黑，屏显示"E20"代码，关机后再开机操作，故障依旧。

分析与检修　根据现象分析，屏显示"E20"代码，说明 LED 扫描灯或 CCD 象感器有问题。检修时，先抽出原稿导纸盘，用该机的模拟检测功能观察 LED 扫描灯能点亮。LED 扫描灯为 15 组发光管芯片并联，一般损坏的情况不多见，如灯不亮，应检查驱动电路和接插件及连线。确认 LED 扫描灯电路正常后，接着检查 CCD 象感器电路，测 CCD 象感器板上的 LM318N 和 CCD 象感器各脚直流电压和静态电阻值，发现 LM318N 部分引用值异常，判断其内部损坏。更换 LM318N 后，机器故障排除。

例 2　**雅奇 2000A 型文传真机发送文件图像上有一条纵向黑带**

故障现象　机器发送及复印时文件图像上有一条纵向黑带，边缘浅淡，中间全黑。接收和功能表检测正常。

分析与检修　根据现象分析，该故障一般发生在 LED 扫描灯、CCD 像感器和光路等部位。先用该机模拟检测功能确定故障部位。开机自检结束后，连续按动 FUNC 键使面板显示"F11"，再按一次 START 键，这时机板显示"d01"，再按一次 START 键显示"--88"，说明 CCD 像感器正常。再连续按动 START 键，待显示"d10"按压一次 START 键，这时 LED 扫描灯会点亮，面板显示"∩9"。抽出原稿导纸盘，发现 LED 扫描灯有一段不亮，宽度略大于黑带，由此断定故障由此引起，LED 扫描灯已损坏。更换 LED 组件后，机器故障排除。

例 3　**雅奇 2000A 型文传真机连续接收及复印时图像由浓变黑**

故障现象　机器连续接收或复印文件时，图像浓度逐渐加深，直至全黑。

分析与检修　根据现象分析，该故障可能出在感热记录头及温度检测电路。经开机观察，机器因无过热代码显示，不停机保护，估计记录头中温度传感器失效或接口电路及接插件有故障。打开机盖，用万用表 R×1k 挡测接口电路板上 P01 和 CN3 插座各脚对地电阻，均正常，再测 P01（4）脚、（5）脚间电阻约 5.7kΩ，偏离常温下正常值 32kΩ 较大。P01（4）脚、（5）脚接记录头内部温度传感器，由此判断温度传感已变质损坏。若无记录头可换，也可用外接分立元件的方法修复。方法是抽出 P01 中（4）脚、（5）脚接触卡，在其上焊一只 32kΩ 左右的负温度系数热敏电阻，并将其尽量靠记录头中部，贴紧铝合金基板安装即可。

例 4　**雅奇 2000 型文传真机关机后预先设置的资料丢失**

故障现象　机器关机或停电后，预先设置的功能资料和自动记忆报文数份均丢失，再开机显示"E02"代码，重新设置可正常工作。

分析与检修　根据现象分析，该故障可能为记忆或供电电路不良所致。该机具有后备电池，当机器断电后，由后备电池继续支持随机存储器（RAM）工作以记忆预设资料。预设资料丢失并出现"E02"代码，说明记忆或供电电路异常，而重新设置功能资料后能恢复正常工作，说明故障在后备电池电路部分，有关电路如图 6-9 所示。图中 BT1 即为后备电池，R49 是限流电阻，D3 可防止交流供电时＋5V 电压对 BT1 充电，D4 用来隔离。由原理可知，交流电正常供电时，

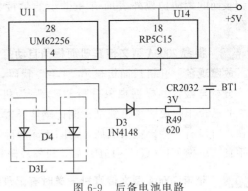

图 6-9　后备电池电路

＋5V 加在 U11（UM62256BM-10L）和 U14（RP5C15）上，D4 提供电流通路，由于 D3 的单向作用，＋5V 不能对 BT1 充电。交流电关闭后，＋5V 电压消失，BT1 的电压加到 U11 和 U14 上，由 D3 和 R49 提供电流通路，继续维持 U11 和 U14 工作，保证资料的记忆。检修时，打开机盖，用万用表测 BT1 上电压为 0.2V，正常时应为 3V 左右。判断 BT1 电能不足。BT1 是松下锂电池，扁圆形全密闭封装。如买不到时，可用两节 1 号高能干电池串联代用。由于机内结构紧凑，干电池无法置入，可另用长导线焊在 BT1 焊点上，从机器后部散热孔引出，连至电池。因机器不经常移动，电池可放在机器旁边，用胶纸贴在机壳上。也可采用电池盒，则更方便。该机经上述处理后，机器故障排除。

例 5　**雅奇 2000A 型传真机不能发送文稿**

　　故障现象　机器不能发送文稿。

　　分析与检修　根据现象分析，该故障产生原因较多，可按下方法和步骤进行检查。①先把发送文稿 COPY（拷贝）一下，看是否正常。如正常则按②、③、④、⑤继续检查，如不正常按 COPY 电流流程检查。②检查机器背部的接线是不是正确，主要指外线端子和电话端子有无接错。③参数设置是否有误。一般参数设置有公用网方式和专线方式两种方式，如机器使用的是专线方式，机器也应设置在专线方式。④检查传感器，机器中传感器一般有 3 个：文件传感器、发送传感器、记录传感器。传感器最易出现的故障是使用久后表面太脏，引起不能发送文稿。⑤灯亮是否暗，正常发送文稿时灯是亮的。该机经检查为发送传感器表面脏污。清除发送传感器表面污物后，机器恢复正常。

例 6　**雅奇 2000A 型文传真机接收时文稿图像全黑**

　　故障现象　机器接收和复印文件图全黑，发送正常，面板无代码显示。

　　分析与检修　根据现象分析，该机发送文件正常，说明系统电路、LED 扫描灯和 CCD 象感器基本正常，问题一般出在记录头及其信号传输电路。为进一步判断，试输出一份功能表，发现表、图像也全黑，说明故障出在记录头部分。该机使用线性感热记录头，型号为 KF2008-HA2，它将信号处理芯片、功率驱动阵列和超微型发热器等电路制作在陶瓷基板上，并用透明硅胶封盖。经用万用表测量其静态电阻，发现与正常值相差较大，说明其内部损坏。更换同型号的记录头后，机器故障排除。

例 7　**雅奇 2000A 型文传真机图像上有一条连续的纵向黑线**

　　故障现象　机器接收正常，但接收或复印时图像上均有一条连续纵向黑线。

　　分析与检修　检修时，先仔细观察这条黑线，发现与记录纸平面相比较略凹少许，显然是机械性划压伤。打开机盖，检查记录纸纸路，在产生纵向黑线的相应部位，发现感热记录

头记录面的铝防护板外表面有一微小的尖棱状突起。用金相砂纸细心磨平后，机器故障排除。

例 8 雅奇 2000A 型文传真机面板盖自动打开，显示"E32"代码

故障现象 开机后面板显示"E32"代码，面板盖自动打开，不能工作。

分析与检修 根据现象分析"E32"为机器缺记录纸代码，纸槽内已有一卷热敏记录纸，并已拉出，说明该机缺纸检测传感器异常。取出记录纸后，即看到检测器（红外光电反射器）窗口有一些碎记录纸屑，清除干净故障不变。进一步检查检测控制电路，发现 U1 内部不良。更换 U1（UM9615F）后，机器故障排除。

例 9 雅奇 2000A 型文传真机发送时有记录纸输出，无图像

故障现象 机器发送时，有记录纸输出，但无图像。

分析与检修 根据现象分析，问题可能出在电磁铁吸合控制电路。由原理可知，机器发送操作时，电磁铁应吸合，使记录纸出纸软胶卷辊联动齿轮组件脱离，软胶卷辊停转，记录纸不输出。打开机盖，先检查电磁铁，发现没有吸合，用万用表测量其直流电阻为∞，正常时为 55Ω，说明线包内部开路。拆开电磁铁线包，发现焊点处线头霉断。重新补焊后，机器故障排除。

例 10 雅奇 2000A 型文传真机接收或复印时无记录纸输出

故障现象 机器接收或复印时无记录纸输出，发送正常，面板无任何代码显示。

分析与检修 经开机检查，记录纸出纸软胶辊未转动，分析原因可能有：①电磁铁驱动电路有故障，使电磁铁常吸合，软胶卷辊联动齿轮组件脱开，无法联动软胶辊卷纸；②联动组件中有齿轮损坏；③微处理器发出指令错误。检查时先使用检测功能确定故障范围，方法如下：打开机器电源开关，机器自动进行自检，待自检后蜂鸣器长鸣一声，面板显示时间，这时连续按动 FUNC 键，使面板显示检测功能代码"F11"，机器进入检测状态。接着连续按动 START 键，使面板显示电磁铁、电机测试代码"d11"，再按住 FUNC 键不放，应能听到电磁铁吸合的声音，同时面板显示跳变为"SOL"，松开 FUNC 键，又应能听到电磁铁释放的声音。该机除了面板显示正常外，听不到电磁铁动作的声音。由此可以判断故障在电磁铁驱动器电路。断电后检查该电路，发现集成块 U6（ULN2003A）表面有一处龟裂突起，经用万用表测量各脚静态电阻值，发现（16）脚电阻为 0，说明这个单元的达林顿管 e-c 极已击穿短路。更换 U6（ULN2003A）后，机器故障排除。如无 ULN2003A 集成块，可用 MC1413 直接代换。

例 11 雅奇 2000A 型文传真机发送时图像模糊

故障现象 机器接收正常，但发送或复印文件时，图像模糊。

分析与检修 根据现象分析，该故障产生原因一般有以下几个方面，其检修步骤为：①用模拟检测功能点亮 LED 扫描灯，观察发光是否均匀，若 LED 灯老化严重应更换；②检查 CCD 像感器是否移动，窗口是否有脏污，金属遮光板光缝是否有异物；③检查镜头、反光镜是否被污染或发霉，镜头是否移位，条形反光镜反射面的镀膜是否大面积老化或损伤；④原稿玻璃是否清洁；⑤主系统板上传真信号发送部分电路是否异常（可测静态电阻检查）。实际检修中，一般大多为光电路被污染，再就是人为拆动镜头或 CCD 像感板没有正确复位，使焦点偏移。该机经检查为 CCD 像感板移动。经正确复位后，机器故障排除。

例 12 雅奇 2000A 型文传真机图像规律性纵向拉长或间断

故障现象 机器接收可复印时，图像规律性纵向拉长或间断。

分析与检修 根据现象分析，问题一般出在输纸传动及驱动电路。检修时，打开机盖，先检查传动部位。此故障多为传动部分损伤引起。查尼龙齿轮是否缺齿或磨损；记录纸出纸软胶辊是否磨损或老化打滑；四相步进电机某一相绕组及驱动电路是否异常或＋24V供电电压是否正常。若是尼龙齿轮损坏，可用尼龙棒车制，若为电机内部故障，则只有更换。该机经检查传动部位正常，说明问题出在驱动电路，用示波器测 U1 控制信号正常，进一步检测发现 U6（ULN2003A）内部损坏。若无 ULN2003A，可换为外接达林顿管修复，只需割断 U6 损坏的引脚即可。更换或修复 U6 后，机器故障排除。

例 13　雅奇 2000A 型文传真机中途停机，面板显示"E30"代码

故障现象 机器接收或复印中途自动停机，面板显示"E30"代码，关机一段时间重新开机恢复正常，短时间工作无此现象。

分析与检修 根据现象分析，机器显示"E30"代码，说明感热记录头过热，机器进入保护状态。在连续接收或复印大面积深色文件时，显示"E30"代码属正常现象，而该机正常情况下显示"E30"代码并保护，则为记录头中温度传感器变质，使自动保护温度上限值降低。经开机检查，果然为温度传感器内部变质。更换记录头。应急处理时，可在记录头接口电路 P01 插座（4）脚或（5）脚间串联接一只 4.7kΩ、1/8W 金属膜电阻。

例 14　雅奇 2000A 型文传真机显示"E30"代码

故障现象 机器上盖关闭仍显示"E30"代码，机器不能工作。

分析与检修 根据现象分析，该故障可能有如下原因：①上盖未盖紧，右侧未锁住；②机盖检测微动开关失灵或位置移动；③电路板漏电；④接插件接触不好等。经开机检查，机盖检测微动开关内部开路。更换微动开关后，机器故障排除。

例 15　雅奇 2000A 型图文传真机不能发送或接收传真信号

故障现象 机器不能发送或接收传真信号，复印、电话功能正常。

分析与检修 根据现象分析，问题一般出在通信接口电路。由于电话功能正常，说明进线部分无异常，判断故障在收发转换电路和呼叫应答信号检测部分。检修时，打开机盖，先查光电耦合器件 U1、U2 正常，传输变压器 TD 也正常，接插件 NP08 接触良好。再进一步检查，查继电器 RD1、RD2，发现 RD2 吸合后（4）脚、（8）脚不通，说明其内部损坏。用导线短接于 RD2（4）脚、（8）脚，是应急修理。即使如此，因 RD2 为双触点，故在使用电话时传输变压器 TD 不会接入线路而影响通话。更换 RD2 后，故障排除。如一时无元件可换，也可采用导线短接于 RD2（4）脚、（8）脚之间作为应急修理。

例 16　雅奇 2000A 型文传真机显示"E02"代码，不工作

故障现象 机器开机后显示"E02"，机器不工作。

分析与检修 根据现象分析，机器显示"E02"代码说明预设资料丢失。通电后重新输入资料，机器恢复正常，但关机 5 秒后再开机，面板仍显示"E02"，因此说明记忆电路及其供电电路有故障。检修时，打开机盖，用万用表测主板上 BT1（3V 锂电池）两端电压仅为 0.2V，说明 BT1 电能耗尽，传真机交流电源关断后无法维持记忆电路工作。更换 CR2032 锂电池后，机器故障排除。

例 17　雅奇 2000A 型文传真机 STAART 键失灵，不能进行收发操作

故障现象 机器自检正常，但 START 键失灵，不能进行收发操作。

分析与检修 根据现象分析，问题可能出在按键操作及相关电路。由于 START 键单键使用时为功能执行/存入键，与 STOP 键同时使用可开启面板盖，如果该键失灵，机器则不

能进行操作。检修时，打开机盖，检查操作电路。该机专门设有一块操作/显示电路板，采用了 4 块贴片式高速 CMOS 数字电路，与按键有关的电路元件有 U1（74HC244A）三态八缓冲/线驱动接收器，R1、R4 为上拉电阻，SW5、SW6 为轻触式按键开关。经检查其他按键基本正常，因此共用电路部分一般应正常，重点应检查 START 轻触开关和印刷电路板铜箔。经进一步仔细查，发现 START 键内部损坏。更换 START 微动开关后，机器故障排除。

例 18　雅奇 2000A 型文传真机 LDE 状态指示灯不亮

故障现象　开机后，面板 LED 状态指示灯不亮，但操作正常。

分析与检修　根据现象分析，问题可能出在 LED 指示灯驱动电路。由原理可知，74HC374A 是高速 CMOS 八 D 触发器电路，负责接收锁存由系统数据线送来的显示信号，并驱动 LED 状态指示灯。由于 7 只 LED 发光管不可能同时损坏，因此怀疑是 74HC374A 内部不良。先用该机的 LED 测功能测试状态，面板显示"F11"，再连续按动 START 键，直到面板显示"d06"时，用万用表直流 10V 电压挡测量 U2（74HC374A）(11) 脚为高电平，正常。再按一下 START 键，(11) 脚电平立即变低，正常时，面板 LED 指示灯这时应从右往左（SRART 灯→ALARM 灯→……TALK 灯）依次点亮一次，点亮和间隔时间均为 0.5 秒。而该机 LED 指示灯仍然不亮。经进一步检测，发现 U2 各脚静态电阻异常，由此判断事实上为 U2 内部损坏。更换 U2（74HC374A）后，机器故障排除。

例 19　雅奇 2000A 型传真机面板无显示不自检（一）

故障现象　开机后不自检，面板无任何显示。

分析与检修　根据现象分析，该故障一般发生在电源及相关电路。检修时，打开机盖，用万用表测+24V 和−12V 正常，+5V 和+12V 均为 0V，分析问题可能出在以 IC5 为主的 DC/DC 变换电路。先断开 D6 使保护电路不起作用，再测+5V、+12V 输出仍为 0V，测 IC5 各脚直流电压和电阻，均与正常值相差较大，而外围元件均正常，因此判断 IC5 内部损坏。更换 IC5 后，机器故障排除。若无原型号，也可用 TL594、μPC494、NJM3524、MB3759 等直接代换。

例 20　雅奇 2000A 型传真机面板无显示不自检（二）

故障现象　开机后，面板无任何显示，不自检。

分析与检修　根据现象分析，该故障一般发生在电源及相关电路。检修时，打开机盖，先断开开关电源至主机和记录头的接插件 CN2、CN3。通电用万用表测各直流电压输出端均为 0V，测 C3 两端有 310V 电压，说明开关电源已停振。该开关电源具有保护功能，故先检查脉冲变压器 T1 后边电路是否存在短路故障。断电后用万用表测各直流电压输出端对地电阻，实测+24V 端电阻为 0，分别焊开 C15、SCR、D10 等检查，当焊开 SCR 时再测+24V 端对地电阻恢复为正常的 380Ω（黑笔接地）。由此判定 SCR 内部短路。更换 SCR（TIC126M）后，机器故障排除。

例 21　雅奇 2000A 型传真机面板无显示不自检（三）

故障现象　机器开机后，面板无显示，也不能自检。

分析与检修　根据现象分析，该故障一般出在开关电源电路。该机开关电源较为复杂，主要由开关稳压电路及 DC/DC 变换电路组成。检修时，打开机盖，取出开关电源组件。直观检查未发现有明显的损坏现象。拔下 CN2、CN3 插件，然后通电。用万用表测开关电源输出的+24V 和−12V 电压正常，但+5V、+12V 电压端为 0V。由此说明开关稳压电源电路已起振工作，问题出在 DC/DC 变换电路。进一步检测 IC（TL494CN）的各脚电压，发现 (1) 脚、(3) 脚为 0V，(4) 脚电压为 4.4V，而 (4) 脚正常电压为 0.5V。从电路结构看，导致 IC5 (4) 脚电压异常的原因主要有两种：①VT6、VT7 组成的保护电路动作；②集成电路 IC5（TL494CN）本身损坏。焊开 VD6 二极管的任一引脚，开机测得 +5V、+12V 电压均恢复正常，说明问题出在保护电路本身。对保护电路中的 VT6、VT7 管及其周围元件进行检测，结果发现 VT7 内部击穿。更换 VT7（2SA502）后，机器故障排除。

例 22　雅奇 2000A 型传真机面板无显示不自检（四）

故障现象　开机后不自检，面板无任何显示。

分析与检修　根据现象分析，该故障一般发生在电源电路。检修时，打开机盖，发现交流保险丝 F1（3A250V）已烧断，内壁发黑，说明开关电源交流部分产生过大电流。用万用表测量 C3（150μF/400V）两端电阻为 0V，焊开 C3 旁的跳线 J1，再测 C3 两端直流电阻正常，说明故障与整流电路无关。测开关管 Q1（2SK790）D-S 极间电阻为 0V，再焊开 R1 重测仍是如此，断定为开关管 Q1 击穿短路，发现 C24（220pF/2kV）高压瓷片一引脚脱焊，焊牢之后，再更换 Q1，没有发现其他异常现象，焊上 J1，通电测量各组电压恢复正常。值得注意的是，若 C24、R1 损坏，应按原标称值和耐压等级更换，否则会再次击穿开关管。

例 23　雅奇 2000A 型传真机机内发出"嗒"的一声不自检无显示

故障现象　开机时，机内发出"嗒"的一声，不自检，机板也无任何显示。

分析与检修　根据现象分析，问题可能出在开关电源及相关电路。检修时，打开机盖，检查保险丝 F1 完好，开关管 Q1 及振荡回路元件均无异常。开机用万用表测量 C3 上有 310V 直流电压，4 组输出均有瞬间电压，但随即"嗒"的一声，输出均为 0V。"嗒"声说明 +24V 过压保护电路动作，说明 +24V 电压异常。该开关电源稳压环路由 IC3（TL431C）、IC2（CN×82A）、IC1（IP3844N）等组成。经检测各集成电路静态电阻，发现 TL431C 内部失效。TL431 是精密基准电路，它失效后，不能正确对 +24V 取样，这样振荡管 Q1 无反馈信号控制，处于自由振荡状态，使 +24V 电压升高，导致晶闸管 SCR（TIC126M）导通，开关电源因负载过大而停振，直流输出为 0V。更换 TL431 后，机器故障排除。

例 24　雅奇 2000A 型传真机所有功能失灵

故障现象　开机后，所有功能失灵，10 秒全自动停机。

分析与检修　经开机观察，机器通电后，面板全显示且频闪，随后卷纸机构动作但无记录纸输出，约 10 秒后自动停机，蜂鸣器一声长鸣，面板数码符号显示混乱，LED 状态指示灯也从左往右流水似地点亮，记录头自行加热且不受控，温度上升很快，所有按键失效。根据现象分析，问题可能出在系统控制电路。检修时，断电后打开机盖，再通电用万用表测量开关电源 4 组直流输出电压均正常，至主板和记录头的接插件和连线也无异常。说明电源正常，故障在主板控制部分。掀开主板后，测中央微处理器 U1（UM9615F）(18) 脚、(19) 脚对地电压偏离正常值，且无振铃信号。进一步检测发现晶振 Y1（20.160MHz）内部性能不良。更换晶振 Y1 后，机器故障排除。

例 25　雅奇 2000A 型传真机音频或脉冲拨号不能发出

故障现象　摘机后有拨号音，但音频或脉冲拨号均不能发出。

分析与检修　根据现象分析，该故障一般发生在电话/手机电路。由于按键拨号均不起作用，因此检查该电路 Q1 和 Q2，若正常，再用万用表测 IC1（HM9102D）(14) 脚，按键时观察万用表指针无摆动，说明故障在拨号电路。测 HM9102D（8）脚、（9）脚上无振荡电压，逐个焊下（8）脚、（9）脚外围元件检测，发现电容 C10（33pF）内部漏电严重。更换电容 C10 后，机器工作恢复正常。

例 26　雅奇 2000A 型传真机来话无振铃

故障现象　手机来话时无振铃功能。

分析与检修　根据现象分析，该故障一般发生在振铃电路，且大多为 C2 或 ZD1 漏电所致。该机振铃电路结构简单，检修时，主要应查其供电电路上元件和 IC3（BA8205）外接阻容元件，若正常，则需要更换 BA8205。BA8205 可用 ML8205、CS8205、TA31002P 直接代换。该机经用万用表测 IC3（BA8205）相关引脚电阻值异常，查外围元件无损坏，判断为其内部损坏。

例 27　雅奇 2000A 型传真机手机发号经常出错

故障现象　使用电话功能时，手机拨号经常出错。

分析与检修　根据现象分析，该故障一般出在手机拨号电路。检修时，打开机盖，检查发现 HM9102D 供电部分滤波电容 C1（47μF/10V）内部严重漏电，导致 HM9102D 供电异常，发生错号现象。更换 C1 后正常。另外，Q1、Q2 穿透电流过大，C9、C10 或晶体 CR1 变质，HM9102D 性能变差等，也能产生上述故障现象。

第七节　华昭传真机故障分析与检修实例

例 1　华昭 1560C 传真机复印时收发辊不停

故障现象　复印时，收发辊不停。

分析与检修　引起该故障的原因有：①收发电机＋24V 电压不正常；②收发电机驱动块损坏；③收发电机损坏。逐步检查上述原因，发现收发电机损坏。更换电机后，故障排除。

例 2　华昭 1560C 传真机卡记录纸

故障现象　卡记录纸。

分析与检修　检查发现记录纸堵塞，同时发现记录纸未完全通过切纸刀。重新启动电源，观察切纸刀不能恢复到正常位置。估计为切纸刀和记录纸导轨的缝隙过小，造成卡阻。调节记录纸与切纸刀之间的间隙，使其缝隙为 0.8mm 左右即可。

例 3　华昭 1560C 传真机开机无任何显示

故障现象　开机无任何显示。

分析与检修　重点检查电源电路。测量开关管 Q1 的漏极有 300V 的直流电压，焊下 Q1 测量基本正常，检查电源厚膜块 IC1 的（6）脚电压为 0V，说明振荡电路无输出电压，测量 IC1 的（7）脚电源电压正常。测量时发现 IC1（2）脚电压为 3.5V，正常时，该脚电压超过 2.5V，IC2 内部触发器将复位，IC1 内部的触发器动作，使振荡电路停止振荡。检查 IC1（2）脚外围元件，发现光电耦合器 IC2 已损坏，致使 IC1（2）脚电位升高。更换 IC2 后，故障排除。

例 4　华昭 1560C 传真机复印和发送传真均不进纸

故障现象　复印和发送传真进均不进纸。

分析与检修　重点检查进纸控制电路和进纸驱动电路。按下启动键时，测 Q5 的 b 极有一高电平信号，说明主板已送出了控制信号。再检查＋24V输出控制电路。在复印状态下测量＋24V输出电压为0V，检查＋24V输出电路Q5、Q4和Q2，发现Q5已损坏。更换Q5后，试机故障排除。

例5　华昭1560C传真机发送电机不管有无原稿一直转动不止

故障现象　传真机接通电源后，发送电机不管有无原稿一直转动不止

分析与检修　引起该故障的原因主要有：①原稿检测传感器损坏；②拆装传动机构时，将接线插头插错。检查原稿传感器正常，检查发送电机接线插头，发现该插头插错。拔出插头，将颜色一致的插头与插座插在一起，故障排除。

例6　华昭1560C传真机不能通信

故障现象　不能通信。

分析与检修　引起该故障的原因主要有：①传真机信号插口接错，正常时一个接外线（LINE），另一个接电话机（TEL），并有相应的标志；②传真机一端设置为密码通信或者双方密码一致；③双主机操作程序不正确；④发送电机的发送电平设置不合适。检查上述各项，发现传真机的发送电平设置太低。为了适应线路的情况差异，发送电平可在0～－15dB范围内设置。当线路情况不好时，可适当提高发送电平。重新设置发送电平后，试机，故障排除。

第八节　大宇传真机故障分析与检修实例

例1　大宇DF-1020型传真机开机后无电源输出

故障现象　开机后无电源输出，机器不工作。

分析与检修　根据现象分析，该故障一般发生在电源电路。检修时，打开机盖，检查发现Q1开关管损坏，进一步检查又发现与Q1相关的R10B3也均已损坏。由于Q1击穿一般为3个电极间短路，易使R10过流烧毁，稳压二极管D3也坏掉，从而保护IC1。Q1的损坏占此电源损坏的很大比例，这与其采用的开关管有误是有很大关系的。Q1用的型号为IRF840，其耐压值仅为500V，耐流8A，而实际上由于电网电压的不稳定，其交流输入是有一定变化范围的，所以加在Q1上的电压峰值有时可达700V，因此，需选用耐压为900V以上的开关管，如2SK1342（日立）、2SK794（NEC）等开关管。更换Q1、R10D3后，机器故障排除。

例2　大宇DF-1020型传真机机器不工作，无任何反应

故障现象　开机后机器不工作，也无任何反应。

分析与检修　经开机检查与观察，问题出在输入滤波电路。该机输入端滤波器部分最易损坏的是压敏电阻VR2、热敏电阻TH1和保险管F1，主要是因为输入电压过高或遭受雷击等。换上相同型号的元器件即可，压敏电阻在应急情况下可以不用。该机经检查为热敏电阻TH1内部损坏。更换热敏电阻后，机器故障排除。

例3　大宇DF-1020型传真机开机后不工作也无显示

故障现象　开机后，机器不工作，也无显示。

分析与检修　根据现象分析，问题可能出在电源电路。由于该机一次整流滤波电路中开关管Q1过流的原因，容易造成D1短路烧毁，只要换上相同的桥堆即可。滤波电容C7、C8发生故障多是因为击穿、高温失效等。更换电容时应注意耐压、容量及温度参数是否一致。该机经检查果然为整流桥堆D1内部损坏。更换D1后，机器工作恢复正常。

例 4　大宇 DF-1020 型传真机复印件全白

故障现象　机器复印时，复印件全白。

分析与检修　经开机检查与观察，该故障因用户使用不当造成。原因有两种：①复印时，原稿文字面应朝下对着 CIS 或 CCD 扫描器，若把原稿文字面朝上，CIS 或 CCD 扫描到的是全白稿件，那么复印出来的文件也将是全白；②记录纸放置不正确。记录纸的封装一般有两种形式，如把两种封装的记录纸弄错，那么复印得到的稿件将是全白。辨别记录纸正反面有一简单易行的方法，用指甲在记录纸上用力划一下，留下明显黑印记的一面为正面，另一面为反面。该机经上述处理后，机器工作恢复正常。

例 5　大宇 DF-1020 型传真机开机无反应无输出

故障现象　开机无任何反应，整机无输出。

分析与检修　根据现象分析，该故障一般发生在电源电路。检修时，打开机盖，先重点检查晶闸管 SCR1。SCR1 损坏或一直导通，会造成 IC1 的（1）脚与地短路，所以其（6）脚就不会有脉冲输出，使得 Q1 没有驱动电压，因此整机也就不可能有输出。用示波器测 IC（6）脚无脉冲输出，查 SCR1 内部果然损坏。更换 SCR1 后，机器故障排除。

例 6　大宇 DF-1020 型传真机开机无电源输出

故障现象　开机后无电源输出，机器不工作。

分析与检修　根据现象分析，问题一般出在电源电路。检修时，打开机盖，检查发现开关 Q1 内部击穿。由于 Q1 击穿后，尽管有稳压二极管 D3 的保护，由于 D3 品质的差异，也有可能使 IC1 损坏。判断 IC1 是否损坏可采用如下方法：将一可调稳压直流电源调至 16V，正极接至 IC1 的（7）脚，负极接 IC1（5）脚，用示波器观察 IC1 的（6）脚有无正常波形（用此方法检测时，外围电路应完好无损），如无则说明 IC1 内部损坏。该机经检查果然 IC（CS3842A）内部损坏。更换 Q1、IC1 后，机器故障排除。

例 7　大宇 DF-1020 型传真机复印正常不能通信

故障现象　机器复印正常，但不能通信。

分析与检修　根据现象分析，该故障为连接不当造成。该机后面有两个插口，一个接电话机，一个接电话外线。在两个插口上标有相应的记号，外线接口标有"LINE"，而电话机接口标有"TEL"。若把电话线与外线接错，将无法进行通话、传真。重新将电话线与外线正确接好，机器故障排除。

第九节　兄弟传真机故障分析与检修实例

例 1　兄弟 FAX-315 型传真机不能发送传真，复印件全黑

故障现象　能收传真，不能发送传真，复印件全黑。

分析与检修　根据现象分析，问题一般出在扫描光源、光电转换器件及后续处理电路等部位。检修时，打开机盖，首先检查光源。抬起原稿上板，用手按住原稿传感器和末端传感器，然后按复印键（COPY），使机器进入复印状态，此时应能看到 LED 阵列发光，如果不亮，故障在光源，否则故障在光电转换器件或后续处理电路。该机经检查为 LED 不亮，二极管阵列的供电是由系统控制板 Q1~Q5 提供的，顺插头 P3 依次查供电支路各元件，发现供电支路的电阻 R1（300Ω/1W）开路。更换 R1 后，机器故障排除。

例 2　兄弟 FAX-315 型传真机原稿放上导板后就不停地送进

故障现象　LED 显示正常，但原稿放上导板后就不停地送进，直到排出为止。

分析与检修　根据现象分析，问题一般出在原稿末端传感器或后续处理电路。由原理可知，正常情况下，原稿放入导板后开始送进，当送进到扫描开始位置，末端传感器检测到原稿时，就通知 CPU 停止送进，直到按下启动键，点亮 LED 阵列后才会继续送进。该机的传感器都是由传感器的传动杆去遮盖光耦器来完成开关功能的。检修时，打开操作面板，检查末端传感器的传动杆灵活正常。人为遮盖末端光耦器 PH1 并测量各脚电压及变化不正常，说明故障出在末端传感器。更换末端传感器后，故障排除。

例 3　兄弟 FAX-315 型传真机不能收、发传真

故障现象　按面板操作键时 LED 显示不变化，不能收、发传真。

分析与检修　根据现象分析，故障可能是由于显示屏接触不好或显示屏本身损坏、系统控制板输出驱动信号异常、系统控制电路不工作等引起。重点应检查系统控制电路。检修时，打开机盖，分析大规模集成电路损坏的可能性较少，故先检查控制电路的外围元件，如电源、时钟、复位信号等。首先检测 5V 电源，发现只有 2.9V 左右，说明 5V 电源不正常，此机的 5V 电源主要由 12V 经过 Q8（7805）供给，测 Q8 输入正常，断开输出脚，测其电压仍为 2.9V，证明 Q8 已损坏。，更换 Q8 后，机器故障排除。

例 4　兄弟 FAX-315 型传真机无显示，整机不动作（一）

故障现象　显示屏无显示，整机不动作。

分析与检修　根据现象分析，该故障一般是由于 5V 电压未加到显示屏上所引起，应着重检查主控电路板、电源板等部位。检修时，打开机器，在电源板输出座 CN101 处测量 24V、12V 均无输出，说明故障在电源部分。首先查 220V 输入正常，但测开关管 Q1（K265）阳极无 300V 直流电压，顺此电路向前查，发现熔断器 F1 开路。F1 是直立式全封闭保险器件，因无此器件，应急用 250V/2.5A 保险丝更换。更换后测 300V 电压正常，但 CN101 插座仍无 24V、12V 输出，说明开关电源仍不工作。该机的开关电源主要由开关管 Q1、高频变压器 T1、光耦器 PC1、控制管 Q2、启动电阻 R2 和 R3 及其他相应阻容元件组成。查 Q1、Q2 正常，当检查启动电阻 R2、R3 时，发现 R3（20kΩ）已开路。更换 Q3 后，加电开机，机器工作正常。

例 5　兄弟 FAX-315 型传真机无显示，整机不工作（二）

故障现象　液晶显示屏无显示，整机不工作。

分析与检修　根据现象分析，该故障一般出在电源等相关部位。首先检查电源板 CN101 的 24V、12V 输出端，发现 24V 电压降至 4.5V 左右，12V 降至 3.8V 左右，说明故障在电源板或负载电路。拔掉 CN1 插头，24V、12V 恢复正常，确定故障在负载电路。该机的 24V 电源主要为整机的电机驱动、扫描光源和接口板供电，而 12V 电源则主要经过稳压电路为整机系统控制和其他电路供电。依次断开各供电支路，发现在断开电机驱动集成电路♯3（TD62003AP）时，24V、12V 电压恢复正常，说明故障是由于 TD62003AP 内部损坏（短路）所致。更换♯3（TD62003AP）后故障排除。

例 6　兄弟 FAX-315 型传真机原稿输纸困难

故障现象　原稿输纸困难，不能发传真和复印，接收正常。

分析与检修　根据现象分析，该故障一般出在纸辊传动等相关部位。经反复观察，发现原稿放入时有输纸动作，而原稿到位后也可以停下，当按复印键后，有电机转动声，但稿纸时走时停，稍后显示复印失败。打开前面板，取出原稿，机器又恢复到开始状态。分析故障在纸辊传动部分。打开上层的保护盖，发现输送辊与传送轴相互连接驱动的凸出部分已基本磨平。如无更换件，可应急修理：在输送辊原凸出部位插入一块金属，然后用强力粘胶固定。该机经上述处理后，故障排除。

第十节 OF型传真机故障分析与检修实例

例1 **OF-17传真机话机打开电源开关，话机就无蜂音**

故障现象 线路与话机连接均正常，打开传真机电源开关，话机就无蜂音，关机后话机蜂音正常。

分析与检修 根据现象分析，该故障一般出在线路接口板及设置等相关部位。将一新线路接口板换上，试机故障现象依旧，因此排除线路接口板问题。询问用户，可能更改了机器的技术设定。查OF-17维修资料，发现第23位设定到了租用线"开"位，将23位重新设回"关"位，话机蜂音恢复正常（其具体操作是：按"功能键"5次→按数字键"8"→按"输入键"→显示屏出现40位"1"或"0"的设定，找到第23位租用线，设回"0"位后按"输入"键到寄存器→拿起电话机蜂音恢复正常），故障排除。

例2 **OF-17传真机发送文件时纸走一半即停**

故障现象 发送文件时纸走一半即停、然后告警。

分析与检修 该故障是OF-17多发性软故障，大多是因使用人员误动了技术组装设定的第24位（即明传与密传的设定）。当第24位为"1"时，为密传状态，这时进行明传即出现发送文件纸走一半即停，告警。将第24位设成"0"即可（具体操作同上例）。

例3 **OF-17传真机开机无任何反应**

故障现象 开机无任何反应。

分析与检修 根据现象分析，故障一般出在电源电路。由于该机电源板损坏概率较高，损坏大多是电源调整块STK7673。检修时，打开机盖，将电源板从机器中取出，找到STK7673电源调整芯片，面对着STK7673，从左到右共7个脚。查电路可知（7）脚为地，用万用表R×1挡，红表笔接（7）脚，黑表笔依次接（5）脚、（6）脚，如若都为0Ω，基本上断定是STK7673损坏（正常值应在11Ω左右）。该机经检查为STK7673和压敏电阻TH1与TH2均已损坏。更换STK7673和压敏电阻TH1、TH2后，故障排除。

例4 **OF-17传真机有一部分文字信息丢失**

故障现象 复印或收传真时总有一部分文字信息丢失。

分析与检修 根据现象分析，该故障一般出在热敏头等相关部位。检修时，打开机盖，首先清洁热敏头，试机故障依旧。怀疑热敏头插座接触不好，重新拔插后故障仍存在。查OF-17相关资料，打出热敏头测试图形，其具体操作如下：按5次"功能选择键"→按"输入键7"→再按"输入键"→按数字键1→按启动键约10秒后，试验图形即可印出）。经与正常的测试图形对比，发现还是热敏头不良。更换新热敏头后，故障排除。

例5 **OF-17传真机发送第一页文件几乎全黑**

故障现象 复印或发送第一页文件几乎全黑，当复印3~5页文件后机器逐渐恢复正常。

分析与检修 根据现象分析，该故障可能是灯管老化引起的，遂换一新灯管，故障现象依旧。翻阅OF-17维修手册提示应查：①荧光灯；②图像信号输出；③其他光学项目。因灯管已换过，可排除灯管问题。遂查SNS-12光电耦合板，试着将光电耦合板上光调节电位器顺时针方向调整一点，重新装回机器，故障排除。原因可能是光电耦合板部分元器件老化或可调电位器接触不良造成。

例6 OF-17型传真机不能发信和复印接收正常

故障现象 机器不能发信和复印，显示窗显示请等待信号，但收信正常。

分析与检修 经询问用户得知，该故障是由非专业人员盲目拆卸而造成，传真机的光路部分包括光栅、光电转换板都曾卸过。该机对由光电转换后的图像信号能够自动检测，发信或复印时，如果信号太弱，传真机将停止工作，即显示等待信号。所以此故障很可能是由于光栅及光电转换板位置不对，造成信号太弱引起的，需重新调整两者位置。重新调整位置是一项非常复杂的工作，需要耐心而细致的工作。如果从光栅或光电转换板上可以找到原来位置的痕迹，可先固定一个部件，然后再不断改变另一部件的位置，直到复印出清晰的图像为止，这样会极大地减小工作强度。如果已经无法确定光栅和光电转换板原来的位置，只好不断地改变两者的位置，边调整边复印，直到图像正常，方可固定光栅及光电转换的螺钉。值得提醒的是：传真机使用一段时间以后，特别是在工作环境中有较大灰尘的情况下，由于光学系统有积尘，很可能使发信或复印时在输出稿件上出现底灰或黑条。遇到此类故障时，可清洁灯管、光路上的反射镜及镜头上的灰尘，一般均能解决问题。光电转换与镜头之间处于密封状态，一般不可能有灰尘，不必拆卸，光栅可直接清洁。该机经上述处理后，机器故障排除。

例7 OF-17型传真机文件中有一条或数条竖黑线

故障现象 开机后，机器复印或发送文件中有一条或几条竖黑线。

分析与检修 根据现象分析，问题可能出在CCD器件等相关部位。该机采用线状电耦合器件（CCD），一般为反射镜头上有污物。如采用接触式图像传感器（即CIS）的机器，则是其透光玻璃上有脏物。出现这种情况用棉球或软布蘸酒精清洁即可。该机经检查为CCD器反射镜头上有污物。用棉球或软布蘸酒精清洁及射镜头后，机器故障排除。

例8 OF-17型传真机复印机或接收文件中有竖白线条

故障现象 机器复印或接收的文件中有一条或数条竖白线。

分析与检修 根据现象分析，该故障一般为热敏头（TPH）断丝或沾有污物所致。可通过传真机专门测试热敏头程序进行检查。若有断线，则应更换相同型号的热敏头。若有污物，可用棉球清除。一般情况下断一条丝不会影响使用。该机经检查为热敏头沾有污物。清除污物后，机器故障排除。

例9 OF-17型传真机复印件重叠，切纸距离短

故障现象 机器接收或复印时，复印件重叠，切纸距离短。

分析与检修 根据现象分析，问题可能在出纸传动机械部位。检修时，打开机盖，仔细检查，发现脉冲电机传动部分的第一从动轮轴根部因长期使用磨损，导致断裂。因该机脉冲电机组件等配件在市面上难于选购，且价格昂贵。根据脉冲电机组件的传动部分主要由塑料部件组成的特点，采用胶黏剂粘接，并在断裂处内插钢钉增加强度。待胶粘接24小时充分凝固后，重新装机、开机，运行正常。

例10 OF-17型传真机专网及本局域内收发传真时速率较低

故障现象 开机后接市话外线，收发传真时报面质量正常，通过专网和本局域内收发传真时速率较低，报面质量较差。

分析与检修 根据现象分析，问题一般为发送电平偏高所致。进一步分析，该机接外线收发传真时速率正常，是因程控变换机与外线、外线与电信局之间有电平衰耗，正好抵消电平偏高；而通过该局域网内专线收发传真时，则无此电平衰耗，因而速率降低。调整传真机

电平至－13dB时，速率可达正常值9600bps。具体调整方法为：处于"OFF"位时其衰耗量为0dB；当处于"ON"位时，其衰耗量分别为0.5、1、2、4、8（dB）。将开关2、4、5挡拨至"ON"位时，发送电平为－13dB。该机经上述调整后，机器工作恢复正常。

例 11 **OF-17型传真机切去一段记录后告警**

故障现象 机器不能进行正常传真通信，收、发都是切去一段记录纸后告警。

分析与检修 根据现象分析，问题可能出在MIF板上。先测试该机复印正常，技术参数也设置正常。用功能键与数字键配合调出通信工作报告，报告提示故障代码是41A0。查OF-17相关维修资料，41A0代码提示故障范围是：①线路状态不良；②NCV板有故障；③MIF板有故障。据故障代码提示，首先排除线路状态不良，然后换NCV板（线路接口板），试机故障不变。说明问题出在MIF上。更换MIF板后，机器故障排除。

例 12 **OF-17型传真机接收正常,不能发送**

故障现象 机器接收正常，不能发送。

分析与检修 根据现象分析，该故障一般发生在接口电路。由原理可知：该机发送有两种方式，该机用户一直使用DCE、DTE接口，为此，先将状态设置到G3无存储发送状态，方法为：按5次SELECT键，按数字"8"键，再按ENTER键，此时液晶屏显示两行各20个数字，用ORIGINAL键将光标移到26、27位处，用数字键"1"将其改成1，这样便去掉了接口（26、27位为0时，为接收接口）。设置完后，按ENTER键存入，试发一张传真正常，G3无存储发送，信号不经过接口电路，判断问题出在电平转换电路的IC9、IC10。用万用表测IC9（5）、（10）、（13）脚＋5V电压正常，再测其（14）脚、（1）脚±12V电压也正常，判定IC9内部不良。更换IC9后，机器故障排除。

例 13 **OF-17型传真机不能接收，发送正常**

故障现象 机器开机后，不能接收，发送正常。

分析与检修 根据现象分析，问题可能出在接口电路。开机观察，先检查设置处在保密接口状态下，将其改变到G3无存储接收状态，能正常接收，确定故障出在接口电平转换电路上。重点检查IC8和IC11，测IC8的＋5V、±12V电压均正常，进一步检测发现IC11内部不良。更换IC11后，机器故障排除。

例 14 **OF-17型传真机收发信均不正常**

故障现象 开机后，收发信均不正常。

分析与检修 根据现象分析，问题可能出在收发信转接电路。由原理可知，该机收、发传真通过IC5方式开关进行切换，为此从IC5检查入手，用示波器分别观察收、发传真时的信号，先测IC5的（3）脚及（6）脚输入端的信号波形均正常，再测IC5的（4）脚、（7）脚输出端，信号中断，测收发时，IC5路径转换控制输入端（1）脚的电平无相应的变化，断开IC5的（1）脚，测IC1的（10）脚控制输出端，有相应的变化，说明方式开关IC5内部已损坏。更换IC5后，机器故障排除。

例 15 **OF-17型传真机拨号呼叫异常**

故障现象 机器拨号呼叫异常。

分析与检修 根据现象分析，该故障一般发生在信号转换及发送电路。检修分两步。①用万用表测NCU123V板的继电器RL1（6）脚、（5）脚和RL1（3）脚、（4）脚是否接通；RL1（7）脚、（5）脚和RL1（3）脚、（2）脚是否断开。如不是上述情况，则可能是RL1继电器坏。②检查Q1、Q2、Q3是否损坏。该机经检查为RL1继电路内部损坏。更换

RL1 后，机器故障排除。

例 16　OF-17 型传真机不能接收传真

故障现象　机器只能发送传真而不能接收传真，显示异常。

分析与检修　根据现象分析，问题可能出在插座失调而锁机。开机观察，发现液晶显示屏上除显示正常的年、月、日及时间外，还显示一些莫名其妙的符号。用本机记录数据清除功能将乱码清除，具体操作如下：将 DIP 开关 S1-S8 打到 ON 位，按 6 次功能键→按数字键9→按输入键→按传送清晰度键，使液晶显示屏显示 ON 状态→按输入键到寄存器→按停止键，此时液晶显示的乱码彻底清除。将机器接入通信线路进行传真通信，收、发传真均正常。

例 17　OF-17 型传真机开机无显示，不工作

故障现象　机器开机后，无显示，不工作。

分析与检修　根据现象分析，问题一般出在电源电路。打开机盖，检查发现开关厚膜集成块 STK7673 内部的（4）、（5）、（6）三脚之间互相击穿。由于市面上很难购到这种集成块，在没有内部结构电路的情况下，经反复实践，可以采用普通彩电开关电源的高反压大功率调整管（如 D820）两只改接代用。如图 6-10 所示，将原集成块

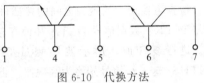

图 6-10　代换方法

STK7673 的（4）、（5）、（6）三脚剪断不用，按图中方法连接代用，其中（1）脚、（7）脚与原两脚并接。该机经上代换后，机器故障排除。

例 18　OF-17 型传真机发送复印正常，不能收接

故障现象　机器发送、复印正常，不能接收，速度从 9600 降至 2400 后，机器报警。

分析与检修　根据现象分析，问题一般出在网络板（NCU 板）和调制解调板（MIF-121 板）上，用 NCU 板代换，故障不变，因此重点查 MIF-121。先检查其状态设置，发现设置在 G3 无存储加入保密状态，改变其状态后仍不能接收，从而排除了 MIF-121 板上的电平转换 IC8、IC9 损坏的可能。然后，用示波器观察信号，测 IC105（6）脚输入端和 IC105（7）脚输出端，信号正常，从 IC105（7）脚输出的信号，经 IC102 模数及串并联变换后又经 IC101 译码和并串联变换后，经 IC101（6）脚到 IC106（2）脚，从 IC106（3）脚输出到方式转换开关 IC5（6）脚，当探头触及 IC5（6）脚时，发现信号中断，而 IC106（3）脚有正常输出，测两间已开路。连接 IC106（3）脚和 IC5（6）脚后，机器故障排除。

例 19　OF-17 型传真机接收振铃异常

故障现象　机器接收振铃异常。

分析与检修　根据现象分析，问题可能出在网络控制及振铃电路。检修时，打开机盖，用示波器测量外线端头 L1 与 L2 间有无拨号方式脉冲。如无拨号脉冲，则外线有故障；如有拨号脉冲，应检查 RL1、RL2、RL3、RL4 及 Q1、Q2、Q3 等器件的工作状态。该机经检测有拨号脉冲，经检查发现 Q2 内部不良。更换 Q2 后，机器故障排除。

例 20　OF-17 型传真机发送的图像信号全黑或全白现象

故障现象　机器发送的图像信号为全黑或全白现象。

分析与检修　根据现象分析，该故障产生原因较多，应做如下检查与修复：①检查光学路径是否有碎纸等堵塞物；②检查反射镜、透镜、遮光板、CCD 镜面等光学器件是否有污

物，有污物清除；③发送原稿是否放好或太薄，如太薄应复印后再放；④荧光灯是否装反，应正确安装；⑤检查 MIF121V 板工作状态开关是否正确。该机经检查为遮光板太脏。清洁遮光板后，机器故障排除。

例 21 **OF-501 传真机各功能键均失效**

故障现象 开机液晶显示正常，但各功能键均失效。

分析与检修 引起该故障的原因主要有：①操作面板无工作电压；②系统控制电路工作异常。测量电源电路＋5V 辅助电压正常，但无＋5V 产生。测量 PON 信号能由高变低，测量 CNL1、CNL8 电压也有变化，说明系统控制电路工作正常。检查 CNL1、CNL8 之间无 5V 电压输出，查为控制管 Q2 击穿损坏。更换 Q2（B356）后，试机，故障排除。

例 22 **OF-700 传真机复印文件一半正常，一半全白**

故障现象 接收和复印文件一半正常，一半全白。

分析与检修 能复印，说明热敏头供电电压正常，重点检查记录控制电路和热敏头本身。检查主控板和热敏头之间的接插件 CNTHS 接触正常，接上高频示波器，检查移位时钟信号 PCLK、数据信号 DATA 和锁存信号 LATCH 均正常，重点检查 8 路选通信号是否正常。进行复印时，用示波器测量 CNTHS3 至 CNTHS10 之间信号，发现 CNTHS3 至 CNTHS6 这 4 组信号始终为高电平。测量门阵列 IC77 的选通信号输出端 STB0～STB3 也正常，查为驱动器 74L244（IC57）损坏。更换 IC57 后，试机，故障排除。

例 23 **OF-700 传真机复印的文件全白**

故障现象 接收和复印的文件全白。

分析与检修 由于接收和复印均不正常，怀疑热敏头未工作。测量热敏头的供电电压只有 2V，正常应为 24V。该电压是由系统控制电路控制的，检查发现继电器 RL 损坏而不能吸合。更换 RL 后，试机，故障排除。

第十一节　OKI 型传真机故障分析与检修实例

例 1 **OKI-27 型传真机记录纸歪斜**

故障现象 机器记录纸进纸时歪斜。

分析与检修 根据现象分析，问题一般发生在记录纸导向装置及校正板。记录纸导向装置用来固定记录纸传送方向，若记录纸导向装置不正，会使记录纸歪斜，应按规定进行调整。记录纸校正板是用来固定 A4/B4 幅面记录纸的，若装配位置不良，也将导致记录纸歪斜，应将装配位置调整到最佳状态。该机经检查为记录纸校正板装配不到位而引起故障的。重新正确装配校正板后，机器故障排除。

例 2 **OKI-27 型传真机记录纸发皱、卡涩、歪斜**

故障现象 机器工作时，记录纸发皱、卡涩、歪斜。

分析与检修 根据现象分析，问题出在记录纸本身，主要有两个方面：①记录纸幅面或厚度不符合要求，将影响输纸，应选择幅面及厚度适宜的记录纸；②记录纸受潮。传真机使用的记录纸容易受潮，应把记录纸存放在环境温度为 27℃ 的地方，因为将记录纸装入传真机后，长期不开机，记录纸也会因吸收空气中的水分而使纸的外层折皱。若此时开机使用，即会造成卡纸、发皱。该机经检查为记录纸受潮引起。更换记录纸后，机器恢复正常。

例3 **OKI-27 传真机机器接收时记录纸堵塞**

故障现象 机器接收时记录纸堵塞。

分析与检修 经开机检查与分析，该故障可能为传送路径异常所致。具体原因有下列两方面。①记录纸传送部分异常。记录纸传送轴、辊表面凹凸不平，有毛刺及伤痕，或有异物等，均会造成传输不良。若有异物应清除；若其表面不平、有毛刺及伤痕处，可用细砂纸磨平或给予更换。②传送路径不畅。当机器的出纸口部分有异物堵塞或传送路径上有异物时，都会造成记录纸堵塞现象。传送路径有异物，可打开机盖用镊子取出异物，也可将记录纸穿出输出纸口约10cm，用双手在纸仓内与纸仓外将记录纸向下压，并慢慢地向两边往返移动几次，即可把异物排出。对于切纸刀复位不完全而造成的堵塞，则应调整切纸刀的起始位置。该机经检查为传送路径有异物所致。经上述处理后，机器故障排除。

例4 **OKI-27 传真机记录纸常堵塞**

故障现象 机器工作时，记录纸常堵塞。

分析与检修 经开机检查与分析，该故障可能为传动机构及相关部位异常所致。其原因有以下几方面：①托纸盘未安装牢固，应安装好，使其没有间隙；②托纸盘有毛刺会影响记录纸移动，应将毛刺用细砂磨平；③托纸盘接收文件过多时，会使记录纸挤压，应及时将收到的文件资料取出；④切纸刀若处在原位，应摆动连杆，使其凸轮位置落到凹槽内。该机经检查为托纸盘有毛刺而引起故障发生。用细砂纸磨平接收盘毛刺，机器恢复正常。

例5 **OKI-7700 型传真机接收质量不好**

故障现象 机器接收文稿质量不好。

分析与检修 根据现象分析，该故障产生原因与检修步骤为：①检查记录纸是否过期，专用记录纸是否装反；②记录纸与感热头之间如有异物，接收副本会出现有规律的纵向白条，此时应清除异物，并清洗感热头；③感热头内部有短路或开路时，接收副本会出现纵向黑白条，此时应更换感热头。该机经检查为感热头内部开路。更换感热头后，机器故障排除。

例6 **OKI-7700 型传真机发送时记录纸指示灯亮告警**

故障现象 机器发送原稿时，记录纸指示灯亮告警。

分析与检修 根据现象分析，该故障原因及检修步骤如下：①检修时打开机盖，用手搬副滚筒，观察是否正常转动，如果发现副滚筒与主滚筒有异物或太紧，应清除异物；②检查弹簧片是否接触，如接触不良，应把侧盖合紧或更换簧片；③检查 ADF 组件是否转动，同时检查 ADF 电磁线圈是否损坏，如有断线，则应更换；④检查软胶辊是否磨损或太脏，如是应更换此件或用酒精清洗。该机经检查为软胶辊磨损严重。更换软胶辊后，机器故障排除。

例7 **OKI-7700 型传真机发送文件时卡纸**

故障现象 机器发送文件时卡纸。

分析与检修 根据现象分析，该故障产生原因及检修方法应按下面步骤进行：①检查文件前端是否卷曲或褶皱；②检查文件是否太薄或太厚，如是，应复印后再发送；③检查文件是否插到一定的位置，如安装不正确，应重新装入。该机经检查为文件安装不正确。重新插入后，机器恢复正常。

例8 **OKI-7700 型传真机复印质量效果太差**

故障现象 机器复印质量效果太差。

分析与检修 根据现象分析，该故障产生原因及检修步骤如下：①打开机盖，先检查荧光灯是否老化，其老化的表现为两头黑，复印出的副本左右两边不干净；②荧光灯是否装反，其表现为复印出来的副本为黑色，这时应把荧光灯调一下头；③光学系统的反射镜、透镜表面有附着物，其表现为复印出的副本太脏，这时应用镜头纸擦去镜面灰尘；④重新设置发送原稿的对比度。该机经检查为荧光灯内部老化。更换荧光灯后，机器故障排除。

第十二节 其他类型传真机故障分析与检修实例

例 1 爱华特 106 型传真机电源指示灯亮度闪烁

故障现象 开机后，面板上电源指示灯亮度闪烁。

分析与检修 根据现象分析，问题出在电源电压及复位电路。指示灯能亮说明电源电路能起振工作，IC2、Q1 等主要元件均正常，重点应检查由 ZD1、R4、D1 组成的复位电路中是否有元件性能变劣。检修时，打开机盖，用万用表检测 R4、D1、DZ1 等相关元件，发现DZ1 内部短路。更换 DZ1 后，机器故障排除。

例 2 爱华特 106 型传真机开机后无显示

故障现象 开机后的机器面板指示灯无显示，无输出电压。

分析与检修 根据现象分析，问题可能在电路及相关电路。检修时，打开机盖，检查发现保险 F1 烧毁。换上保险开机又烧，说明电路中有短路的器件。进一步检查开关管 Q1 内部损坏。焊下 Q1 测量，发现其内部击穿短路。更换 Q1（K117）后，机器故障排除。

例 3 爱华特 106 型传真机面板指示无显示

故障现象 开机后机器面板指示无显示，不工作。

分析与检修 根据现象分析，判断故障出在电源及相关电路。检修时，打开机盖，发现保险丝 F1 烧断。更换保险丝后仍无输出，用万用表测 C5 两端无直流高压 300V，说明整流堆 DB1 损坏。拆下 DB1 测量，其 4 脚间的电阻均无穷大，说明整流桥中的二极管烧毁断路。由于该桥堆型号为 3N251，额定电源只有 2A，可用 PBL506（500/6A）桥堆代换。更换PBL506 后，机器故障排除。

例 4 岩通型传真机开机后传真收发均不能进行

故障现象 开机后收、发不能进行，一直输出通信记录报告，按停止键不起作用，关机后可停止，但一开机又继续输出。

分析与检修 根据现象分析，该故障一般为传真机内部的 RAM 区程序紊乱所致。检修时，打开机盖，取下后部开关电源板，可看到位于机器底部的主板，在该板上有一个锂电池，它用来给 RAM 块供电，若使其断电一次，可恢复正常。因此可拔掉锂电池附近的二芯塑料插头，使其断电，然后再插上插头即可。但要注意：此时 RAM 中由用户设置的原始数据均已丢失，需重新置入电话号码、标识码、日期、时间、分辨率、收发方式等用户数据。

例 5 岩通型传真机稿件上出现纵向黑道深浅不一

故障现象 机器接收或复印时稿件上常出现纵向黑道，有窄有宽，深浅不一，有时底灰也很严重。

分析与检修 根据现象分析，该故障一般为传真机使用过久，光学系统积尘较多所致。该机经检查果然如此，可用下列办法解决：打开机盖，用酒精棉球轻轻擦除光源、反光玻璃、镜头及 CCD 图像传感器等部件表面的灰尘。该机经此处理后，故障排除。

例 6 NTTEAXT-40 型传真机每次开机多伸出一小段传真纸

故障现象 机器每次开机多伸出一小段传真纸。

分析与检修 根据现象分析，这是由于用户未使机器长期通电工作，而是使用时打印，不用时关掉，这样开开关关长期积累所致。解决方法是将出纸电机电源线上串一开关，将开关固定在外壳上。当打开传真机时将此开关断开约 20 秒后再合上，这样就没有纸吐出。另一种办法是仿照一般功放的扬声器延时接通电路，做一延时 20 秒的电路接在出纸电机的电源线上即可。出纸电机电源线接继电器的常闭触点。该机经上述处理后，机器恢复正常。

例 7 NTTFAXT-40 型传真机为 110V 电源电压

故障现象 机器为 110V 电源电压。

分析与检修 该机电源为交流 110V，如使用 220V/110V 转换变压器不方便，可以通过改造电源电路，使其适应 220V 的电压。具体方法如下：①更换压敏保护电阻，由原来的 110V 改为 220V，其作用是当外电压过高时对地短路，从而烧断保险丝，以保护后面的电路；②更换整流电桥和滤波电容，使其耐压适应 220V 要求，可换用 $100\mu F/400V$ 的电解电容；③更换开关管和偏置电阻，原开关管为 K724，换为 K787，原偏置电阻为 $56k\Omega$，换为 $100k\Omega$；④也可改造电源变压器，原变压器的初级采用双线并绕的方法制成，改制时最简单的方法是将原双线的两对线头分开，再将两线串联后接回原接线柱，这样就加大了初线圈数一倍，在初级电压加倍的情况下而输出电压不变。有条件也可将初级线圈重新用双线绕制，效果会更好些。圈数增一倍，线径可适当减小。改动并检查无误后，通电试机工作，一切正常。

例 8 东芝 TFP20 型传真机不振铃，其他功能正常

故障现象 机器能正常拨号、通话，发送文件也正常，但本机不振铃，也不能自动接收文件。

分析与检修 根据现象分析，问题一般出在振铃电路。该机振铃电路由 MC34012-1P（IC21）及外围电路组成。检修时，打开机盖，检查发现电容 C72（$1\mu F/250V$）未装上，此电容为 16H2 振铃信号提供通路，送入 IC21 的（3）脚。补装上此电容，装机后试机，振铃故障排除。再检查主板相关电路，由于该机多次振铃均不能转入自动接收，但手动接收正常，重点应检测光耦合器 PC3（3）脚电压。用万用表检测，当机器振铃时一直为 +5V 不变，正常时该脚应迅速由高电平变为低电平，输出 C1 信号去控制微处理器。断电再检查其外围元件 CD14、CD15、R102、R103 及 C76 均正常。进一步检测为光耦合器 PC3（NEC2501）内部损坏。更换 PC3（可用 PC817 代换）后，机器故障排除。

例 9 东芝 20/50 型传真机不能自动接收

故障现象 机器开机后，不能自动接收。

分析与检修 根据现象分析，该故障是因用户误操作造成系统数据紊乱所致，清零后可恢复正常。可采用下列两种方法恢复。①关断电源，按住"1""3"和"＊"三个键同时打开电源，直到显示时间。此方法不能保留原来的用户数据。②关断电源，按住"1""3"两个键，同时打开电源，直到显示时间。按以下键：〔NO〕、〔8〕、〔NO〕、〔YES〕、〔YES〕、〔STOP〕，关断电源 5 秒后再打开电源。此方法可保留原来用户数据。该机经上述设置后，机器工作恢复正常。

例 10 SUNTECHDTFFAX188 型传真机接收时机器不启动，也无发送功能

故障现象 机器发送传真件时，对方听不到信号；接收时，机器不启动。

分析与检修 根据现象分析，问题可能出在电源及相关电路。检修时，先进行自检查程序。按下"FINE"键约 5 秒后，机器发出 5 次声响，同时按下"START"键，不自检。打开机盖，再检查电路板，发现该线路板焊接可靠，装配质量较好，也无被烧坏现象。再检查机内电源工作状态时，由原理可知，该机主板 74 系列 TTL 电路芯片采用＋5V 电压，MC1488 驱动器采用±12V 电压等。经用万用表测，发现主板供电电压有±5V、±24V、－12V电压，但无＋12V 电压。断电后，测机器主板＋12V 电压对地直流电阻为 90Ω，显然不是因短路所致。再直接测开关电源的直流电压输出，仍无＋12V 电压输出，说明问题出在开关电源。用万用表逐一检测，发现＋12V 直流输出回路上的滤波电容 C24（220μF/16V）正极引脚脱焊，导致开路而无输出。重新补焊后，机器故障排除。

例 11   V-950 型传真机原稿不能送入

故障现象   机器工作时，原稿件不能送入，屏显示"E030"代码，不工作。

分析与检修   根据现象分析，屏显示"E030"代码，说明机内有卡纸现象。但打开机盖，观察并未发现卡纸，检查送纸传感器也正常。多次开机通电观察，发现电机和传动轴能转动，而左边由传动轴带动的一套齿轮不动作。仔细观察，发现传动轴与一个传动齿轮有打滑现象。经仔细调整后，机器恢复正常。

例 12   NTT 型传真机开机后无显示，整机不动作

故障现象   开机后显示窗口无显示，面板的所有指示灯均不亮，整机无任何动作。

分析与检修   根据现象分析，问题可能出在电源及相关电路。检修时，打开机盖，取出电源插件，发现电解电容器 C7 内部击穿，交流输入保险丝完好，其他元件未见异常。更换C7 后，开机故障依旧。怀疑问题出在启动保护和整流滤波电路。由原理可知，当打开电源开关时，双向晶闸管 TRA1 处于截止状态。这时市电经低通滤波后通过 R2 向整流器 D1 供电，R2 作为启动限流降压电阻器，能有效地抑制在市电刚接通整流器对滤波电容器产生的浪涌电流。当调制驱动电路正常工作时，来自高频变压器 T 的一组副边绕组的感应触发信号使双向晶闸管 TRA1 处于导通状态，从而 R2 被短路，整流器 D1 承受全部交流输入电压，进入正常工作状态。根据上述分析，用万用表测 C7 两端无 300V 直流电压，检查整流器 D1完好，焊下 R2 和双向晶闸管，检测发现 R2 内部开路，双向晶闸管也已损坏。更换 R2、TRA1 后，机器故障排除。

例 13   村田 M-Ⅰ型传真机荧光灯亮度太弱

故障现象   机器工作时，荧光灯亮度太弱。

分析与检修   根据现象分析，问题出在荧光灯及相关电路，由于荧光灯长期使用后会出现灯丝衰老和荧光体退化的现象。检修时，打开机盖，如发现荧光灯两侧灯丝部位发黄或发黑，点燃时明显低于正常的亮度，发暗、不刺眼或灯丝部位发黄，即可认定荧光灯衰老，已不能继续使用。另外在荧光灯架上有一块长玻璃条，如果玻璃条脏污，也会减小荧光灯的亮度，可在检查荧光灯的同时把玻璃条擦干净。该机经检发现玻璃条脏污。清洁玻璃条后，机器故障排除。

例 14   村田 M-Ⅰ型传真机显示故障代码"E09"

故障现象   开机后显示故障代码"E09"。

分析与检修   经开机检查，该故障为反光镜组灰尘太多引起。该机反光镜组是由两块条形反光镜组成，是光信号传递的必经之路。这条光路如果不通畅，也会产生 E09 故障代码。如传真机的工作环境较脏，没有防尘措施，使用时不注意清洁，加上机内电场的电离作用，使光线反射损耗过大，CCD器件所收到的光信号自然也就很微弱了。该机清除反光镜组灰尘后，机器恢复正常。

例15　村田 M-Ⅰ型传真机荧光灯不亮

故障现象　开机后，荧光灯不亮。

分析与检修　根据现象分析，问题一般出在荧光灯管或及驱动电路。经检查荧光灯管正常，说明问题出在驱动电路。该机驱动器工作原理是，稿件输入传真机后，＋24V便加到驱动器上，并由主控板送来一个低电平信号，经驱动器的（2）脚，使Q1导通，Q3、Q4进入振荡状态，T1的次级输出高频电压给荧光灯的灯丝预热。经过一段时间后，主控板又送来一个低电平信号给（3）脚，使Q2导通，Q5、Q6进入振荡状态，T2的次级输出启辉电压，使灯管点燃发光。因此，荧光灯发光的条件是两个振荡电路都处于振荡状态，其中任何一个振荡电路有故障，荧光灯都不会发光。判断驱动器的故障可用下述方法。首先确认稿件输入是否正常，荧光灯是否被点亮。如果稿件输入正常，荧光灯不亮，说明＋24V电源供给正常。然后在确认荧光灯灯丝未断的情况下，用万用表测量驱动器（1）脚、（2）脚的状态，静态时两个脚都是高电平，只有当稿件输入后才变成低电平，若测量的电压不正常，可以认定驱动器有故障。驱动器经常出现的故障有保险丝F1熔断，三极管Q1、Q2损坏。该机经检查为Q2内部损坏。更换Q2后，机器故障排除。

例16　PEFAX-18型传真机不能复印小幅面文件

故障现象　机器不能复印小幅面文件。

分析与检修　根据现象分析，该故障一般为使用不当所成。由原理可知，一般传真机检测原稿有无的传感器在原稿进给器的中部，而该机的原稿检测传感器靠右边，当小幅面原稿按常规操作放在中部时，传感器检测不到原稿，因而按复印键（COPY）不起作用。用该机印小幅面文件时应尽量靠右边挡块放置。

例17　施柏2000型传真机不能拨号及收发件真

故障现象　机器振铃、复印正常，不能拨号和收发传真。

分析与检修　根据现象分析，该故障一般发生在语言处理网络板上。经开机观察，该机听筒听不到拨号音，按下免提键后有微弱的拨号音，但拨号时无论制式开关在"P"还是在"T"方式均不能拨号。在自动接收状态下，话机连续振铃，不能自动转入接收状态。检修时，打开机盖，先检测话音集成电路TEA1062是否正常，因为该集成块除了话音处理功能外，还兼有对拨号信号的放大作用。用万用表R×100挡测TEA1062各脚阻值，发现（1）脚和（16）脚之间击穿短路。（1）脚为信号输入正端，（16）脚为直流电阻斜率调节端，通过一只20Ω电阻接地，可控制发送、DTMF增益（拨号信号）等。由于此两脚击穿，造成了话音和拨号信号的严重衰减，所以导致该故障出现。更换TEA1062集成块（也可用KA8501A代换）后，机器故障排除。

例18　TAMRXEF-20型传真机误插电源后机器不工作

故障现象　机器使用交流110V供电，因误接220V交流电源后，机器不能工作。

分析与检修　根据现象分析，该机电源电路已烧坏。检修时，打开机盖，拆下电源板，观察分析该机为自激调宽式开关电源，开关管为Q1（2SK784）。经用万用表测量R2（7.5Ω/5W）已断，保险管完好，Q1损坏，ZD3烧裂。更换损坏元件后，通电测输出端±5V电压正常，但无＋12V和95V，进一步检查，发现C31和D31（VF4007）均已损坏。更换C31和D31后，机器故障排除。

例 19 **FO-130 型传真机复印件图像全黑**

故障现象 机器复印时，复印件图像全黑。

分析与检修 根据现象分析，主要由光源、CCD 板器件及其驱动电路和输出电路不良引起。检修时，先让机器进入复印状态，若 LED 发光正常，再用示波器和万用表检查主控板与 CCD 板间的连接器 CNC，其中（1）脚为－12V 供电电路；（4）脚为＋12V 供电电压；（2）脚为模拟地线；（3）脚为数字地线；（5）脚～（8）脚分别为 1、7、2 和 R 四路驱动信号。经测得供电电压正常，但驱动信号中无 ΨR 信号（CNC 的 8 端为高电平）。由于这四路驱动信号均由专用时序脉冲芯片 IC5 产生，分别经电阻 R197 和 CNC 的（8）脚，所以，用示波器测量 IC5 的 ΨR 输出脚，信号异常，判定其内部损坏。更换 IC5 后，机器故障排除。

例 20 **NECNEFAX-3EX 型传真机工作时突然告警，显示"NOPAPER"**

故障现象 机器工作时，突然出现告警，液晶屏显示"NOPAPER"，不工作。

分析与检修 根据现象分析，问题一般出在记录纸传感器及相关部位。检修时，打开机盖，先检查记录纸放置正确否，再检查切纸刀组件的光电传感器组件，该传感器是检测记录纸是否送到位，如果没有送到位，则产生"CHECKPAPER"告警。取下这个传感器支架，发现在支架下面的中间还有一个光电传感器，这是用来检测有无记录纸的。根据该机现象，判断是这个传感器误判断引起的。经仔细观察发现该传感器光电部分积满灰尘，从而使传感器做出错误的判断，致使传真机发出错误告警。清除传感器表面灰尘后，机器故障排除。

例 21 **UM-208M 型传真机收发文件时时好时坏**

故障现象 机器收发及复印文件时时好时坏。

分析与检修 根据现象分析，说明一般出在主控电路。打开机盖，先检查主控板各插头无松动，印刷板也无脱焊现象。清洁主控板，故障依旧，怀疑用户数据错乱。对维修软件进行测试，记录线路和记录纸进给系统均正常，用户参数也无变化。再检查 ROM 数据无变化，CCD 测试也正常，未发现问题。询问用户得知，在发送一份 4 页文件后出现此类故障。据此分析，可能是记录纸的输纸系统出现故障或主控板 IC 损坏。先检查记录纸的输纸系统，发现输纸滚轮下有不少碎纸屑卡塞，因输纸滚轮阻力加大而不能工作。清除纸屑后，机器恢复正常。

例 22 **金宝 F-310C 型传真机开机后无显示指示灯不亮**

故障现象 开机后无显示，指示灯不亮，按键操作不起作用。

分析与检修 根据现象分析，该故障一般发生在操作显示及供电电路，因此应着重检查电源电路是否有＋5V、＋12V 电压输出，电源板和主控板之间、主控板和操作面板之间的连接器接触是否良好。检修时，打开机盖，经检查主控板与操作面板之间的连接器 J3、主控板与电源板之间的连接器 J8 接触良好。用万用表直流电压挡依次检测电源板上的连接器 J2（4）脚（＋5V）、（10）脚（＋12V）的对地电压均为 0V。由于＋5V 电压和＋12V 电压分别由电源板内不同的电路产生，这两个电路同时发生故障的可能性较小，因此应着重检查输入电路。经仔细检查时发现输入端的熔断器烧断。更换熔断器后，机器故障排除。

例 23 **金宝 F-310C 型传真机复印副本呈全黑状态**

故障现象 机器接收时，复印件呈全黑状态。

分析与检修 根据现象分析，问题一般出在 CCD 扫描器及相关部位。该机采用 CCD 扫描方式，LED 阵列作光源。将原稿放上原稿台，按"影印"键，使机器进入复印状态，此时 LED 不亮。接着检查由电源单元输出的＋12V LED 阵列的供电电压，发现无＋12V 电压输出。用万用表测量电源输出端的其余各路电压，均正常，说明＋12V 稳压电路有故障。经检查为＋2V 稳压块内部损坏。更换 12V 稳压块后，机器故障排除。

例 24 **金宝 F-310C 型传真机发送数秒后自动拆线**

故障现象 机器发送时，机器不动作，数秒后自动拆线。

分析与检修 经开机检查与观察，该机在显示发送信息后未动作，说明未收到对方传真机发来的握手信号，应先检查接收通道。打开机盖，接上示波器，拨通对方传真机的电话号码，待对方发出信号（在传声器上听到对方机器的传真音调）后，按"传真"键，使本机进入发送状态，然后用万用表测量 NCU 板上的连接器 J1（15）脚，正常时应能测到 1650～1750Hz 频率可变的正弦波（DIS 调制信号）。经测量，该信号正常。进一步测量主控板上的连接器 J13 的对应插脚，未测到 DIS 信号，说明连接器电缆断路。更换连接器后，机器故障排除。

例 25 **TCZ-500 型传真机复印时图像呈黑色，其他无异常**

故障现象 机器复印或发送传真稿输送图像呈黑色，其他功能无异常。

分析与检修 经开机检查与观察，问题可能出在亮光粉及相关电路。打开机盖，检查荧光灯均正常，荧光灯无供电电压。该荧光灯供电电压分为灯丝预热电压和灯丝工作电压。经检查，发现在开始复印时，荧光灯能发出微弱亮光，说明灯丝预热电压正常，故障在灯丝工作电压部分。重新复印文稿，用万用表测量 FLON 电压，由低电平能正常变为高电平，说明灯丝电压控制信号正常。依次检查 TR27、TR28、TR29、TR30 等元器件，发现 TR28 内部损坏。更换 TR28 后，机器故障排除。

例 26 **TCZ-500 型传真机开机后"出错"指示灯常亮，按复位键失效**

故障现象 "出错"指示灯常亮，按复位键失效，只有关闭机后再开机才能复位，且信息丢失。

分析与检修 根据现象分析，问题一般出在机内电池及供电电路。由原理可知，正常情况下，当机器"出错"指示灯亮时，只要按复位键，"出错"指示灯即熄灭，机器即正常工作。检修时，打开电源约 1 秒后，3.6V 电池电压基本恢复正常，说明电池充电电路正常。用万用表监测，3.6V 电池电压在断开总电源后的第二天已降至 0.6V，说明 3.6V 电池容量减小或机内有漏电元件使电池放电。先更换电池，故障现象仍旧。进一步检查 3.6V 供电电路，发现 C16 内部漏电。更换 C16（10μF/16V）后，机器故障排除。

例 27 **TCZ-500 型传真机开机后步进电机不转**

故障现象 开机有显示，步进电机不转，机械部分无任何动作。

分析与检修 根据现象分析，问题一般出在电机及供电电路。检修时，打开机盖，放入原稿，按复位键，用万用表测输纸电机电压 0V，正常应为 24V，说明故障在 24V 电机供电电路。由原理可知，T4 二次绕组输出的 AC24V 电压经 D24 整流后，加至 24V 稳压电路 IC24（10），经稳压输出。当系统控制电路要求 24V 稳压输出时，来自 CN2 的 HDVON 信号为高电平，TR23 导通，IC24（4）脚为低电平，IC24（8）脚输出＋24V 电压。HDVON 信号由 Q4 控制，当 Q4 导通时 HDVON 为低电平，当 Q4 截止时 HDVON 为高电平。打开电源盒，在按动复印键时测 IC24（4）脚始终为 6.2V，测 TR23（6）脚也始终为 0.1V，说明 IC24 无 HDVON 控制信号。进一步检查控制电路相关元件，发现控制三极管 Q4 内部损坏。更换 Q4（DA2383）后，机器故障排除。

故障现象　机器开机后，不能收发文件。

分析与检修　检修时，先开机复印，不正常，说明问题出在主控回路或软件。进一步观察，发现显示屏显示不正常。正常时，显示屏应显示"STANDBY00：12"表示时间。而该机显示为"STANDBYR00：12"。根据显示屏显示可判断为软件故障，因程序紊乱造成不能正常工作。该机进行系统总清零即恢复正常工作。系统总清零后，用户数据将全部丢失，所以清零后用户数据需重新输入才行。用户数据包括电话 ID 码、识别码、缩位拨号、电话号码、用户名称、中继的送、时间等。

例 29　VF-200 型传真机不能收发文件

故障现象　机器不能收发文件，人工收发时 95％失败。

分析与检修　经开机检查与观察，该机复印告警，偶尔有一次成功，液晶显示屏显示正常，调阅系统数据清单不出，判定问题出在主控回路。打开机盖，检查发现锂电池已变形，锂电池附近有电解液浸过的痕迹，且有明显腐蚀迹象。提醒用户，传真机不用时，一个月左右应加电 24 小时，以保证锂电池不干涸、不流液。存放传真机时，要放置在干燥通风的地方，不能放置在潮湿地方。处理腐蚀的印刷线路板，更换锂电池后，机器故障排除。

第七章　打印机故障分析与检修实例

第一节　佳能打印机故障分析与检修实例

例 1　**佳能 BJ-10e 型喷墨式打印机打印有时清晰有时模糊**

故障现象　机器打印时，文字有时清晰，有时较模糊，有时无字迹，打印头运动正常。

分析与检修　根据现象分析，问题可能出在机器打印墨盒出墨控制电路。检修时，先让机器工作，用万用表测直流电源电压＋5V、＋14V、＋14V 及＋22V，几分钟后，＋22V 电压逐渐下降到了＋18V，而打印也变得无字迹了。为了验证是否因为电压下降导致打印无字迹，将＋22V 输出端另外用 0～30V 可调直流电源调节到＋22V 代替，再将打印机与主机相连，执行打印命令，打印文字清晰，每次开机均能正常工作。此＋22V 电源的工作电流为50mA 的脉动直流。在将＋22V 逐渐调低时，字迹也逐渐模糊，到＋18V 左右打印不出字迹。由于该机无图纸，电源为开关电源，其脉宽调制组件为贴片集成电路，只好自行设计一个能输出＋22V、200mA 的电源，电路如图 7-1 所示。该机用此电源代换后，机器故障排除。

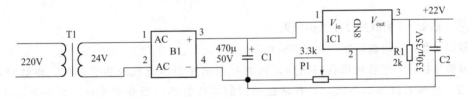

图 7-1　电源电路

例 2　**佳能 BJ-330 型喷墨打印机开机面板指示灯不亮**

故障现象　开机后面板指示灯不亮，机器不工作。

分析与检修　根据现象分析，该故障一般出在电源电路。检修时，打开机盖，用万用表测电源无＋28V、＋5V 输出，取出电源块，发现保险丝 F1（2A/250V）烧断，检测滤波电容及热敏电阻 R2，桥堆（RC1）无损坏，怀疑 Q1 损坏。拆下开关管 Q1（C3506），测量其 c-e 结已击穿短路，R6（0.68Ω，1W）过流烧毁，ZD2 也已短路损坏。更换 Q1、ZD2、R6 后，机器故障排除。

例 3　**佳能 KT 型激光打印机开机后加热不停**

故障现象　机器开机后，加热一直不停。

分析与检修　经开机检查热敏电阻正常，判断故障出在加热控制电路。检修时，打开机盖，从断电器和晶闸管的控制端引出测试线，检查正常时继电器始终闭合，温度到时晶闸管断开，而晶闸管控制端［（3）脚］上始终无控制信号，该脚接光耦 SSR101 的（4）脚，光耦的输入端［（2）脚］连到插座 J104 的（3）脚。检测光耦正常。找到主控板上对应的插座 J807，其（1）脚为光耦的输入控制，连到 Q807 的 c 脚，而其 b 脚又连到 IC807 的（18）

脚；其（2）脚为继电器的输入控制，连到 Q805 的 c 脚。经进一步检测发现 Q807 内部损坏。更换 Q807 后，机器故障排除。

例 4　佳能 KT 型激光打印机打印文字很淡

故障现象　机器打印时，文字很淡，字迹隐约可见。

分析与检修　经开机检查与分析，该机图像浓淡调整，粉盒硒鼓及印字头均无异常，判断问题可能出在扫描转印或定影部分。检修时，先让机器自检或发排，估计纸走到一半时，拉开前盖，查看鼓面上尚未转印的图像正常（如图像偏淡，则问题在激光扫描镜头过脏，或高压接点与鼓的显影偏压用的接点接触不好，或是高压电源电路板故障）。再观察经过转印辊后吸附在纸上而未定影的图像很淡，说明故障在转印时高压不足而产生。进一步检查发现转印辊的高压供电是靠左面一个铜片与一个弹簧片接触导通，而弹簧片变形，未能接触铜片。将变形的弹簧片向外弯曲一点，使之能与铜片接触好，机器故障排除。

例 5　佳能 KT 型激光打印机 A4 纸打印幅面变为 B5

故障现象　机器打印时 A4 纸打印的幅面变为 B5 大。

分析与检修　根据现象分析，问题可能出在纸盒规格识别电路。检修时，打开机盖，经观察送纸盒侧面有 3 个可以拆卸的纸张大小设置块，机器上对应位置有 3 个微动开关进行检测。A4 纸盒的正常设置装两个设置块，而该机丢失了一块，从而造成纸盒规格识别错误。把小塑料块或木块削成设置块形状，用环氧树脂胶粘在对应位置后，机器故障排除。

例 6　佳能 KT 型激光打印机热辊烫坏

故障现象　热辊被烫坏，上下热辊粘在一起。

分析与检修　经开机检查与观察，问题可能出在驱动电机及相关部位。检修时，打开机盖，发现被烫坏的热辊，只有粘在一起的部位有高温烫化的痕迹，其余部位正常，说明发生故障时热辊没有转动。检查传动齿轮均正常，DC 控制板也无异常，因此是驱动电机的连接线或电机有问题。经进一步检测果然为驱动电机损坏。更换驱动电机后，机器故障排除。

例 7　ST-B4 型激光打印机打印时打印纸上出现竖直条纹

故障现象　机器打印时打印纸上出现竖直条纹。

分析与检修　根据现象分析，产生该故障的主要原因有：安装在硒鼓上方的反射镜上如有污物，就会形成竖直白条纹（激光遇到镜子上的脏东西时被吸收掉，不能到达硒鼓，从而在打印纸上形成一个窄条纹）；电晕传输线装有打印纸通道下方会吸引灰尘和残渣，电晕部件有的部分会变脏或被堵塞，阻止墨粉从硒鼓转移到打印纸上；墨粉盒失效，通常会造成大面积区域字迹变淡。消除反射镜上或电晕部件上的脏物及更换墨盒后，机器故障排除。

例 8　佳能 ST-B4 型激光打印机始终不能加热

故障现象　机器通电后，始终不能加热。

分析与检修　根据现象分析，该故障一般发生在加热灯及控制电路：一是加热灯管损坏，二是加热控制部件损坏。检修时，打开机盖，先拆下加热组件，测量加热定影灯管阻值为 8Ω 左右，正常。若阻值为无穷大，则灯管被烧断，需更换加热灯管。在灯丝回路中还串联了一只温度开关，其作用是当加热组件温度超过其正常温度范围（165～180℃）时，断路保护，停止灯丝加热。因此还要检测加热辊中部的这只温度开关是否断路。经查该处正常。由此判断加热控制电路有故障。取下外壳，拆开右后侧的交流电源组件，其下板有一只晶闸管 Q101，型号为 BCR12PM，经检测已坏。更换 Q101 后，机器故障排除。

例 9 **佳能 ST-B4 型激光打印机误使用电源后机内冒烟**

故障现象 机器使用 110V 电源，但误将 220V 市电插入后机内冒烟。

分析与检修 根据现象分析，该机电源电路可能损坏。检修时，打开机盖，先拆下交流电源组件，发现 VZ1 烧坏。由原理可知，交流电输入经 L101、C102、C101、C103 滤波后，通过 CB101 加到 VZ101 上。CB101 上标有 AC125V、10A 字样，其两脚测量为通路，它是一个 10A 的过流保护开关，而 VZ101 则为一个双向稳压二极管，但实际安装的都是压敏电阻，峰值电压在 220V 左右。当输入电压过高时，压敏电阻 VZ1 的阻值减小，呈短路状，过流保护器 CB101 断路，以保护后级电路。由于接入 220V 时过流电流太大，VZ101 被烧糊，通常外面电源插线板上的保险管也被烧毁。换上 10K221（峰值电压 220V，峰值电流 1250A）的压敏电阻后，机器故障排除。

例 10 **佳能 ST-B4 型激光打印机打印时出现类似空心字的模糊字迹**

故障现象 机器打印时出现类似空心字的模糊字迹。

分析与检修 根据现象分析，问题可能存在于以下几方面：①汉字字体设置被修改；②墨盒墨粉量不够；③打印机本身故障。可进行以下操作来判断：①先进入华光照排系统，检查文件字体设置，正常；②打印自测样张正常，说明墨粉量充足，打印机基本正常。进一步分析：①华光照排系统 DOS 系统有无被破坏或被病毒感染；②主机打印输出接口有无故障；③打印机接口有无故障；④激光打印机电缆线有无问题。针对上述问题，依次进行以下三步骤：①用 kV3000 杀病毒软件对其进行杀病毒处理，故障不变；②重新安装 HG-DOS 系统后，故障依旧；③检查打印机电缆线，发现主机相连的一根连至第 9 针插头上的电缆线已断落。重新焊接电缆线后，机器故障排除。

例 11 **佳能 ST-B4 型激光打印机有时不加热或停止加热**

故障现象 有时开机不加热，或在印几张后停止加热。

分析与检修 根据现象分析，问题可能出在加热控制电源或及相关部位。检修时，打开机盖，先加热组件，取出加热定影灯管，观察其状态很好，用万用表测试其阻值正常。再检查串在灯丝加路中的温度开关接触很好。在加热组件中部有一只作为温度传感用的热敏电阻（是用耐高温的泡沫材料包裹的），用酒精清除附着在上面的污物，常温下的电阻大约200～240kΩ（此值随环境温度不同而改变），用电吹气加热热敏电阻，用万用表测其阻值迅速减小到 100kΩ 以下，说明热敏电阻基本正常。将灯丝回路中各个接触点用砂纸打磨，除去氧化层，但故障不变，由此判断问题在加热控制电路。再拆下交流电源组件，上方有一块小型电路板，控制板上由一只 HA17393（IC151）主控，其主要作用是控制定影辊加热的温度，使其在等待期间保持 165℃，初始转动及打印转动期间加热辊为 180℃。经仔细检查，发现 Q159 驱动管内部损坏。更换 Q159（D2213，也可用 2SC2482 代替）后，机器故障排除。

例 12 **佳能 ST-B4 型激光打印机开机不工作**

故障现象 开机后无任何反应，机器不工作。

分析与检修 根据现象分析，问题可能出在加热定影电路。检修时，打开机盖，拆下加热定影灯管，发现灯管灯丝已烧断，灯管壁变黑，用万用表测试其阻值为无穷大。进一步检查还发现橡胶热辊也已烫坏。将加热灯管和橡胶热辊更换后，开机后加热不停止。进一步分析，加热定影灯过热，会不会损坏热敏电阻呢？拆下后用电吹风加热热敏电阻，万用表所示的阻值还是为常温下的 210kΩ，说明热度电阻已经损坏。更换一新热敏电阻后，机器故障排除。

例 13　佳能 ST-B4 型激光打印机打印文字图像模糊

故障现象 机器打印时，文字图像模糊。

分析与检修 根据现象分析，问题一般出在转印或扫描定影部分。检修时，先判断故障范围，用细金属丝按动机器后部的自检开关，估计纸走到一半时，打开上盖，这时纸经过硒鼓，观察鼓面上尚未转印的图像正常，而转印后吸附在纸上未定影的图像则很模糊。说明扫描部分正常，问题出在将图像转印到纸上的部分。检查发现转印电晕丝有一头断裂。更换转印电晕丝的组件后，机器故障排除。

例 14　佳能 LX 型激光打印机有时不走纸

故障现象 机器工作时，有时不走纸，有时开机后指示灯全灭，但将前盖板打开后指示灯又正常了。

分析与检修 根据现象分析，问题可能为接触不良或定影及送纸组件不良所致。检修时，打开机盖，先检查各个接插件是否有松动，再重插一次；检查电源组件均正常。进一步分析其工作原理可知，机器走纸时，是由主控板发出信号使电磁离合器启动，送纸轮才会与传动齿轮一起转动。判断问题很有可能是在前面定影和送纸组件上。将组件拆开，用万用表检测定影部分的传感器（纸检测光耦、热辊打开检测光耦、热辊测温热敏电阻）、送纸的电磁离合器（正常为 120Ω），均正常。再检查这些传感器到主控板的信号连线，发现其中（1）脚、（2）脚似断非断，从而造成送纸的电磁离合器工作异常。用柔韧性好的导线重新连线后，机器故障排除。

例 15　佳能 LX 型激光打印机打印时文件底灰很重

故障现象 机器打印时文件底灰很重。

分析与检修 经开机检查与观察，并先用无水酒精清洁转印辊，用电吹风烘干后装上，打印时故障仍旧；再更换新的转印辊和硒鼓故障还是不变，判断问题出在高压及电晕丝等部位。再让机器自检，当纸走到一半时，拉开前盖，查看鼓面上尚未转印的图像就有底灰。再调整墨粉浓度调节电位器无效；清洁硒鼓、充电辊与机内接点接触良好，由此判定为高压电源电路板损坏。更换高压电源电路板后，机器故障排除。

例 16　佳能 ST 型激光打印机插错电源后不工作

故障现象 插错电源后不工作，机内有爆裂声响。

分析与检修 根据现象分析，问题出在电源电路。经开机检查，原机上的压敏电阻已经烧毁过，被人换成两个三极管，根本无法起到过压保护作用。拆下加热组件，灯管与热辊均无异常（灯管冷阻值约 1.2Ω，上下热辊表面均无损伤）。再拆开前盖，取下右侧的直流电源组件，发现市电输入整流滤波回路中的电解电容 C1 因过压被烧爆，与之相关的电阻 R1 和双向晶闸管 CR1 均损坏。更换 C1、R1 和 CR1 后，机器故障排除。

例 17　佳能 ST 型激光打印机打印时出现误码

故障现象 机器打印时，字符出现误码。

分析与检修 根据现象分析，问题出在接口电路。打开机盖，取下接口电路板。信号输入后，先经过一个差分线驱动器/接收器 SN75116N。由于损坏原因是从外面接口来的冲击，因此首先检查此集成块。采用静态电阻测量法，比较后发现板上的 SN75116 的（1）脚对地（8）脚的压降（数字表二极管）仅为 0.8V 左右，而正常的为 1V。由此判定此集成块内部已损坏。更换 SN75116N 后，机器故障排除。

例 18 **佳能 ST 型激光打印机打印时纸张右侧文字浅淡模糊**

故障现象 机器打印时，纸张左侧文字清楚，右侧较淡且模糊。

分析与检修 根据现象分析，造成该故障具体原因有：硒鼓内墨粉较少并分布不均；转印电晕丝上有漏粉或氧化造成电荷不均；激光光学系统有污物阻碍。经开机检查硒鼓无异常。清洁转印电晕丝，故障也不变。说明问题出在光路及相关部位。检查光路应小心细致：在上盖的位置有一个反光镜，是将激光反射到硒鼓的，先清洁，但故障依旧。拆下外壳，清洁成像透镜外面一侧后依然如故。再打开装有激光器的黑匣子，为防止用户随意拆卸误伤人眼，其螺钉很特别，但可用钳子拧下来。打开后可以看见中央有一个可以旋转的六棱镜，由电动机带动，旁边一个突出的镜头组件就是激光头了，朝向机内有一组扇形透镜。经过仔细观察后发现，由于棱镜的高速单方向旋转，在镜面的一侧已附着了灰尘，这就是造成该故障的根本原因。用脱脂酒精棉清洁棱镜灰尘后，机器故障排除。

第二节　富士通打印机故障分析与检修实例

例 1 **富士通 DPK8100 型打印机不自检，字车不复位**

故障现象 开机后面板指示灯 "Paperout" "Qnline" 闪烁，用相同型号打印机的驱动板后，不自检，字车不复位。

分析与检修 打开机盖，将机上打印机的驱动板更换后，故障排除。再装回原驱动板，故障依旧，但将该驱动装在另一台打印机上却可正常使用，估计是驱动板检测光电容与机架位置不吻合所致。更换驱动板后，机器故障排除。

例 2 **富士通 DPK8300E 型打印机开机无反应，面板指示灯也不亮（一）**

故障现象 开机后无任何反应，面板指示灯也不亮。

分析与检修 根据现象分析，问题一般出在电源及相关电路。检修时，打开机盖，用万用表测 DB1 有 280V 直流电压输出，IC2 的（3）脚也为 280V 直流电压，说明 T02 的（1）～（2）绕组正常。再测 T02 的（7）～（8）绕组间无交流电压输出。怀疑 IC2 内部振荡管未起振。进一步检测果然为 IC2 内部损坏。更换 IC2 后，机器故障排除。

例 3 **富士通 DPK8300E 型打印机开机无反应，面板指示灯也不亮（二）**

故障现象 开机后无任何反应，面板指示灯也不亮。

分析与检修 根据现象分析，该故障一般发生在电源电路。检修时，打开机盖，经检查发现交流保险丝 F1 未被烧断，用万用表测 DB1 输出端有 280V 直流电压，说明整流滤波电路正常。再测 +5V 开关电路中 IC2 的（3）脚（振荡管 c 极）电压为 0V，判断为脉冲变压器的 T02 的（1）脚、（2）脚间绕组被烧断。断电后，用万用表测 T02 的（1）脚、（2）脚间的电阻值为无穷大。更换 T02 后，机器故障排除。

例 4 **富士通 DPK8300E 型打印机开机缺纸灯亮，联机灯闪烁**

故障现象 开机后电源灯亮，过一会儿缺纸灯、联机灯闪烁，不工作。

分析与检修 根据现象分析，电源指示灯亮，说明 +5V 电源正常，判断故障可能在

＋35V供电电源。检修时，打开机盖，用万用表测整流桥堆 DB1 的输出端有 280V 的直流电压。测 IC1 的（1）脚有 280V 直流电压，再测 T01 的（12）脚、（9）脚间输出绕组有交流电压输出，说明以 IC1 构成的 ＋34V 开关电路工作正常。而测 ＋34V 直流电压输出端 CNOUT 的（5）脚、（4）脚无电压输出。断电后测试 D07 正、反向电阻均不通，由此判定 D07 内部开路。更换 D07 后，机器故障排除。

例 5 **富士通 DPK8300E 型打印机不工作，纸尽灯、联机灯和高速灯同时闪烁**

故障现象 开机后机器不工作，纸尽灯、联机灯和高速灯同时闪烁。

分析与检修 根据现象分析，该故障产生的原因为 ROM/RAM 出错所致。该机 RAM 存储器装在控制电路板上，而 EPROM 装在接口电路板上。因此可先采用电路板替换法判定是 RAM 出错还是 EPROM 存储出错。该机 RAM 存储器为 IC2 和 IC3，型号为 81484-12，存储容量为 64KB。EPROM 在接口电路板上，为 IC1、IC2 和 IC6。该机经检测与替换实验为 IC2 内部出错。更换 IC2 后，机器故障排除。

例 6 **富士通 DPK8300E 型打印机开机一会儿缺纸灯和联灯闪烁**

故障现象 开机后电源指示灯亮，一会儿缺纸灯和联机灯闪烁，机器不工作。

分析与检修 经开机检查接口板（ROM）、控制板（RAM）无异常，后更换驱动板，机器正常，说明故障出在驱动板上。检修时，在拔掉 CNSP 时故障现象消失，说明字车驱动电路中有高压短路点。该机的字车驱动采用了带功率放大的步进电机控制芯片 SLA7024M。SPM0～SPM3 是 SLI2 输出的字车电机相信号；SPDV0～SPDV3 是到字车电机 A、B、C、D 4 个绕组的，高压 SPDV 则到绕组的中心抽头上；SPI2、SPI1 由 MPU 控制来指定驱动电流的大小。它们分别用于字车电机的加速、定速和减速。当其都为高电平时，驱动电流最大，而都为低电平时，驱动电流最小。根据上述分析，经用万用表检测，发现是字车驱动电路 SLA7024M 的 SPDV0 处于常通状态，而导致 ＋34V 掉电保护，从而导致机器不工作。更换 SLA7024M 后，机器故障排除。

例 7 **富士通 DPK8300E 型打印机开机后无任何反应**

故障现象 开机后无任何反应，机器不工作。

分析与检修 根据现象分析，问题一般出在电源及相关部位。检修此类故障时，应先检查机内供电系统是否正常，如 UPS 输出端、打印机供电插座是否有交流 220V 输出。再用替换法检查电缆线。该机经检查，电源缆有问题，用万用表测其中一根红线不通。此类故障有时只是交流保险丝断了。更换电源线缆后，机器故障排除。

例 8 **富士通 DPK8300E 型打印机开机后面板灯不亮**

故障现象 开机后，无任何反应，面板灯均不亮。

分析与检修 根据现象分析，问题一般出在电源电路。该机的指示灯是采用 ＋5V 供电的，说明 ＋5V 电路部分有故障。由原理可知，该机采用 PWN 脉宽调制式开关电源，输出 ＋5V 和 ＋34V 两种直流电压。三极管 TR1 是为防止加电瞬间浪涌电流对振荡管的损害；光电开关 PC1 是当打印机出现驱动电路故障、RAM/ROM 出错和过电压后报警时关闭 ＋34V，以免产生误动作。检修时，打开机盖，先用万用表测电源直流电路无输出，经检查交流保险丝 F1 已熔断，进一步检查整流桥堆 DB1、交流滤波器 C01、低通滤波器 C02、滤波电容 C03 和振荡管等相关元件，发现 DB1 内部短路。如果经检查 F1 未熔断，故障原因多为启动限流电阻 TH1，振荡管，脉冲变压器 T01、T02 内部损坏。更换 DB1 后，机器故障排除。

例 9 **富士通 DPK8400E 型打印机联机后旋动走纸手柄时机内冒烟**

故障现象 机器联机工作时旋动走纸手柄，突然机内冒烟，再开机已不能复位。

分析与检修 根据现象分析，故障可能为走纸电机控制电路烧坏所致。由原理可知，打印机走纸手柄在脱机状态下可以人工进退纸。而联机工作时，字辊已处于受控状态，如果仍然人工旋转手柄强行进纸，很容易造成对走纸电机及控制电路、驱动电路的损伤。由电路分析可知，相数据 LFM0～LFM3 由 LSI2 按 CPU 要求提供相驱动 LFDV0～LFDV3 及 +34V 到字车电机。检修时，打开机盖，脱机时按进纸键用示波器观察 LSI2 的（10）脚～（13）脚有相数据信号，FT7 也正常，由此判定走纸电机本身损坏。更换走纸电机后，机器工作恢复正常。

例 10 **富士通 DPK8400E 型打印机红色缺纸灯和联机灯同时闪亮**

故障现象 开机后字车行至左端时，红色缺纸灯和联机灯同时闪亮。

分析与检修 根据现象分析，该故障产生主要有以下几方面原因：①驱动电路异常；②电源主板损坏，无 +34V 电压输出；③当 34V 输出电压高出 10％ 时，+34V 因过压而自动关断；④保护电路误动作；⑤+34V 输出电压检测电路异常。用一块好主板换下该机主板，该机恢复正常，说明故障发生在原主板中。其中最值得怀疑的是门阵列集成块 MB670535，因为该 IC 具有以下功能：①产生打印针和电机动作和各种控制信号；②输出打印针数据和打印针和 FLYBACK 回行信号；③输出字车电机、走纸电机折相位信号；④内含 +34V 输出电压检测信号。检修时，用万用表检测 MB670535 各引脚静态电压，均呈异常状态。更换 MB670535 芯片后，机器故障排除。

例 11 **富士通 DPK8400E 型打印机打印字迹很淡**

故障现象 机器打印字迹很淡、不清晰。

分析与检修 根据现象分析，机器能打印出，说明出针打印驱动控制部分正常。检查色带也是新换的，显然与打印头和色带也关系不大。经开机检查，发现纸厚调节杆位置在 B 挡，使打印间隙过大，造成印字迹淡。该机纸厚调节有 1、2、3、4、A、B 等 6 挡，每挡之间大约差一张打印纸厚度（0.09mm），1 挡间隙最小，B 挡最大。一般装换色带盒时用 B 挡，换色带后未将其及时拨回原位置。重新将纸厚调节置于适当位置，机器恢复正常。

例 12 **富士通 DPK8400E 型打印机打印时出现漏点**

故障现象 机器打印时，文字出现漏点。

分析与检修 根据现象分析，该故障一般出在打印头和出针打印驱动电路。由原理可知，该机是通过 PINE 信号来控制 +36V 能否加到打印头线圈上，决定是否出针打印。该机 +34V 电压始终加在打印头线圈的高压端，而另一端只要有针数据，则 +34V→打印头线圈→FT1 内 Q2 的 e-c 结→地形成回路，打印头线圈产生磁场，驱动打印针出针打印。没有针数据，PD1 为低，则 FT1 内 Q2 不导通，线圈内则无电流，也就不可能出针打印了。经检查发现 PD1 漏点，由于其他针都正常打印，说明 +34V 没有问题，测 PD1 也有信号，FT1 内 Q 也导通，说明问题出在打印头上。拆下打印头，用万用表测其线圈电阻为 31Ω。测第一根针线圈电阻，表笔一端接 CNHD2 的（17）脚（+34V），一端接 CNHD2 的（19）脚，电阻为 31Ω，说明线圈未烧断，原因为断针。取下打印头后盖、垫片和复位橡胶弹簧。注意，打印头不要大头朝下，另外取出的东西最好按顺序放，装时再反顺序操作，便不会出错。将断针换掉后，机器故障排除。

第三节 联想打印机故障分析与检修实例

例 1 **联想 LJ6P 汉字型激光打印机墨粉未完全用完时就报警**

故障现象 墨粉还未完全用完时，打印机就报警。

分析与检修 开机观察，激光打印机在墨粉还未完全用完时，就出现墨粉报警，如此时更换墨粉，机子工作正常，但不久机子又出现报警，这样会浪费大量的墨粉。墨粉是否用完，是由光电传感器根据墨粉的位置进行检测，故判断问题出在光电传感器。试对光电传感器进行屏蔽，其方法是：打开机盖，取出硒鼓，在墨粉盒附近找到光电传感器，将其感光端用黑色胶带封住即可不出现报警。

例 2 **联想 LJ2000P 型激光打印机出现 Print Overrun**

故障现象 在 Windows 打印某文件时，常出现 PrintOverrun 字符。

分析与检修 一般引起故障的原因：①打印驱动程序不正常；②打印机的分辨率调得过高；③打印机的内存不够等。先将打印机扩充内存，并将 Windows 驱动程序中的 DeviceOption 菜单里的 PageProtection 和遥控面板程序设为"ON"试机，故障依旧。再在 Windows 驱动程序的 DeviceOption 菜单中，将 ErrorRecover 设为"ON"试机，故障排除。

例 3 **联想 LJ2000P 型激光打印机面板"Data"指示灯点亮**

故障现象 在 DOS 下打印时，能打印文件的前一部分，但不能打印最后一面，面板"Data"指示灯点亮。

分析与检修 这是在数据库软件及电子表格软件中设置不正确的典型故障。因为数据虽已送到打印机，可打印机却未收到换页命令，按面板按钮即弹出最后一页。在打印作业的最后加入一换页命令即可。

例 4 **联想 LJ2000P 型激光打印机有时打几个字符后即弹出一页**

故障现象 在 DOS 下能打印，但打印时不正常，有时打几个字符后即弹出一页。

分析与检修 此故障是由于应用程序中的打印驱动程序与打印机的仿真模式不匹配所致（LJ2000 系列激光打印机），以下打印机的驱动程序具有通用性并具有仿真模式：①LJ2110P：HP LaserJetllP，EpsonFX－850 及 IBM Proprinter XL；②LJ2210P：HP Laser-Jet5L/5P，Epson－FX－850 及 IBM Proprinter XL。修改应用程序中的打印驱动程序，再将打印机设为 HP 仿真，试机，故障排除。

例 5 **联想 LJ2000P 型激光打印机文件不能完全打印完**

故障现象 文件未全部打印完，便出现"MemoryFull"错误。

分析与检修 此故障为内存不够。试扩充打印机的内存，并将 Wimdows 驱动程序中的 Device Option 菜单里的 Pager Potection 设为"ON"后，故障消失。

例 6 **联想 LJ2000P 型激光打印机打印文件时页面杂乱无章**

故障现象 打印文件时页面杂乱无章。

分析与检修 引起该故障的原因主要有：①打印机的应用软件设置不正确；②计算机或打印机的接口类型设置不正确，与计算机不匹配；③打印机的仿真方式设置不正确。检查发现打印机的接口类型设置不正确。将计算机与打印机的接口类型设置正确后，试机，故障排除。

例 7 **联想 LJ2000P 型激光打印机打印时不走纸，即卡纸**

故障现象 打印时不走纸，即卡纸。

分析与检修　出现此故障一般是因打印纸有问题（如质量不好、厚薄不适及受潮等）。当出现卡纸时，首先检查纸被卡的部位，然后再做相应的处理。其被卡部位如下：①纸卡在多功能送纸器中；②纸卡在加出纸盒里；③纸卡在硒鼓附近；④纸卡在加热辊里。对以上卡纸部位分别做如下处理。

处理第一种：打开送纸器的前盖，向上直着拉出被卡的纸。然后关上送纸器的前盖，打开机子的顶盖，检查机子里面是否有撕碎的纸片。若纸不能直接拉出来，应打开顶盖，取出硒鼓组件，将卡的纸向前拉出。

处理第二种：向下拉开出纸器，打开支撑铁丝向外拉出卡住的纸。注意不能从出纸盒直接向外拉卡住的纸，以防加热辊上沾上墨粉，使后面的打印纸沾上墨粉。

处理第三种：打开机盖，取出硒鼓避光保存，将卡住的纸向前拉出，然后装回硒鼓，关上打印机盖。

处理第四种：打开机顶盖，取出硒鼓组件并避光保存好，然后将卡住的纸拉出。装回硒鼓组件，关上打印机的顶盖。

例 8　**联想 LJ2000P 型激光打印机打印时不进纸**

故障现象　打印时不进纸。

分析与检修　引起该故障的原因主要：①送纸器中的纸张装得过满；②送纸器内有纸，但纸张失常；③送纸器内缺纸（计算机屏幕上会有"Paper Empty"提示符号，或 Alarm 及 Paper 指示灯在闪烁）。检查送纸器内有纸张，但是纸张卷曲。保证纸张平直，将卷曲的纸在打印前整理平整后，再重新放入即可。

例 9　**联想 LJ2210P 型激光打印机 Alarm 与 Paper 指示灯闪烁**

故障现象　打印机进行打印时，Alarm 与 Paper 指示灯闪烁，并有"Paper Empty"提示符号。

分析与检修　一般 Alarm 指示灯闪烁，说明打印机存在缺纸、卡纸及缺粉现象，而 Paper 指示灯闪烁，说明打印机内的温度过高。首先检查送纸器内有纸，查纸张装得过多。将送纸器内的纸装得适量后，试机，故障排除。

例 10　**联想 LJ2210P 型激光打印机联机后不打印**

故障现象　联机后不打印，所有指示灯均不亮。

分析与检修　引起此故障原因主要：①电源部分有故障；②并行接口电缆连接不良；③硒鼓及墨盒有问题；④机内温度过高。首先检查打印机的电源插头接触良好，且电源开关已置于打开位置，再检查计算机与打印机之间的接口电缆线连接良好且所有的保护物已去掉。回头仔细观察现象，发现 Ready 指示灯快速闪烁，说明打印机内的温度过高，需要降温。打开打印机顶盖，使打印机内的温度降低后，试机，故障排除。

例 11　**联想 LJ2210P 型激光打印机打印字符模糊**

故障现象　打印字符模糊、底灰加重，字表变长。

分析与检修　此故障为典型的硒鼓老化故障。其原因是硒鼓使用时间过长，表面的光敏特性衰老，表面电位下降，残余电压升高所致。更换硒鼓即可。如无硒鼓，也可采用应急办法进行处理：购买三氧化二铬，用脱脂棉直接蘸取三氧化二铬 $3\sim5g$，顺鼓轴方向均匀、全面地擦拭一遍，以去掉疲劳的硒鼓表面层，露出新表面层。经如此处理后，还可打印近 5 万张。注意：如硒鼓出现表面脱落，不能采用此方法，只能更换新硒鼓。

例 12　联想 LJ2210P 型激光打印机页面中间或边上有模糊的条

　　故障现象　打印文件时，页面中间或边上有模糊的条。

　　分析与检修　引起此故障的原因有：①打印机处在潮湿或高温环境中；②打印机放置歪斜、不平，感光鼓内墨粉不均匀；③打印机的扫描窗口需要清洁；④硒鼓损坏。经对以上原因进行逐步检查，发现打印机放置不平稳。将打印机安放在平坦、水平的桌面上；从打印机中取出硒鼓，轻轻地摇动，使硒鼓内的墨粉分布均匀。

例 13　联想 LJ2210P 型激光打印机出现规律性的间隔的黑色横条

　　故障现象　打印件上出现规律性的间隔的黑色横条。

　　分析与检修　引起此故障的原因有：①机子长时间未使用；②硒鼓表面有划伤；③硒鼓在拆装时曝光时间过长致使感光鼓损坏。经询问用户得知机子已放置了很长一段时间未使用。多打印几张后，故障现象会自动消失。

例 14　联想 LJ2210P 型激光打印机打印页面上有白条（一）

　　故障现象　打印页面上有白条。

　　分析与检修　经检查为扫描器窗口脏污。对打印机进行内外清洁，其方法如下。

　　① 清洁外部。断电，取出多功能送纸器中的打印纸，使用稍微温或中性洗涤剂的布擦拭打印机的外部。为防止损伤打印机的表面，切忌使用挥发性的稀释剂或苯等液体。把打印机外部及送纸器上脏污清洁干净后，将纸装回送纸器即可。

　　② 清洁内部。断电，打开机子顶盖，取出硒鼓组件，避光保存好。用棉签蘸上酒精，清洁齿轮及导电端子，用软的干布擦拭扫描器窗口和墨粉传感器。清洁扫描器窗口时，切忌用手指触摸，也不能用酒精擦拭。轻轻左右滑动主电晕丝上的清洁环几次，主电晕丝清洁干净后，清洁环应滑回原来带有▲标志的位置。将硒鼓组件装上并关闭打印机的顶盖。

例 15　联想 LJ2210P 型激光打印机打印页面上有白条（二）

　　故障现象　打印页面上有白条。

　　分析与检修　引起此故障一般为打印机内有脏污或硒鼓损坏。首先对打印机进行清洁，打印页面上仍有白条且 Drum 指示灯点亮，说明硒鼓已接近使用寿命。更换新的硒鼓。其方法为：关上出纸盒，打开打印机的顶盖，取出旧硒鼓，将其避光包装好，防止其中的墨粉外溢，不要随地乱扔，避免污染。取出硒鼓组件中的墨粉盒，将其放在安全的地方。从包装盒中取出新硒鼓，轻轻摇晃硒鼓，使其内部的墨粉均匀地分布。将新硒鼓装入打印机，关上打印机顶盖。注意：在拆装硒鼓时千万要避光保存，切不可较长时间暴露在光照之下，这样易使感光鼓损坏。

例 16　联想 LJ2210P 型激光打印机出现竖直黑条或沾有墨粉

　　故障现象　打印页面上出现竖直黑条或沾有墨粉。

　　分析与检修　当硒鼓有问题或硒鼓组合中的主电晕丝脏污，或打印机内部的扫描器脏污，均可能引起此故障的发生。首先将扫描器用柔软的干布擦拭干净，并清除打印机内部溅撒的墨粉及纸屑等，试机，故障依旧。再对主电晕丝进行清洁，左右移动主电晕丝上的清洁环，使主电晕丝清洁干净，之后把清洁环移回有▲标记的原处后，故障仍不排除，说明是硒鼓有问题的。更换新硒鼓后，试机，故障排除。

例 17　联想 LJ2210P 型激光打印机有墨粉撒落并沾在纸上

　　故障现象　打印件上有墨粉撒落并沾在纸上。

分析与检修 引起此故障的原因：①纸张的规格不符合要求；②打印机需要清洁；③硒鼓有问题；④浓度设置不当。检查纸张规格符合要求，对打印机内扫描器及感光鼓组件进行彻底清洁，并逆时调整打印浓度旋钮，使打印浓度适宜，故障依旧，由此判断故障是因硒鼓有问题所致。更换硒鼓后，试机，故障排除。

例 18　联想 EJ3116A 型激光打印机打印文件时，整版页面色淡

故障现象 打印文件时，整版页面色淡。

分析与检修 引起此故障的原因主要有：①墨粉盒内已无足够的墨粉；②墨粉充足，但浓度调节过淡；③感光鼓的感光强度不够；④感光鼓加热器工作状态不良；⑤高压电极丝漏电，充电电压低；⑥转印电晕器安装位置不对。对以上原因进行检查，发现为浓度调节过淡。调节打印浓度旋钮使浓度合适后，试机，故障排除。

例 19　联想 LJ2110P 激光打印机页面呈现全白

故障现象 打印文件时，页面呈现全白。

分析与检修 转印电晕器工作不良、充电器工作不正常、感光鼓不转动、高压发生器有问题、控制板有问题等，均可能引起此故障的发生。对以上可能原因进行检查，发现高压发生器损坏。更换同型号高压发生器后，故障排除。

例 20　联想 EJ4208S 型激光打印机页面左边或右边变黑

故障现象 打印的纸张左边或右边变黑。

分析与检修 引起打印纸张左边或右边变黑的原因有：①墨粉盒内的墨粉集中在盒内的某一边；②墨粉盒失效；③光束扫描到正常范围以外；④感光鼓上方的反射镜位置改变。对以上原因进行检查，发现光束扫描到正常范围以外所致。适当调整多面转镜，使激光扫描至感光鼓的正常范围后，故障排除。

例 21　联想 M7120 型激光打印机显示"BACK COVER OPEN"

故障现象 开机，其液晶显示屏上显示"BACK COVER OPEN"。

分析与检修 液晶显示屏幕显示"BACK COVER OPEN"，只有扫描仪能使用，打印和复印都不能使用。打开机器机壳，取出墨盒，发现有一张打印纸卡在硒鼓后面。打开后盖，将其取出，然后合上机壳通电试机，一切恢复正常。分析故障应是打印机在打印时发生了误码关机所致。

第四节　方正激光打印机故障分析与检修实例

例 1　方正文杰 A6100U 激光打印机打印有底灰

故障现象 打印有底灰。

分析与检修 根据现象分析，该故障一般发生在高压电路等相关部位。开机观察，换硒鼓测试后，机器还是有底灰，所以判断是高压板问题。在高压板上有几个可调高压电位器，调后正常。调控高压板需要注意，并请保留原来的标识。

例 2　方正文杰 C9000 激光打印机打印偏黄色

故障现象 机器工作时，打印偏黄色。

分析与检修 根据现象分析，该故障一般发生在转印偏压等相关部位。由原理可知，上粉的步骤依次为 Y—M—C—K，可能是转印偏离压低，仅够吸附黄粉 Y，而随后的 M—C—K 依次减少而导致的。进入工厂模式进行调整，方法是：同时按住上键＋MEDIA＋

ONLINE 开机，几秒后即可进入工厂模式：按右键或上键找到 SERVICE MODE，按左键进入，按右键或上键找到 FACTORYMODE/TE，按左键进入，同上找到 NVMTUNEUP/NVR 进入，找到 THV（转印偏压）TUNEUP 进入，按右键将参数值向＋的方向调整再进入，关机重启，效果有了明显的改善。重新进入，反复调整，当把 THV 的数值调到＋4 最大时，仍有一些不满意，再通过调整高压板上的 THV 电位器即恢复正常。

例 3　方正文杰 A6100 激光打印机定影器处卡纸

故障现象　打印到定影器处卡纸。

分析与检修　根据现象分析，该故障可能发生在定影部分。经开机观察，样张上的内容在纸张上的位置正常，所以判断问题应出在定影器上。仔细观察定影器，发现定影器有拆卸的迹象，怀疑是用户在取卡纸时拆开过。经检查发现定影器上面的盖板两边的卡钉已丢失。该机经重装卡钉后，机器故障排除。

例 4　方正文杰 A6300 激光打印机无法加热就绪

故障现象　开机后故障/卡纸灯亮，打印机无法加热就绪。

分析与检修　根据现象分析，该故障可能发生在进纸传动机构。由于该机为新机器，一般和机器的板和硒鼓没有关系，应该从最基本的纸路开始检测，结果发现在搓纸轮与对齐辊位置之间的一个纸传感器卡死在机架铁皮下无法复位。将对齐辊组件拆下，恢复传感器状况后，重新装上对齐辊组件，装好机器，打印机工作恢复正常。

例 5　方正文杰 A5100 激光打印机打印样张的两端定影不牢

故障现象　打印样张的两端定影不牢。

分析与检修　根据现象分析，该故障一般发生在定影器部分。经开机观察发现热辊两端沾了很多废粉，但无法清除，更换上辊，但故障不变。怀疑是安装不到位，重新安装，并清洁下辊后故障仍存在。拆开整个定影器仔细观察，发现下辊两端的轴套（是塑料部件）都有不同程度的磨损，导致下辊不能很好地和上辊压合。更换下辊轴套后，故障排除。

例 6　方正文杰 A5100 激光打印机手动抬纸板有异响

故障现象　开机后，手动抬纸板有异响。

分析与检修　根据现象分析，问题可能出现在控制电路或出纸机构。开机检测后发现手动进纸器在每次开机时跟着机芯转动，抬纸板不停地抬起/落下。起初以为此故障为打印机的控制板有故障，更换后开机故障不变。后来拆下手动进纸器，发现拾纸齿轮与离合器上的钩片接触不好，钩片钩不住齿轮，所以齿轮带动搓纸杆转动。认真观察离合器，发现离合器的钩片的角度太大。用钳子把钩片角度稍微扳小一点，安装后测试正常，机器故障排除。

例 7　方正文杰 C9000 激光打印机无法通过自检

故障现象　无法通过自检，打开前后盖均无报错，且电机部分无任何反应。

分析与检修　根据现象分析，问题可能出在供电或控制电路。由原理可知，打印机开机预热是一个逐步完成的过程，根据指示灯或者是液晶显示板可判断打印机大概检测进行到哪个部位。此机在检测完内存之后开始循环，首先应该检测前上后盖的 3 个微控开关，确保开关合盖之后能够接触良好；其次对电源和连接板进行检测，开机后注意听电源部分的继电器响声是否正常，打印机右侧所有部分均需电机带动，两个电机都无动作，表明问题在之前的供电的控制部分。经检查，该机为电源电路连接接口卡不良。更换电源电路的连接接口卡后，打印机恢复正常。

例8 　**方正文杰 A22 型激光打印机机器不工作，不自检**

　　故障现象　打印不就绪，机器不工作，不自检。

　　分析与检修　根据现象分析，问题可能出在加热组件其相关部位。经观察，机器开机后绿灯闪、不自检，几秒后红灯亮。由原理可知，打印机开机先检测激光器，再是定影器。激光器通常情况下不会坏。先检测定影器、温度开关及热敏电阻、加热灯管、加热组件等均无故障。怀疑给加热组件供电的低压电源板有问题。拆下电源板测量后，发现给加热供电的一路电源保险开路及开关管短路。更换电源保险及开关管后，机器恢复正常。

例9 　**方正文杰 C8000 型激光打印机显示"E5"代码，图像有红色阴影**

　　故障现象　显示"E5"代码，同时打印的样张在打印红色的图案时纵向有红色的阴影。

　　分析与检修　根据现象分析，该故障可能发生在转印部分。机器显示"E5"代码，是机器认为图像转印装置的转印带不旋转。但从实际使用情况来看，转印带不旋转的概率很小，大部分是因为检测转印带转动的光电传感器被墨粉、灰尘污染，光路不通。该机经检查为光电传感器脏污。清洁传感器污物后，机器故障排除。

例10 　**方正文杰 A230 型激光打印机提示纸型错误，卡纸**

　　故障现象　打印机提示纸型错误，卡纸。

　　分析与检修　经开机观察，机器打印第一张时打印机就绪灯和错误灯交替闪烁，打印机提示纸型错误，再打印时纸张卡在机器里，纸头已出打印机，纸尾正好刚过对齐辊前的传感器。走纸快结束时有"哗哗"声（纸皱褶的声音），但印出的成品正常，无折痕。经检查该机为对齐辊上的胶轮不良，导致辊驱动力不够而卡纸。更换对齐辊上的胶轮后，机器故障消失。

例11 　**方正文杰 C9000 彩色激光打印机打印出的画面有斑痕**

　　故障现象　打印出来的画面有斑痕。

　　分析与检修　激光打印机转印鼓是彩色打印机最重要的部件之一，要求表面干净、无划痕、无油污，既不能用手触摸，也不能用任何东西去擦拭。有的用户在移动打印机的时候，使大量的硅油泼洒在转印鼓上，使机器不能使用。下面介绍清洁方法：取一储水箱（40cm×30cm×20cm），装满清水并加入适量的中性清洗剂，拆下转印鼓，取一长约 60cm 的木棒穿过鼓中间搭在水箱上，使大部分鼓体浸在水中。操作时注意手只能在鼓的两侧和边缘动作，不能触及表层，也不能将其放置在任何物体上，用海绵蘸清洗剂在油污处轻轻地做"C"形清洗，转动鼓体反复数遍，然后用纯净水冲净，架空晾干即可。

例12 　**方正文杰 A230 型激光打印机自检正常，无法进纸**

　　故障现象　开机自检正常，点击打印后有打印动作，但无法进纸。

　　分析与检修　根据现象分析，该故障一般发生在进纸传动机构。检修时，打开机盖，确认进纸离合器完好，再打开打印机左侧（驱动齿轮一侧），看搓纸轮左侧的离合部分是否脱落，如脱落应将卡簧与塑料齿轮安回原位，并固定好塑料卡，重新安好组件即可。该机经检查为离合部分脱落。该机经上述处理后，故障排除。

例13 　**方正文杰 C8000 型打印机左边 3cm 处纯黑色，无法打印**

　　故障现象　打印时出现左边 3cm 处纯黑色，无法打印，别的颜色均正常。

　　分析与检修　该机经检查，为机器前盖没有顶到位，不能使黑色粉盒完全顶到感受光带上，调整后正常。

例 14 **方正文杰 C9000 型彩色激光打印机打印红头文件时红色不太红**

故障现象 打印红头文件时红色不太红，为浅红色。

分析与检修 根据现象分析，该故障一般为 Y 显影偏压失调所致。开机，同时按 ON-LINE＋MEDIA＋上键开机，进入维修模式 2，按右键选择 FACTORYMODE 后，按左键进入，按右键选择 NVMTUNEUP 后，按左键进入，按右键选择 DBV 后按左键进入，按右键选择 Y，按左键进入，按右键将 Y 显影偏压调到＋1，按左键存入，同样，将 M 调至＋3，按下键返回主菜单，关机。重新启动打印机，打印红头文件，达到满意效果。

第五节　东芝打印机故障分析与检修实例

例 1 **东芝 TH-3070 型打印机打印字迹模糊不清**

故障现象 机器工作时，打印字迹模糊不清。

分析与检修 根据现象分析，产生该故障原因较多，一般与打印头驱动电路、针头断裂以及针的击打力弱有关。该机经检查为后一原因造成。检测时开机试打印一张，发现打印声音沉闷、不清脆，针的击打力弱。关机后，仔细察看打印头，发现打印头两个固定螺钉有些松动，使打印头不能处于最佳位置。慢慢重新紧固螺钉后，机器故障排除。

例 2 **东芝 TH-3070 型打印机打印数行字符后，面板指示灯全灭**

故障现象 机器打印数行后，面板指示灯全灭，机器停止工作。

分析与检修 根据现象分析，问题可能出在电源及驱动电路。检修时，打开机盖，检查＋5V 电源保险丝 F2 已烧断，说明电源部分存在短路故障。用万用表测＋5V 电路板的输入端电阻大于 100Ω，正常。检查＋5V 电源电路的元件也正常。更换 F2 保险丝后再装机打印，打印数行后，F2 保险丝又被烧断。迅速关机，用手触摸三极管 2SB688 严重烫手，判定为三极管内部软击穿。更换三极管 2SB688 后，机器故障排除。

例 3 **东芝 TH-3070 型打印机纵向打印不齐**

故障现象 机器纵向打印不齐。

分析与检修 根据现象分析，机器长期使用在双向打印时会导致该故障发生。其具体校正方法如下。3080 机主控板上 DIP 开关 SW1-(4) 为"ON"时，打印图形，按［自检］键一次，打印一种图案，连续按［自检］键两次，打印另一种图案，从打印出的图案看每根针打印质量和上下对齐程度。SW1-(5) 至 SW1-(8) 共 4 位，用于印字对准度调整和纵向放大或制表打印时同一列的上下对齐校正，通过这 4 位开关"ON"和"OFF"的不同组合，反复调试对齐程序，直到上下半行成一直线为止。3070 机纵向打印校正方法类似，其主板上 SW1-(5) 为"ON"时进行图形打印测试，通过 SW1-(1) 至 SW1-(4) 4 位 DIP 开关的"ON"或"OFF"的不同组合，进行纵向打印对齐校正。

例 4 **东芝 TH-3070 型打印机开机后字车回到左界不停**

故障现象 机器开机后，字车回到左界仍然不停步，继续向左端撞去，电机发出尖叫声。

分析与检修 根据现象分析，问题可能出在字车控制电路及左界开关左移或损坏，且控制电路 ROM、2764、IC27（8155）损坏较常见。检修时，打开机盖，检查左界开关正常，调整左界开关的位置，故障并未消失。用示波器测量 IC27 的（33）脚有波形变化，说明字车已送出"回车"信号到 8155，故障可能是 8155 或 2764。更换 IC27（8155）芯片后，机器故障排除。

例 5 东芝 TH-3070 型打印机打印时文字漏点

故障现象 机器打印文字漏点，使打印出的字形当中有细白缝。

分析与检修 经开机检查机器打印头线圈没有断，打印头是好的。问题可能出在打印信号输入电路。由原理可知，主机送来的要打印的数据，经 3 片 74LS374 送到 6 片 TD62064 芯片进行信号放大，驱动打印头出针。检查 6 片 TD62064，有针数据送来时，输入为高电平，经 TD62064 反相后为低电平。当测试到 IC56 时，发现它的输出为始终为高电平，说明 IC56 损坏。更换 IC56 后，机器故障排除。

例 6 东芝 TH-3070 型打印机打印字形中出现一条连续的横线

故障现象 机器打印时，字形中出现一条连续的横线。

分析与检修 根据现象分析，打印时字形中有一条连续的横线，说明印字连点，即某根针连续出针所造成。应重点检查针数据形成和针驱动电路。检修时，打开机盖，用示波器检查 IC62～IC64（74LS373）的输出端，为时高时低的波形是正确的；检查 IC40-IC42 和 IC55-IC57 的输出，除了 IC41 的输出为常低的电平外，其余都是正常的波形信号，说明 IC51（TD62064）内部损坏。更换 IC51（TD62064）后，机器故障排除。

例 7 东芝 TH-3070 型打印机无反应，也不动作

故障现象 开机后有风扇转动声，但整机无反应，也不动作。

分析与检修 根据现象分析，问题出在电源电路。开机观察，风扇转动，说明其交流滤波电路之前的电路正常。面板上指示灯不亮，机器无反应，说明电源无＋5V 电压输出。由于机器久置未用，初次通电开机瞬间，电解电容的充电电流是相当大的，很容易烧断保险管 F1（5A）或 F2（3A）。该机经检查，果然发现 F2 已熔断，查其他元件未发现异常。更换 F2 后，机器故障排除。

例 8 东芝 TH-3070 型打印机打印时机器不走纸

故障现象 机器打印时不走纸，字迹成一条黑印。

分析与检修 根据现象分析，该故障一般发生在走纸运行机构或走纸电机及驱动电路。检修时，打开机盖，先检查走纸机构。走纸机构方面的问题主要是看 PJ12 插头是否插好，齿轮是否正常啮合，或者电机传动轴螺钉是否松动。按步骤检查上述机械部件，并重新拧紧各螺钉，故障并未消失，说明走纸运行机构是正常的，应重点检查电路部分。走纸电机是四相步进电机，如果步进电机缺一相或几相，或者步进电机的驱动电路损坏，它就不能正常运转，造成走纸不正常。在排除走纸电机本身损坏的可能性后，用示波器检查它的逻辑电路。走纸电机的线圈 3、4、5、6（四相）端，通过插头 PJ12 接到 IC43（TD62064）上，再通过 IC44（7406）接到 IC15（8155）上，IC15（8155）输出的脉冲通过上述路线控制电机运行，用示波器测量上述器件的输入输出波形并未发现有器件损坏。走纸电机高压（正 16V）电路是由 IC14（74LS74）、IC61（74LS06）及 Q8 组成的，然后接到步电机线圈 1、2 端。用示波器测量 IC14 的（12）脚有波形输入，而输出端（9）脚却呈不高不低的浮空状态，由此判定 IC14 内部损坏。更换 IC14（74LS74）后，机器故障排除。

例 9 东芝 TH-3070 型打印机自检正常，不能联机打印

故障现象 开机后，自检正常，但不能联机打印。

分析与检修 根据现象分析，机器自检正常，说明打印机本身控制部分正常。在排除是主机的软件（打印机驱动程序等）问题、主机的软件与打印机不匹配等情况后，故障一般出在接口电路上。由原理可知，打印机与主机之间的接口信号主要有以下几种：①数据选通信

号（STB），通过 IC72 加到 IC72 的（2）脚；②打印机发给主机的回答信号（ACK），它的传输路线是 IC27-5→IC52-13→IC7-45→PJ32-12；③忙信号（BUSY），它的传输路线是 IC27-37→IC52-1→IC50-10→IC76-11→PJ32-23。检修时，打开机盖，用示波器检查数据选通信号和回答信号的传输过程中并未发现异常，当检查忙信号时，IC（8155）的（37）脚有脉冲波形，IC52 的（1）脚也有很好的波形，但 IC52 的（2）脚却为浮空状态，由此断定 IC52 内部不良。更换 IC52 后，机器故障排除。

例 10　东芝 TH-3070 型打印机开机后无反应，报警灯亮

故障现象　开机后无任何反应，报警灯亮。

分析与检修　根据现象分析，问题一般出在电源电路，且大多为稳压电源滤波电容严重漏电，使输出电压下降所致。打开机盖，经仔细检查果然为电源滤波电容内部严重漏电。更换电源滤波电容后，机器故障排除。

例 11　东芝 TH-3070 型打印机面板指示灯全亮无任何动作（一）

故障现象　开机后，操作面板指示灯全亮，但无任何动作。

分析与检修　根据现象分析，问题一般出在 CPU、ROM、RAM 等控制电路。检修时，打开机盖，先给打印机加电，用示波器观察 CPU（8085）的数据端（D0～D7），发现 CPU（12）脚无脉冲信号输出；按控制输出端顺序查找，发现电路 IC9（74LS257）(4) 脚为低电平，故判断 IC9 损坏，造成 CPU（8085）输出数据不正常，影响整个电路工作。更换 CPU 片后，机器故障排除。

例 12　东芝 TH-3070 型打印机面板指示灯全亮无任何动作（二）

故障现象　开机后，操作面板指示灯全亮，但无任何动作。

分析与检修　根据现象分析，问题一般出在 CPU 及控制电路。检修时，打开机盖，加电用示波器检查 CPU（8085）(1) 脚、（2）脚，发现 CPU 无时钟输入。采用断路法判断，发现是由于 CPU 损坏造成，更换后，有时钟输入，也有脉冲输出，但机器仍不正常。再按电路顺序查找，发现 IC27（8155）芯片无片选信号，用示波器观察发现前端电路输出正常，故判断 IC27（8155）芯片损坏。更换 CPU 芯片及 IC27 后，机器故障排除。

例 13　东芝 TH-3070 型打印机打印头不回位，故障灯亮

故障现象　开机后，打印头不能回到初始化位置，而是动一下，过 10 秒后面板指示故障灯亮。

分析与检修　根据现象分析，问题一般出在打印头及驱动电路。检修时，打开机盖，给机器加电后，用示波器检查驱动控制电路的控制芯片，发现 IC61（74LS06）(8) 脚有脉冲信号输入，而（9）脚无脉冲信号输出，故判断为 IC61（74LS06）损坏，更换后，电路输入、输出正常，但机器仍不工作。用万用表测量，发现驱动电压 +16V 未加上，从而使电机无法运行。再用示波器观察，发现 IC44（74LS06）(11) 脚输入为脉冲，而（10）脚无脉冲输出，输出的信号为半波交流波形（正常应为脉冲信号），故判断问题在其供电电路。经进一步检查，发现 C17、C18 内部损坏。更换 C17、C18 后，机器故障排除。

例 14　东芝 TH-3070 型打印机通电后字车不回左界

故障现象　机器通电后，字车不回左界。

分析与检修　根据现象分析，机器控制电路有问题或者电机驱动有问题均会造成字车不动。可以先模拟字车的回车动作来判断主控电路有没有问题。机器通电后，按动右/左界开关后再按动"联机/脱机"键，发现联机灯正常亮灭，说明 CPU（8085）及其主控电路是正常的，故障出在电机驱动电路上。打开机盖，检查驱动电路，用示波器测得 IC61（74LS06）（3）脚输出有脉冲，但（4）脚输出却为高电平，造成字车电机缺相，使字车不能走动。更换 IC61（74LS06）后，机器故障排除。

例 15 **东芝 TH-3070 型打印机电源灯亮，打印头无动作**

故障现象 开机后电源指示灯亮，打印头无任何动作，也无其他反应。

分析与检修 根据现象分析，开机后，电源灯亮，说明电源部分基本正常。打印机无其他反应，说明打印机加电后，自检并没有完成，问题一般出在 CPU 及主控电路或 ROM 电路。检修时，打开机盖，先用一块好的 ROM 芯片换掉原来的 ROM 芯片，故障仍未排除，说明问题在控制电路。该机的主控电路由 IC26（8085）、IC69（74LS373）、IC37（74LS139）、IC27、IC15（8155）等组成，一般情况下，CPU（8085）不会出故障，用示波器检查 IC69 的输入出脚，波形正常；再测 IC37 的（4）脚为低电平，（5）脚为浮空状态，由此判断 IC37 内部损坏。更换 IC37 后，机器故障排除。

例 16 **东芝 TH-3070 型打印机开机面板指示灯不亮，也无其他动作**

故障现象 开机除风扇转动外，面板上所有指示灯不亮，也无其他动作。

分析与检修 根据现象分析，问题可能出在电源或字车传动机构。检修时，打开机盖，发现 3.15A 保险管熔断。更换保险后开机，指示灯亮，但字车移动瞬间保险又被熔断。经分析，在打印机中耗电大的就是字车步进电机，而步进电机转动是经皮带带动字车来回移动，应重点检查。首先检查字车，发现字车与导轴阻力很大，从而造成字车步进电机的电流增大而烧保险。将字车来回拉动并同时加上润滑油，减少导轴与字车间的阻力后，机器故障排除。

例 17 **东芝 TH-3070 型激光打印机文稿中出现一块黑斑**

故障现象 机器打印时，文稿中间出现一块黑斑。

分析与检修 经开机检查，发现打印滚筒高低不平，中间还有一段 1.5cm 宽的明显凸出。找一把平整而锐利的刀，放在需要维修的滚筒上，使刀口与滚筒凸出部分相接触，然后右手轻轻地转动滚筒，直至凸出部分基本磨平。再按照上述方法，用零号水磨砂纸进行磨光，机器故障排除。

例 18 **东芝 TH-3070K 型激光打印机字车不动作**

故障现象 开机后，面板所有指示灯不亮，字车也不动作。

分析与检修 根据现象分析，问题一般出在电源电路。检修时，打开机盖，用万用表测开关电源几组电压无输出。经查开关管 Q3（2SC3153）已击穿，限流电阻 R4（2.2Ω/5W）烧断，Q4、Q5 及晶闸管 CR4 均被击穿，两个反馈电阻中 R18（15kΩ）开路，有烧焦痕迹，R16 已由 27kΩ 变为 80kΩ。更换以上元件后，开机电源发出"吱吱"声，主电压＋30V 降至 14V 左右，开关管烫手。断开开关管射极引线，测集电极电压为 250V，正常应为 300V 左右。检查扼流圈 L1，整流桥 CR1（5A/400V）无异常。进一步检查发现滤波电容 C5（150μF/400V）内部不良。更换滤波电容 C5 后，机器故障排除。

第六节　惠普打印机故障分析与检修实例

例 1 **惠普 HP1010 激光打印机打印无字迹**

故障现象 联机打印时，进纸正常，但打印无字迹。

分析与检修 根据现象分析，故障原因有粉盒内无墨粉、硒鼓故障和转印电极组件不良。检修步骤如下：①先换用新的粉盒测试，故障依旧，故基本排除粉盒内无墨粉的原因；②仔细检查发现硒鼓表面上有文字的墨粉痕迹，故判定打印机显影部件无故障，问题出在字迹从感光鼓向上转移阶段；③最后检查转印电极组件上的电极丝，发现电极丝并未熔断脱落，但在电极丝的前后左右附着有大量的黑色漏粉，怀疑故障出自大量的带电漏粉致使电极丝无法产生正常的电晕放电，或电晕放电电压过低，无法将带负的显影墨粉吸附到纸上，从而造成打印纸上无字迹现象。用一小团洁净棉花蘸取少量甲基乙酮，在关机状态下轻轻擦拭，清除转印电极组件上电极丝周围的碳粉。清理完毕后，再用一小团棉花蘸取少量无水酒精重新擦拭一遍，等酒精挥发干净后，重新安装到位。开机使用，故障排除。

例2 **惠普1000型激光打印机不进纸**

故障现象 打印机进纸反复动作，但不进纸。

分析与检修 该故障只要在人工进纸架上取出前两张纸，仔细观察纸张头部边缘1/2处有无被进纸器卡破或变形的痕迹，如果有，大多是进纸器口的四组送纸挡片中的某一片被翻到外面，遮挡了进纸器入口的通道所致。只需停机断电，用手掌顺着进纸口方向伸入触摸，就会接触到在使用中被反弹出来的软塑料挡片。这时用指尖将挡片向内稍用力一顶，该挡片即可复位，使故障排除。

例3 **惠普1020型打印机文件局部掉字**

故障现象 打印出的文件局部掉字。

分析与检修 该故障通常是由于打印纸张的表面不净，将定影膜擦伤。更换时应取下定影主件，打开机盖只卸两个螺钉即可取下定影主件，然后用尖嘴钳分离两端的固定拉伸弹簧，即可顺利拆下定影膜。但换膜时一定要注意换用原厂的定影膜才耐用。该机经上述处理后，工作恢复正常。

例4 **惠普HP5000激光打印机出现"50.2FUSER ERROR"故障代码，不进纸。**

故障现象 开机指示灯亮，但联机复印或打印测试页时均出现"50.2FUSER ERROR"故障代码，不进纸。

分析与检修 打开机壳，进行自检打印，发现除进纸控制电磁铁不吸合外，其他机构运转正常。测进纸电磁铁线圈电压（24V）正常。在拆卸过程中碰到定影部分，发现定影辊还是常温。定影原理是碳粉在180℃左右时熔化且在热压下很快固化，因此纸张经过定影辊后，碳粉就附着在纸上完成定影。拆下定影部分，小心取下定影加热器，发现加热片已经断裂。新式激光打印机定影用的都是加热膜片，由于该膜片几乎是直接和纸张接触的，仅隔一张薄膜，因此升温速度快、热效率高，可在进纸指令发出后才启动加热片，并很快达到设定温度，因此，此机在联机打印或自检打印时，才出现"50.2FUSER ERROR"故障代码。更换一个定影加热片后，故障排除。

例5 **惠普HP5000LE型激光打印机文稿上有不规则墨块**

故障现象 机器打印时，文稿上有不规则黑块，正反面均有。

分析与检修 根据现象分析，该故障一般为硒鼓或加热定影组件不良所致。检修时，打开机盖，取出硒鼓，已经灌装过墨粉，但由于拆装时技术不高，造成粉盒安装不严而漏粉。用拧干的湿毛巾擦拭机器内部的浮粉，重装硒鼓。打印时墨块减少但仍未完全清除。再让机器打印，估计纸走到一大半时，打开上盖，查看鼓面上尚未转印的图像正常，经过转印辊后吸附在纸上而未定影的图像也正常，而定影后的图像就被污染，说明问题在加热定影组件。拆下加热定影组件，发现上、下热辊都有很多凝结的墨粉。用酒精棉球清除上热辊上的墨粉后，机器故障排除。

例6 惠普 HP5100 型打印机打印出的字迹模糊

故障现象 打印出的字迹模糊。

分析与检修 首先要检查硒鼓是否正常，碳粉是否用尽。如果以上情况都排除，故障多出在激光通道上的各组光学组件，因使用日久蒙灰，使激光通光量减小所致。处理时只需拆开激光系统组件的上盖。先用空气泵吹尘，再用竹镊子夹洁净的医用棉并蘸少许清水，对各光学组做反复仔细的清洁即可。

例7 惠普 HP3 型激光打印机预热时间过长不工作

故障现象 机器预热时间过长，每次开机，显示：05SELFTEST（自检）。数秒后显示：02WARMINGUP（预热），约 4 分钟后，又显示：50SEVICE，不工作。

分析与检修 根据现象分析，问题可能出在定影灯及相关电源。由原理可知，正常机器开机先显示 01，再显示 02，约 2 分钟后，便显示：00READY，即可正常工作，而该机预热时间过长，说明故障在预热电路中热保护开关、定影灯、热敏传感器部位等。检修时，打开机盖，拆开机壳，取出热定影组件，检测热保护开关正常，测定影灯内部开路，致使在规定时间内，不能达到定影温度。更换定影灯后，机器故障排除。

例8 惠普 HP4P 型激光打印机打印文字模糊不清

故障现象 机器打印文字时，文字模糊不清。

分析与检修 根据现象分析，该故障一般发生在硒鼓、电晕丝及光学系统。检修时，打开机盖，检查硒鼓和电晕丝正常，再清洁光路。具体步骤为：将外壳拆下，在硒鼓位直上方有一横条，先用笔在横条两侧的螺钉位置做记号，拆下后其下面就是反光镜，经观察已积满灰尘。用脱脂棉蘸无水酒精清洁反光镜，并将部件装好后，机器故障排除。

例9 惠普 HP4VC 型激光打印机工作时发出"咔咔"响声

故障现象 机器打印时发出"咔咔"响声，且频繁卡纸。

分析与检修 根据现象分析，问题一般出在机械传动部位。经开机观察，发现是机器左侧带动感光鼓的齿轮与转印辊的齿轮打滑，发出此音。由原理可知，感光鼓是由转印辊上的齿轮传动，而转印辊是由内侧左右两只弹簧拉紧，咬合紧靠在感光鼓上。因此怀疑左侧弹簧弹力减弱造成，将右侧弹簧与之交换有所改善但并未完全排除。再进一步仔细观察，发现位于转印辊后的消除纸张上残余电荷的除电针组件有变形。正常应为笔直，此件的左侧已弯曲，与转印辊接触，使其不能很好与传动齿轮接触，发出打滑的声音。而卡纸也是由于转印辊与感光鼓对纸张的压力不均造成，在冷机时变形较小，而受热后形变加大，即造成频繁卡纸。更换除电针组件，故障排除。应急处理时，也可将固定除电针的 2 个螺钉调松，使其不要影响转印和感光鼓的齿轮传动，但又能与下方的接地铜片接触上即可。

例10 惠普 HP4VC 型激光打印机工作时常显示"53××SERVICE"

故障现象 机器工作时，常报"53××SERVICE"，重新启动又正常。

分析与检修 根据现象分析，该机现象为内存故障。检修时，打开机盖，把接口电路板抽出，发现内存上积满很多灰尘，估计故障由此引起。清除内存灰尘后，机器故障排除。

例11 惠普型激光打印机打印字迹用手一擦即掉

故障现象 机器打印文稿后，字迹不牢固，用手一擦，立刻模糊不清，激光显影粉末熔附在纸面。

分析与检修 根据现象分析，问题出在定形上加热辊部分。一般为电阻式加热板条破裂、加热辊上有异物、过热保护器断开或控制电路不良。检修时，打开打印机的后盖板，从上部推出机器外壳，发现一整张打印纸缠绕在加热辊上，增加了桶套的传热阻力。取出缠绕在加热辊上的打印纸后，机器故障排除。

例 12 惠普 HP4VC 型激光打印机打印稿上有两处硬币大小字迹不清晰

故障现象 机器打印时，打印稿上右边有两处面积约硬币大小的字迹模糊不清。

分析与检修 根据现象分析，故障可能为使用不当所致。如打印较硬的信封或打印纸之间夹持较硬的杂物，造成上加热辊的桶形外套撕裂损坏等。检修时，打开机盖，推出机器外壳检查，当拆出上热辊后发现桶套撕裂，形成洞状缺损和内心轴外露，使吸附在打印纸上的激光显影粉被刮存到内轴壁上，造成打印纸稿上局部字迹模糊不清。更换加热辊后，机器工作恢复正常。

例 13 惠普 HP4VC 型激光打印机工作时卡纸

故障现象 机器工作时卡纸，显示"PAPERJAM"字符。

分析与检修 根据现象分析，问题一般出在输纸系统及相关部位。检修时，打开机顶盖，仔细观察，如果纸卡在接近纸盒的输纸部位，应打开传送导向锁架，将纸取出；若卡纸在接近尾部的定影组件上，应打开定影组件，将纸朝机前拉出，不能向后取出。卡纸故障排除后，盖上顶盖，窗口应显示"READY"，这时按 ONLINE 键，被卡的那一页内容将会自动重新打印。该机经检查为使用不干胶纸打印时造成。因此，在使用不干胶纸打印时应格外小心，尾部应使用输出托盘以防回绕，粘胶不能与机器任何部位接触，否则会造成卡纸。

例 14 惠普 HP5L 型激光打印机送纸时报警卡纸

故障现象 机器打印时，送纸报警卡纸。

分析与检修 根据现象分析，问题一般出在搓纸传动系统。由于该机采用的是垂送纸，利用橡胶凸轮进行搓纸。打印命令发出后，打印机的搓纸轮在转动，将纸带动但未能送进去，并且在纸上留下搓纸轮的黑印痕。这说明搓纸打滑，一般原因是太脏。打开机盖，用软布蘸清水擦拭后，工作不久故障重现。说明搓纸轮因磨损变小，吸有墨粉，更换新搓纸轮后，机器故障排除。

例 15 惠普 HP5L 打印机不能打印

故障现象 开机后所有指示灯亮，不能打印。

分析与检修 根据现象分析，该故障可能出在瞬时加热系统。该机不同于其他类型打印机之处，除了扫描、充电、转印等部位外，就是定影。传统的激光打印机开机时有一段定影部分预热的过程，当定影温度上升到机器的设定值时，机器便转入预备打印状态。而惠普的5L、6L 系列均采用了一种瞬时加热技术，即 PTC 陶瓷加热片，且在 PTC 上附有一个检测温度的负温度系数热敏电阻，主机检测其阻值的变化，来控制 PTC 加热装置加热时间的长短，并达到恒温的目的。若热敏电阻发生问题，机器就会停机发出警示信号。把热敏电阻的插头从机器上脱开，试机故障依旧，怀疑该热敏电阻已失效。把它从 PTC 加热条加热组件上拆下来检测，发现已不能随温度的变化而变化。更换该热敏电阻后，机器故障排除。

例 16 惠普 HP5P 打印机纸恰好碰到检测纸中间的传感器，死机

故障现象 联机或打印自检，纸恰好碰到检测纸中间的传感器，死机。

分析与检修 根据现象分析，问题可能出在定影组件。开机观察，机器联机打印，纸恰好碰到检测纸中间的传感器，机器五盏灯全亮。该传感器是用来检测纸的到位情况，即检测一张 A4 纸经过这个传感器所需要的时间。考虑到定影器组件是一个易损件，经检查果然为定影器云母片损坏。更换定影器的云母片，机器故障排除。

例 17 惠普 HP6P 型激光打印机进纸时卡纸

故障现象 机器进纸时出现卡纸现象。

分析与检修 根据现象分析，问题出在进纸系统，一般可能为机内纸屑没有清除干净或纸传感器探测杆移位而发生阻挡所致。检修时，打开机盖，用笔压住盖子检测开关进行打印，发现卡纸发生在进纸道左边，有透明塑料盖住的白色塑料轮下部发生阻挡。取出硒鼓后将振荡器两个固定道压板的螺钉拆下，将组件向机后移动即可取出，发现在白色塑料轮下部发生阻挡。清除碎纸后，机器故障排除。

例 18 惠普 HP6P 型激光打印机文稿左侧图像移位且不清晰

故障现象 机器打印时，文稿左侧图像移位且不清晰。

分析与检修 根据现象分析，问题可能出在加热组件。检修时，先让机器打印，估计纸走到一大半时，打开上盖，查看鼓面上尚未转印的图像是正常的，再观察经过转印辊后吸附在纸上而未定影的图像也正常，而经过加热组件的图像出现故障。该机定影加热组件采用瞬时节能/瞬时启动技术。固态的陶瓷加热器测温的热敏电阻与上热辊一体，由于上热辊表面不平整，所以还套有一个耐高温的特富龙制的黑色护套与纸张接触，将墨粉熔化固定到纸上。打开机盖，发现该机是由于有纸卡住，卷在了下热辊上，将其取出后排除；左侧图像移位且不清晰是由于上热辊的特富龙耐热护套破损，造成定影时左侧图像模糊。更换加热组件后，机器故障排除。

例 19 惠普 HP6P 型激光打印机垂直方向有断线现象

故障现象 机器打印效果不好，有时无进纸动作，在垂直方向上有断线。

分析与检修 根据现象分析，打印时无吸纸动作，是由于控制电磁铁未吸合所致。用万用表检查电磁铁 R 为 108Ω，信号来自右侧插头，正常；检查电源高压板，信号经 J303 的（4）脚、（5）脚到 Q301，B 极到 IC301 的（6）脚，均正常。由于打印时加热组件要预热，怀疑定影加热组件不加热而使电磁铁不吸合。用替换法更换定影加热组件后正常。拆开后进一步检测陶瓷加热辊阻值为无穷大，说明其内部损坏。更换加热辊后，机器故障排除。

例 20 惠普 HPLaserJet4L 型激光打印机打印时出现黑色横线

故障现象 打印时文稿上出现间隔约 7.5cm、宽约 3mm 的黑色横线。

分析与检修 根据现象分析，问题可能出在墨粉盒、刮板及硒鼓上。打开机盖，用手转动硒鼓时没有发现墨粉外漏，仔细分析，如墨粉盒漏粉或刮板晃动只能引起不规则的横条纹，所以应排除这两种原因。查看打印纸张，发现每条横线的左端均有一个小米粒大的点，再仔细检查硒鼓，发现也有一黑点，用软布擦后是一个小坑。由原理分析可知，激光打印机的成像原理与复印机相同，要经过充电、曝光、显影、转印、定影几个步骤。这个故障应该出在显影这个步骤上，如果硒鼓上的黑点是属于感光层脱落，当鼓转到黑点与显影磁辊相对时，感光层脱落部分露出的铝基就与显影磁辊相连，而鼓的铝基是连接地线的，那么显影偏压在此时经黑粉对地短路，显影偏压降为零，也就吸不住墨粉，所以在黑点的位置会出现一条黑色的横线。小心地将黑点小坑内的墨粉清除干净，再用牙签尖蘸少许 502 胶，点在小坑内。待胶干后，上机打印，机器工作恢复正常，故障排除。

例 21 惠普 HPLaserJet4L 型激光打印机打印稿上出现垂直白色条纹

故障现象 打印稿上出现垂直的白色条纹，此位置字迹不清，每一行都在同一位置。

分析与检修 根据现象分析，原因一般有如下两种：一是墨粉盒中的墨粉不够量，或者打印机放置较长时间不用，此时可取出墨粉盒，用力摇晃后再放回，如果打印效果没有明显提高，就要更换墨粉盒；二是打印的灵敏度调整得太低，这时可以通过控制面板的程序来调整（1 为最低，5 为最高）。该机经检查为灵敏度调整太低。重新正确调整灵敏度后，机器故障排除。

例 22 惠普 HPLaserJet4L 型激光打印机打印稿上字迹不清为圆形区

故障现象 打印稿上字迹不清的区域一般为圆形区，而且无规律性分布，呈随机性的状态。

分析与检修 根据现象分析，该故障产生原因有：打印纸潮湿，或表面干湿不均匀，可以换另外的纸张试一试；纸张的质量不好，有些地方不着墨粉，更换纸张；另外就是传输滚筒不清洁。该机经检查为传输滚筒表面脏污。清除传输滚筒表面污物后，机器故障排除。

例 23 惠普 HPLaserJet4L 型激光打印机打印文稿上有黑色垂直线条

故障现象 机器打印时，文稿上有黑色的垂直线条。

分析与检修 根据现象分析，问题一般出在左墨粉盒及相关部位。检修时，打开机盖，先检查感光鼓的表面有无墨粉的痕迹，可以用干的棉球擦拭。注意一定不要用湿的东西擦拭，墨粉盒勿让阳光直射，在室内光线下应当以最快的速度来完成工作，以免使感光鼓造成永久性的损坏。感光鼓表面如有擦伤的痕迹，要更换墨粉盒。还有一种情况是定影架有问题，可以检查滚筒是否有擦伤或磨损。该机经检查感光鼓表面有擦伤。更换墨粉盒后，机器故障排除。

例 24 惠普 HPLaserJet4L 型激光打印机联机不能打印

故障现象 机器联机不能打印。

分析与检修 根据现象分析，机器开机后自检正常，问题一般出在接口电路。经开机检测，机器无法接收 PC 发送的数据，重点检查（10）、（11）、（32）脚的信号。用示波器从端口向内检查，信号经过三极管后到达 7407 集成块。而 7407 为六缓冲/驱动器，用数字表二极管挡测引脚的静态电阻，其（4）脚、（10）脚对地已短路。更换集成块 7407 后，机器故障排除。

例 25 惠普 HPLaserJet4L 型激光打印机显示"13PAPERJAM"，提示夹纸

故障现象 出现"13PAPERJAM"提示夹纸。

分析与检修 根据现象分析，该故障产生的原因较多，如纸质、纸盒检纸区、多功能送纸盒区，转印、定影或输出的任何一个环节。在检修时，要分别打开上盖、后盖和送纸盒进行检查。另外，夹纸传感器表面有污物也会出现夹纸的提示，但这种情况往往发生在使用环境较差的地方。夹纸传感器在打印机背部定影部分，当出现"13PAPERJAM"的提示信息，检查送纸通道中也无纸张时，关掉打印机，再开机，提示不会消失，就要怀疑是它的问题。清洁方法是打开机器的后盖，找到传感器的位置，用干棉球将其表面擦干净，但在拆卸定影部分时一定要等机器降温 30 分钟后再行操作，以免高温灼伤人体。需要注意的是，当打印机的"ONLINE"灯和"FORMFEED"指示灯一闪一闪时，切勿抽出送纸盒或关掉打印机，这样也会发生夹纸的故障。该机经检查为夹纸传感表面脏污。清除传感器表面污物后，机器故障排除。

例 26 惠普 HPLaserJet4L 型激光打印机文稿纸边缘有墨粉

故障现象 机器打印时，文稿纸边缘有墨粉。

分析与检修 该故障一般为打印机内部脏污引起，尤其是导纸部分有脏污。打开机盖，用干净的柔软布对其墨盒、导纸区进行清洁即可。

例 27 **惠普 HPLaserJet4L 型激光打印机整页纸上有灰色背影**

故障现象 机器打印时，整页纸上有明显的灰色背影。

分析与检修 根据现象分析，该故障一般为传输滚筒及墨粉脏污或不良所致。应检查以下几个方面：首先从控制面板上用程序的方法增加灵敏度设置，如果效果不好，就换一种重量较轻的纸张，然后再看一看传输滚筒是否很脏，最后就是检查墨粉盒。该机清洁传输滚筒污物后，机器故障排除。

例 28 **惠普 HPLaserJet4L 型激光打印机垂直方向出现有规律性的缺失**

故障现象 机器打印字符的垂直方向出现有规律且是重要性的缺失。

分析与检修 如果在有规律的间隔中出现了意想不到的字符，而且这种间隔很有规律，那么当间隔为 95mm（3.57 英寸）、51mm（2 英寸）、38mm 时，需要更换墨粉盒。另外一种情况是，如果间隔为 52mm，多打几张，情况可能会好转。该机经检查为前一种情况。更换墨粉盒后，机器故障排除。

例 29 **惠普 HPLaserJet4L 型打印机打印字迹过淡**

故障现象 机器打印字迹过淡。

分析与检修 根据现象分析，该故障产生原因及检修方法如下。①碳粉匣中的碳粉太少。轻轻摇动碳粉匣，使剩余的碳粉均匀分布，或者更换碳粉匣。更换碳粉匣时，打开顶盖，取出旧碳粉匣，从包装袋中抽出新的碳粉匣，用力摇动，使匣内碳粉均匀分布，勿将碳粉匣竖立，以免碳粉分布不均匀；抓住匣端透明标签，用力拉出全长约 55cm 左右的透明密封胶带，将胶带扔掉，用一只手握住碳粉匣中部，将它推入打印机内就位，盖上顶盖。②打印纸不符合要求，更换打印纸。③处于省碳工作状态，可以通过软件或惠普探测者遥控面板将省碳方式关闭。④电晕放电部分不工作，应检查电晕线是否断开，高压是否存在。⑤显影轧辊无偏压，一般是碳粉未被极化带电，无法转移到硒鼓上，造成太淡。该机经检查是碳粉匣中碳粉太少。更换碳粉匣后，机器故障排除。

例 30 **惠普 HPLaserJet4L 型激光打印机打印字符扭曲**

故障现象 打印时，字符出现扭曲现象。

分析与检修 根据现象分析，该故障为激光扫描器的问题。经检查果然如此。更换激光扫描器后，机器故障排除。

例 31 **惠普 HPLaserJet4L 型打印机打印输出全白**

故障现象 机器打印输出时，打印纸全白。

分析与检修 根据现象分析，该故障产生原因及检修步骤如下：①打印用纸不符合设定的要求；②安装碳粉匣之前未拉出整条密封胶带；③碳粉匣中没有碳粉；④几张纸连在一起无法分开，导致打印机一次送入二三页纸，可从纸匣中取出纸张，翻动纸边，使其分开；⑤显影轧辊未吸到碳粉，可能是轧辊直流偏压未加上，也可能是感光鼓未接地，使负电荷无法流向地，激光束不起作用，因而印不出；⑥激光束被挡阻，不能射到鼓上，造成白纸。该机经检查为激光通道上异物遮挡。清除异物后，机器故障排除。

例 32 **惠普 HPLaserJet4L 型打印机打印时纸张上有碳粉污点**

故障现象 机器打印时，打印纸上有碳粉污点。

分析与检修　根据现象分析，该故障产生原因及排除方法如下：①打印纸不符合要求，例如纸张潮湿；②打印机内有灰尘和碎屑；③碳粉匣破损。该机经检查为打印机内有污物及碎屑所致。清除机内污物及纸屑后，机器故障排除。

例 33　惠普 HPLaserJet4L 型激光打印机打印时有竖直白条纹

故障现象　机器打印时，纸上有竖直白条纹。

分析与检修　根据现象分析，该故障产生原因及处理方法如下：①打印机内部镜片受到污染，激光被吸收，不能到达硒鼓，在打印纸上形成一条窄条纹；②电晕部件变脏或堵塞，电晕线装在打印通道下方，会吸引灰尘和碎屑，阻止碳粉从硒鼓转移到打印纸上。该机经检查为电晕部件变脏所致。清除电晕器相关部位后，机器工作正常。

例 34　惠普 HPLaserJet4L 型打印机定影部分卡纸

故障现象　机器工作时，定影部分卡纸。

分析与检修　该机处理办法为：关机后按下打印机右侧的顶盖开启按钮，打开顶盖，拿出碳粉匣和纸匣，把纸张缓慢朝身体方向拉出。清除卡纸后依次恢复。该机经上述处理后，机器恢复正常。

例 35　惠普 HPLaserjet4L 型打印机最终送纸反转部分卡纸

故障现象　机器工作时，最终送纸反转部分卡纸。

分析与检修　该故障处理办法为：关机后，按下打印机右侧的顶盖开启按钮，打开顶盖，拿出碳粉匣和纸匣，打开后盖，推起释放杆，将卡纸沿传送方向平行向外抽出。清除卡纸后，机器故障排除。

例 36　惠普 HPLaserJet4L 型打印机打印时纸张全黑

故障现象　机器打印时，纸张全黑。

分析与检修　根据现象分析，该故障产生原因及排除方法如下：①碳粉匣没有装好，重新正确安装；②碳粉匣可能有缺陷，更换碳粉匣；③电晕线失效，应检查电晕线或电晕高压传电电路；④控制电路故障，检查激光束通路中的光束探测器。该机经检查为碳粉匣没有安装好。重新正确安装碳粉匣后，机器故障排除。

例 37　惠普 HPLaserJet4L 型打印机送纸部分卡纸

故障现象　机器工作时，送纸部分卡纸。

分析与检修　根据现象分析，该故障主要是因没有关闭后盖板，纸匣内纸张太多或所用纸张不符合要求所致。其处理方法：关机后按下打印机右侧的顶盖开启按钮，打开机盖，拿出碳粉匣，找到卡住的纸，如卡在输纸位置，打开导向锁架，抽出纸匣移走此纸；如卡在送纸槽内部，则应将纸拉向右侧，使其脱离送纸滚筒，然后把纸拉出。清除卡纸后再依次恢复，装好碳粉匣，并合上打印机顶盖即可。

例 38　惠普 HPLaserJet4L 型打印机投影胶片弯曲在送纸反转杆部分

故障现象　打印投影胶片时，投影胶片弯曲在送纸反转杆部分。

分析与检修　该故障处理方法为：关机后，按下打印机右侧的顶盖开启按钮，打开顶盖，拿出碳粉匣和纸匣，旋下顶盖下面的四个螺钉，打开后盖，按打印机侧面平行缆线接头盖的后端，打开接头盖，拆下并行缆线插头，再按打印机侧面电源插口盖的后端，打开插口盖，拆下电源插头线，松开下面的两个外壳卡口，用手把外壳轻轻向上提起，可把外壳取出；再松开后面的送纸反转部分的三个固定螺钉，推起释放杆，把送纸反转部分拉出，用一只手把齿轮部分旋转，另一只手拿住胶片向外全部拉出。清除卡纸后，再依次恢复即可。

例 39　惠普 HPLaserJet6L 型打印机打印质量不好

故障现象　机器打印质量不好。

分析与检修　根据现象分析，该故障产生原因及检修步骤为：①重新分配碳粉盒中的碳粉；②清洁打印机内部；③调整打印密度；④检查纸张类型和质量；⑤调整打印文件类型的分辨率；⑥更换碳粉盒。该机经检查为打印机内部污物太多。清洁机器内部后，机器故障排除。

例 40　惠普 HPLaserJet6L 型打印机碳粉融合质量很差

故障现象　碳粉融合质量很差。

分析与检修　根据现象分析，检修该故障步骤为：①检查保险丝杆子是否位于下方位置；②检查纸张类型和质量。该机经检查保险杆子位置不正确。重新调整保险杆子位置后，机器故障排除。

例 41　惠普 HPLaserJet6L 型打印机打印资料信息不全

故障现象　机器打印资料信息不全。

分析与检修　根据现象分析，该故障道理原因检修步骤为：①如果"送纸"指示灯为"ON"，则让打印机呈脱机状态，并按"送纸"按钮，以便打印存储在打印机缓冲区中的当前页；②如果未显示任何打印机信息，则检查软件应用程序，看要打印的文件是否含有错误。该机经检查为第一种原因所致。按上述方法处理后，机器故障排除。

例 42　惠普 HPLaserJet6L 型激光打印机卡纸取出后故障灯亮

故障现象　卡纸取出后，故障指示灯亮。

分析与检修　根据现象分析，问题可能出在纸传感器检测电路。由于该机卡纸时搓纸轮转动，将纸带进去一段但未能送进去，用户排除时将纸张强行拖出，而这个指示灯在缺纸、硒鼓未装或未装到位、顶盖未关好、机内有卡纸时均会报错。分析故障原因，应为纸传感器检测问题。检修时，打开机盖，先清洁搓纸轮，再检查传感器。该机纸传感器都采用机械-光电结合的方式：塑料检测杆一头与纸张接触，另一头在 U 字形红外发射/接收对管的中间。这种方式的传感器有极强的除掉灰尘能力，所以因灰尘而发生的传感器堵塞的故障可能性很小。此机有三个传感器，送纸盒处的传感器（PS202）检测是否有待印纸张，硒鼓前部的传感器（PS203）检测纸张是否到达和经过，出纸处的传感器（PS201）检测印张是否顺利打印完成。只要任意一个传感器异常机器都会认为卡纸。经仔细检查发现，送纸盒处的传感器（PS202）不良。更换 PS202 后，机器故障排除。

例 43　惠普 HPLaserJet6L 激光型打印机无法切换至"ON"状态

故障现象　机器无法切换为"ON"状态。

分析与检修　根据现象分析，该故障有以下原因：①检查 AC 电源线是否已正确地插入插座和打印机；②检查打印机的电源开关是否在"ON"位置；③检查线路电压对于打印机的配置是否正确；④检查插入打印机的电源是否接通。该机经检查为是电源开关不良。更换或修复开关后，机器故障排除。

例 44　惠普 HPLaserJet6L 型打印机不能自检打印

故障现象　打印机不能自检打印。

分析与检修　根据现象分析，该故障有以下原因：①检查打印是否为脱机状态（当选择自我测试时）；②检查纸盒安装是否正确，并且装入纸张；③检查打印机上盖是否盖上；④检查纸张是否卡在打印机中。该机经检查为纸盒安装不正确。正确安装纸盒后，机器故障排除。

例 45　惠普 HPLaserJet6L 型打印机背景灰色阴影太浓

故障现象　机器打印时，背景灰色阴影太浓。

分析与检修　根据现象分析，处理方法为：①增加密度设定值；②改用较轻的纸张；③检查打印机所处的环境，空气非常干燥（温度低）会增加背景的数量；④更换碳粉盒；⑤更换滚轴。该机经检查为碳粉盒不良。更换碳粉盒后，机器故障排除。

例 46　惠普 HPLaserJet6L 型打印机垂直方向打印浓度变淡

故障现象　机器垂直打印方向的浓度变淡。

分析与检修　根据现象分析，产生该故障原因及检修步骤为：①可能是碳粉盘中的碳粉少了，从打印机取出碳粉盒，并且前后旋转，如果摇动碳粉盒后此故障还存在，则应更换碳粉盒；②从控制面板调整打印密度设定值（1～5 由淡变浓）。该机经检查为碳粉盒中碳粉太少所致。更换碳粉盒后，机器故障排除。

例 47　惠普 HPLaserJet6L 型打印机打印输出浓淡不均

故障现象　机器打印输出浓淡不匀。

分析与检修　根据现象分析，发生此该障的原因及处理方法为：①纸张的厚度不均匀，或者纸张表面有潮湿的污点，或者纸张质量很差，应使用其他合格纸张；②滚轴很脏，应更换滚轴。该机经检查为滚轴太脏。更换滚轴后，机器故障排除。

例 48　惠普 HPLaserJet6L 激光打印机指示灯均不亮，机械部分无任何反应

故障现象　机器误插 380V 高电压烧坏，开机指示灯均不亮，机械部分无任何反应。

分析与检修　根据现象分析，主板电源及高压电路可能损坏。检修时，取下墨粉盒，卸下后盖，将整个主体从外壳中取出，将主板拆下。分离主板时，注意仔细拔下各接插头，并做好标记。观察主板发现电源部分保险丝烧断，压敏电阻爆裂，其他无明显的损坏。换上同型号的保险丝，压敏电阻用 14K471 代替。开机后自检发现，机器走纸正常，但样张全黑。经分析，可能为电晕放电极无高压所致，用万用表测主板上的高压整流二极管全部断路。更换高压整流管（用 1R5G 高频二极管代换）后，机器故障排除。

例 49　惠普 HPLaserJe6L 型打印机磁粉融合质量很差

故障现象　磁粉融合质量很差。

分析与检修　根据现象分析，故障主要有以下原因：①检查保险丝杆子是否位于下方位置；②检查纸张类型和质量。根据上述原因，检修相应部位，故障即可排除。

例 50　惠普 HP-DJ710 型彩色喷墨打印机开始打印缺画，最后一片空白

故障现象　机器打印一段时间后，出现缺笔断画现象，最后打印纸上一片空白，一点墨迹也没有，但打印头仍正常地来回动作。

分析与检修　经开机检查，墨盒及喷墨控制电路均无异常，说明打印机喷墨头被墨水杂质堵塞，可采用人工清洗办法解决。具体操作步骤如下：①断开机器电源，取下打印喷头；②将喷头垂直浸泡在酒精中半小时左右（注意不要浸着电路部分）。然后水平拿起喷墨头，用一个尖嘴吸球吸入数毫升干净的酒精，对准喷头上的墨水进口往里用力射入，重复几次，直至喷头流出的酒精由黑色变成无色为止，然后把吸球吸出的空气压出，再套住喷墨头的进墨口，松手让吸球吸出喷墨头内残留的墨水杂质和酒精，重复几次，喷墨头就清洗干净了；③用干净的脱脂棉吸干喷墨头上的酒精，把喷头放在干净的地方，让剩余的酒精蒸发干净，然后把喷头按原样装入打印头中，注意喷墨头进墨口不要插入墨水管太深，以免难于吸上墨水。把电路信号线接好，卡好打印头，盖上外上盖，接好打印机电源线和打印电缆即可。该机经上述方法清洗打印喷墨头后，机器故障排除。

例 51 **惠普 HP-Ⅱ型激光打印机打印时纸是白的**

故障现象 机器打印时纸是白的。

分析与检修 根据现象分析，该现象是显影轧辊未吸到墨粉，可能是轧辊的直流偏压未加上或是感光鼓未接地。由于负电荷无法向地泄放，激光束不能起到作用，因而在纸上也就印不出图像来。硒鼓不旋转，也不会有影像生成并传到纸上。必须先确定鼓能否正常转动。断开打印机电源，取出墨粉盒，打开盒盖上的槽口，在硒鼓上的非打印部位做个记号，再装入机内。开机运行一会儿，取出墨盒，检查记号是否移动了。再检查墨粉是否用完，确认墨盒是否正确装入机内，密封胶带是否已被取掉。如果激光束被挡住，不能射到鼓上，应检查激光束通道有无遮挡物。做这项检查时，一定要将电源关断，以防激光束损伤眼睛。电晕传输线断开或电晕高压不存在，也会导致白纸。经上述方法处理后，机器故障排除。

例 52 **惠普 HP-Ⅱ型激光打印机打印时打印纸上重复出现一些印迹**

故障现象 机器打印时打印纸上重复出现一些印迹。

分析与检修 由激光打印机原理可知，一张纸通过打印机时，机内的 12 种轧辊转过不止一圈，最大的硒鼓转过 2～3 圈，送纸轧辊可转过十多圈。当纸上出现间隔相等的记号时，可能是由脏污或损坏的轧辊引起的。假设某一轧辊上沾有污点，当其转动时，每当污点与纸接触，就留下一个印记。如印记相距较近，可能是小轧辊形成的，若相距较远，就应检查大一些的轧辊。测出印迹之间的距离，再用下式算出引起印迹的轧辊直径：轧辊直径印迹距离÷3.14。如 HP 打印机，硒鼓直径约为 3.75in（91mm），显影轧辊 2in（51mm），定影轧辊为 3in（76mm）。如果根据印迹距离算出辊径为 3.75in，就应首先检查硒鼓。该机经检查为轧辊脏污。清洁轧辊后，机器故障排除。

例 53 **惠普 HP125C 喷墨打印机打印一会儿即停机**

故障现象 刚开始打印正常，打印一会儿即停机，面板 3 个指示灯闪烁。

分析与检修 根据现象分析，该故障一般是在打印过程中受到机械阻碍引起。具体的原因有：①导轨上有灰尘、纸屑生成的污垢，致使喷头运行不畅；②打印纸安放位置不对，打印机进纸时出现卡纸或打印机吸入过多纸张卡纸，导致喷头运行受阻停机；③废墨仓的废墨满，HP 喷墨打印机的废墨流入废墨仓时，不是向废墨仓四周扩散，而是一滴一滴向上累积，时间一长，结成硬块，超过废墨仓平面，导致喷墨头运行受阻停机。清除导轨上的污垢，而后再在导轨上加点仪表油；取出卡纸，在安放打印纸时要准确；清除废墨仓的废墨，机器故障排除。

例 54 **惠普 HP-ⅡP 型激光打印机打印字迹很淡**

故障现象 机器打印字迹很淡。

分析与检修 根据现象分析，该故障一般有以下几种原因：①墨粉盒内可能无墨粉了；②电晕放电部分不工作；③显影轧辊无直流偏压；④墨粉未被极化带电而无法转移到硒鼓上。打开机盖，检查发现该机墨盒已无墨粉。取出墨粉盒后轻轻摇动，如打印效果没有改善，更换墨粉盒，机器故障排除。

例55 惠普 HP Deskjet 630C 型喷墨打印机出现缺纸保护性停机

故障现象 在打印文档的过程中，一页纸才打印到一半就出现缺纸保护性停机。

分析与检修 经检查故障，原因是台架滑动圈与轴杆结合部缺纸缺油引起的。检修时，取下墨盒，将轴杆与台架分离，发现滑动圈与轴杆结合部有一圈黑色的固体，落在轴杆上的灰尘与润滑油混合后，被滑动圈刮起后风干形成的。用酒精清洗，彻底清除滑动圈和轴杆上的油污，涂上润滑油，确保滑动圈在轴杆上运动自如后装机，故障排除。

例56 惠普 HP Deskjet 695C 型喷墨打印机纸到 1/3 时打印头就不动了

故障现象 机器打印时总是打到纸的 1/3 时，打印头就不动了，回复指示灯和电源指示灯交替闪烁。

分析与检修 经观察，Windows 提示"打印头无法移动，打印机卡纸。"按提示，打开打印机顶盖，取出打印纸，并未发现有碎纸。重新打印，故障依旧。怀疑为打印机软件有问题，于是把打印机软件重新安装了一遍，故障不变。当再次打开打印机机盖取出打印纸时，发现打印机里用来固定打印头，使打印头来回移动的轴已失去了以往的光亮，发黑，用手摸一摸，摩擦力很大。分析原因为灰尘使润滑油变稠，使轴的摩擦力加大，使打印机的打印头移动困难，故打印机报告卡纸。用软布将固定轴擦干净后，抹上润滑油，机器故障排除。

第七节　爱普生 LQ 型针式打印机故障分析与检修实例

例1 爱普生 MJ1500K 型彩色喷墨打印机控制面板上的"彩色墨尽"灯亮

故障现象 机器安装彩色升级软件后，控制面板上的"彩色墨尽"灯亮。

分析与检修 根据现象分析，问题可能出在彩色墨盒检测电路。由原理可知，该机电路通过几个传感器检测打印机的状态。其中，CO 传感器用来检测彩色墨盒是否安装。当彩色墨盒未安装时，控制面板的墨尽指示灯亮；装上彩色墨盒时，墨尽灯灭。该传感器在打印头内部，其实是一个机械开关，在装上墨盒时，机械开关的两触点相碰，此时 CO 端与 GND 相连，打印机由此检测已安装了墨盒。打开机盖，检查中发现无论是否装上墨盒，彩色墨尽灯都亮。而装上墨盒后，CO 端与 GND 端不通，因此故障可能为机械开关变形所致。拆下彩色打印头的电路板（此时要小心，注意不要随意拨动电路板上的其他元器件），发现机械开关变形，使得在装上墨盒后两触点未能接触到一起。对该开关管整形并重新安装后，机器故障排除。

例2 爱普生 MJ1500K 型彩色喷墨打印机黑色，无法打印

故障现象 打印彩色正常，但黑色无法打印。

分析与检修 根据现象分析，问题可能出在黑色墨水输送通道。该机有黑色和彩色两个打印头，分别实现黑色和彩色打印。开机观察，发现打印头底部的海绵也无黑色墨迹，即墨水并未从打印头表面流出，因此，说明故障出在墨水输送通道。该机使用较大容量的黑色墨盒（0200632），装在打印机控制面板下方的墨盒腔中。由原理可知，墨盒装上后，墨腔中的针管插入墨盒内部，使墨水进入针管内部，针管另一侧通过一个六角紧固螺帽与墨水输送管连接，墨水输送管经打印机后侧随打印头电缆一起绕到字车组件上，此字车组件是通过另一个六角螺帽与一个打印头阻尼器相连，打印头阻尼器另一端套住黑色打印头的进墨孔。在初次安装墨盒的充墨过程中，打印头表面和底部的橡胶罩接触，通过吸墨泵的动作，墨盒中的墨水通过上述输送通道到打印头表面。当打印信号到来时，墨水经喷嘴射到纸张表面，形成

打印字迹。打开机盖，检查上述墨水输送管发现，在针管另一侧紧固墨水输送管的六角螺帽松开，从而使输送通道"漏气"，所以即使在吸墨泵的动作下，由于松开处的压力与外界压力一样，使黑色墨水无法被吸到打印头，造成打印头无黑色打印。将针管与墨水输送管连接处的六角螺帽拧紧，并执行充墨操作后，机器打印恢复正常，故障排除。

例3 **爱普生 MJ1500K 型彩色喷墨打印机打印时墨迹稀少**

故障现象 机器打印时墨迹稀少。

分析与检修 根据现象分析，故障出在墨水输送系统。打开机盖，检查发现为打印机长期没有使用，造成墨水输送系统障碍及打印头堵塞。执行打印头的清洗操作后，机器故障排除。

例4 **爱普生 MJ1500K 型喷墨打印机彩色不打印**

故障现象 开机工作时，彩色不打印。

分析与检修 经开机检查与观察，打印喷头正常，彩色墨盒也有墨水，判断问题可能出在打印头驱动及控制电路。由原理可知，机器打印时，彩色墨水能正常从喷墨嘴中喷出。打印头打印前，各个喷嘴都有墨水，哪几个喷嘴喷射墨水，是由打印机内部的打印驱动芯片确定的。首先，打印数据由 IC2（E05B16）转换成串行数据，并由 SI 端口赋予彩色打印头驱动电路。当 IC2 输出 LAT 信号时，打印头内的驱动芯片 SED5619D 锁存该数据，并将其转换成 60 位的彩色打印并行数据，每个喷嘴对应一个数据，为喷墨选择信号。在打印驱动脉冲到来时，打印头中相应选中的喷嘴喷出墨水，从而实现彩色打印。而实现喷嘴喷射墨水的驱动信号又是由控制板产生的。当数据传送及喷嘴选择完成后，IC2 输出 CH2C（彩色充电脉冲）及 CH2D（放电脉冲）到打印头驱动脉冲产生电路。该电路产生的梯形驱动脉冲即打印头驱动脉冲输出到打印头。根据以上分析，检修时，打开机盖，用示波器测控制板的梯形脉冲输出端 CN8 的 COM 端口无驱动脉冲信号，进一步检测控制板，发现 Q9 的 b 极与 R139 开路。重新连接后，机器故障排除。

例5 **爱普生 MJ1500K 型喷墨打印机面板上"彩色墨尽"灯亮**

故障现象 在开机时面板上的"彩色墨尽"灯亮，而实际彩色墨盒是新的。

分析与检修 根据现象分析，开机后面板上的"彩色墨尽"灯亮表明彩色墨水已用尽，而实际该机彩色墨盒是新的，于是怀疑故障可能是更换墨盒不当所引起。据了解用户是在关机的情况下取下旧墨盒，更换新墨盒的。由于该机使用了计数器对墨水容量进行检测，所以在关机状态下更换墨盒未被打印机认可。打开电源，在"Pause"灯亮的前提下，按住"Alt"键直至打印头移动到墨盒更换位置。彩色墨盒安装后，再按"Alt"键，可看到"Pause"灯闪烁，打印机进行充墨，充墨过程结束后，机器处于等待状态。运行自检程序后，机器故障排除。

例6 **爱普生 MJ1500K 型喷墨打印机字车随机撞到机架上**

故障现象 机器打印时，字车随机撞到机械框架上。

分析与检修 根据现象分析，该故障一般为字车导轴上的灰尘太多，造成导轴润滑不好，引起字车在移动过程中受阻造成的。用棉花擦拭导轴上的灰尘，并给导轴上润滑油后即可。该机经开机检查果然是字车导轴上污物太多。清除字车导轴上灰尘后，机器故障排除。

例7 **爱普生 STYLUS300 型彩色喷墨打印机打印头右移复位到位时继续右移**

故障现象 打印头右移复位到位时继续右移，发出"嘎嘎"的碰撞声。

分析与检修 根据现象分析，判断为打印头复位异常或打印头位置检测电路发生故障。

检修时，打开机盖，首先检查打印头位置检测传感器，该传感器为光电传感器。试用一张小纸片插入传感器的检测槽中，然后开启打印机的电源，打印头无动静，说明 CPU 已收到打印头正常复位的信号，不再发出打印头复位命令，打印头位置检测传感器是好的，传感器到 CPU 的信号通路也是好的。继续观察发现打印头上的检测挡片只能移到打印头检测传感器检测槽的边缘，而没有插入检测槽中，所以 CPU 没有接收到打印头已复位的信号，引发打印头撞车。试将位置检测传感器向左调整，然后再次开启电源观察，打印机经过一系列自检动作后，正常进入了待打印的准备状态。

例 8　爱普生 EPSONC20SX 打印机绿色指示灯不亮

故障现象　绿色指示灯不亮。

分析与检修　根据现象分析，问题一般出在电源电路。经开机检查，1.25A 保险管（F1）完好，Q1 漏极（D）上有约 300V 直流电压，次级⑥-⑦绕组的感应电压经 D51 直流、C51 电容滤波后的+36V 电压正常，但喷墨头驱动电机及步进电机均不工作。最后检测 F51 保险电阻的输出端无电压，经检查发现已开路。更换 F51 保险电阻后，机器运行正常。

例 9　爱普生 EPSONC20SX 打印机开机无反应

故障现象　开机无反应，Q1 意外损毁。

分析与检修　根据现象分析，问题一般出在电源电路。经开机检查，除 Q1 K2718 损坏外，F1 保险管也随之熔断爆裂。更换 Q1 及 F1 后通电测试，次级⑥-⑦绕组仍无+36V 电压输出。分析可能是由于检测时的疏忽反而引起多个元件损坏。再检查与 Q1 控制栅极（G）在线路上直接相关联的 Q31（1815）开关管各引脚数据，无异常。再测 D2 钳位二极管已短路。更换 D2 钳位二极管后，该机工作正常。

例 10　爱普生 FX-85 型打印机走纸时走时停

故障现象　机器打印时，走纸不畅，时走时停，打印字符重叠。

分析与检修　经开机检查，走纸电机及机械运行无异常，判断故障出在电机驱动电路。该机走纸电机是一个四相步进电机，由 HA13007 四功放电路驱动。+5V 和+24V 为步进电机的高低压驱动电源。先用万用表检测 HA13007 的 4 路输入信号都正常，而 4 路输出中（6）脚无输出，说明此路功放损坏，造成步进电机缺相，引起走纸不畅。但是该芯片市场不易购到，应急办法可采用三极管 Q（AJE3055）和二极管 D（1N4003）组成驱动门电路，取代 HA13007 中损坏的那一驱动电路即可。为了保证电路可靠工作，Q、D 的裕量选择得大一些。该机经上述修复后，机器故障排除。

例 11　爱普生 FX-85 型打印机开机无任何反应

故障现象　开机后，指示灯亮，但无任何反应。

分析与检修　根据现象分析，问题一般出在电源电路。由原理可知，220V 市电经整流滤波供给厚膜电路 STK7563，由它稳压输出+5V 和+24V 电源供整机工作。检修时，打开机盖，用万用表测+5V 输出正常，而+24V 无输出。试用一直流稳压电源代替+24V 供电，机器恢复正常，说明厚膜电路+24V 损坏。因 STK7563 不易购到，可采用局部修理法：经实测+24V 电源最大输出电源为 0.8V 左右，用两只三端稳压集成电路 7824 并联，以保证可靠工作。由于 7824 的最大输入电压为 40V，故用三只 1N4001 二极管串入 7824 的输入端，使输入端电压降至 39V。该机经上述修复后，机器故障排除。

例 12　爱普生 LQ-1500K 型打印机数据和缺纸指示灯闪烁不止

故障现象　开机后数据和缺纸指示灯闪烁不止。

分析与检修 根据现象分析，该故障一般有以下原因：①打印机设置的进纸方式与实际进纸方式不一致，调整一致就可以了；②装纸时，打印机不接受，此问题一般出在检纸开关上，由于长时间使用，使检纸器灵敏度下降。取下打印机后面的手动进纸槽，很容易看到检纸器的位置，它与主板相连接的是一组黄线，将它取下，用万用表检测，将会发现检纸开关为灵活或者断开的情况。根据上述原因，检查相应部位后，故障即可排除。

例 13 爱普生 LQ-1500K 型打印机所有的指示灯闪烁

故障现象 机器所有的指示灯闪烁。

分析与检修 这是该机提示用户的一种信息。因为在 EPSON1500K 的主板上有一块计数芯片是专门用来计算打印纸的数量的，当打印的纸张数量达到打印规定的数量时，打印机需要用户对废墨水盒进行清洗，然后对计数芯片进行清零，或者直接对计数芯片进行清零。具体方法如下：①将打印机关上，取出黑色墨水盒；②将卷轴旋钮和切纸器取下；③取下控制面板；④取出左右 3 个螺钉（控制面板），用一字形螺丝刀将打印机下面的卡子撬开，再将其盖子取下，用镊子将墨水盒里的泡沫弄出，用水将它冲洗干净并烘干。以上工作完成后，将打印机还原，开机，此时故障现象与原来一样，因为没有将计数器清零。应同时按下切换→换行/换→进纸/退纸→微调整右边按钮，然后开机，当听到一声清脆的声音后，说明操作成功。

例 14 爱普生 LQ-1500K 型打印机面板的指示灯不亮，字车也不动作

故障现象 开机后面板的指示灯不亮，字车也不动作。

分析与检修 根据现象分析，面板指示灯不亮，且字车也不动作，说明其＋5V 电源有问题。打开机盖，用万用表从＋5V 供电源电路查起，经检查发现保险管 F101（2A/250V）已熔断，管内发黑，说明电源本身或负载有短路。先换上保险管，断开负载，空载开机，结果仍烧保险管，说明短路在电源本身。进一步检查整流桥堆 VDB101（1A/600V）、三极管 V101、二极管 VT102 也均击穿，且发现电阻 R109 也已开路。更换所有损坏元件后，机器故障排除。

例 15 爱普生 LQ-1600K 型打印机双向打印时出现纵向错位

故障现象 开机后双向打印时出现纵向错位。

分析与检修 根据现象分析，该故障可能为换行速度电位失调。打开机盖，先调节主电路板上靠近卷轴一侧的 VR2、VR3 电位器（其中 VR2 对应的换行速度模式号为 0、1、4；VR3 对应的换行速度模式号为 3、2、5、6、7）。反复调节 VR2 和 VR3，并按"换行"键开机试运行，检测调节效果，直至故障排除为止。

例 16 爱普生 LQ-1600K 打印机打印不能运行

故障现象 开机打印头能瞬间动作，但不能进入正常工作状态。

分析与检修 根据现象分析，该故障可能是机内检测系统积有灰尘所致。第一步装纸程序如果不正常，第二步启动运行就不能被确认，CPU 便会停止执行命令，打印机便启动不正常。首先对机器进行除尘维护，打开机器发现机内附有一层灰尘，对风扇、驱动杆、齿轮、电路板、控制盘等组件表面使用无水酒精除尘，用棉球清洁擦洗，然后对运转关键部分加油润滑，风扇轴顶端滴入无水酒精或汽油，化解轴端油污，待干后再滴入微量钟表油。该机经上述处理后，故障排除。

例 17 爱普生 LQ-1600K 打印机只能在停电状态下采用手动搓纸

故障现象 操作进退按键不起作用时，只能在停电状态下采用手动搓纸。

分析与检修 经检查发现进退纸按键接触电阻较大。在该按键开关边缘缝隙处注入无水酒精,反复按动几下,清除簧片锈蚀使之保持良好接触。处理后复查按键,接触电阻降低,通电试机,按动该开关仍不能走纸。分析可能驱动电路还有异常,在电路板上有一排中功率的三极管,逐个检查,发现其中有一只的引脚焊点有明显的焊阻,当焊阻达到无穷大时即呈开路状态,该管不工作。加锡补焊,再通电试机,电动搓纸功能恢复正常。

例 18 爱普生 LQ-1600K 打印机不能自动进纸

故障现象 打印机不能自动进纸,装纸后还是出现缺纸报警。

分析与检修 一般针式打印机的胶辊附近都装有一个光电传感器,用于检测是否缺纸。如果光电传感器长时间没有清洁,其表面所附有的纸屑和灰尘,不能有效地感光,就会出现误报。该机经检查是因光电传感器表面脏污所致。用酒精棉轻拭光头,擦掉脏污,故障排除。

例 19 爱普生 LQ-1600K 打印机一边字迹清晰

故障现象 打印时一边字迹清晰,而另一边不清晰。

分析与检修 根据现象分析,该故障原因主要是打印头导轨与打印辊不平行,导致两者间距离不均所致,调节打印头导轨与打印辊的间距可解决。调整时先拧松打印头导轨两边的螺母,调节该两螺母下的调节片(逆时针转动调节片使间隙减小,顺时针可使间隙增大),将打印头导轨与打印辊调节平行并进行试打。该机经上述处理后,故障排除。

例 20 爱普生 LQ-1600K 打印机打印一会儿就停下

故障现象 打印时打印头移动不顺畅,打印一会儿就停下或在原处振动。

分析与检修 根据现象分析,该故障原因主要是打印头导轨上的润滑油干涩,打印头移动时就会受阻。可在打印导轨上涂几滴仪表油,来回移动打印头,使其均匀。若重新开机还有上述现象,则有可能是驱动电路不良,应检修驱动电路。该机经上述处理后,故障排除。

例 21 爱普生 LQ-1600K 打印机字符残缺不全且不清晰

故障现象 打印字符残缺不全且不清晰。

分析与检修 根据现象分析,该故障可能原因有:色带用得太久;打印头脏污太多;打印头有断针;打印头驱动电路有故障。可以调节打印头与打印辊间的间距;如果不行,可以换用新色带;若还不行,就需清洁打印头。方法是卸掉打印头上的两个固定螺钉,拿下打印头,用针剔除打印针夹杂的脏污,再在打印头的后部看得见针的地方滴几滴仪表油,不装色,带空打几张纸,再装上色带,问题可解决。

例 22 爱普生 LQ-1600K 型打印机指示灯闪烁不止,无法进入正常工作状态

故障现象 开机后"联机"指示灯闪烁不止,无法进入正常工作状态。

分析与检修 根据现象分析,故障一般出在打印头及相关电路。"联机"指示灯"闪烁"现象是打印头过热引起的,冷却后可自动恢复正常工作。但该例故障是在开机后才出现的,不存在打印头过热的问题,且一直不能自动恢复正常工作,说明原因出在打印头过热保护电路上。打开机盖,先从打印头过热检测部分查起。卸下打印头,用专用工具顶压分离打印头散热片与芯体,在芯体外侧凸出一热敏电阻,这就是打印头过热检测元件。用万用表测量其阻值近乎为零,正确值应为 75Ω 左右,判定为热敏电阻内部损坏。更换热敏电阻后,机器工作恢复正常,故障排除。

例 23 爱普生 LQ-1600K 型打印机打印字符缺点少画

故障现象 开机后打印字符缺点少画。

分析与检修　经开机检查发现，打印电缆与色带盒长期摩擦，电缆铜箔被磨断，而造成打印字符缺点少画。将打印电缆拆下，用细导线将磨断处焊接后再用胶带裹好裸露处，按原连接方法将电缆两头对调使用。按照上述方法处理打印电缆后，机器故障排除。

例 24　爱普生 LQ-1600K 型打印机不工作，且显示器无任何出错信息提示

故障现象　机器在 DOS 下键入 C：\ DIR＞PRN，打印机不工作，且显示器无任何出错信息提示，直接又回到 C：\＞下，表示打印完成。

分析与检修　根据现象分析，问题可能出在接口电路。打开机盖，检查接口芯片，在联机静态状态下，用逻辑笔测芯片 M54610P 各脚电平，（11）脚～（18）脚输出异常为高电平。（11）脚～（18）脚为主机与主机之间的数据传输线路，它是由芯片内同一个触发器输出，再与外围电阻排 RM4 并联后接于打印机信号插座 CN1，经检查电阻排 RM4 内部损坏。更换RM4 后，机器故障排除。

例 25　爱普生 LQ-1600K 型打印机打印时有大量漏码

故障现象　机器打印时有大量漏码，即每打印一行就有几行漏打。

分析与检修　根据现象分析，该故障可能为主机与打印机数据传输过程出错。经检查主机打印端口无故障，判断在打印机接口电路。打开机盖，在联机打印过程中，用万用表或示波器对 3 个联络信号进行测试，发现 BUSY（9）脚始终为低电平，正常应为脉冲电平，使得主机检测到忙信号始终为不忙，就会不停地向打印机发送数据，而打印机输出速度有限，就会造成大量漏码。经仔细检查外围电路正常，说明接口芯片 M5461P 内部不良。更换芯片 M54610P 后，机器故障排除。

例 26　爱普生 LQ-1600 型打印机打印时只打印不走纸

故障现象　机器打印时只打印，不走纸。

分析与检修　根据现象分析，问题可能出在走纸机构。打开机盖，检查发现滚筒与电机传动轴间的销子松脱，从而出现内转、外不转的现象，因此打印滚筒不转，导致纸不移动。装好销子后，机器故障排除。

例 27　爱普生 LQ-1600 型打印机指示灯亮后即灭，字车不返回初始位置

故障现象　开机后指示灯亮后即灭，字车不返回初始位置。

分析与检修　根据现象分析，问题可能出在电源保护电路。该机有过压和过流两种保护。过流保护一般受负载影响，可用空载试验区分是过压还是过流。打开机盖，拔下电源板上接插件 CN1，进行电源空载试验。空载开机试验，故障不变。用万用表在开机瞬间测＋35V 输出电压，正常；测＋5V 输出电压，正常。由此说明故障出在过压保护电路。由原理分析可知，稳压二极管 V20 和 V21 用于检测＋35V 电压是否过压。当＋35V 这一组输出电压高于＋40V，或＋5V 这一组输出电压高于＋6V 时，V20 和 V21 反向击穿导通或 V22 反向击穿导通，光电耦合器 PC2 中的发光二极管内有电流流过，发光二极管导通，所发出的光照在 PC2 内光电晶闸管的触发极，使其触发导通。光电晶闸管导通后，就为二极管 VD7 提供了电流通路，使得 VD7 导通，将开关管 VT1 的基极拉到接近地电位，导致 VT1 截止，电源掉电得到保护。检测上述电路相关元件，发现 V20 内部损坏。更换 V20 后，机器工作恢复正常，故障排除。

例 28　爱普生 LQ-1600K 型打印机工作时自动停机

故障现象　机器工作时自行停机，再开机时，面板指示灯不亮，也无任何动作与反应。

分析与检修　根据现象分析，问题可能出在电源电路。打开机盖，用万用表测市电输入及保险 F1 正常，空载测＋35V、＋5V 无电压，由此说明故障出在变压器 T1 之前，重点检测主开关电路中的 Q1 开关管、启动电阻 R14 及输入滤波电路。经仔细检查为 Q1 损坏。一般开关管损坏都有一定外在因素，因此应进一步检查，又发现电阻 R3 也已开路。可见是 R3 先损坏才导致 Q1 坏。作为主开关电路 Q1 开关管的浪涌吸收保护电路 R3、C8，当 R3 突然损坏后，电容 C8 就不能再按设计要求后续浪涌电压进行吸收，也就达不到保护 Q1 管的目的。更换 Q1、R3 后，机器故障排除。

例 29　爱普生 LQ-1600K 型打印机压纸杆不能打开

故障现象　机器打印纸自动装入时，压纸杆不能打开。

分析与检修　根据现象分析，问题一般出在压纸杆驱动电路。由原理可知，压纸杆张开与闭合是指压纸杆离开或靠近打印辊，是通过压纸杆电磁的正、反向吸合来控制的。当电磁正向吸合时，压纸杆张开，打印纸始端自动卷入，接着电磁铁反向吸合（即回复）；压纸杆闭合，使纸沿着正常轨道走纸。根据上述分析，说明故障出在压纸杆驱动电路。由电路分析可知，电磁铁的吸合与释放由 CPU（7B）的 PA2 和 PA4 端的高、低电平控制。当 PA2 端为高电平、PA4 端为低电平时，三极管 Q28、Q35 和 Q36 导通，＋35V 电压经接插件 CN12 的 2 脚、1 脚流过电磁铁线圈，电磁铁吸合，压纸杆张开；当 PA2 和 PA4 端都为低电平时，Q28 和 Q35 截止，而 Q36 导通，＋5V 电压通过二极管 D19 流过电磁铁线圈，使电磁铁处于保持状态，压纸杆闭合；当 PA2 端为低电平而 PA4 端为高电平时，Q28、Q35 和 Q36 均截止，电磁铁线圈中无电流流过，电磁铁释放。经仔细检查该电路相关元件，发现 R105 内部开路。更换 R105 后，机器故障排除。

例 30　爱普生 LQ-1600K 型打印机打印时经常断针

故障现象　机器打印时经常断针。

分析与检修　根据现象分析，该故障一般因打印机电缆线与机架短路所致。这是该机的一种常见故障，往往出现断针后，操作人员都要求将打印头的断针更换掉，结果换针后使用不久发现新更换的针又断了。对于这种情况，操作人员应将打印头的电缆线仔细观察一下，看是否由于打印电缆线与打印机架长期摩擦而磨破。如果电缆铜线已外露，就一定要更换打印头电缆，否则，当字车电机运动到打印机右边时，若电缆外露处与金属外壳接触而短路，将引起重新断针。该机经检查果然如此。将电缆线铜线裸露处用薄透明胶纸缠绕绝缘后，机器故障不再发生。

例 31　爱普生 LQ-1600K 型打印机字车不能返回初始位置

故障现象　开机后面板上指示灯一闪即灭，字车不能返回初始位置。

分析与检修　根据现象分析，问题一般出在电源及保护电路。由原理可知，该机设有完善的过流和过压保护电路，过流保护一般是负载不良。检修时，打开机盖，拔下电源板上的插件 CN1，就可以使打印机电源空载工作。经空载开机试验，机器故障不变，说明并非过流保护，其故障可能是由过压保护引起的，再重点检查过压保护电路。在开机瞬间，万用表测稳压二极管 VDZ20 两端有 14.7V 电压，说明其已击穿导通，断电后，焊下 VDZ20 检查，果然如此。更换二极管 VDZ20 后，机器故障排除。

例 32　爱普生 LQ-1600K 型打印机机内发出"吱吱"声，无打印功能

故障现象　开机后机内发出"吱吱"声，无打印功能。

分析与检修　根据现象分析，该故障一般出在电源电路。开机观察，机内"吱吱"声是由电源电路中的开关变压器发出的，说明开关振荡电路基本正常，应重点检查开关变压器次

级的脉冲整流和滤波电路。打开机盖，用万用表检查 C25 和 IC20 的在路电阻，未发现异常。接着检查＋35V VD20 的正反向电路，实测均为 0Ω，已呈短路状态。更换 VD20（可用 SIOSC4M 代换）后，机器故障排除。

例 33 爱普生 LQ-1600K 型打印机自检时突然打火

故障现象 机器自检时突然打火，关机后，再开机已无任何反应。

分析与检修 经开机检查与分析，问题一般出在电源电路。打开机盖，检查保险管 F1 已烧断，且发现打印头电缆中较粗的铜皮有被烧的痕迹，分析其原因为打印头电缆长期与机架摩擦，最终导致磨穿短路。经仔细检查，较粗的是打印头线圈＋35V 电源供电线路，当这根线随着字车的运动和机架相碰时，必然会造成短路打火的故障出现。更换保险管及打印头电缆后，机器故障排除。

例 34 爱普生 LQ-1600K 型打印机打印时进纸异常

故障现象 机器打印时进纸异常。

分析与检修 根据现象分析，该故障一般为进纸检测开关异常造成。正常情况无纸时开关常闭，插入纸张开关断开，如开关内有异物，使触点始终不能闭合或两触点粘连不能断开，造成缺纸指示灯要么常亮、要么始终不亮，按换行键或换页键能进纸，但压纸杆不弹起，打印纸在打印头与纸辊间堆积，轻则影响打印头正常运行，重则挤住打印头，造成死机故障。具体可采用下列办法解决：打开机盖，旋下拖纸器两侧螺钉，拿下拖纸器，在主板上拔下 CN9 两芯插头，用万用表欧姆挡测量其开关能否正常通断，确有问题还须旋下打印机机械部分上 4 个小螺钉及四周 5 个固定大螺钉，将其翻转，露出检测开关，撬开两侧固定小铁爪，拿下拆开内部进行修理或直接换新件，再按相反顺序安装好，即可排除故障。

例 35 爱普生 LQ-1600K 型打印机不工作指示灯也不亮（一）

故障现象 开机后机器不工作，也无电源指示灯。

分析与检修 经开机检查与分析，问题出在电源电路。打开机盖，检查发现 VT1 的 c-e 结已短路，电阻 R2 被击穿后呈开路状态。更换 VT1 和 R2 后，发现开关振荡电路启动困难，有时需连续开关几次电源开关才能启动成功。根据现象分析，电源启动电路还有故障，焊下启动电阻 R14，用万用表测其阻值为 510Ω，正常。再经反复检查，发现启动电路中的 R3 内部开路。更换电阻 R3 后，机器故障排除。

例 36 爱普生 LQ-1600K 型打印机不工作指示灯也不亮（二）

故障现象 开机后无任何反应，指示灯也不亮。

分析与检修 根据现象分析，该故障可能发生在电源及驱动控制电路。打开机盖，检查电源板保险丝已烧断，换上保险丝，通电后用万用表测各输出端电压均正常，初步判断为主板电路短路。测主板上＋35V 的对地电阻，发现有短路。逐一拔下接插件，当拔下打印头电缆时，短路现象消失，分析可能是打印头驱动管击穿造成的短路。关机后，再用万用表测各驱动管的 b-e、c-e 之间的电阻，发现 V12 功率管内部击穿，造成＋35V 电压经线圈、击穿的 V12 c-e 极对地短路。更换 V12 后，机器故障排除。

例 37 爱普生 LQ-1600K 型打印机不工作指示灯也不亮（三）

故障现象 开机后无任何反应，指示灯也不亮。

分析与检修 根据现象分析，问题一般出在电源电路。打开机盖，用万用表首先检查整流桥堆 VDB1 和开关管 VT1 的在路电阻，未发现异常。检测 C6 两端的直流电阻，有充放电现象。更换保险管 F1 开机，新换上的保险管又被烧断，由此说明交流输入滤波电容电路还有短路故障。再进一步检查电容 C1～C4，果然发现 C3 内部击穿。更换 C3 后，机器工作恢复正常，故障排除。

例 38　爱普生 LQ-1600K 型打印机压纸杆不动作，打印纸进退不畅

故障现象　机器无论是否有纸，按动面板上的"进纸/退纸"按钮，压纸连杆均不动作，打印纸进退不畅。

分析与检修　根据现象分析，故障可能出在压纸连杆电磁铁及其驱动电路。打开机盖，检查发现压纸连杆电磁铁线圈已被烧焦，主电路板上的 Q35 三极管也已爆裂，Q36 内部击穿。更换电磁铁线圈及 Q35、Q36 后，机器故障排除。

例 39　爱普生 LQ-1600K 型打印机打印起始位置不断向右移动

故障现象　机器用报表输出程序打印时，打印起始位置不断向右移动。

分析与检修　开始怀疑输出程序有问题，更换了打印内容，故障不变，排除了报表输出程序引起故障的可能性。经进一步检查为打印头初始位置传感器及相关部位污物严重。用无水酒精对打印头初始位置传感器和打印头传输带及字车的两导向轴进行清洗，并对机内进行除尘处理后，机器故障排除。

例 40　爱普生 LQ-1600K 型打印机电源指示灯亮，字车不动作

故障现象　开机后电源指示灯亮，但字车不动作。

分析与检修　根据现象分析，问题可能出在字车电机控制电路。检修时，打开机盖，用示波器检测芯片 8402（4）脚无复位信号输入，再用逻辑笔仔细检查相关逻辑芯片，结果发现 74LS04 不良。该芯片为六反相器（六组非门），如无元件可购，也可用 CT4004 直接代换。更换 74LS04 芯片后，机器故障排除。

例 41　爱普生 LQ-1600K 型打印机开机无任何反应

故障现象　开机无任何反应，机器不工作。

分析与检修　根据现象分析，该故障一般发生在电源及相关电路。检修时，打开机盖，用万用表检查发现电源未向控制电路（主控制板）提供＋5V 电压，使其不能正常工作，仔细检查电源相关元件，均未发现异常现象。再进一步检查 STR2105 斩波式开关稳压器，发现其输入、输出端对地均为∞，故判断 STR2105 内部损坏，从而导致发生上述故障。更换STR2105 后，机器恢复正常。

例 42　爱普生 LQ-1600K 型打印机不能打印

故障现象　机器联机后正常，不能打印。

分析与检修　根据现象分析，问题可能在连接及相关部位。检修时，先将屏幕显示返回至起始命令状态；改用应答式键入回车指令后，显示器上显示的各种提示均正常。当屏幕上出现"打印机准备好，按回车键"时，仔细检查打印机的电源指示灯、联机灯亮，缺纸灯（红灯）亮，指示灯指示状态正常。关掉打印机电源，并将连接打印机的传输电缆插头拆下，然后打开打印机电源，对打印机进行自检打印，均正常，说明打印机本身无故障。判断故障发生于主机与打印机间的传输电缆插头，用万用表电阻挡测量信号传输电缆的两端，有两条电缆线不通。更换打印机连线电源后，故器恢复正常。

例 43　爱普生 LQ-1600K 型打印机联机不能打印文字

故障现象　机器自检时，字车在原地抖动几下后停止，联机不能打印文字。

分析与检修　根据现象分析，该故障一般出在字车运行机构及驱动电路。检修时，打开机盖，先检测字车驱动电路 STK6722H 及字车步进电机均无短路或开路，再检查原点归位光电耦合连接器 CN8 没有脱落，光电耦合器也没有损坏。进一步检查运行机构，发现用手推拉字车阻力大，原因是字车导轴固定角度欠佳，导致字车在导轴上来回运动困难。松开字车导轴两头螺钉，让字车在导轴上运动自如后再拧紧导轴两头螺钉，故障排除。

例 44　爱普生 LQ-1600K 型打印机联机打印时错码

故障现象　机器联机打印时经常出现错码。

分析与检修　根据现象分析，该故障可能出在打印机及打印连接电缆部分。判断为打印机主控板上 DIP 开关 I 中 1、2、3 位选择的字符集不对，打印电缆坏及打印机接口电路数据通路故障所致。检修时，当拔下打印机电缆观察，发现有一根针已陷进插头里边，致使与主机相连时有一根数据线处于悬空状态，故而联机打印错码。将该针拔出同其他针对齐后，再与主机相连进行联机打印，一切恢复正常。

例 45　爱普生 LQ-1600K 型打印机自检正常，联机后不动作不打印

故障现象　开机后自检正常，联机"受令"指示灯亮，但机器不动作、不打印。

分析与检修　根据现象分析，该故障一般发生在接口电路。由原理可知，当主机给打印机传输数据时，首先应判断打印机送来的 BUSY（忙）信号［由 IC5A（9）脚输出］是何种电平。若为高电平，其主机处于开机状态，传送数据；若为低电平，则主机处于待机状态，不传送数据。打印机接收信号是由主机送来的 STROBE［由 IC5A（1）脚输入］信号决定的。若为低电平，则接收信号，并将数据传送至 CPU 处理，同时置 BUSY 信号为高电平；若为高电平，则不接收信号。该主机的传输信号已送出，说明 BUSY 信号正常。打印机未接收到数据，应检测 STROBE 信号。检修时，打开机盖，用示波器测 IC5A（19）脚，发现有明显的低电平信号输出，说明 STROBE 信号已加至接口电路上。由此可判定 IC5A 内部不良，使接口电路不能正常接收主机送来的信号。更换 IC5A 后，机器故障排除。

例 46　爱普生 LQ-1600K 型打印机走纸电机发热严重

故障现象　机器工作时，走纸正常，但走纸电机发热严重。

分析与检修　根据现象分析，能正常走纸，说明走纸机构良好，驱动电路的相序也正确，问题可能是走纸电机处于锁定状态时绕组的维持电压太高，流过的电流过大所致。检修时，在开机状态下，用万用表测电机的接插件 CN13 的（5）脚及三极管 VT43 的集电极电压，均为 +35V。关机，静态测试 VT43，发现 VT43 的 c-e 结击穿短路。更换 VT43（2SB765）后，机器故障排除。

例 47　爱普生 LQ-1600K 型打印机无电源输出

故障现象　开机后电压无输出，无反应。

分析与检修　根据现象分析，问题一般发生在电源电路。检修时，打开机盖，用万用表测其电源电压为 0V，采用触摸观察法检查，整流桥 DB1 表面无发黑现象，且触摸其表面温度正常，查电源滤波电容 C1 无凸顶且不发烫。加电后再进一步仔细检查，发现电源厚膜块 STK7408 顶部局部微裂，触摸其表面感到发热严重，判断其内部损坏。更换电源厚膜块后，机器故障排除。

例 48　爱普生 LQ-1600K 型打印机开机无任何反应，电源指示灯不亮

故障现象　开机后，无任何反应，电源指示灯也不亮。

分析与检修　根据现象分析，问题一般出在电源电路。检修时，打开机盖，直观检查保险丝，未烧断。取下电源板，用万用表欧姆挡测量其输出端，发现 0 端与 +24V 之间呈短路

状态，怀疑电路中电容或三极管被击穿。通电后采用触摸法检查 VD201、VD202、电容 C1（1000μF/50V）不发烫，再仔细观察 TR201（2SC983）表面也无烧黑、变色、裂缝等现象。进一步检查发现 C2（470μF/35V）已损坏。更换 C2 电容后，机器故障排除。

例 49　爱普生 LQ-1600K 型打印机打印表格竖线对不齐

故障现象　机器使用一段时间后，打印表格竖线对不齐，文字歪斜。

分析与检修　根据现象分析，这是由于该机设置为双向打印所致。处理措施为：先将机器左侧的纸厚调节杆调至"0"挡处，再将 DIP 开关 SW1 的 1、2、3、6 设置为"ON"，然后装一张宽度至少为 360mm 的打印纸，按"换行/换页"键，走纸 10 行以上后，关机，再按以下步骤进行调整：①同时按住"控制""换行/换页""进纸/退纸"三键，打开电源；②打印机自动进入 Draft（草体）模式并打印竖线；③按"控制"和"进纸/退纸"或"控制"和"换行/换页"进行调整，每按一次上述两键，机器便会打印出当前效果，反复几次直到对齐为止；④关机，把 DIP 开关 SW1 调到原来的状态即可。

例 50　爱普生 LQ-1600K 型打印机不能打印中文字符

故障现象　机器工作时，打印英文字符正常，不能打印中文字符。

分析与检修　根据现象分析，问题可能出在数据接口电路。由原理可知，打印机并行接口由一片 M54610（5A）完成 8 位数据和接口信号的输入输出，从主机往打印机发送汉字打印信息。检修时，打开机盖，用示波器测 M54610P 的（11）脚和（29）脚（D7 的输入输出脚），无信号显示，怀疑该芯片损坏，更换一片 M54610P 后再试，故障依旧。用万用表测对地电阻为零，分析相关电路，D7 除了 M54610P 外还和 74LS07（6B）的（8）脚和 CPU（μ7810）（7B）的（18）脚相连，割断 74LS07 的（8）脚，测电阻，发现短路依旧，由此说明 CPU（μ7810）的（18）脚内部对地断路。由于 CPU 价昂，且更换不便，考虑到（18）脚只用于串行通信，在 LQ1600K 中并未起作用，试着切断 CPU 的（18）脚，D7 不再短路，开机打印中文文稿正常。

例 51　爱普生 LQ-1600K 型打印机联机指示灯频繁闪烁，不工作

故障现象　面板联机指示灯频繁"闪烁"，不能进入工作状态。

分析与检修　根据现象分析，问题可能出在打印头过热保护电路。由原理可知，联机指示灯闪烁现象是打印头过热引起的，冷却后可自动恢复正常工作。但该机是在开机后即出现此现象，不存在打印头过热问题，且不能自动恢复正常工作，说明原因确实在打印头过热保护电路。检修时，首先卸下打印头，顶压分离打印头散热片与芯体，在芯体外侧凸出一只热敏电阻（打印头过热检测元件），用万用表测量其阻值几乎为 0V，常温下正常阻值应为 75kΩ 左右。判定其内部损坏。更换热敏电阻后，机器故障排除。

例 52　爱普生 LQ-1600K 型打印机面板指示灯不亮，无自检动作

故障现象　开机后，风扇转动正常，但面板上电源指示灯不亮，也无自检动作。

分析与检修　根据现象分析，该故障一般发生在 +5V 及相关电路。由原理可知，机器开机后风扇转动正常，说明开关电源 +35V 电压是正常的。面板上电源指示灯是由 +5V 供电的，由此可判断故障原因有两种：①开关电源无 +5V 电压输出；②电源指示灯电路有断路。由于该机无自检动作，判断可能为第一种原因引起。打开机盖，用万用表实测开关电源 +35V、±12V 三路输出电压正常，而无 +5V 电压输出。+5V 电压是由 STR20005 芯片输出的，查其（4）脚有 +35V 输入，再查该集成路外围元件，未见有损坏元件，判断是该集成块内部损坏。更换 STR20005 后，机器故障排除。

例 53 爱普生 LQ-1600K 型打印机走纸电机不转

故障现象 开机后，走纸电机不转，不能输纸。

分析与检修 根据现象分析，问题一般出在走纸电机及驱动电路。由原理可知，2A（E05A09BA）芯片（17）脚输出高电平时，+35V电压经 Q43 给走纸电机供电，（13）脚～（15）脚输出脉冲信号，经过 Q39 至 Q42 驱动走纸电机转动。当（17）脚为低电平时，走纸电机由 +5V 供电，电机处于锁定状态。检修时，打开机盖，用万用表检测走纸电机（1）脚～（4）脚对（5）脚或（6）脚的直流电阻均为 80kΩ 左右，属正常。在路检查 Q29、Q39～Q43，未见有元件明显损坏。VD8～VD11 相关的几只电阻也正常，于是判断可能是 2A 芯片损坏。更换 2A 芯片，故障不变。再用万用表测走纸电机的（5）脚或（6）脚对地电压，实测为 0V。查主控板 CN13 和走纸电机之间的连接线，其（5）脚和（6）脚并联，其中串入一只熔断器，查该元件已断。更换熔断器，机器故障排除。

例 54 爱普生 LQ-1600K 型打印机打印速度变慢

故障现象 开机打印，一段时间后，打印速度变慢，只有正常速度的一半左右。

分析与检修 根据现象分析，该故障一般发生在打印头及温度检测电路。该机打印头驱动线圈内部有一只热敏电阻，打印头温度变化将引起热敏电阻 AN0 端电压的变化：当温度为 90℃ 时，AN0 端电压为 1.01V；当温度为 100℃ 时，AN0 端为 0.82V。这种变化被传送到 CPU 以调整打印速度。如果打印头的温度超过 100℃，则打印自动暂停，但字车仍然继续来回运动以帮助打印头散热，同时"联机"灯闪烁。当温度降到 100℃ 以下时打印头开始慢速打印，直到 90℃ 以下时，打印速度才恢复正常。一般来说，打印速度变慢的主要原因有三点：①打印时间过长，环境温度高，导致打印头温度达到 90℃ 以上自动保护；②打印针被色带卡住或打印针孔被色带油垢堵塞，使打印头驱动线圈负载太重，从而使打印头温度迅速升高；③打印头中的热敏电阻通过打印头扁平电缆与主控板相连，如果连线断了将使 CPU 误认为打印头温度过高而变慢。该机经检查为第三种情况，打印头扁平电缆热敏电阻连线中断。重新连线后，机器故障排除。

例 55 爱普生 LQ-1600K 型打印机打印时出现缺点现象

故障现象 机器打印时，文稿上出现缺点现象。

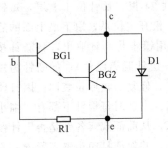

图 7-2 组合代换电路

分析与检修 根据现象分析，该故障一般发生在针驱动电路。检修时，打开机盖，用万用表检测发现打印头驱动管（D1978）损坏。因该驱动管为达林顿管，市场较难买到。经对该型号管子测试分析，用图 7-2 所示电路简单组合代换即可。图中 BG1 为 C1815，BG2 为 C2331，D1 为 2CN1，R1 为 6.8kΩ/0.125W。对多台机器代换使用效果很好。

例 56 爱普生 LQ-1600K 型打印机打印有断线现象

故障现象 机器打印时，有断线现象。

分析与检修 根据现象分析，问题一般出在打印头且大多为驱动线圈烧坏。经开机检查，果然为打印头驱动线圈内部损坏。造成驱动线圈损坏的主要原因为大量连续打印表格，使打印头长时间单针打印，线圈发热所致。该打印头价格昂贵，线圈又极难买到，将打印头弃之又可惜，可以自己动手重新绕制线圈来修复。将损坏的线圈小心地取下，然后将旧线圈拆除，用刀片认真修整一下线圈骨架，用 0.06mm 的漆包线绕 400 匝，浸绝缘漆烘干后即可。

例 57 **爱普生 LQ-1600K 型打印机只打印不进纸且有"咔咔"声**

故障现象 机器只打印不进纸且有"咔嗒"声。

分析与检修 根据现象分析,问题可能出在打印头驱动及传动机构。检修时,打开机盖,用万用表测供给进纸电机有+35V,说明电源正常。试换打印机主控制 MONMA 板,故障依旧,说明与控制板无关。拆下进纸马达,测各绕组相对电阻均为 40kΩ 左右,正常。观察定子,转轴均无明显磨损之处。用手轻轻拨动进纸齿轮,感到转动不灵活,稍一用力便发出"咔嗒"声,经进一步查发现一传动蜗杆已脱位。重新将蜗杆白色标志对准扇形齿轮的孔装入后,机器故障排除。

例 58 **爱普生 LQ-1600K 型打印机输出电压不稳**

故障现象 开机后,输出电压不稳,导致机器不能正常工作。

分析与检修 根据现象分析,该故障一般发生在电源电路。如果输出电压不稳,一般为负反馈稳压系统中有的元件性能变差引起,可重点检查 Q20 和 Q4 是否不良。另一种是输出电压有间歇性停止现象,这很多是由于保护电路(过压保护和过流保护)起到作用。过流保护可在断开负载(可暂加一合适假负载)后进行验证。过压保护可暂时切断其保护电路证实。该机经检查 Q5、PC2、VD20～VD22 等相关元件,发现 VD22 内部不良。更换 VD22 后,机器故障排除。

例 59 **爱普生 LQ-1600K 型打印机同一水平位置出现一条或多条空白线**

故障现象 机器复印时,同一水平位置出现一条或多条空白线

分析与检修 根据现象分析,该故障一般为打印头断针引起。经开机检查打印头,发现断掉两根针,对此可以采用两项措施:一是使用软件,如运行打印机免修程序,打印效果如同未断针(优点是可以应急,快速解决断针故障,缺点是打印速度较慢,);二是更换打印针。更换打印针后,机器故障排除。

例 60 **爱普生 LQ-1600K 型打印机打印时漏点(一)**

故障现象 机器打印时,严重漏点。

分析与检修 根据现象分析,问题一般出在打印头,且为打印头断针而引起。该故障较常见,由于打印时间长而引起磨损或其他外界原因(如坏色带刮断)等造成。检查断针方法如下。拆下打印头后,仔细观察断针是长针还是短针。短针共 24 根。长针位于上层,短针位于下层。首先退下打印头上的散热片,然后使出针面向下,松开定位爪,取下最上面的后铜盖,便可看到环形分布的 12 根长针。如若断针为长针,则用镊子将断针取出,将新针按原位置插好(注意:松开定位爪时,要将打印头按紧,避免下层针脱离原位);如断针为短针,则应先将上层针依次取下,最好将每根针的位置做好记号,修复后再原位装回。因打印辊为圆形,打印面略微呈弧形,按原位安装好,打字效果清晰。安装时每根针下都有一细小弹簧,注意检查是否安好。每层装完用手轻压所有针的尾部,从前面观察各针是否出针畅通,手指松开后能否立即收针。然后装上后铜盖,安上固定爪,并保证打印头整齐紧凑,不松垮。最后,用油石沾上油在针表面轻磨,使针光滑即可。该机经查为断掉两根长针,按上述方法更换后一切正常。

例 61 **爱普生 LQ-1600K 型打印机打印时漏点(二)**

故障现象 机器打印时漏点。

分析与检修 经开机检查打印头无断针故障,分析问题可能出在针驱动线圈及相关部位。其检查方法如下。拆下打印头上电缆插槽后的黑色的塑料绝缘片,便可看到驱动线圈焊

点。可用万用表电阻挡测线圈公共端与每根针相应线圈的端点之间的阻值，每个线圈之间正常的阻值约为 29kΩ 左右。如发现线圈烧坏，需进行更换。线圈分长针线圈、短针线圈两层，分别位于打印头上有印制板线路的两层内，其每层里面呈环形排列着 12 个三角形状的小线圈，每个线圈之间都用绝缘胶相粘，可用烙铁、吸锡器等工具将坏线圈换掉。注意：若是长针线圈坏，只需拆上层，尽量保持下层原封不动，线圈换完后将打印头按原挡恢复，进行测试。该机经检查为长针针圈损坏。按上述方法更换线圈后，机器故障排除。

例 62　爱普生 LQ-1600K 型打印机打印时漏点（三）

故障现象　机器打印时漏点。

分析与检修　经开机检查，打印主板及驱动电路均正常，说明问题可能出在打印连接电缆及传输部分。打印头与主板之间是通过两根柔软扁平状电缆相连并传输针驱动信号。由于打印过程中这两根电缆随着字车来回移动，电缆与打印机架不断发生摩擦，会使信号线断开，使针驱动信号开路，引起相对应的打印针不出针，造成打印漏点故障。该机用万用表检测，发现信号线有中断现象，说明其内部磨损断路。更换电缆线后，机器故障排除。

例 63　爱普生 LQ-1600K 型打印机打印时漏点（四）

故障现象　机器打印时漏点。

分析与检修　经开机检查与观察，机器打印头及传输电路正常，怀疑问题出在打印头控制及驱动电路。由原理可知，该机打印头控制驱动电路主要采用一片门阵列电路 E05A02LA 作为 CPU 和打印头驱动器的数据锁存及控制器。该芯片 24 位输出端为 24 位针数据输出信号，分别与 24 根针相对应。这 24 位输出端分别接有 24 只三极管 Q1～Q24，用作打印针数据驱动放大。若其中一位数据号或驱动三极管有故障，则相应的针将因无信号输出而不出针，从而造成漏点故障。检修时，可先用万用表测量与断针相应的三极管及续流二极管以判断好坏，如相应的三极管及二极管均无问题，则须进一步检查 E05A02LA 门阵列电路。可用示波器查该芯片 24 位针输出信号是否正确，其相应的引脚号为（1）脚～（8）脚、（13）脚～（20）脚、（34）脚～（41）脚，通常正常时输出信号为低电平，当出针打印时为高电平。该机经检查为 Q24 内部损坏。更换 Q24 后，机器故障排除。

例 64　爱普生 LQ-1600K 型打印机打印时走纸不正常

故障现象　机器打印时中走纸不正常。

分析与检修　经开机检查与观察，走纸电机及控制电路正常，判断问题可能出在打印头温度控制电路。由原理可知，打印头温度传感器安装在打印头驱动线圈圆铝框外，由 CPU 的模拟输入端 ANO（34）脚采样，热敏电阻的阻值随打印头的温度升高而降低。当打印头的温度达到 90℃时，ANO 为 1V 左右，CPU 使打印速度控制在半速；而当打印头的温度上升到 100℃时，ANO 为 0.82V，打印机停止打印，同时继续驱动字车带动打印头运动，以降低打印头的内部温度，联机指示灯闪烁，作为打印暂停的指示。用万用表检测温控电路各元件，发现热敏电阻内部不良。更换热敏电阻后，机器故障排除。

例 65　爱普生 LQ-1600K 型打印机打印头不动作，机内有"吱吱"声

故障现象　开机后电源灯亮，打印头不动作，机内有"吱吱"的声。

分析与检修　根据现象分析，问题可能出在电源及打印头驱动电路。检修时，先将电源板输出的电源线拔下。通电观察高频变压器无啸叫，且风扇可以转动，说明主板上有问题。将电源输出到主板的插头插上，只有将输出到打印头驱动电路的电源线插上时，高频变压器才有啸叫，且风扇不转，说明打印头驱动电路确有问题。用万用表测打印头驱动电路电源输

入端 Vcc 的对地电阻几乎为 0V，经检查发现有一个驱动打印头线圈的三极管 D1930 内部短路。更换 D1930 后，机器故障排除。

例 66 爱普生 LQ-1600K 型打印机开机烧保险，不工作

故障现象 开机烧保险丝，不工作。

分析与检修 根据现象分析，该故障一般发生在电源及相关电路。检修时，打开机盖，检查低通滤波器中 C1、C2、C4、C5 以及整流桥 BD1、滤波电容 C6、开关管 Q1 有无击穿性损坏。此时因电流过大，可观察保险丝内烧黑。该机经检查发现 Q1 的 c-e 极击穿。更换 Q1 时应选用 $V_{CEO} \geqslant 1000V$、$I_C \geqslant 6A$、$P_C \geqslant 80W$ 的开关管。彩电的行输出管（不含内阻尼管）一般可代换，如 2SC3505、2SD1403 等。若电路其他处无损坏，换用同规格的元器件后电路即可恢复正常工作。更换 Q1 后，机器故障排除。

例 67 爱普生 LQ-1600K 型打印机开机后不工作

故障现象 开机后不工作，各组电压均无输出，电路处于不起振状态。

分析与检修 根据现象分析，问题一般出在电源及相关电路。检修时，打开机盖，先检查 R14（启动电阻）、VD2、R5 等易损件。该机电阻多用一般碳阻，常有断裂变质者。R5 由于某种原因变质增大后，过压、电流保护电路起到作用，电路迫于停振。另外，再对 Q1～Q4 逐个进行测试检查。Q1 有时虽未击穿，但性能变坏，各极之间电阻变大，不能振荡。Q2～Q4 有一个损坏，电路也不能正常起振。还要对输入端限流电阻 R1、R2 进行检测。该机经实测，+35V 输出正常，仅 +5V 无输出，经检查为 IC20 内部损坏。更换 IC20 后，机器故障排除。

例 68 爱普生 LQ-1600K 型打印机自动装纸及排纸时压纸杆不能张开及闭合

故障现象 机器自动装纸/排纸时，压纸杆不能张开或闭合。

分析与检修 根据现象分析，该故障一般发生在压纸杆电磁铁驱动电路。有关电路如图 7-3 所示。由原理可知，该机通过电磁铁吸合与释放动作，带动连杆传动，使压纸杆张开或闭合，以配合打印纸自动装入及排出。分析电路工作时有三种情况：①当 CPU 的 PA2 和 PA4 端分别输出高电平和低电平时，晶体管 Q28、Q35 和 Q36 导通，+35V 电压加到电磁铁线圈上，电磁铁吸合，压纸杆离开打印辊；②当 CPU 的 PA2 和 PA4 均输出低电平时，Q28 和 Q35 截止，而 Q36 导通，使 +5V 电压经二极管 D19 加到电磁铁线圈上，压纸杆处于锁定状态；③当 CPU 的 PA2 和 PA4 分别输出低电平和高电平时，Q28、Q35、Q36 均截止，电磁铁上无电压，电磁铁释放。根据以上分析，检修时，开机后，装入单页纸，在按下"换

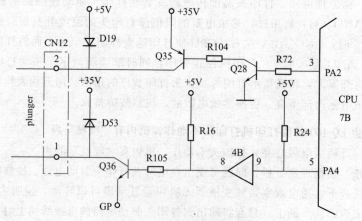

图 7-3 压纸杆电磁铁驱动电路

行"键时，用万用表测得 CN12 插座（1）脚对地电压瞬间为＋35V，随后稳定在＋5V 上（正常应为 0V），此时单页纸走到打印头位置时停止走纸，再测 Q36 的 b 极电压为＋5V，显然 Q36 未导通，经焊下检测发现其内部开路。更换 Q36（D1579）后，机器故障排除。

例69　爱普生 LQ-1600K 型打印机打印时常停顿一下，有时不走

故障现象　机器打印时，字车运行中有时中间停顿一下，有时停顿数下，有时停下不走，死机，毫无规律；打印小纸（A4、B5）正常，打印大纸（A3、B4）不正常。

分析与检修　根据现象分析，问题可能为字车导轨太脏，字车运行阻力增大所致。由于机器不经常打印大纸，导致字车导轨右半部污染多、阻力大，造成打印头越往右运行，故障出现越频繁。检修时，关机状态下用手移动字车试其运行阻力大小，轻者用镊子将字车与导轨之间的脏物清除掉，再用无水酒精棉球来回擦拭导轨，干净后滴几滴缝纫机油；重者需要将打印机的机械部分拆开，把字车从导轨上取出，彻底清洁其内部，将其与导轨相接触的一块小棉毡换新，滴上缝纫机油即可。该机经检查果然为字车导轨太脏。清除导轨污物后，机器故障排除。

例70　爱普生 LQ-1600K 型打印机打印头不能复位

故障现象　机器开机后，电源指示灯亮，联机灯闪烁，但打印头无复位动作。

分析与检修　经开机检查，发现走纸电机烧坏。更换走纸电机后，开始打印正常，打印十几张后出现上述的故障现象。分析可能是走纸电机控制电路有问题。拔掉 CNB 与主控板插头，用万用表测走纸电机，发现其（1）脚、（6）脚间电阻不正常。由原理可知，该机四相步进电机为 2-2 相激励，E05A09BA 门阵（IC2A）是相序控制，（13）脚～（16）脚发出控制脉冲，由三极管 Q39～Q42 驱动，电机受控于 IC2A 的（17）脚，由 Q29、Q43 完成。（17）脚输出高电平时，Q29、Q34 导通，电机上有＋35V 电压；输出低电平时，Q29、Q34 截止，电机被锁定。进一步检测以上相关三极管，发现 Q43 内部击穿。由于 Q43 击穿，使走纸电机在不工作时也有＋35V 电压，从而引起电机烧坏。如未找到具体原因，换上新电机仍被烧坏，因此，一定要查清楚是否有其他控制电路问题。更换 Q43（B884）后，机器故障排除。

例71　爱普生 LQ-1600K Ⅰ型打印机打印时经常错码

故障现象　机器打印时经常错码。

分析与检修　一般情况下，机器在使用一段时间后，由于打印头经常移动，打印头电缆容易磨损露铜线，铜线与机壳短路，造成打印出错码、打印头移位等故障，严重时可烧坏打印机 CPU 或控制板。用透明胶带将露铜处粘好或更换打印电缆，机器故障排除。

例72　爱普生 LQ-1600K 型打印机指示灯不亮，机器无反应

故障现象　开机后电源指示灯不亮，机器无反应。

分析与检修　根据现象分析，该故障可能出在电源及相关电路。由原理可知，该机为脉宽调制式开关电源。电路中 D1、R3、C8 组成的 Q1 的反向偏压吸收网络，使 Q1 由导通状态变为截止状态瞬间集电极反向偏压缓慢上升，防止 Q1 损坏。TY1、C10、C12、R7 为开机电压稳压电路，在开机瞬间 TY1 不导通，电路工作正常后，绕组 11～13 上产生的感应电压使 C10 和 C12 上的电压升高而使 TY1 触发导通，R1、R2 被短路。R9、TL431、Q2、Q3 组成输入过压和 Q1 的过流保护电路。检修时，打开机盖，检查发现保险丝已断，说明功率变换器一次绕组侧存在严重的短路。用万用表测整流桥交流输入端无短路，测 Q1 的 c-e 结已短路。更换 Q1 后开机保险丝又烧断，说明电路中仍有短路存在。进一步检测 Q1 周围元件，发现 R3 及 D1 均已损坏，说明 Q1 的反向偏压吸收网络短路，造成烧保险。更换 R3、

D1 后，机器恢复正常。

例 73 爱普生 LQ-1600K I 型打印机打印头线圈烧坏

故障现象 打印头线圈烧坏。

分析与检修 机器打印时有断线，但检查打印头又没有断针，原因有以下几种：①可能是线圈中的一组或某几组损坏；②可能是驱动打印针的三极管损坏；③控制打印机的驱动储存集成电路损坏。如果是第一种情况，将烧坏线圈的打印头打开，先将上层线圈中的 12 组小线圈用万用表量出是否有断路或短路的（好的单组线圈阻值在 30Ω 左右），再量下层 12 组小线圈，找出损坏的一组或几组线圈，用电烙铁将损坏的线圈焊下，将好线圈换上，故障即可排除。

例 74 爱普生 LQ-1600K I 型打印机无字车复位动作

故障现象 开机后无字车复位动作，电源指示灯亮。

分析与检修 根据现象分析，问题可能出在 CPU 控制及相关电路。打开机盖，开机数分钟后，发现芯片 CPU（μPC7810）发热严重，初步判定 CPU 内部损坏。用逻辑笔测各脚输出情况，Reset 正常，开机时有由低到高的脉冲跳变，而数据输出线有的有脉冲，有的无脉冲，说明 CPU 确已损坏。更换 CPU 后通电，CPU 不再烫手，但仍无字车复位动作。由原理可知，CPU 正常工作的前提为：①供电电压正常；②振荡电路正常；③复位电路正常；④能进行读写操作。用万用表测其供电电压正常，用逻辑笔查复位电路正常。再测（44）脚 RD 有正常脉冲，而（45）脚 WR 写脉冲信号为常高，说明 CPU 有读操作，但无写操作（低电平有效），开机程序能读不能写。进一步查地址线，发现低位地址线 PD（65）为常高，不通电查（65）脚对地电阻很大，不正常。经进一步仔细检查，发现 CPU（65）脚虚焊。重新补焊后，机器工作恢复正常，故障排除。

例 75 爱普生 LQ-1600K II 型打印机面板无任何指示，无打印功能

故障现象 开机后面板无任何指示，风扇可转动，无打印功能。

分析与检修 经开机检查与分析，问题出在电源电路。开机观察，面板指示灯不亮，说明 +5V 电压无输出。风扇转动，说明 +35V 电压正常，同时也说明开关电源的主要电路能工作，故障可能出在 +5V 直流电压形成或输出电路部分。由原理可知，该机 +5V 电源是由 +35V 电压通过厚膜块 STR2005 调整输出的。经仔细检查 STR2005 的外围电路，发现电容 C25 内部严重漏电。更换电容 C25 后，机器故障排除。

例 76 爱普生 LQ-1900K 型打印机电源指示灯一闪即灭，不能工作

故障现象 开机后电源指示灯一闪即灭，不能工作。

分析与检修 根据现象分析，问题可能出在过压保护电路，有两种情况可能引起过压保护电路工作：①过压保护电路本身故障；②+35V 稳压电路故障。该机电源板有两组输出：一组 +5V，一组 +35V。由原理可知，控制取样电压来自 +35V，当 +35V 输出端电压超过 +35V 时，V3 导通，PC1 工作，使 UC3842 的（6）脚脉宽变窄，开关管导通时间缩短，输出电压下降而稳定在 +35V。打开机盖，用万用表在空载状态下加电测 +35V 及 +5V 均为 0V，测 V3 的 b-e 极电压也一直为 0V。断电，在线查测 V3 及其周围元件，发现电阻 R2 内部开路。更换 R2（6.2kΩ）后，机器故障排除。

例 77 爱普生 LQ-1900K 型打印机无任何反应，字车不返回初始位置

故障现象 开机后无任何反应，字车不返回初始位置，电源指示灯也不亮。

分析与检修 根据现象分析，该故障可能发生在电源电路。打开机盖，先检查主开关管

Q1 浪涌抑制保护电阻 R2 和 R23 均正常。再用万用表加电后测 Q1 漏极（D）和栅极（G）电压，分别为 310V 和 0V，检查三极管 Q2、Q3 和 Q5 均正常。再查 Q1 栅极的偏压电阻 R5 和 R12 的在路电阻，发现 R5 正反向电阻均为无穷大，而正常在路阻值应为 200kΩ 左右。焊下 R5 检测，发现其内部已开路。更换 R5（560kΩ）后，机器故障排除。

例 78　爱普生 LQ-1900K 型打印机面板指示灯不亮，字车不能返回初始位置

故障现象　开机后面板指示灯不亮，字车不能返回初始位置。

分析与检修　根据现象分析，该故障可能发生在电源电路。打开机盖，检查保险管正常，用万用表测 VT1（D）与（S）之间的电阻值为 1kΩ，再测浪涌吸收电路的保护电阻 R2 和 R23 的阻值为 10Ω，均正常。通电后再测 VT1 的栅极（G）偏压为 0V（静态时为 2V，起振后降为 1.1V），漏极电压为 310V，说明开关电路没有起振。再检查电源启动电路 C9、R6、D5、C13、VT1、VT5、VT2、VT3 等相关元件，发现 VT3 内部漏电。更换三极管 VT3 后，机器故障排除。

例 79　爱普生 LQ-2500 型打印机面板指示灯不亮，无任何反应

故障现象　开机后面板指示灯不亮，机器无任何反应。

分析与检修　经开机检查与分析，问题可能出在电源电路。打开机盖，检查交流输入端的 F1 烧断，并且管壳内发黑，由此判断电源或负载中有短路。经检查负载电路未发现异常，说明问题出在电源本身。仔细检查电源整流电路 VDB1 正常，滤波电容也完好，但发现三极管 VT2 及电阻 R5 均已开路。更换 VT2、R5 后，机器故障排除。

例 80　爱普生 LQ-2500K 型打印机打印汉字时速度下降

故障现象　机器打印汉字时，速度下降。

分析与检修　根据现象分析，问题可能出在电源电路。打开机盖，检查发现 F1 正常，电源输出端的限流保护电阻 R13、R16（均为 2Ω/0.5W）也正常，说明主开关电源电路及其负载电路无过流与短路故障。开机后用万用表检测电源输出端均无电压输出，逐级检查交流滤波电路、整流电路、浪涌抑制电阻和平滑电路均未发现异常。再进一步检查电源启动电路，果然发现 R4 启动电阻引脚虚焊。重新补焊后，机器故障排除。

第八节　紫金打印机故障分析与检修实例

例 1　紫金 ZJ-3100 型打印机开机面板灯全亮，控制板灯不亮，无任何动作

故障现象　机器开机后，面板灯全亮，控制板灯不亮，无任何机械动作。

分析与检修　根据现象分析，问题可能出在 CPU 总线及控制电路。检修时，打开机盖，先用示波器测 CPU 芯片 IC26 的 P0 口、P2 口和（6）、（17）、（29）、（30）脚，均有波形输出。再检查数据总线 IC15（LS245）的输出脚 B1～B8，地址总线 IC22（LS373）的输出脚 Q0～Q7 和 IC23（LS245）的输出脚 B1～B7，也有波形输出。若数据总线与地址总线有短路、开路或 IC 性能变差、损坏，将会导致总线被锁死，使控制板不能工作。再进一步检查复位电路。由原理可知，刚加电时，由于 C321 充电而 IC27 的（8）脚电压不能跳变，则（9）脚电压（约 1.4V）高于（8）脚，IC27 的（14）脚输出高电平，打印机开始进行加电复位。当 C32 充电使 IC27 的（8）脚电压高于 1.4V，IC27 的（14）脚输出变为低电平，复位过程结束。当 +5V 降至 4.6V 以下时，复位电路也输出高电平，对 CPU 进行复位。经实测 IC26（9）脚为高电平，使 CPU 始终处于复位状态。其原因是 IC27 内部损坏，使其（14）脚为高电平。更换 IC27LM339 后，机器故障排除。

例2 紫金 ZJ-3100 型打印机开机面板灯全亮，不工作

故障现象 开机后面板灯全亮，控制板灯不亮，机器不工作。

分析与检修 根据现象分析，故障是监控程序未正常运行，问题出在控制电路。检修时，打开机盖，用示波器检查 IC26、地址总线和数据总线工作状态正常，复位电路也工作正确。与监控程序有关的电路还有 EPROM（IC18）。经进一步检查，IC18 的（22）脚为高电平，使监控程序无法读出，打印机不能初始化。而造成故障的原因是 IC26 的（29）脚无读指令信号 PSEN 所致，判定其内部损坏。更换 IC26 后，机器故障排除。

例3 紫金 ZJ-3100 型打印机开机无任何动作，故障灯亮

故障现象 机器开机后，无任何动作，面板灯不亮，故障灯亮，高密和缺纸灯任意；控制板灯先亮，LP1 后任意亮，但不全亮。

分析与检修 根据现象分析，问题可能出在译码器及相关电路。由原理可知，CPU 根据监控程序的安排，通过译码器按顺序依次发出片选信号，实现整机的工作。该机译码器由 IC24、IC8 和 IC9 组成，因此 IC24 和 IC8、IC9 如损坏都将使打印机工作失序出错。打印机正常工作时，IC24 的各输出端 Y0～Y7 都应有波形输出。经开机检查，IC24 的（9）脚（Y6）为高电平，造成 IC30 好像始终未被选中，则两个电机均不能工作。更换 IC24 后，机器故障排除。

例4 紫金 ZJ-3100 型打印机开机不工作，面板联机灯灭

故障现象 开机后面板上联机灯灭，故障灯亮，高密和缺纸灯任意；控制板灯先亮，LP1 后任意亮。

分析与检修 根据现象分析，问题可能出在译码器及总线控制电路。检修时，打开机盖，先查译码器输出正常，再查控制总线驱动器 IC29，若无 WR 信号，则 RAM 存储器无法进行工作。经用万用表实测 IC29 的（18）脚为恒高电平，即 RAM 中的数据无法读出，故监控程序中的 ROM 和 RAM 检查就不能通过。由此判定为 IC29 内部损坏。更换 IC29 后，机器故障排除。

例5 紫金 ZJ-3100 型打印机开机后无任何动作，面板联机灯灭

故障现象 开机后，面板联机灯灭，其他灯亮；控制板上 LP1 先亮，然后其他灯也亮，字车不动作。

分析与检修 根据现象分析，该故障一般出在字车及控制电路。由原理可知，字车电机需要运行时，由 IC30 的（10）脚发出字车使能信号 CREN，它一方面与（12）脚的正反转信号 U/D 发出正反不同的相序，另外，控制 IC12 发出电机高压门控信号 CRF0。需要字车电机运行时，CRF0 信号到达 IC5 门反相后变为高电平，Q18 导通而使 Q2 导通，则 +36V 经过 Q2 的 e-c 结，通过 CZ3 的（6）脚、（7）两脚加到字车电机的定子线圈的中心抽头上。PAL 芯片 IC1 发出的相数据 CRA0～CRD0 依次经过 IC5 加到相驱动三极管 Q3～Q6，有相数据的为低电平，反相后为高电平，使对应的三极管导通，c 极经过 CZ3 的（1）脚～（4）脚加到字车电机的定子线圈的抽头上。+36V→Q2 的 e-c 结→CZ3 的（6）脚、（7）脚→定子线圈中心抽头→线圈一头→CZ3 的（1）脚～（4）脚→Q3～Q6e-c 结→地，形成电流回路，使转子在磁场作用下旋转一个步距，字车则通过齿轮的字车皮带传动走一微步。其中 R13、D4 是在电机换相、静止时为其提供 +5V 维持电压的。D6～D9、D10～D11 是为抵消反电动势而提供的放电回路，否则电机发热，脉冲电动势大，易烧坏 Q3～Q6。字车电机、抬板电机和走纸电机控制、驱动电路完全相同，唯一不同点是字车电机力矩较大，所以锁相限流电

流较大。该机经示波器测量，Q2 和 Q3～Q6 的 c 极均有驱动波形，证明控制、驱动电路正常；用万用表欧姆挡测量电机线圈，A 相绕组为∞（正常值为 4Ω），证明字车电机绕组已烧断。更换字车电机后，机器故障排除。

例6 紫金 ZJ-3100 型打印机字车电机毫无反应

故障现象 开机后字车无反应，面板联机灯灭，控制板上 LP1 亮。

分析与检修 根据现象分析，问题一般出在字车及相关电路。检修时，用示波器测字车电机相数据驱动三极管 Q3～Q6 的集电极均无相位输出，而 IC3 的（1）、（3）、（5）、（9）脚有相数据，即 PAL 芯片（IC1）有相数据，说明故障出在其提拉电阻 RM1 的＋5V 通路。由原理可知，RM1 的公共端是连到 Q22 的 c 极，即只有 Q22 导通，＋5V 才能通过 Q22 的 e-c 结加到 RM1 的公共端。用万用电表测 Q22 的 c 极无＋5V，测 b 极为高电平，所以 Q22 不导通。测 IC8 的（3）脚输出为高电平，测 IC8 的（1）脚为高电平，而（2）脚为低电平，显然（2）脚为低电平使其输出为高，进而使 Q22 不能导通。IC8 的（2）脚输出 RES0 来自 IC9 的（4）脚。RES0 为 RES1 的反相信号，即复位结束后 RES1 变低，则 RES0 为高电平。由于 IC8 的（1）脚、（2）脚为高电平，则输出为低电平，Q22 导通，＋5V 可通过 Q22 的 e-c 结加到提拉电阻 RM1 上，Q3～Q6 就可依序发出相位，使字车电机转动。经进一步检查发现 IC9 的（3）脚、（4）脚内部短路。更换 IC9 后，机器故障排除。

例7 紫金 ZJ-3100 型打印机开机后不工作，字车也无动作

故障现象 开机不工作，字车也无动作，面板联机灯灭，其他灯亮，控制板上 LP1 及其他灯亮。

分析与检修 根据现象分析，问题可能在 CPU 控制及相关电路。检修时，打开机盖，先用万用表查复位电路、电机驱动等电路正常；测 IC26 的（12）脚为低电平，而＋36V 电压正常，显然产生了假掉电中断信号，使 CPU 不能正常工作。该机有一个＋36V 电压的掉电保护电路。当＋36V 电压正常时，IC27 的（14）脚（＋端）电压比（10）脚（－端）的电压 1.4V 高，所以（13）脚输出为高电平，不向 CPU 报警。如果＋36V 电压掉电或降至 31V 以下，则（14）脚电压低于 1.4V，（13）脚输出为低，负跳变的 INT0 使 CPU 转入掉电子程序，而监控程序不能运行。经查为 IC27 内部损坏。更换 IC27 后，机器故障排除。

例8 紫金 ZJ-3100 型打印机字车不复位

故障现象 机器开机后，打印板上下动个不停，字车不复位。

分析与检修 根据现象分析，问题可能出在打印机低位光电开关电路。由原理可知，打印机加电初始化程序有一项内容，即打印抬板应回到低位（输纸位置）。当装在抬板电机上的光栅盘透光缺口被抬板低位检测光电开关 1 检测到后，抬板才到低位，电机则停止转动。若 CPU 收不到光电开关 1 的检测信号，则表示打印板不在低位，抬板电机则不停地转动，而抬板则上下动个不停，从而使字车不能复位。检修时，打开机盖，经查打印板光电开关 1 无信号变化。正常打印一行应检测到一次低位，光电开关 2 检测到一次高位（打印）。由于光电开关 1 无输出，使 CPU 始终收不到信号，由此说明光电开关内部损坏。更换光电机开关后，机器故障排除。

例9 紫金 ZJ-3100 型打印机开机后字车撞击右墙

故障现象 机器开机后，字车撞右墙，不能复位。

分析与检修 根据现象分析，开机后字车向右走还是向左走与电机的旋转方向有关，判定问题出在字车电机换向控制电路。由原理可知，字车电机的旋转运动通过齿轮和字车齿轮

皮带的变换，转换成字车的横向左右运动，而现在字车只能向右走直到撞右墙，说明字车电机的换向控制出了问题。电机换向控制信号 U/D 是由 IC30（12）脚发出的，送到 IC1 的（4）脚。加电用示波器观察 IC30 的（12）脚无输出信号，判定 IC30 内部不良。更换 IC30 后，机器工作恢复正常。

例 10　紫金 ZJ-3100 型打印机字车运行时有"咯咯"声

故障现象　机器打印时，字车运行时有"咯咯"声。

分析与检修　根据现象分析，该故障一般发生在字车传动部位及电机驱动控制电路。检修时，打开机盖，先检查字车皮带松紧正常，字车导轴无污物，色带机构也正常，判断问题可能为字车电机驱动缺相所致。因为电机能运行，说明 IC30 的（10）脚已有字车电机驱动信号 CREN，IC12 的（4）脚也有输出，即高压（+36V）门控电路也正常，判断故障在 IC1 或相驱动电路上。用示波器观察 Q3～Q6 的集电极有无波形，发现 Q6 无波形输出，再测 IC3 的（2）脚电压有高低变化，说明 Q6 有问题。焊下 Q6 检测，ec 结已击穿短路。更换 Q6 后，机器故障排除。

例 11　紫金 ZJ-3100 型打印机不能自动进纸

故障现象　机器开机工作时，不能自动进纸。

分析与检修　根据现象分析，问题可能出在输纸检测控制电路。该机在输纸通道下面装有输纸检测板，输纸检测杆装在板的支架上。检测板上装有两个光电开关和一片 LM339，它检测输纸平台上有无打印纸，并由 CPU 控制进行输纸处理。由原理可知，正常情况下，将纸放入输纸通道，到达光电开关 1（在前）的位置时 GD1 左边发光二极管 D 被打印纸挡住，右边的受光三极管截止，则 IC1 的（9）脚电平约 5V，明显高于（8）脚的 3.6～4V 比较电平，（14）脚输出为高电平，故信号通过插座 CZ7 的（6）脚送给 CPU 的（7）脚，CPU 就自动启动输纸机构，将打印纸进纸到定位。这时 GD2 的光又被打印纸挡住，IC1 的（11）脚 5V 电压高于（10）脚 3.6～4V 的比较电平，（13）脚输出也为高电平，并通过 CZ7 的（5）脚把信号送给 CPU 的（8）脚，CPU 使输纸机构停止运行，等待进/退命名或打印命令。检修时，打开机盖，用万用表检测 GD1 的（3）脚、（4）两脚间已短路，IC1 的（9）脚始终为低电平，其（14）脚输出也为低电平，因此 CPU 始终收到低电平的 PC10 信号判为无纸，而不启动输纸机构。经查为 GD1 内部损坏。更换 GD1 后，机器工作恢复正常。

例 12　紫金 ZJ-3100 型打印机自动进纸不停

故障现象　机器开机后，打印机能自动进纸，但一直不停地往前送。

分析与检修　根据现象分析，问题出在输纸检测及控制电路。检修时，打开机盖，加电后，将阻挡 GD2 的检测杆抬起、压下，用万用表测 CPU（IC26）的（8）脚输入信号，PC20 应有电压高低变化。无变化，再测检测板的 LM339 的（13）脚有变化，说明 GD2、LM339、CPU 正常，判定输纸检测板和控制板之间的连接有问题。经进一步检查，发现控制板上 CZ7 插座的（6）脚松动。重新插紧后，机器故障排除。

例 13　紫金 ZJ-3100 型打印机打印不出字

故障现象　机器工作时，打印不出字。

分析与检修　根据现象分析，该故障一般发生在打印头机械及电路连接部位或出针驱动信号 PINF 通道。先做如下检查：①打印头电缆是否插好；②打印间隙是否太大（正确为 0.38～0.4mm）；③色带盒未装或未装好。若上述各项检查都正常，则检查 PINF 信号。由原理可知，打印针出针间隔由 CPU 内部定时器产生中断，控制其中断周期。出针驱动信号驱动内电路 IC13 的（12）脚输出，送到 IC6 的输入端；当其输出为高电平时 Q21 导通，Q21 集电极电位变低又使 Q23 导通，+36V 则通过 Q23 的 e-c 结加到 24 根针驱动三极管基极的 LS06 门提拉电阻上，这样有针数据的三极管被驱动打印。检修时，用示波器在自检状态下测 Q23 集电极无高压，因此，24 根针驱动三极管，不管各自的 LS06 是否有输出均不能导通。关机后再用万用表检测，发现 Q23 内部开路。换 Q23 后，机器故障排除。

例 14　紫金 ZJ-3100 型打印机打印时一行清晰，一行不清晰

故障现象　机器打印时一行清晰，一行不清晰。

分析与检修　根据现象分析，问题出在字车色带换向机构上。经开机检查，发现色带换向机构一组齿轮磨损。更换色带换向齿轮后，机器故障排除。

例 15　紫金 ZJ-3100 型打印机打印时有横向白线

故障现象　机器打印时，文稿上有横向白线。

分析与检修　根据现象分析，问题一般出在打印头及驱动电路。检修时，打开机盖，通电后，用示波器观察驱动电路一列 24 个三极管的 c 极，看是否有输出，因为这种出针自检方式每个管子均应不停地轮换导通。若有输出，则为打印头问题，可测试打印头电缆是否断线，打印机线圈是否烧坏，还是断针，然后再进行修复。若无输出，则查前级 24 个 LS06 门是否有输出。该机经检测发现为第 18 针漏电，而且 Q44 没有输出，断定不是打印头问题。再测 IC10 的（3）脚与（4）脚，（3）脚有波形，而（4）脚恒低，再查 RM7 的（6）脚也低，细看 RM7 电阻排已变色，判定其内部烧坏，从而使 Q44 的前级输出始终为低电平，导致故障发生。更换 RM7 电阻排后，机器恢复正常。

例 16　紫金 ZJ-3100 型打印机打印汉字出错

故障现象　机器打印字符正确，打印汉字出错。

分析与检修　根据现象分析，该故障一般为汉字字库点阵出错所致。检测时步骤为：①查 IC24 译码电路，与汉字库有关的译码信号有 4 个，即（11）脚～（14）脚，（12）脚 CS580 为汉字库 IC4 的片选信号，CS600 为 IC7 的片选信号，CS480 和 CS500 为汉字库地址 A4～A11 的打入信号 CK 和 A12～A17 的打入信号，即在打印汉字时这 4 个信号都应该有，缺一不可，否则 IC24 损坏；②查两片 8 位地址锁存器 IC11 和 IC16 的输出端 D0～D7 均应有输出，如无输出，会出现有些地址找不到，从而打印出的汉字出现错字；③查 IC4 和 IC7 两片汉字库的输出端，应检查 D0～D7 无不良。经该机检查，问题出在两片点阵汉字库芯片，检测时发现 IC7 内部损坏。更换 IC7 后，机器故障排除。

第九节　AR 型打印机故障分析与检修实例

例 1　AR3200 型打印机每次进纸时只能上纸几厘米

故障现象　每次进纸时只能上纸几厘米，连续按装纸/退纸/出纸键，虽可上纸，但是压纸杆不抬，联机灯不亮并报缺纸。

分析与检修　根据现象分析，问题一般出在进纸检测电路及进纸机构。该机进纸过程如下：①短进纸，把纸送到缺纸检测器上方，检测器确认有纸后，执行下一过程，如检测器认为无纸，进纸动作结束；②长进纸，抬起压纸杆，根据纸头空设置把纸送到打印位置，联机准备打印。该机显然反复执行了过程①，且因打印判断无纸而不能联机打印。非平推式 STAR 打印机需拆下后盖并把走纸方式转换成链式，扩大辊轴与检测器之间的距离以便操作。此外，检测器误报缺纸，不一定就是由于检测器本身的错误引起的，使用深色或已有字符的打印纸，同样会导致不能联机。此时可采取以下措施：①修改 EDS 设置，使缺纸检测无效（设置方法见随机操作手册），打印机将无条件联机而不管是否有纸，但缺点是当纸用尽时，打印机就不会等待，而是在胶辊上继续进行无意义的打印；②因为验纸信号是从光电三极管对地电阻上取走的，适应信号较弱的情况，可把该电阻阻值（如 CR3240 打印机主板上的 R66）换大，提高信号值，缺点是当真正缺纸时，也许会因光干扰而误测有纸；③对于使用 STAR 打印机的用户来说，有另外一种选择，就是进行软件修改，例如 AR6400 打印机，可能通过 DOS 下的 QBASIC 语言修改 EEPROM，以使打印机适应更弱的信号（但也有上述缺点）。根据上述方法，扩大辊轴与检测器的距离后，机器故障排除。

例 2 **AR3200 型打印机打印时出现错误信息，不能打印**

故障现象 机器联机打印时出现错误信息，不能打印，自检正常。

分析与检修 根据现象分析，问题可能出在打印接口电路。打开机盖，仔细查看打印机的主板接口电路，其外围接口电路由集成块 74LS05 组成。若该集成块损坏，将会导致计算机输入的打印信号发生错误，不能正常打印。74LS05 为六反相器，其输入端和输出端电平应为反相，用逻辑笔各反相器逐一测量，发现其中（3）脚、（4）脚和（8）脚、（9）脚两组反相器的输入、输出端均为低电平，因而判断该集成块内部损坏。更换 74LS05 后，机器故障排除。

例 3 **AR3200 型打印机在 WPS 状态下打字时无任何动作**

故障现象 机器在 WPS 状态下打字时无任何动作，但一会儿 WPS 却报告打印完成。

分析与检修 根据现象分析，可能为软件故障。先重新启动电脑，发现打印机初始化正常，故认为连机电缆正常；用 WPS 打字，故障依旧；在 DOS 提示符下，用"DIR＞PRN"命令测试，电脑出现死机现象；进行打印机自检，正常；将打印机连到别的计算机上，打印一切正常，故判定为电脑软件故障。用 KV3000 杀毒，未发现病毒。最后检查 CMOS 参数设置，发现 CHIPSET FEATURES SETUP（芯片设置组）中的 onbord parallel port（并行端口）项被设为 disabled（禁止）。将其改为 378H/IRQ7，存盘重新启动，机器打印恢复正常，故障排除。

例 4 **AR3200 型打印机出现字母重复打两次的现象**

故障现象 联机在 WPS 下打印汉字正常。但在进入 DOS 后，用 Ctrl＋P 打印时，连续出现每一个字母重复打两次的现象，而且不能进入 C：＞提示符。

分析与检修 根据现象分析，该故障可能出在数据线传输或信号控制通道。该打印机打印汉字正常，打印英文字母重复打两次，但无乱字符，联机也正常，可排除数据线传输的故障，重点应检查控制信号的输入输出。由原理可知，该机控制信号传输由 IC1（74LS05）执行。打开机盖，用万用表测 IC1（3）脚为低电平，但（4）脚却无反相输出高电平。（4）脚是 ERROR 信号输出，由于该信号出错，显示打印口出错信息，所以一般在打印机出现接口故障或缺字符时（打印字符不乱），应重点检测打印机制控制信号。取下 IC1，测得该脚对地电阻较小，判定为 IC1 内部损坏。更换 IC1（74LS05）后，机器故障排除。

例 5 **AR3200 型打印机面板指示灯不亮，也无任何反应**

故障现象 开机后面板指示灯不亮，机器也无任何反应。

分析与检修 根据现象分析，问题一般发生在打印接口及复位电路。打开机盖，用万用表检测＋5V 和＋35V 输出正常，说明主板无短路情况。据用户讲，该机是在搬动后重新接上就出现故障，因此判断有可能是带电插拔电缆烧坏接口。而打印机复位电路与接口电路是相连的，若复位电路工作不正常，就会引起打印无任何反应的现象。用万用表测量 RESET 复位信号始终为低电平，静态检测 IC2（74LS05）(6) 脚对地已短路，进一步检查发现复位驱动管 TR1（C3198）内部击穿。更换 IC2 和 TR1，机器故障排除。

例6 **AR3200 型打印机打印少许时间即报缺纸信号**

故障现象 机器装上纸后打印时间不长，即报缺纸信号，并不停地鸣叫。

分析与检修 根据现象分析，该故障可能发生在缺纸检测电路。由原理可知，该机缺纸检测电路中，光敏检测器一脚接 5V，一脚接 R116 到地。当装好纸后，由于光敏管导通，因此 R116 上就有一个 4V 左右的电压。CPU 就是通过检测 R116 上的电压来判断打印机是否装好纸，如果检测器的表面有污物或被纸屑积满，就会造成光敏检测器的灵敏度下降，使得 R116 上的电压处于临界值，稍高一点就高于打印机判定装纸的电压，低一点就低于有纸的电压。为了保护胶辊，就停机保护并报警。检修时，打开机盖，发现缺纸检测器表面已积满纸屑，清洁检测器后，检测器恢复了正常的灵敏度，打印机也恢复了正常。判定打印机检测器的灵敏度是否属于正常范围的方法为：在打印机上装一张标准白纸（用白净的复印纸），用万用表测量检测光电管的电压低于 0.6V。AR-3200 打印机 CN3（5）脚、（7）脚电压低于 0.6V 即属正常。但是此标准只限于 AR-2400、AR3200、AR3200＋、CR3240、AR3240 型打印机。

例7 **AR3200 型打印机打印蜡纸时，蜡纸被打印头蹭破**

故障现象 机器打印蜡纸时，蜡纸被打印头蹭破。

分析与检修 根据现象分析，该故障主要有下列原因：①检查打印头是否距离滚筒太近，调整右边的间距调杆；②检查打印头出口处是否有异物；③取出色带盒，卸下打印头，检查色带保护片是否磨损，正常保护片中间的孔为椭圆形，四周光滑对称，若有磨损，需要更换。根据上述原因，检查相应部位后，故障即可排除。

例8 **AR3200 型打印机打印几行后报警"死机"**

故障现象 打印几行后，报警"死机"。

分析与检修 根据现象分析，问题可能出在打印头温度检测电路。检修时，用万用表测报警前后的电源电压，均正常（5V、37V、44.4V、3.7V 等）。由于机器能打印几行，说明 CPU、ROM 等无问题。用手动进纸走了十几页纸，打印机正常，说明走纸电路、走纸机构等无问题。判定问题出在打印头驱动及温度检测电路，因此重点应检查热敏电阻。该机的打印头温度检测电路如图 7-4 所示，热敏电阻 R(T) 安装在打印头内，能反映出打印头的温度。当温度逐渐升高时，热敏电阻的阻值会逐渐变小，电阻上的压降也会随之变小，送至 CPU 模拟量输入端 ANO 的电平会逐渐升高，CPU 内

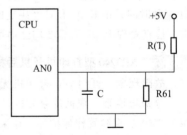

图 7-4　打印头温度检测电路

部将该输入电压与参考电压 VREF（＋5V）比较，检测出打印头的温度，从而起到保护打印头线圈不被烧坏的作用：① $T<100℃$ 时，为正常的打印操作；② $100℃<T<120℃$ 时，转为单向打印。检修时，打开机盖，在打印过程中用万用表测试 ANO 的电压，打印几行后，电压突然为 0V，再测热敏电阻 R(T) 的阻值为无穷大，说明温度的微小变化使热敏电阻阻值变为无穷大，ANO 端电压为零，引起打印机停机。更换热敏电阻后，机器故障排除。

例 9　AR3200 型打印机打印头运行缓慢且噪声沉重

故障现象　打印头运行缓慢，打印过程中产生的噪声明显增大，且声音变得沉重。

分析与检修　根据现象分析，问题出在打印头及机械运行部位。造成的原因通常有以下3 种情况：①打印头控制电路不良；②打印头机械部件损坏；③打印头在工作时阻力太大。实践证明，出现前两种情况的可能性非常小，多数是由第三种情况引起。因为打印机在使用过程中，控制打印头移动的导轨上的润滑油与空气中的灰尘形成油垢，长期积攒起来会使打印头在打印时移动阻力增大，当阻力大到一定程度时，就会引起打印头撞车。先用脱脂棉将导轨上的油垢擦净，再用脱脂棉蘸少许高纯度的缝纫机油反复擦拭导轨，直到看不见黑色油垢为止。该机经此处理后，机器故障排除。

例 10　AR3240 型打印机打印时自动停止

故障现象　机器工作时，打印一会儿便自动停止，且字车回左界，关机后重新打印正常，稍后又周期性地重复出现故障。

分析与检修　根据现象分析，问题一般出在打印头检测电路上。因该机打印头设置了温度检测元件，其设计工作范围温度为 $T \leqslant 100℃$，在这个温度里，CPU 发出命令控制打印头工作，如果 $T \geqslant 120°$，CPU 等打印机当前行打印完毕后停止打印，字车回左界。造成以上故障是温度升高所致，经查 C19、R61 元件正常，进一步检测发现热敏电阻内部失效。更换热敏电阻后，机器故障排除。

例 11　AR3240 型打印机面板提示灯全亮,不能操作

故障现象　开机后面板指示灯全亮，但不能执行面板操作。

分析与检修　根据现象分析，该故障可能发生在控制及复位电路。由原理可知，该机有一个 Rese 电路，这个电路有两个作用：一是在加电的时候保证有 34 毫秒的复位时间；二是在联机工作时间可以接受主机、终端以及控制打印机的设备发来的复位信号。而两种复位方式都是由复位电路来控制的。加电复位的主要目的就是 CPU 在控制程序作用下，对各 I/O 接口、面板状态设置相应的参数，以及判别 CPU/控制门阵端口的状态。如果复位信号不好，时间常数的变化就会造成初始化不能完成，实际上就是控制程序的死循环。检修时，打开机盖，用示波器检测，发现 IC7（M51958)(5) 脚没有输出 34 毫秒的复位信号。而复位电路产生的34 毫秒时间是由 R107 和 C32 决定的，如果电阻阻值或电容容量变化，都会造成复位时间不正常。检查发现 R107 和 C32 均已损坏。更换 R107 和 C32 后，机器工作恢复正常。

例 12　AR3240 型打印机开机后机器无任何反应（一）

故障现象　开机后，打印机无任何反应。

分析与检修　根据现象分析，该故障一般发生在电源电路。由原理可知，该机除了用 F1（4A/250V）保险管作保护外，还采用了典型的 C1、L1 组成的差模抗干扰回路和 L1、C2、C3 组成的共模抗干扰回路。电源变压器的次级线圈共有 3 个输出端，其中 AC29.7V 电压经过整流滤波后使电压提升到 30～45V，驱动打印头，同时又形成 VMDC32～38V 电压，用于驱动电机；AC6.1V 电压用于电机静态锁定；AC8.1V 用于 IC 工作。当该机无任何反应时，首先检查 F1 保险丝是否熔断，继而可加载用万用表测变压器的 3 个输出端，电压均为 0V，拆开变压器外壳，发现内有一温度保险熔断器已熔断。更换温度保险熔断器后，机器故障排除。

例 13　AR3240 型打印机开机后机器无任何反应（二）

故障现象　开机后无任何反应，机器不工作。

分析与检修　根据现象分析，问题一般出在电源电路。具体原因可能有：①交流 220V

的电源没有加上，此时必须认真检查机器供电部分是否正常；②因该机专门设计了一块保险板交流电源，通过保险管，由 C1 滤波，经防噪声电路送到变压器的初级端，而变压器的初级端又没有可熔性的保险元件，如果故障在这些元器件中发生，会造成开机无任何反应的现象。检修时，打开机盖，经仔细检查发现滤波电容 C1 短路，造成 F1 保险管熔断。更换 C1、F1 后，机器故障排除。

例 14 AR3240 型打印机打印中、西文均缺点

故障现象 机器打印中、西文时均缺点。

分析与检修 根据现象分析，该故障一般发生在控制及打印头等相关电路与部位。打印时，缺点现象分两种：一种是有规律的缺点，一种是无规律的缺点。有规律缺点内含奇数点或偶数点，AR3240 的 24 根针动作，分别设计有奇数针的动作、偶数针的动作、奇数针公共使能、偶数针公共使能等，并由逻辑控制电路驱动打印针完成这些动作。有规律的缺点主要与这些控制线路以及这些控制通路上的某些元件有关。常见原因有 TR30、TR31、IC4（8253）、IC5（74LS32）、IC16 以及 CPU（339）不良或损坏。无规律的缺点比较难分析。在这种情况下，一般必须排除各有关单一部位所造成的可能性，比如色带太旧，打印头位置距离太远或不能调节等。排除了以上故障之后，主要检查打印头控制门阵 IC（UPD65006）及外围电路，在确认外围电路无故障后则可能是集成块 IC5。本机经查为 TR30 损坏。更换 TR30 后，机器恢复正常。

例 15 AR3240 型打印机无初始化动作

故障现象 开机后，操作面板上指示灯全亮，但无初始化动作。

分析与检修 根据现象分析，问题一般出在初始化控制电路上。检修时，打开机盖，首先将打印机的机械部分拆下来，然后给打印机加电，用示波器观察初始化控制部分。发现 IC11（7405）(1) 脚（IN-PRIME）信号输入为低电平（正常应为高电平），使输出端为高电平，造成 CPU、ROM、RAM 等电路不工作。由此说明 IC11 内部不良。更换 IC11 后，机器故障排除。

例 16 AR3240 型打印机自检打印时为黑块

故障现象 开机后，字车复位正常，但自检时打印为黑块。

分析与检修 根据现象分析，造成该故障产生原因有两种：①ROM 芯片中内容损坏；②驱动门阵列芯片坏不良。检修时，可采用替换法排除，用正常的监控程序 ROM 替换下该机的 ROM 芯片，开机测试，若故障消失，则说明 ROM 芯片有问题，应用擦除器将原来的程序擦除掉，然后用读写卡在正常机器上的 ROM 内的程序读出，重新写入该机 ROM 芯片即可。如果仍未排除，再用示波器测 IC22（D65006-015）(27) 脚和（38）脚。如果输出幅度较低（正常时应为 4.5V），则为 IC22 内部损坏。该机经检查果然为 IC22 内部不良。更换 IC22 后，机器恢复正常。

例 17 AR3240 型打印机色带卡死打印头

故障现象 机器打印时色带绞进字车导轨中并缠住打印头。

分析与检修 检修步骤为：先将色带清除，再用手轻轻推动打印头，字车已能平稳运行，无阻力感。经查固定色带盒的一个螺钉已松，固定好后通电开机。这时，打印头无任何动作，判断驱动电路损坏。检查主电路板，发现 X06 保险电阻已开路，用 2A 保险丝串 0.5/2W 电阻更换。通电打印头在原处颤动，用手推打印头很难移动。取下打印头 12 芯插排电缆，打印头又能灵活运动。进一步检查字车马达驱动电路，发现 D2、D3 内部击穿，TR5～

TR8 中 TR6 内部击穿。更换 D2、D3、TR6 后，机器故障排除。

例 18　**AR3240 型打印机纵向打印不齐**

故障现象　机器纵向打印不齐。

分析与检修　根据现象分析，该故障为机器长期使用双向打印时所产生，具体校正方法如下。同时按住［装纸/出纸/退纸］和［联机］键后开机，打印机将打印出如下提示："双向测试及纵向校正设置"。［跳行］键选择下一测试项，［装纸/出纸/退纸］键选择上一测试项。［字体选择］键校正下半行左偏，［字间空距］键校正下半行右偏。［联机］键退出双向测试校正状态。在操作过程中，打印机将前后送纸，以检查打印机是否对齐。此时按［字体选择］键将使下半行打印位置往左移，按［字间空距］键将使下半行打印位置往右移。当打印 "1" 字符上下形成一连续直线时，即可按［联机］键，退出双向校正测试。该机经上述校正后，机器故障排除。

例 19　**AR3240 型打印机不能联机打印**

故障现象　机器自检正常，但不能联机打印。

分析与检修　根据现象分析，问题一般出在打印接口电路。打开机盖，用万用表检测 CN1 插座的各脚对地电阻值，发现（11）脚电阻值异常，阻值为 3.1kΩ，正常时应为 1.8kΩ 左右。该机接口电路的 BUSY 信号通过一个外围电路芯片 IC1（74LS05）（10）脚输出到插座 CN1 的（10）脚，经进一步检测该芯片，发现其内部损坏。试换 IC1（74LS05）后，机器故障排除。

例 20　**AR3240 型打印机指示灯不亮，打印头不能复位**

故障现象　开机后电源，指示灯不亮，打印头也不能复位。

分析与检修　根据现象分析，该故障一般发生在电源及相关电路，如图 7-5 所示。由于开机后，面板电源灯不亮，说明无＋5V。经开机检查发现 F207 保险丝熔断，换新后面板电源指示灯亮，但打印头仍不能复位。用万用表测 IC201 三端稳压器输出端无＋5V 送出，查 IC201 内部损坏。更换 IC201 后，机器故障排除。

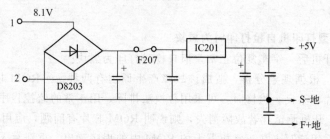

图 7-5　电源及相关电路

例 21　**AR3240 型激光打印机开机后机灯不亮，打印头无动作**

故障现象　开机后联机灯不亮，面板其他灯全亮，打印头无动作。

分析与检修　根据现象分析，问题可能出在系统控制电路。检修时，打开机盖，开机观察，机器无初始化动作，说明打印机未进入或未完成初始化，这与 ROM 程序和复位信号有关。经代换 ROM 监控程序芯片 IC25（27512），无效。再查复位信号，用双踪示波器测 IC7（M5195BL）（4）脚、（5）脚开机瞬间的波形，正常。用逻辑笔测试 CPU（IC6/TWP90C841）各脚均无脉冲，判定晶振 XTAL1 内部失效。更换 XTAL1 后，机器故障排除。

例 22　**AR3240 型打印机联机打印字符出错**

故障现象　机器开机后，自检打印正常，联机打印字符出错。

分析与检修　根据现象分析，问题一般出在接口电路。该电路只包括两块芯片：IC1（74LS05）和 IC2（UPD65006CW-LC）。检修时，打开机盖，用万用表测 IC1 各脚电平及逻辑关系正常，试换 IC2，故障不变。经进一观察打印结果，发现字符对应之二进制码末尾为 1 者打印正确，为 0 者均按 1 打印。从接主机的电缆 25 芯 D 型口处，用万用表测 D0～D7 至主板排阻 RA2 各脚之通断，发现 D0 不通，进一步检查发现该机并行接口卡 36 芯片座中（21）脚至插主板之 32 针头的 25 针不通。重新连接后，机器工作恢复正常。

例 23　AR3240 型打印机字车不能返回到初始位置，面板指示灯不亮

故障现象　开机后字车不能返回至初始位置，面板指示灯不亮。

分析与检修　根据现象分析，问题出在电源电路。打开机盖，用万用表检测各组直流输出电压均无输出，电源保险管 F1 完好，而电源变压器的次级无交流电压输出。用万用表电阻挡测量初级绕组，发现其内部已开路，估计是电源变压器的初级绕组中热保护器熔断。关机后，经检查果然如此，可采用应急办法解决：用电烙铁将保护器焊下，将原来的两端用导线连接起来，重新用绝缘胶带封装好，机器故障排除。

例 24　AR3240 型打印机打印头"咕咕"叫，字车不动作

故障现象　开机后打印头"咕咕"叫，字车不动作，指示灯亮，但无打印功能。

分析与检修　经开机检查与分析，故障出在电源及负载电路。打开机盖，检查 F206 烧断，R203 烧焦。用万用表测 VT202 的 D1593 的正反向电阻异常，拆下检测，发现其内部击穿，再查其他元件未发现异常，更换 D1593、R203 后，加电试机，字车复位，面板上指示灯正常发光，但 F206 仍发红，且 VT202 发热严重，此现象说明流经 F206 的电流过大。分析电路可知，电容 C207、电阻 R204、三极管 VT2（B825）三元件中任有一短路故障，均会短路，使 VT202 电流加大。进一步检测，发现 VT202 内部短路。更换 VT202 后，机器故障排除。

例 25　AR4400 型打印机面板指示灯不亮，无任何反应

故障现象　开机后面板指示灯不亮，整机无任何反应。

分析与检修　经开机检查与分析，该故障一般发生在电源电路。由原理可知，该机采用无电源变压器的开关稳压电源。打开机盖，检查保险管、开关管及开关变压器均正常。用万用表测直流输出端各组均无输出。经仔细检查发现 IC1（14）脚引脚虚焊，由原理可知，IC1（14）脚是其工作电源 Vcc 端，正常值应为 25V。由于 IC1 无电源供电，造成电源电路不能工作。重新补焊后，机器故障排除。

例 26　AR3240 型彩色打印机不能工作，也无任何反应

故障现象　开机后电源指示灯一闪即灭，机器不能工作，也无任何反应。

分析与检修　根据现象分析，故障出在电源及保护电路。由原理可知，该机电源电路中设有过流、过压保护电路，为确定是过流还是过压，在假负载上用万用表监测 CN2（5）和脚（3）的电压，发现在开机瞬间 35V 电压偏高，说明此故障是过压保护电压动作所致。仔细检查该电路 PHC1、IC4 等相关元件，发现 IC4 内部损坏。更换 IC4 后，机器故障排除。

第十节　CR 型打印机故障分析与检修实例

例 1　Start CR-3240 Ⅱ 型打印机手动送纸不能检测

故障现象　该打印机手动送纸不能检测。

分析与检修　根据现象分析，该故障可能出在纸检测器及相关电路。由原理可知，打印机工作时纸经过检测器，检测器的红外发光二极管发光，由纸反射回来，红外接收二极管收到反射光信号后，由主板电路进行放大处理并由面板指示灯告知检测成功。该检测器由一对收、发二极管组成，断开检测连线，测主板上有发射脉冲，检查相关电路没有发现其他问题。然后用万用表 R×1K 挡测红外接二极收管正、反向电阻均为无穷大，表明此两管使用日久，老化开路。更换红外接二极收管后，机器故障排除。

例 2　Start CR-3240Ⅱ型打印机不打印时却自行打印

故障现象　要打印时不打印，不打印时却自行打印，且打印乱码。

分析与检修　根据现象分析，该问题主要在于打印机与电脑连线间。因使用时间久后打印机连线与打印机接触不良，这大多发生在打印机那头。一般在打印机后面接口处反复插拔几次便可正常使用。但若连接线和接口不良或损坏，则应予以更换。

例 3　Start CR-3240Ⅱ型打印机打印头断针

故障现象　机器打印头断针。

分析与检修　由于更换的新打印头太尖，可以采用使用过的旧 CR-3240Ⅰ型打印头改制打印针。具体方法如下。剥下断针的Ⅱ型打印头塑料护套，拨开打印头两侧卡夹，打开后盖，取出相关附件，进而取出断针。与Ⅰ型打印针比较，发现Ⅰ型针体和针长均超过Ⅱ型，Ⅱ型针体宽度较窄，厚度与Ⅰ型相近。用细磨石将Ⅰ型针体磨至与Ⅱ型一样后，将针长截至与Ⅱ型等长，装入断针的Ⅱ型打印头上，装配好打印头其他附件后即可。

例 4　Start CR-3240 型打印机面板指示灯不亮，无任何反应（一）

故障现象　开机后面板指示灯不亮，机器无任何反应。

分析与检修　根据现象分析，问题出在电源电路。由于开机后，电源指示灯不亮，且机器无任何反应，首先怀疑为 +5V 电源的故障。打开机盖，用万用表检测 +5V 和 +35V 均无输出。经仔细检查该电路相关元件，发现 VT1 内部损坏。更换 VT1（2SK1462）后，机器故障排除。

例 5　Start CR-3240 型打印机面板指示灯不亮，无任何反应（二）

故障现象　开机后面板指示灯不亮，机器不动作。

分析与检修　根据现象分析，问题出在电源电路。打开机盖，检查保险管完好。开机后用万用表检测，+5V 和 +35V 均无输出。进一步检查，发现 +5V 电源电路中的调整管 VT2 内部开路。更换调整管 VT2 后，机器故障排除。

例 6　Start CR-3240 型打印机在打印过程中发出一声报警声中断打印

故障现象　机器在打印过程中发出一声报警声，中断打印，面板上只有电源指示灯和字车选择指示灯亮。

分析与检修　根据现象分析，该故障可能发生在主板控制电路。打开机盖，用万用表测电源 +35V 高压，正常，检查打印头电缆及机械部分，均未发现异常。进一步分析判断，由于每次开机后，打印机均产生上述现象，且不能进入自检状态，估计问题出在 CPU（TMP90C41）及其外围电路上。由于 CPU 结构复杂且故障率很低，先检查外围电路，用示波器测量 IC1（M50953BL）(5) 脚，加电时有明显的负脉冲出现。测晶振，发现开机伊始晶振起振，但随着故障现象出现，晶振停止振荡。焊下该晶振检测，其内部已失效。更换晶振后，机器故障排除。

例 7 **Start CR-3200 型打印机联机灯不亮，缺纸灯亮**

故障现象 联机灯不亮，缺纸灯亮，机器不工作。

分析与检修 经开机检查，机器装纸后，按联机键灯不亮，偶尔亮起，联机打印几行又停机，缺纸灯亮，蜂鸣器鸣叫。因打印机装有纸而缺纸灯亮，说明纸尽光敏管传感器有故障。由联机灯偶尔亮起能正常打印几行，说明纸尽检测电路正常，问题可能为光敏管脏堵。该纸尽检测传感器是一反射光敏管，电路如图 7-6 所示。它位于进纸通道，滚筒正下方。当通道中有纸时，光敏二极管发射的光信号经打印纸的反射被三极管接收，一旦纸尽，光敏三极管截止，输出一纸尽信号。检修时，打开机盖，观察纸尽光敏管位于滚筒正下方，因打印纸带进的灰尘及

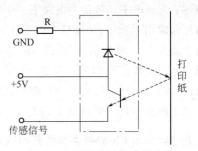

图 7-6 纸尽检测传感器电路

纸屑使光敏管堵塞，光电三极管接收不到反射的光信号，一直处于截止状态，提示纸尽信息，使机器不能正常打印。将机器滚筒左右支承轴转动 90°，取下滚筒，用药棉蘸无水酒精清洗光敏管，待干后装机，故障排除。

例 8 **Start CR-3240 型打印机字车无归位动作**

故障现象 开机后电源指示灯显示正常，字车无归位动作。

分析与检修 根据现象分析，问题可能出在字车驱动电路。打开机盖，用万用表测字车驱动电路专用集成块 IC12（SLA7026）。与正常值进行比较，发现 IC12（2）脚为 45V，正常应为 5V，（3）脚为 5.2V，正常应为 0.3V，（11）脚为 4.3V，正常应为 36V，（12）脚为 5V，正常应为 36V，且（13）、（14）、（15）、（16）脚电压也均不正常，由此判定 IC12（SLA7026）内部损坏。更换 IC12（SLA7026）后，机器工作恢复正常，故障排除。

例 9 **Start CR-3240 型打印机打印一段时间后停止打印**

故障现象 开机后打印一段时间停止打印，并发出一声报警声。

分析与检修 根据现象分析，问题一般出在打印头温度检测电路。打开机盖，用万用表测热敏电阻与电阻 R121 分压端。在打印机正常工作时，CPU 的 ANO 电压应为 0.5V，而实测 ANO 电压升高达 3V 左右，说明热敏电阻已失效。经检查果然如此。更换热敏电阻后，机器恢复正常。

例 10 **Start CR-3240 型打印机不能打印，纸尽检测信号灯亮**

故障现象 开机后不能打印，纸尽检测信号灯亮。

分析与检修 根据现象分析，故障一般发生在纸尽检测电路。开机观察，纸尽检测灯亮一般是由于光电传感器（反射型）的发射与接收孔内积尘，或纸尽检测传感器损坏造成的。打开机盖，卸下打印胶辊，用棉球蘸酒精清洁传感器，试机故障不变，说明问题在纸尽检测电路。检查光电传感器，发现发光二极管内部损坏，导致光敏管截止，而误输出纸尽信号。更换纸传感器后，故障排除。如无该传感器可购，也可将纸传感器的红线焊在蓝线焊接处，只是暂时没有纸尽检测功能。

例 11 **Start CR-3240 型彩色打印机打印时有重行且打印内容杂乱**

故障现象 机器打印时有重行且打印内容杂乱。

分析与检修 根据现象分析，该故障可能发生在打印接口电路。该机接口电路为 IC3（LC9301BZB1），是专用接口芯片。由原理可知，当主机需要打印时，先检查打印机忙信号

BUSY：如果是高电平，则主机处于等待状态；如果是低电平，则发出数据选通信号 STB 并发送数据 DATA1～DATA8。打印机接口接到 STB 信号后，又置 BUSY 为高电平，通知主机暂缓发数据。当打印机读入当前主机送来的数据后，产生一个 ACK 应答的信号，并置 BUSY 为低电平，等待主机送下一个数据，从而结束一个数据输入过程。另外，在数据输入和打印输出过程中，"纸尽" PEND、"选中" SLCT 及 "出错" ERR 等信号，都会使 BUSY 处于高电平，因此估计 DATA1～DATA8 数据线正常。打开机盖，用示波器检测 STB、BUSY、ACK 三个信号，发现 BUSY 信号异常。关机后，再用万用表测 IC2（74LS05）的（2）、（4）、（6）、（10）、（12）脚对地电阻，发现其中的（4）脚对地电阻只有 300Ω 左右，判定 IC2 内部不良。更换 IC2（LC9301BZB1）后，联机打印工作恢复正常，故障排除。

例 12 **Start CR-3240 型彩色打印机打印西文或中文，字符点阵均无法辨认**

故障现象 机器打印西文或中文，字符点阵均无法辨认。

分析与检修 根据现象分析，问题可能出在针驱动或控制电路。打开机盖，检查公共三极管及针驱动三极管未见异常。接下来检查针数据形成矩阵 μPD65006-015，当用示波器测其（27）脚时，即使是在打印期间也未见到有低电平出现。这个脚的输入信号是 ODD-EN，即奇数针使能信号，只有它为低电平时，奇数针才能出针打印，这时公共三极管 TR21～TR24、TR13～TR16 才能导通。如果此脚为常高电平，就会造成 TR13～TR16、TR21～TR24 不导通，12 根奇数针均不出针打印。奇、偶针的出针定时是受定时器 82C53 控制的，其中 82C53 的 0 通道给出奇数针的定时，82C53 的 1 通道给出偶数针的定时。经用示波器测量 IC4（82C53）的（10）脚（0 通道），有低电平出现过，跟踪信号测量发现 IC16（μPC339C）（14）脚没有波形而呈恒高电平状态。因为 IC16（μPC339C）（14）脚输出为恒高，（3）脚就输出高电平，这样 ODD-EN 信号常高，由此判定 IC16 内部已损坏。更换 IC16（μPC339C）后，机器故障排除。

例 13 **Start CR-3240 型彩色打印机打印字符严重缺画**

故障现象 开机后打印字符严重缺画。

分析与检修 根据现象分析，故障出在针驱动电路。打开机盖，用万用表静态检查三极管 TR31 的 e-b 结短路，TR32 的 c-e 结短路。由原理可知，正常情况下，在打印期间 IC11（11）脚应有低电平出现，IC11 的（10）脚应输出高电平，然后 TR32 导通，TR31 也导通，+5V 电压通过 TR31 加到电阻排 TA14 和电阻 R92 上，给 TA4～TA6 内的驱动三极管提供基极偏置。TR32、TR31 损坏后，+5V 就无法加上，因此，TA4～TA6 内的驱动三极管因得不到基极偏置而不工作，这样打印的字符就会出现缺画现象。更换 TR31、TR32 后，机器故障排除。

例 14 **Start CR-3240 型打印机发生频繁复位现象**

故障现象 机器无论在待机或打印状态，均发生频繁复位现象。

分析与检修 根据现象分析，问题一般出在复位控制电路。由逻辑主板工作原理可知，该机除具有一般打印机的加电复位和主机送来的 IN-PRIME 信号复位两种复位方式外，还在复位电路中加入了 +5V 电压检测复位电路 IC1（M519453BL），该电路在 +5V 电压发生变化时，产生 RES 信号将打印机复位。断开打印机、计算机之间数据通信电缆，加电试验，故障现象依然。由于没有完善的检测方法来确定 IC1（M51953BL）的好坏，只好采用长时间监测 +5V 电压的方法，发现打印机复位时，+5V 电压并没有发生变化，判定为 IC1（M51953BL）内部不良。更换 IC1（M51953BL）后，机器故障排除。

例 15 **Start CR-3240 型打印机有时只是打印头复位而不打印**

故障现象 开机后有时能打印，有时只是打印头复位而不打印。

分析与检修 根据现象分析，故障时有时无，一般为连接件接触不良所致。拆下打印头的连接电缆，发现其中一条导线有很深的折痕，用万用表检查，处于虚接状态，因此打印时好时坏。打印头电缆价格较贵，且常在使用中折断。更换打印电缆后，机器故障排除。

例 16 **Start CR-3240 型彩色打印机打印头在原地剧烈抖动，无法复位**

故障现象 开机后打印头在原地剧烈抖动，无法复位。

分析与检修 根据现象分析，问题可能出在打印头驱动电路。关机后用手拨动打印头字车，发觉阻力很大。如拔下字车电机驱动电路的插座，阻力明显减轻，估计为驱动电路不良。打开机盖，用万用表检测发现 R118 阻流电阻内部已烧断，步进电机驱动芯片 IC12 的（11）脚与（12）脚间断路，判定 IC12 驱动芯片的一路（B 相）已经烧坏。更换 IC12 与 R118 后，机器故障排除。

例 17 **Start CR-3240 型彩色打印机无任何动作，也不能操作**

故障现象 开机后面板上除联机灯外其余灯全亮，打印机无任何动作，也不能操作。

分析与检修 根据现象分析，该故障可能发生在控制电路。如复位电路、CPU、数据总线、地址总线、控制三总线及 ROM 本身有故障时，机器就会出现上述故障。由原理可知，该机的复位电路信号是由 IC7（M5195BL）的（5）脚输出的，复位信号低电平时间要维持约 34 毫秒。复位信号 RESET 产生的条件是：①电源刚接通；②主机发来 INPUT-PRIME 信号。满足上述两个条件时，IC7（M5195BL)(4) 脚电位为低电平，(5) 脚输出为低电平，机器复位信号（RESET）为低电平。复位信号（RESET）低电平的有效时间取决于接到 IC7（4）脚电容 C32 的充电时间。当 C32 充电完毕时，TESET 信号由低恢复至高。也就是说当 IC7（4）脚有低电平时，IC7（5）脚也有低电平产生。维修时，打开机盖，用万用表测 IC7（4）脚的电位，若常低于 0.8V，则为 IC7 状态错。如果 IC7（4）脚的电位有高低变化，则属正常。该机经实测 IC7 的（4）脚为恒低电平，测 IC11（LS05）(2) 脚为恒高电平，IC11（LS05）(1) 脚为恒低电平。IC11（1）脚接的是接口的 INPUT-PRIME 信号，说明 IC11 内部损坏。更换 IC11（LS05）后，机器故障排除。

例 18 **Start CR-3240 型彩色打印机不停地走纸**

故障现象 开机后就不停地走纸。

分析与检修 根据现象分析，问题可能出在自检驱动程序芯片。由原理可知，当打印机驱动程序与实际安装的打印类型不相符时，打印机打印时就会无休止地走纸。由此可以联想到该机的故障可能是固化打印机自检驱动判断程序的 ROM 发生了问题，监控程序是固化在 IC25 中的，因此，判定为 IC25 内部程序损坏。更换 IC25 后，机器故障排除。

例 19 **Start CR-3240 针式型打印机不能打印**

故障现象 机器工作时，字车电机、走纸电机走动正常，但不能打印。

分析与检修 经开机后观察，机器联机后一切均正常，但无法打印出文稿来。该故障产生原因主要有：①驱动三极管 TR5（A933）和 TR2（C3331）损坏，造成打印头无驱动电压；②门阵列 IC8 的 HDCM（42）脚对地短路，同样也造成打印头无驱动电压。检修时，打开机盖，经检查发现电阻 R30 内部击穿，从而造成门阵列的（42）脚对地短路。更换 R30 后，机器故障排除。

例 20　Start CR-3240 型打印机联机不能打印

故障现象　机器联机后，不能打印。

分析与检修　经开机检查，机器能进行正常的自检，说明打印机本身工作正常。再查看主机，各部分均正常，打印驱动程序也已安装。怀疑为打印电缆有问题，拔下一看，发现25 针并行接口处的第 1 针已凹下去（第 1 针为打印选通信号）。更换打印电缆后，机器故障排除。

例 21　Start CR-3240 型打印机字车不动，故障灯闪亮

故障现象　开机后，字车不动，故障灯闪亮，机器不工作。

分析与检修　根据现象分析，问题一般出在字车电机及驱动电路。检修时，打开机盖，用万用表测得其中的分压电阻 R118 被击穿，更换后仍不能工作。进一步检测发现字车驱动集成电路 IC12（SLA7026M）内部不良。值得提醒的是，更换电阻时，其阻值不能超过标称值 $1.0\Omega\pm2\%$。更换 R118 和 IC12（SLA7026M）后，机器故障排除。

例 22　Start CR-3240 型打印机总是打印在某一行上

故障现象　机器工作时，总是打印在一行上，偶尔能打印几行又停在某一行上。

分析与检修　根据现象分析，该故障一般发生在走纸传动机构或其驱动电路。检修时，打开机盖，用手柄转动打印胶辊，发觉有时转不动或转动一点后打滑，说明在走纸机构中有部分齿轮损坏。经检查，果然发现左边的一个齿轮坏了两个齿。如果用手柄转动正常，应注意走纸电机驱动电路中的三极管阵列 TA1（STA404A）以及走纸电机的工作正常与否。更换同规格齿轮后，机器故障排除。

例 23　Start CR-3240 型打印机字车复位到初始位置长鸣一声不工作

故障现象　联机打印时，字车复位到初始位置后长鸣一声不工作，故障灯亮。

分析与检修　根据现象分析，该故障一般为打印头内的热敏电阻损坏所致。经开机检查果然如此，由于热敏电阻损坏后，使 CPU 误认为打印头温度高于 130℃ 而停止打印。如果一时找不到相同的热敏电阻。可以焊接一个固定电阻，只是要注意由于失去打印头温度检测作用，一次打印时间不能过长，否则可能烧坏打印头里的线圈。

例 24　Start CR-3240 型打印机打印汉字顺序错乱

故障现象　机器工作时，打印出的汉字顺序错乱，并夹有一些奇怪的字符。

分析与检修　根据现象分析，该故障一般为字库存储板有故障造成的，更换字库存储板即可。在更换时要注意与 DPROM 上所标示的版本号相配套，否则故障仍会存在，并且容易引起其他的错误判断。

例 25　Start CR-3240 型打印机打印字体不清楚且缺笔画

故障现象　机器打印比较大的字体时不太清楚，而对于小号的字体则明显有缺笔画的现象。

分析与检修　根据现象分析，该故障一般为打印头断针及驱动控制电路不良引起。检修时，先判断是否断针，可将打印头在无水酒精中清洗干净后，凭眼观察即可发现断针处有凹陷现象。CR3240 的打印针可与 CR3200 的打印针通用，更换时应注意各针的顺序不能混乱。如果不是出现断针，则应查一下三极管阵列 TA1～TA6 是否有损坏现象，以及打印头电缆是否有断线的情况。该机经检查为控制电路 TA1 内部损坏。更换 TA1 后，机器故障排除。

例 26　Start CR-3240 型打印机打印缺点

故障现象　打印时缺点，特别打印大号字时比较明显，且打印表格中的竖线更是上下不齐。

分析与检修 根据现象分析，该故障一般为打印头小车运行不畅所致。消除该导杆上的污垢物，再滴上数滴高级润滑油，来回拨动几次即可排除故障。也可用面板控制来调整，调整步骤为：①同时按住"联机""装纸/出纸/退纸"开关后，再接通打印机电源开关；②用"装纸/出纸/退纸"按钮将第二次打印位置调近至左边；③用"跳行"按钮将第二次打印位置调近至右边；④当打印的"1"字符形成一连续直线时，双向测试则结束；⑤如果要改变执行双向校正的打印方式，可按"联机"按钮，测试在"高密""高速高密""草稿"和"汉字"模式中循环；⑥按"字间空距"按钮即可退出校正方式。

例 27 **Start CR-3240 型打印机不能打印中文字符**

故障现象 机器正在工作时，突然掉电，再开机就不能打印中文字符。

分析与检修 根据检修经验，该故障一般是由于＋35V 电源驱动能力不够而造成的。在早期生产的 CR3240 打印机中，由于制造原因，其电源电路板上的印制走线经常有一道裂纹，只要稍微用力弯曲电路板就能找到。该机经仔细查找果然有一道裂纹。重新补焊后，机器故障排除。

例 28 **Start CR-3240 型打印机开机后无任何反应**

故障现象 开机后，无任何反应，显示灯不闪亮，字车也不运动。

分析与检修 根据现象分析，问题可能在电源及相关电路。检修时，打开机盖，先用万用表测有无电源输出。经测，无论是＋5V 或是＋35V 皆无输出。检查保险丝 F1、F2，发现有一个已经烧断，更换后仍不能正常工作。再进一步顺着电路查找，发现场效应管也已击穿。更换场效应管后，机器故障排除。

例 29 **Start CR-3240 型打印机打印的稿件倾斜或卡住**

故障现象 机器打印后，打出的稿件是倾斜的，有时打印到一半时即卡住。

分析与检修 经询问用户，该机经常打印蜡纸，而打印蜡纸极易使打印胶辊变形（一般表现为不光滑）和小胶轮变形（一般表现为膨胀）。经检查该机小胶轮确已变形膨胀，如果一时找不到新的小胶轮，也可以用小刀将胶膨胀部分修削掉。更换或修复小胶轮后，机器故障排除。

例 30 **Start CR-3240 型打印机装上蜡纸，缺纸灯闪亮**

故障现象 机器装上白纸时正常，但装上蜡纸时缺纸灯闪亮，不能工作。

分析与检修 根据现象分析，问题一般出在打印胶辊及驱动电路。检修时，打开机盖，将打印胶辊拆下后，用酒精棉球清洗光传感面，试机后，情况大有改观。关机再将电阻 R65（R65 与光敏管串联）的阻值减小，故障彻底消除。

例 31 **Start CR-3240 型打印机显示缺纸代码**

故障现象 机器开机后，显示缺纸代码。

分析与检修 根据现象分析，该故障一般为纸尽感光孔被挡住。平常检修此故障时，一般认为是纸尽开关及控制电路接口芯片有问题，而忽略了该打印机胶辊下面有两个纸尽感光孔（光电耦合器）容易被纸絮、灰尘堵住，光电耦合器无法识别是否有纸，一律显示缺纸。经检查果然为两个纸尽感光孔被纸絮堆住。刷净感光孔上的纸絮后，机器故障排除。

例 32 **Start CR-3240 型打印机从中间打印且左边界不能对齐**

故障现象 开机自检时，字车向右运动且与打印机墙板撞击、停滞，从纸中间开始打印，再撞击停滞，再从中间打印，然后复位。且打印文字时，左边界也不能对齐。

分析与检修　根据现象分析，机器能自检，说明自检部分正常。字车能运动，说明字车电机是好的。字车右运动且撞击后还能复位，说明字车原点位置检测电路损坏的可能性不大。问题可能出在字车运行机构。检修时，打开机盖，经检查字车原点位置检测电路、光耦合器、字车步进电机、CPU监测控制字车信号均正常。再进一步检查字车运行机构时，发现字车皮带松弛，原因是靠左墙板处固定带轮的螺钉松动。拉紧皮带，拧紧螺钉后，机器故障排除。

例 33　**Start CR-3240 型打印机打印时换行走有时不正常**

故障现象　机器打印时，换行有时行距不正常，打印出的内容上下对不齐。

分析与检修　根据现象分析，该故障可能出在走纸电机及运行机构。检修时，打开机盖，观察走纸步进电机工作正常，但走纸电机与其带动的齿轮由于有间隙而配合松动。正常时，轴与齿轮之间应紧密配合。应急解决办法为：用钳子把轴与齿轮接合处转动着夹几次，待轴面粗糙不平时，把齿轮与轴对好，如仍不能正常工作，只有更换新轴。该机经上述处理后，机器故障排除。

例 34　**Start CR-3240 型打印机字车不复位，电源指示灯亮**

故障现象　开机后，字车不复位而面板电源灯亮，机器不工作。

分析与检修　根据现象分析，该故障一般有以下原因：①字车起始位置检测电路有故障；②传动电路不良，复位电路不良。可先采用排除法把故障排除，然后用静态观测法。打开机盖，仔细观察其主板，发现电阻 R119 已发黑。拆下 R119，用万用表测量，已断路。R119 与字车电机驱动专用集成块 SLA7026M 的（9）脚相连。用万用表 R×1 挡，红表笔接（8）脚、黑表笔接（9）脚测量，正向为 10Ω 左右，反向也为 10Ω 左右（正常时正向电阻为 40Ω 左右，反向电阻为无穷大），说明其内部损坏。该机中的字车电机驱动应用集成块 SLA7026M 损坏率较高，常伴有 R118、R119 等开路现象。需注意的是，由于 SLA7026M 是通过改变电压来改变字车运行速度的，经进一步检查驱动块 SLA7026M 也已损坏。更换 R119 和集成块 SLA7026M 后，机器故障排除。

例 35　**Start CR-3240 型打印机有时打印，有时不打印**

故障现象　机器打印时个别点无打印墨迹，接着又出现有时打印，有时只是打印头复位而不打印的现象，面板上的控制钮也失去作用。

分析与检修　根据现象分析，打印头断针的可能性不大，判断产生原因有下列两种情况：一是打印机控制电路故障；二是打印头与控制打印部分连接环节故障。由于加电时复位动作正常，故问题可能是出在连接部分。首先拆下连接打印头的柔性印刷电缆，仔细观察，发现其中一条折痕较重，怀疑内部有断路，用万用表检查，果然发现其中已有几根处于虚接状态。更换连接电缆后，机器故障排除。

例 36　**Start CR-3240 型打印机字车不能正常复位**

故障现象　开机后，电源灯和纸尽灯亮，字车不能正常复位。

分析与检修　根据现象分析，问题可能出在字车控制电路。检修时，先用逻辑笔测 CPU（20）脚和（19）脚状态变化不正常。正常信号应是开机后（20）脚跳变为高电平，（19）脚为低电平，小车从左向右移动，到达右端后（20）脚变为低电平。经检测（19）脚变为高电平，不走车时均为低电平。（19）脚、（20）脚的测量结果均不正常，由此判断 CPU 芯片内部损坏。更换 CPU 芯片后，机器故障排除。

例 37 **Start CR-3240 型打印机工作时缺纸报警（一）**

故障现象 开机工作时缺纸报警。

分析与检修 根据现象分析，问题可能出在缺纸检测电路。由原理可知，主板上的 ＋5V 电压经插座 CN5（5）脚加至检测器发光二极管 D 和光敏管 Q 的 c 极，再经 CN5 的（7）脚、R60 接到电源的负端，使 D 发光。当未装打印纸时，由于胶辊是黑色的，吸光能力强，反光能力差，反射到 Q 管基极的光很弱，Q 不能导通，无信号加到主板 CPU（IC10）（5）脚，CPU 便发出指令，缺纸灯亮，蜂鸣器鸣叫。如果装上打印纸，有较强的光被纸反射到 Q 的基极，Q 导通，经过 CN5 的（6）脚、R65、R67，信号加到 CPU（IC10）（5）脚，缺纸灯便不亮，无鸣叫声，根据程序进行自检或打印。根据以上分析，打开机盖，检查发光二极管和光敏管，发现其表面灰尘较多，使 D 发出的光射到打印纸上太弱，光敏管 Q 接收到的光太弱，CPU 收不到信号，缺纸灯亮，蜂鸣器鸣叫，这是产生这种故障的主要原因。清除二极管和光敏管表面污物后，机器故障排除。

例 38 **Start CR-3240 型打印机工作时缺纸报警（二）**

故障现象 开机工作时缺纸报警。

分析与检修 根据现象分析，问题出在缺纸检测电路。打开机盖，经检查发现插座 CN5 松动，因而导致＋5V 电压加不到缺纸检测器，或检测器的信号无法加到 CPU，从而发生故障。重新压紧 CN5 插座后，机器故障排除。

例 39 **Start CR-3240 型打印机工作时缺纸报警（三）**

故障现象 开机工作时缺纸报警。

分析与检修 根据现象分析，问题一般出缺纸控制电路。由于打印机使用多年以后，缺纸检测器的发光管和光敏管性能会变差，电路中的电阻阻值也可能会变大。检测器 R60、R65、R66 的阻值要求较严，误差为 ±2%。如果 R60 的阻值变大，会使 D 发光变弱；如果 R65、R67 的阻值变大，会使加到 CPU 的信号变小，它们的阻值变到一定的程度，就会发生故障。因此，检修时拔下 CN5 插头，在（5）脚、（6）脚处用万用表测量 Q 是否击穿，如果测得未坏，可分别减小 R60 或 R65、R67 的阻值，加大 R66 的阻值试之。该机经检测为 R66 阻值变大。更换 R66 后，机器故障排除。

例 40 **Start CR-3240 型打印机工作时缺纸报警（四）**

故障现象 开机工作时缺纸报警。

分析与检修 根据现象分析，问题一般出在缺纸报警电路。检修时，打开机盖，用 500 型万用表 R×10k 挡，测得 IC10（5）脚的电阻值偏小，正常应为 8kΩ。经检查为 CC4 内部漏电。更换 C44 后，机器故障排除。

例 41 **Start CR-3240 型打印机自检正常，联机打印出现错误信息**

故障现象 ［HT5SS］机器自检正常，联机打印时出现错误信息字符：WWrriitteeffaauullt teerrrrroorr WWriittiinngg ddeevviicceepprrnn aabboorrtt rreettrryy iiggnnoorree ffaaiill?

分析与检修 根据现象分析，问题可能出在打印机接口电路。检修时，打开机盖，先检查通信接口电路的关键元件 IC2（74LS05）。该集成块为集电极开路的六反相器非门电路。用万用表 R×10Ω 挡测它的开路阻值。该集成块的（9）脚阻值不正常，其中（10）脚为 ACK 信号，平常为 "H"，当打印机接收完毕数据，则向主机发送一个负脉冲，主机（32）脚为 ERROR 信号。该信号常为 "L"，说明 IC2 内部损坏。更换 IC2（74LS05）后，机器故障排除。

例 42 **Start CR-3240 型打印机自检正常，但字车无归位动作**

故障现象 开机后，字车无归位动作，电源显示正常，长短自检均可进行。

分析与检修 根据现象分析，问题可能出在字车驱动电路。检修时，打开机盖，用万用表检测字车驱动电路专用集成块 IC12（SLA7026），与正常值进行比较。经对比，判定 ICE12（SLA7026）内部损坏。更换 IC12（SLA7026）后，机器故障排除。

例 43 **Start CR-3240 型打印机打印文稿时乱码**

故障现象 机器打印文稿时输出乱码。

分析与检修 经开机检查与观察，机器设置一切正常，开机自检也正常，说明故障出在机器接口电路上。CR3240 打印机接口电路由 IC2（GD74LS05）、IC3（08240031）两块芯片构成。检修时，用万用表检测芯片各脚，发现 IC2（4）脚对地电压偏低，此脚是产生应答信号（ACK）的，由此判定为 IC2 内部损坏。更换 IC2 后，机器故障排除。

例 44 **Start CR-3240 型打印机自检正常，不能联机打印**

故障现象 开机后，自检正常，不能联机打印。

分析与检修 经开机检查与分析，打印机自检正常但不能联机打印，在确定电缆线、主机内打印机适配器无故障后，估计问题出在打印机接口电路，重点应检查集成块 IC2、IC3。打开机盖，用万用表测量各脚阻值，发现 IC3（42）脚内部短路，此脚是通过电阻与打印电缆插座相连的。以上故障产生一般是使用者带电插拔打印机电缆，造成输入端产生冲击电流，使接口芯片损坏，导致打印机不能正常工作。因此，要保证打印机接口不被损坏，线移动打印机或主机时，一定要先将电源关掉。更换 IC3 后，机器故障排除。

例 45 **Start CR-3240 型打印机自检时打印乱码**

故障现象 机器联机正常，但自检时打印乱码。

分析与检修 经开机检查分析，机器自检打印乱码，说明从字车芯片中无法取出正确信息，问题一般出在取字库的传输路径上。CR3240 打印机的字库芯片是 IC4（ZB150DA3.3）。检修时，打开机盖，用万用表测量，发现与其相连的 C25（20μF）、C10（100pF）、R15（270）、R16（270）均已损坏。更换 C25、C10、R15、R16 后，机器恢复正常。

例 46 **Start CR-3240 型打印机联机打印时字车抖动两下，不工作**

故障现象 机器字车能归位，面板指示正常，联机打印时字车抖动两下，不工作，字体选择灯 24×24、24×48 亮，其余灯不亮。

分析与检修 根据现象分析，字车归位说明电机驱动电路正常，判断故障可能出在打印头及相关部位。检修时，先开机观察，并做自检试验，短自检正常，长自检时字车右撞墙。用万用表测驱动通道正常，测下光电检测器正常。检查打印机的机械部分，也无偏差，再进一步拆下色带盒，发现字车上部的初始位置移位。正确复位后，机器故障排除。

例 47 **Start CR-3240 型打印机纵向打印不齐**

故障现象 机器纵向打印不齐。

分析与检修 根据现象分析，由于机器长期使用双向打印所致。其具体校正方法为：同时按住〔装纸/出纸/退纸〕和〔联机〕键后开机，进行纵向打印对齐性测试；按〔装纸/出纸/退纸〕键，将使下半行打印调至左边，〔跳行〕键将使下半行打印调至右边。当上下半行打印的"1"字符形成一连续直线时，双向校正测试结束。

第十一节 其他类型打印机故障分析与检修实例

例1 施乐 Phaser3116 激光打印机打印中突然停机自保

故障现象 在一次长时间打印中突然停机自保。

分析与检修 经开机检查，供电回路串有一个温度保护开关（常闭不复位式）PW2N628。用万用表测灯管正常而温度保护已动作断路。将温度保护复位后并未马上装机。在机器正常工作时，如果散热良好的情况下，长时间打印也不应引起组件超极限温度保护。经进一步观察，散热风扇运转时发出"吱……吱"的声音，于是拆下风扇，检查发现轴承干涸，无润滑油且叶片布满灰尘。在对轴承注油、对叶片及机箱散热缝进行除尘后，装机试用多天，故障消除。

例2 PP40 型打印机连续打印较多字符时自动停止

故障现象 机器打印单个或少量字符时，一切正常，而连续打印较多字符时，中途出现停打，过 1~2 秒后又会重新启动并进入复位打印程序。

分析与检修 根据现象分析，机器在连续打印中出现停打且自己启动进入复位打印程序，说明机器在打印的过程中出现过掉电，问题可能在电源电路。检修时，打开机盖，用万用表测稳压集成块（7805）的输出端，当机器出现停打时，稳压块输出端从 +5V 降至 0V；把万用表接至稳压块的输入端，当机器出现停打时，输入电压从 +10V 跌至 +2V 左右。由此说明故障出在稳压集成电路之前。该机电源变压器、桥式整流和滤波电容均做在外部一个电源盒上，标称 OUTPUT：DC10V、1.2A，而实际上里面的桥堆标称容量仅 1A。由于该机在打印时的电流接近 1A，所以长时间地连续打印，使得处在满负荷中的桥堆发热，桥堆中个别质量稍差的管子被软击穿造成短路，使全波整流变成半波整流（因另一波被短路使得充满电荷的滤波电容 C 迅速放电），实际输出电压不足半波，使打印机失电，过 1~2 秒后桥堆冷却又恢复供电，过一段时间又被击穿。更换一个 50V、2A 桥堆后，机器故障排除。

例3 理想 TR1000 型速印机不能制版

故障现象 机器无法制版。

分析与检修 拉出滚筒，发现滚筒上的废版纸（蜡纸）已经卸掉，这样按制版键时，程序是先执行卸版纸，故无版纸可卸时程序执行便出现错误，造成无法正常制版。遇此情况，应重新裁一段版纸，把版纸卷上滚筒。注意：装上滚筒的版纸应与正常制版时的长度一致，过短、过长都容易造成不能正常制版的故障。装好版纸后，机器故障排除。

例4 理想 TR1000 型速印机版纸起皱

故障现象 机器制版时版纸起皱，发出告警声。

分析与检修 经开机检查，发现机器在更换版纸时，版纸没有穿过右挡圈的绿色挡块下，而是在绿色挡块上，从而造成制版时版纸起皱，形成堵纸，从而发出告警声。将版纸装进左、右挡圈，且穿在右挡圈的绿色挡块下边，机器故障排除。

例5 理想 TR1000 型速印机滚筒拉出后不能复位

故障现象 滚筒拉出后，不能复位。

分析与检修 根据现象分析，该故障属于操作不当引起。其具体原因是：将滚筒拉出机体后，滚筒在机体外旋转了一个角度；当把滚筒推入机内时，由于滚筒上的定位挡块与齿轮上的定位凹槽位置不一致，造成推进滚筒时不能复位。可先将滚筒旋转至滚筒角度 0°，逆时

针旋转滚筒至 $270°$，此时，才能将滚筒推入机内复位。复位后会听到"咔"一声。

例 6 **理想 TR1000 型速印机制版时显示故障代码"C22"**

故障现象 机器制版时，面板显示故障代码"C22"。

分析与检修 打开版纸盒，把版纸抽出来，发现版纸的前端部分起皱，并有机械划破痕迹，造成制版时版纸输送不畅，因而产生制版故障。可取出版纸，用小刀片将起皱的版纸部分截掉，版纸端面平直即可。

例 7 **QKI-8320C 型打印机打印时出现无规律性错码**

故障现象 机器打印时出现无规律性错码。

分析与检修 根据现象分析，该故障一般出在数据接口电路。打开机盖，用示波器及万用表检查接口电路 Q3（MSM6990）及相关脚波形，发现（93）脚电压最高仅为 $1.28V$（已不能正确表示"1"），说明 Q3 性能损坏。更换 Q3 后，机器故障排除。

例 8 **QKI-8320C 型打印机打印汉字异常**

故障现象 开机后，机器打印西文正常，打印汉字异常。

分析与检修 根据现象分析，问题可能出在数据接口电路。打开机盖，用万用表检查接口电路相关元器件，静态测得 TY110 的 c-e 极为 $0V$，该管的参数为 $BV_{CEO}=40V$，$BV_{CBO}=50V$，$I_{CM}=200mA$，$P_{CM}=300mW$。更换 TY110（2SD1725）后，机器故障排除。

例 9 **OKI-8320C 型打印机电源指示灯亮后即灭，开机不能工作**

故障现象 开机后电源指示灯亮后即灭，开机不能工作。

分析与检修 根据现象分析，问题出在电源电路。打开机盖，检查保险管完好，开机后用万用表测 $+5V$ 电源无输出。取下连接到控制板上的电源插头，再测 $+5V$ 输出对逻辑地的电阻，结果只有 12Ω，说明其负载电路有故障。分析该机电路结构可知，整机电路元件均装配在一块电路板上，用单片机 8051 作 CPU，外加 2 片 2732EPROM 和 4 片 4416 动态 RAM，以及其他一些振荡芯片。除 EPROM 采用插座外，其余芯片全部焊在电路板上。拔下 2 片 EPROM，测 $+5V$ 输出端对逻辑地电阻，结果均达 $3k\Omega$ 以上，说明 EPROM 内部损坏。更换 EPROM 芯片（须从正常机上拷贝）后，机器故障排除。

例 10 **QKI-8320C 型打印机打印时字符缺画**

故障现象 机器打印时字符缺画。

分析与检修 根据现象分析，该故障一般发生在以下几个方面：①打印头脏或打印色带陈旧；②打印头断针；③输送打印信号至打印头的柔性电缆断裂；④打印头驱动电路或数据形成电路损坏。打开机盖，首先排除因打印头内严重污脏或因打印头内断针而可能引起的字符缺画，然后检查连接打印头的柔性电缆，也无异常，说明原因为电路故障。大部分造成字符缺画的电路故障，有可能是打印机驱动与数据形成电路中的两块 MHM2021 集成块损坏所致。这两块专用集成块，其中一块负责奇数针的针数据形成，而另一块负责偶数针的针数据形成。它们的任务是把 Q4（MSM61059）送来的打印头串行数据在时钟的配合下形成并行数据，最后送至打印头打印。当需要奇数针出针打印时，ODD-EN 信号为有效的低电平，奇数针的励磁电压是由 $+35V$ 经三极管 TR8 提供。当需要偶数针出针打印时，EVEN-EN 信号为有效的低电平，而偶数针的励磁电压是由三极管 TR7 提供。由此看出，MHM2021 处于良好工作状态时，其输出的交流信号应为低电平。用万用表检查上述集成块，发现 MHM2021 集成块的（22）脚始终处于高电平，致使 11♯打印针线圈无电流通过，从而使 11♯打印针长期处于异常而造成打印字符缺画。更换集成块 MHM2021 后，机器故障排除。

例11 QKI-8320C 型打印机双向打印时字符偏移

故障现象 机器双向打印时字体偏移。

分析与检修 根据现象分析，该故障一般为打印头失调，因此，必须对打印头进行重新调整，才能消除此故障。QKI8320、8320C 打印头的调整步骤和方法如下：①关机后安装打印纸；②左手按住 "FORM FEED/DRAFT" 键，同时用右手打开打印机电源开关；③待打印头移动并停住后，松开 "FORM FEED/DRAFT" 键，打印出 "MENU PRINT"；④连续按 "FORM FEED/DRAFT" 键，直至打印出 "PRREG"；⑤根据给出的偏转距离，按 "SELECT" 键，直到出现所需值；⑥最后按下 "T OF SET" 键，打印机打印出 "MENU END"；⑦打印一个试样文件，观察是否还有偏移。如果仍有偏移，则重复上述步骤，直至打印出的字体完全正常。

例12 松下 KX-P1121 型打印机输纸时有 "咔咔" 声

故障现象 机器输纸有时正常，有时不正常，并伴有 "咔咔" 声。

分析与检修 根据现象分析，问题一般出在输纸传动机构。经开机检查，发现输纸电机的齿轮与传动齿轮接触很小，"咔咔" 声源于齿轮啮合不良。导致该现象是固定该电机的塑料架因电机发热而使塑料架变形，使其错位。应急解决办法为：把固定孔扩大，加大垫片，采用稍长的螺杆套螺帽固定输纸电机，使电机齿轮与传动齿轮啮合良好即可。

例13 松下 KX-P1121 型打印机开机无电源指示

故障现象 开机后，无电源指示。

分析与检修 根据现象分析，问题一般出在电源电路。检修时，打开机盖，检查发现 F200（保险管）断开，其规格为 5A，找一只 5A 的保险管，在其两端焊上细导线，再焊回原位。进一步检查发现，线路板无其他短路，开机有指示，但输纸无反应。检查固定电机的塑料架已发生严重变形，同时输纸电机损坏。更换输纸电机后，机器故障排除。

例14 松下 FX-100 型打印机字车不移动，电源指示灯亮

故障现象 开机后字车不移动，电源指示灯亮，机内有电源声发出，无打印功能。

分析与检修 根据现象分析，开机后无任何动作且有电源声发出，说明故障出在电源电路，且大多为电源输出电压的纹波系数太大，且超过 CPU 的容限，使系统陷入混乱状态所致。打开机盖，用万用表测各组输出电压，发现 +5V 组电压纹波很大。经进一步检查发现滤波电容 C4 内部失效。更换 C4（$1000\mu F/25V$）后，机器故障排除。

例15 松下 KX-P1121 型打印机打印头突然停下并同时发出 "吱吱" 声

故障现象 机器工作过程中打印头突然停下，并同时发出 "吱吱" 声。

分析与检修 根据现象分析，该故障一般为打印头导杆上灰尘太多，或使用时间长缺乏润滑油（注意不要将油滴到下面的电路板上），用手来回移动打印头，再用棉纸或软布清洁上面的油污。然后再加上适量润滑油即可。也可能是滚筒使用时间过长，表面出现高低不平的沟阻挡打印头，那只有更换滚筒了。该机经检查为打印头导杆污物太多。清除污物并滴润滑油后，机器故障排除。

例16 LBP-8A1 型激光打印机打印范围出错，不能打印在正常部位

故障现象 机器打印范围出错，不能打印在正常部位。

分析与检修 开机观察，发现送纸轧辊磨损或变脏，不能平衡地推送纸前进，应着重检

查送纸机构的齿轮箱。该机经检查发现齿轮箱及送纸轧辊脏污。消洗送纸轧辊或齿轮箱后，机器故障排除。

例 17   LBPKT 型激光打印机打印出随机出现的黑点

故障现象   机器打印出随机出现的黑点，打印纸被弄脏。

分析与检修   一般当激光束被随机点亮或断开时，就会打印出随机的黑点，这可能是由于打印机控制电路故障引起，也可能是主机故障所致。运行自测程序，可判断出故障的来龙去脉。打印的字迹被弄脏，可能是定影轧辊不工作或定影灯泡失效，不能加热。还应检查静电释放尖齿，如某一齿变弯，相对于这部分的打印纸就会紧贴在硒鼓上而被弄脏。根据上述步骤修复相关部位后，机器故障排除。